LA HISTORIA UNIVERSAL DE NOSOTROS

DRAKONTOS

Director:
JOSÉ MANUEL SÁNCHEZ RON

LA HISTORIA UNIVERSAL DE NOSOTROS

Un viaje de 13.800 millones de años,
desde el Big Bang hasta ti

Tim Coulson

Traducción castellana de
Miguel Á. Pérez

CRÍTICA
BARCELONA

Primera edición: marzo de 2025

La historia universal de nosotros. Un viaje de 13.800 millones de años, desde el Big Bang hasta ti
Tim Coulson

Título original: *The Universal History of Us. A 13.8 billion year tale from the Big Bang to yo*

Av. Diagonal, 662-664, 08034 Barcelona (España)
Crítica es un sello editorial de Editorial Planeta, S. A.

editorial@ed-critica.es
www.ed-critica.es

ISBN: 978-84-9199-727-6
Depósito legal: B. 3.593-2025
Impresión y encuadernación: Rotoprint
Printed in Spain - Impreso en España

Para Sonya, Sophie, Georgia y Luke

Contempla la maravilla que constituye la existencia, y alégrate de disfrutar de esa posibilidad. Siento que tengo derecho a decirte esto porque, mientras grabo estas palabras, estoy haciendo eso mismo.

Exhalación, Ted Chiang

Introducción

Si fuese un dios, no me dedicaría a hacer milagros ostentosos, pero sí crearía montones de universos. Los suficientes como para que un científico como yo pudiera llevar a cabo el ambicioso experimento con el que he soñado a menudo, al igual que, estoy seguro, muchas otras personas. Me gustaría reproducir de manera exacta las condiciones que había en el instante en que nació nuestro cosmos, adelantar el reloj y comprobar cuántos de los mundos resultantes han evolucionado y se han convertido en un hogar para ti y para mí.

Me aseguraría de que el punto de partida fuese idéntico en cada caso. Después de 13.770 millones de años, que es la edad del universo, me dirigiría a la ubicación precisa en que debería encontrarse el sistema solar en mis réplicas experimentales. De encontrarlo en su lugar, buscaría nuestro planeta y luego a ti y a mí. ¿Estaríamos siempre ahí, igual que lo estamos en la actualidad? ¿O solo en algunos casos? ¿Tal vez nunca en absoluto? ¿Habría unas criaturas alienígenas pequeñas y verdes, con grandes orejas y sin nariz, en nuestro lugar? Es posible que en ocasiones no hubiera rastro del Sol ni de la Tierra, o que esta última fuera un paraje inhóspito, sin Luna ni plantas ni animales, en una órbita demasiado alejada de su estrella como para permitir la aparición de la vida. De hecho, existe la posibilidad de que los seres vivos fuesen abundantes en algunos universos, mientras que en otros serían poco comunes o estarían ausentes por completo. Por lo que sabemos, habitamos el único planeta en el cosmos que alberga criaturas vivas, aunque es cierto que solo hemos explorado una parte ínfima del espacio.

Mi experimento permitiría averiguar si la evolución de nuestro universo está determinada desde el momento de su nacimiento, o si cada repetición tendría un resultado distinto. Si las diferentes iteraciones resultaran siempre en criaturas como tú y como yo, los científicos dirían que el cosmos es determinista. Tras un arduo esfuerzo y con una ingente cantidad de cálculos en un ordenador, sería posible predecir a la perfección el estado futuro de cualquier universo en todo momento, desde su nacimiento hasta su final. Algunos físicos han afirmado que esto es lo que ocurriría en un experimento como el que he descrito. Son de la opinión de que algún día la física descubrirá que varios fenómenos que hoy en día creemos aleatorios, incluido el comportamiento de las partículas más diminutas, son en realidad deterministas. Por el contrario, si cada resultado fuera diferente, como defienden la mayoría de los biólogos y muchos otros científicos, eso querría decir que los sucesos debidos al azar tienen una influencia decisiva en la evolución cósmica. Acontecimientos de este tipo en el desarrollo de cada repetición darían lugar a desenlaces distintos. Quizá si el meteorito que provocó la extinción de los dinosaurios hubiera rozado la Tierra, pero sin estrellarse contra su superficie, los seres humanos no habríamos aparecido nunca y tal vez fuera un reptil inteligente el que escribiera este libro, en lugar de hacerlo yo.

Los científicos denominan estocásticos a este tipo de sistemas, en que los sucesos fortuitos impiden predecir el futuro con precisión. En esos casos, las eventualidades aleatorias intervendrían en el desarrollo cósmico y en nuestra propia existencia, de modo que es imposible determinar a la perfección los estados posteriores, lo cual no quiere decir que estos sean impredecibles por completo. Si se observasen mil repeticiones de mi experimento, es posible que la vida inteligente apareciese 531 veces, pero que no lo hiciera en 469 ocasiones. Es decir, si al principio de los tiempos se hiciese una apuesta en este sentido, la probabilidad de ganarla sería un poco superior al 50 %, en cuyo caso se obtendría el doble de lo jugado.

Por desgracia, yo no soy ningún dios y no disponemos del conocimiento necesario para realizar este experimento mental, de modo que no se puede afirmar que el cosmos sea determinista ni estocástico. Crear mundos a voluntad y estudiar su evolución queda más allá de nuestras posibilidades técnicas. De este modo, responder a la pregunta de si tú y yo somos inevitables desde un primer momento, o si solo hemos tenido una suerte increíble, requiere un enfoque diferente, basado en una ciencia que sí podamos utilizar. Este libro pretende contar dos historias en paralelo. Por un lado, la del universo, desde su nacimiento hasta llegar a ti y a mí. Por otro, lo que tuvo que suceder para que tú y yo existamos en la actualidad. Ambas constituyen una epopeya de 13.770 millones de años y contienen cantidades inimaginables de violencia y muerte, además de sexo a raudales. A menudo, tiene un aire trágico al leerla, aunque en última instancia constituye el relato de un triunfo. Quienes han indagado en este asunto y se han esforzado en recomponer pieza a pieza esta narración y los motivos por los que tú y yo estamos vivos (y somos conscientes de ello) han demostrado tener más imaginación y sagacidad que miss Marple, Sherlock Holmes, Nancy Drew y Hércules Poirot juntos. Entre sus filas hay nombres como los de Albert Einstein, Marie Curie, Isaac Newton, Rosalind Franklin y Charles Darwin, junto con millares más de los que es muy probable que no hayas oído hablar. Esta es una obra inacabada en permanente construcción y su trama se ve sometida a revisiones constantes, conforme las mentes más brillantes del momento resuelven más y más partes del misterio de por qué yo soy yo y tú eres tú. Sin embargo, incluso este guion incompleto es lo bastante fascinante como para ser por derecho propio una historia que todo el mundo debería conocer.

Me parece aleccionador que la comunidad científica haya podido averiguar buena parte de los acontecimientos que median entre el Big Bang y nosotros. Aún lo es más que yo haya podido ganarme la vida como uno de esos investigadores que se dedican a descubrir piezas minúsculas de este rompecabezas, gracias a lo cual he sido capaz de aportar nuevos conocimientos a las notables contribuciones que han hecho tantos de mis predecesores. Me impresiona tanto este relato que decidí que quería intentar narrarlo de un modo que fuera accesible para todo el público, no solo para el resto de los científicos. Quiero hacerlo así porque he conocido a muchísimas personas que no están al tanto del notable progreso de nuestros conocimientos y que, a causa de esta ignorancia, se muestran desconfiadas ante la ciencia. Es cierto que esta puede ser ardua e intimidante, que a menudo el lenguaje empleado es muy técnico y que a veces cuesta comprender sus conceptos. Yo personalmente disfruto con la lectura de textos acerca de la química de las fuentes hidrotermales en el fondo del mar, o de modelos que recrean los primeros microsegundos de la existencia de nuestro universo. No obstante, a pesar de llevar tres décadas trabajando como biólogo profesional, con frecuencia tengo que buscar en el diccionario el significado de algunos términos. Mi intención en este libro es explicarlo todo en palabras que no haya que consultar en una enciclopedia.

La complejidad de los seres humanos es abrumadora. Si tú o yo fuésemos desmontados pieza a pieza y estas fuesen colocadas en compartimentos según su tipo, los más de treinta billones de células (los componentes básicos de todas las formas de vida) que hay en nuestros cuerpos necesitarían cerca de 220 contenedores. En el primero irían los glóbulos rojos, en otro, los blancos, en el de más allá, las neuronas, etcétera. Treinta billones es un número muy grande, el primero de muchos que aparecerán en este libro. Es casi imposible concebir cantidades tan enormes como esta, pero al menos se debe intentar. Treinta billones de segundos equivalen a 950.000 años, o 9.500 siglos, que es un intervalo difícil de imaginar. Representarse un segundo es algo bastante sencillo, pero no somos capaces de hacerlo con 950 milenios expresados de esa forma. Sin embargo, treinta billones es una cifra pequeña comparada con la que se obtiene cuando se empiezan a descomponer las células en sus elementos constituyentes, las moléculas. En promedio,

cada parte de este gigantesco conjunto comprende más de 40 millones de proteínas, que son fundamentales para mantenerse con vida. 30 billones multiplicado por 40 millones da 1.200 millones de billones (una cifra con veinte ceros). Lo cierto es que, en comparación con otros tipos de compuestos presentes en las células, las proteínas son bastante escasas. En este sentido, el producto más común es el agua, y el 99 % de todas las moléculas y cerca del 60 % del peso corporal es H_2O (que es más ligero que la mayor parte de los demás constituyentes del cuerpo). De este modo, las cifras son mucho mayores cuando se tienen en cuenta todas las sustancias presentes, no solo las proteínas. Si a continuación se descompusiesen todas las células de cada compartimento y se creasen nuevos montones con sus moléculas constituyentes, se tendrían muchos más de 30.000 contenedores separados. Algunos estarían llenos hasta rebosar, mientras que otros quedarían casi vacíos. Por ejemplo, solo hay 0,003 gramos de cobalto en el cuerpo, a pesar de lo cual es un elemento esencial para la salud. La mayoría de los átomos de este metal forman parte de las cadenas de vitamina B_{12}, una sustancia cuya carencia puede dar lugar a problemas neurológicos, dolor en las articulaciones, visión borrosa e incluso depresión.

Es posible continuar con este ejercicio clasificatorio y separar a continuación las moléculas en elementos, para crear nuevos montones. En este caso, se tendrían sesenta de ellos. Habría uno para el carbono y otros para el hierro, oxígeno, etcétera. A continuación, sería posible descomponer cada átomo de estos contenedores en sus partes constituyentes, de modo que se obtendría una pila de protones, otra de neutrones y una tercera de electrones, que son las partículas que componen los átomos. A su vez, los dos primeros se pueden separar en los llamados cuark *up* y cuark *down*, extrañas criaturas que, al igual que los electrones, ya no se pueden dividir más.

A principios de la historia cósmica, estos constituyentes fundamentales de la realidad surgieron a partir de campos energéticos, de modo que el siguiente paso en nuestra descomposición podría consistir en transformar las partículas en energía. De poder hacerlo, acabaríamos con grandes cantidades de esta última, a partir de la cual se desarrollaron todas las cosas, incluidos nosotros mismos, ya que el universo empezó como un puntito microscópico de una gran intensidad energética. ¿Cómo llegó desde este estado hasta ti y hasta mí? Describiré las etapas que tuvieron que sucederse para que esto ocurriera. En resumen, y sin destripar demasiado el sorprendente final, una parte de esa energía se transformó en cuarks y electrones. Cuando los primeros interactúan entre sí, forman partículas más complejas, protones y neutrones, que se juntan entre sí para constituir entidades de mayor complejidad todavía, llamadas núcleos atómicos. Estos se unen luego a los electrones para constituir átomos, los cuales a su vez se enlazan con otros similares para construir moléculas. La variedad de estas en el universo es inmensa y las hay de muchísimos tipos distintos, muchos más que los cerca de 30.000 que intervienen en la composición de un ser humano. Bajo circunstancias específicas, estas moléculas pueden combinarse para formar planetas, células y organismos vivos. Diferentes especies de estos últimos interactúan entre sí de maneras muy variadas, de modo que a lo largo de miles de millones de años se produjo una evolución que dio lugar a criaturas cada vez más complejas hasta que, en última instancia, aparecieron los seres humanos.

Los investigadores han ampliado nuestra comprensión del universo mediante observaciones y evidencias empíricas. En este sentido, un experimento bien diseñado es una herramienta fenomenal para comprobar una idea o una hipótesis y descubrir hechos nuevos. Muchas personas piensan que la ciencia es muy ardua, y sin embargo todos somos científicos experimentales natos. Puede que esto sea difícil de creer, así que me explicaré. Si alguien tiene un problema de naturaleza práctica que debe resolver, lo más probable es que pruebe varias soluciones antes de dar con una que funcione. Cuando se quiere que un niño ordene su habitación, ¿se le soborna, se le ordena en términos inequívocos que lo haga, se le deja sin su paga semanal hasta que termine o se le da un ejemplo que imitar? Debo reconocer que ninguna de estas estrategias funcionó con mis hijos, pero el método de prueba y error me granjeó

más éxitos en la cocina. Tras probar con diferentes cantidades de cada ingrediente y jugar con las temperaturas del horno y los tiempos de cocción, aprendí a preparar el aperitivo británico por excelencia: un huevo duro rebozado.

Lo cierto es que los científicos realizan sus experimentos de la misma manera en que yo hago ensayos en la cocina: modifican las condiciones en el laboratorio para ver cómo afectan a los resultados. Es cierto que el producto final en estos casos no es un dormitorio ordenado ni un sabroso plato, sino una cierta cantidad de información sobre el funcionamiento del reino físico, químico o biológico. En ocasiones se han llevado a cabo experimentos de tamaño monumental. La máquina más grande jamás construida es el Gran Colisionador de Hadrones, LHC por sus siglas en inglés. Está ubicado en la sede de la Organización Europea para la Investigación Nuclear, más conocida como CERN, y consiste en un túnel circular de 27 kilómetros de largo bajo territorio suizo. Cuenta con unos inmensos electroimanes en su interior, que sirven para acelerar partículas a una velocidad muy cercana a la de la luz, que es lo más rápido que pueden viajar en nuestro universo, antes de hacerlas chocar unas con otras. Enormes detectores situados en grutas subterráneas del tamaño de catedrales registran los resultados de estas colisiones. El análisis de la información conseguida de esta manera ha revelado la existencia de los componentes subatómicos del universo y estos descubrimientos han llevado a algunos físicos a afirmar que estamos a punto de enunciar una «teoría del todo», que es aquella que describe todas las interacciones posibles entre todos los tipos de partículas en nuestro universo. Lo cierto es que no disponemos todavía de esta herramienta teórica, pero físicos, químicos, biólogos, matemáticos, historiadores, arqueólogos y especialistas de muchos otros campos han conseguido progresos asombrosos en esta dirección.

Investigadores inteligentes y curiosos como estos han demostrado que los acontecimientos cruciales imprescindibles para que tú y yo existamos son muy numerosos. Han avanzado en la identificación de estos sucesos gracias a que se han planteado interrogantes muy pertinentes acerca de las razones que llevaron a ellos.

Basta con mirarnos al espejo para saber que hay seres vivos en nuestro universo, pero ¿habría surgido la vida de haber sido la gravedad tan solo un poco más débil, o si el hielo se hundiera en el agua en vez de flotar? Se cree que los volcanes desempeñaron un papel fundamental en la aparición de la vida en la Tierra, y es cierto que esta tiene una actividad poco habitual en este sentido, comparada con otros planetas rocosos que hemos estudiado. Es plausible que también las mareas hayan sido imprescindibles en este nacimiento, y estas a su vez se las debemos agradecer a nuestro satélite. Los geólogos piensan que este se formó cuando un cuerpo celeste llamado Tea chocó con una jovencísima Tierra. De no haberse producido esta colisión, no habría Luna y es posible que tampoco hubieran surgido organismos vivos. ¿Qué habría ocurrido de no haberse formado depósitos de carbón hace 300 millones de años, en la era geológica del carbonífero? ¿Habríamos aprendido a emplear la luz del Sol y el viento como motores de nuestro desarrollo tecnológico y habríamos evitado de este modo el cambio climático antropogénico? Casi con toda certeza se puede afirmar que nuestra supremacía tecnológica depende de las plantas muertas hace 300 millones de años, que se convirtieron en carbón. ¿Quiere esto decir que debe haber vetas similares en todos los planetas que alberguen civilizaciones avanzadas desde un punto de vista tecnológico? Y, de ser este un requisito insoslayable, ¿con qué frecuencia se forman estos depósitos? Conforme se ha avanzado a la hora de contestar estos interrogantes, hemos sido capaces de abordar otras cuestiones de igual importancia, tales como la prevalencia de la vida en el universo: ¿civilizaciones como la nuestra son moneda corriente o somos un caso único?

La historia de los avances científicos que han permitido conocer estos primeros 13.770 millones de años de desarrollo cósmico está llena de ejemplos de perseverancia y de descubrimientos notables y a veces sorprendentes. Se alcanzaron muchos callejones sin salida, cuando ideas que parecían brillantes se demostraron erróneas, pero también hubo momentos de intuiciones deslumbrantes, en los que se lograba explicar de golpe observaciones que

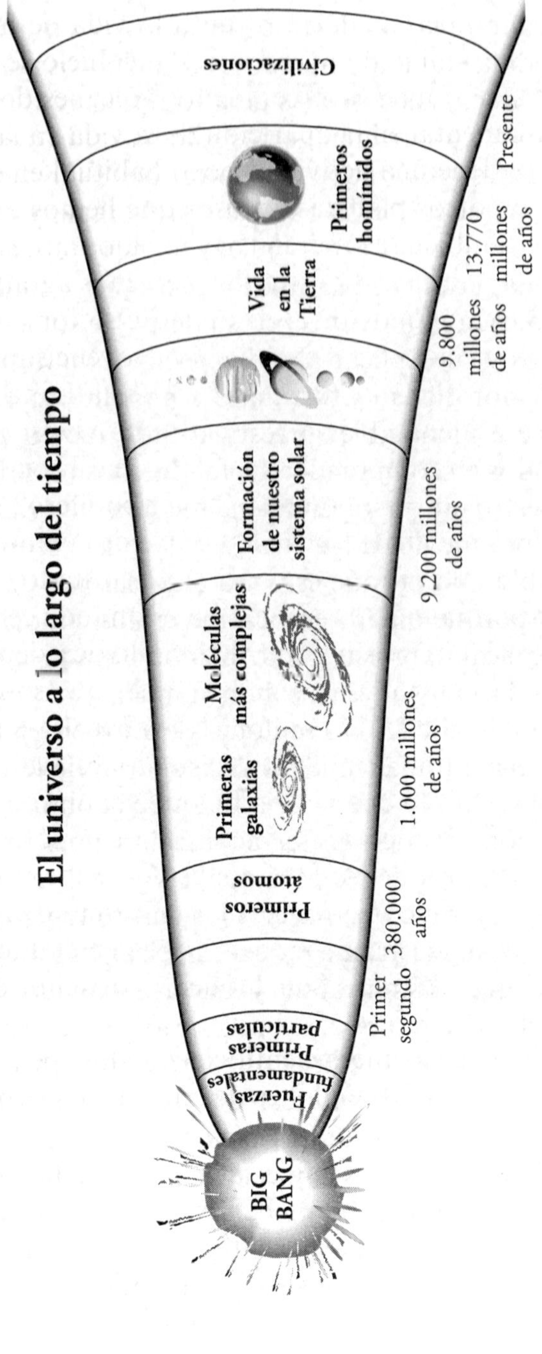

El universo a lo largo del tiempo

hasta ese momento habían sido incomprensibles. Muchos de estos logros han dado lugar a adelantos tecnológicos que han definido en buena medida el mundo moderno. El GPS, los paneles solares, la energía atómica, las cosechas de alto rendimiento, la medicina moderna y los teléfonos inteligentes solo han sido posibles gracias a descubrimientos realizados tras ímprobos esfuerzos. Unos pocos de estos investigadores conquistaron la fama y otros cuantos se hicieron ricos gracias a sus hallazgos, pero lo cierto es que la inmensa mayoría de los adelantos los consiguieron individuos con una gran dedicación, movidos por su deseo de solucionar problemas concretos y de explicar algún aspecto del universo, más que por ansias de notoriedad y fortuna. La humanidad debe una gratitud inmensa a incontables investigadores que pasaron toda su vida empeñados en comprender los fenómenos naturales y la evolución de nuestro universo. En buena medida, he evitado describir los procesos por medio de los cuales se llegó a descubrir la ciencia de la que hablo. No porque esto sea algo carente de interés en sí mismo, sino porque quiero enfocarme en los conocimientos que tenemos. Explicar también cómo hemos llegado a descubrir lo que sabemos daría lugar a un volumen mucho más extenso.

Explicar en detalle 13.770 millones de años en un único y conciso libro obliga a tomar muchas decisiones difíciles, referentes a lo que se incluye y a lo que se deja fuera de la obra. En este sentido, el texto pone el foco en los acontecimientos fundamentales que tuvieron que producirse para que tú y yo existamos. Para empezar, el universo tuvo que nacer y las cuatro fuerzas fundamentales (gravitatoria, electromagnética, nuclear fuerte y nuclear débil) tuvieron que diferenciarse y hacerlo con las intensidades adecuadas. Del mismo modo, fue necesario que aparecieran cuarks y electrones y que los primeros se combinaran entre sí para dar lugar a protones y neutrones. Estos a su vez debieron unirse con los electrones para constituir átomos de hidrógeno y helio. Más tarde, las primeras estrellas empezaron a producir elementos más pesados, tales como el carbono y el oxígeno, los cuales se enlazaron luego unos con otros para producir una cantidad inmensa de moléculas. La Vía Láctea, los sistemas planetarios y en particular el Sol y la Tierra tuvieron que formarse en las circunstancias adecuadas para que surgieran los primeros seres vivos. Las condiciones prevalentes en nuestro planeta debieron permanecer dentro de una horquilla determinada para que la vida, tal y como la conocemos, pudiera generalizarse y evolucionar, hasta llegar en última instancia a la aparición de animales complejos y conscientes, como tú y como yo. Incluso después, una serie de acontecimientos moldearon nuestras personalidades. En este libro describo la ciencia de estos acontecimientos fundamentales, antes de pasar a considerar si eran inevitables o si tan solo hemos tenido mucha suerte.

A su vez, lo que sí se incluye en el texto podría tratarse con mucho más detalle y, de hecho, las investigaciones que respaldan los conocimientos de los que se habla en cada capítulo podrían llenar bibliotecas enteras. Sin embargo, mi intención es mostrar los sorprendentes progresos que han hecho los científicos a la hora de comprender tantísimos aspectos del universo, más que entrar a discutir matices o pasar revista al trabajo que se lleva a cabo en estos momentos sobre aspectos concretos. En caso de que alguien quiera saber más sobre un tema específico, al final del libro se facilita una lista de unas cuantas obras que tratan la física, la química, la geología y la historia y la evolución de los seres humanos con una profundidad mucho mayor de la que aquí es posible.

Es legítimo preguntarse por mi formación y por la experiencia que tengo en estos campos. Es muy poco probable que cualquiera que no sea un profesional en los ámbitos de la ecología y de la evolución se haya topado antes con mi nombre. Lo cierto es que esta es mi primera incursión en la literatura de divulgación, de modo que no tengo obras anteriores que se hayan podido leer. Doy clases en la Universidad de Oxford, de la cual soy en este momento decano adjunto de la Facultad de Biología. Como científico, he trabajado en institutos de investigación y universidades durante más de tres décadas, en las que mi trabajo se ha centrado en la comprensión del funcionamiento de la naturaleza. A la hora de dar clases me esfuerzo mucho en hacer accesibles las ideas complejas, y también me gusta dar conferencias públicas.

Cuando mi esposa, Sonya, les dijo a sus amistades más cercanas que estaba saliendo con un profesor e investigador de Oxford, poco después de empezar a vernos en 2013, asumieron que yo sería una persona distante, pomposa y arrogante. Lo han admitido ellos mismos. No es que hubieran conocido antes a nadie con una profesión similar, sino que los científicos, sobre todo los de universidades punteras, no siempre tienen una imagen pública amable. Me complace decir que les caí muy bien y que para nada consideraron que respondiera al estereotipo. Es cierto que he encontrado profesores de Oxford que son distantes, pomposos y arrogantes, pero puedo decir lo mismo de abogados, contables y magnates de la industria. Aunque es verdad que la ciencia puede ser una asignatura ardua, los científicos son iguales al resto de las personas. Algunas son humildes, otras no. Pueden caer presa de la ansiedad, cometer errores, ser serias o divertidas... Lo cierto es que nunca decidí ser profesor en Oxford, sino que es algo que se dio a través de una serie de acontecimientos afortunados y nunca planeados. Algunos de ellos se mencionan en este libro, ya que intercalo retazos de mis experiencias personales en el hilo del relato. Hay varios motivos que aconsejan hacerlo así. En primer lugar, no solo pretendo que la ciencia sea accesible, sino que también quiero poner de relieve el aspecto más humano de lo que supone dedicarse a la investigación. Después, hacia el final del texto, considero la manera en que surgen las diferentes personalidades. Una parte de uno de los últimos capítulos se centra en la manera en que los acontecimientos fundamentales de mi vida pueden haberme llevado a ser de una manera concreta, de modo que es necesario que el lector sepa un poco acerca del tipo de persona que soy. Por último, en el capítulo final, me detengo en lo que he aprendido acerca de lo que nos enseña la ciencia y, de nuevo, conocer algo de mi periplo vital ayuda a la narración.

De hecho, escribir esta obra forma parte de un viaje personal que empezó hace más de treinta años, cuando estaba a principios de la veintena. Cuando era pequeño no sabía lo que quería ser de mayor, de modo que siendo adolescente solicité y obtuve una plaza para estudiar matemáticas en una universidad del Reino Unido. Suponía que contar con una instrucción al más alto nivel en esta disciplina me abriría muchas puertas en el mercado laboral, y además tenía la suerte de que la materia me gustaba mucho. No obstante, antes de iniciar la licenciatura, pasé un año dando clases en una escuela rural de Zimbabue. En una ocasión en que paseaba por la sabana, me detuve a contemplar una manada de antílopes. Decidí en ese momento que ser biólogo me pegaba más que estudiar matemáticas, de modo que cambié de carrera y terminé por hacer Biología en la Universidad de York, al norte de Inglaterra.

Durante ese año sabático como profesor, me enamoré perdidamente de Zimbabue y de todas las personas a las que conocí en ese país. Anhelaba volver a África. La oportunidad de hacerlo se presentó cuando tuve que elegir un proyecto de investigación como estudiante, a finales de mi segundo curso. Resultó que era posible diseñar un proyecto propio, con tan solo convencer a un miembro del claustro para que lo supervisara. Tuve la suerte de lograrlo.

Un primo mío tenía los contactos adecuados y fue tan amable como para conseguirme un puesto en la Reserva Nacional de Kora, en Kenia, en el campamento de George Adamson, en plena sabana. Adamson era un conservacionista de la vieja escuela que se había hecho famoso a raíz del libro *Nacida libre*, escrito por su esposa, Joy, y de la consiguiente película, que narraba episodios de la vida de ambos. Mi proyecto consistía en comparar el comportamiento de cachorros de león nacidos en libertad con el de otra camada criada por seres humanos. Esta vivía con Adamson, después de que la madre de los pequeños hubiera muerto a manos de cazadores furtivos, y él los criaba con la intención de dejarlos en libertad más adelante en la naturaleza. Pasé unas cuantas semanas en el campamento y me dediqué a observar y anotar la conducta de los leones, antes de que la que entonces era mi novia y unos amigos volaran a Kenia, desde donde hicimos autostop hasta Tanzania y Malawi, donde tomamos el avión de vuelta a casa.

Una vez más, el tiempo que pasé en África fue fabuloso y disfruté cada minuto en el continente, aunque mi proyecto de investigación no tuviera mayor relevancia científica. Cuando era niño, de mayor quería ser como Tarzán, y lo cierto es que estuve tan cerca de conseguirlo como era posible, como un muchacho de veintiún años que observaba a los leones. No era algo que se me diera particularmente bien, pero sí que tuve varias experiencias importantes en África que fueron determinantes en mi decisión de convertirme en científico.

En algún momento durante mis viajes después de dejar Kenia contraje malaria cerebral, una variedad de la enfermedad causada por el parásito *Plasmodium falciparum*. Había tomado medidas preventivas, pero el patógeno empezaba a mostrarse resistente a la medicación de la que disponía. Por otro lado, el hecho de que confundiera mis pastillas potabilizadoras de agua con las píldoras contra el paludismo no me hizo ningún bien. El agua que bebía no era potable, de modo que contraje una infección intestinal. Al estar enfermo del aparato digestivo, no absorbía el principio activo contra la malaria, por lo que también pillé esta enfermedad. La confusión explica además que me doliera el estómago cada vez que tomaba lo que yo creía que era una medicación para prevenir el paludismo: el cloro de las pastillas potabilizadoras quemaba la mucosa de las paredes estomacales.

La malaria cerebral se presenta en picos de fiebre cada pocos días. Ya me encontraba mal en África, pero todavía no sabía el motivo. Al día siguiente de aterrizar en el Reino Unido, empecé a delirar y me llevaron de urgencia al hospital de Addenbrooke, cerca de casa de mis padres, en las afueras de Cambridge. No conservo muchos recuerdos de esos días, pero no puedo olvidar que tras recibir el diagnóstico y empezar el tratamiento hubo un doctor que me dijo que la siguiente crisis habría sido mortal. Por suerte, esta forma de paludismo puede curarse, y pasado un tiempo conseguí recuperarme por completo. Me di cuenta de lo afortunado que había sido al sufrir ese ataque tras mi regreso y no junto a cualquier carretera en Malawi, mientras hacía autostop. Este pensamiento fue aleccionador. Nunca me había planteado mi propia mortalidad, y este encontronazo con la malaria resultó fundamental a la hora de definir ciertos aspectos de mi vida.

En los meses siguientes a este episodio, empecé a darle vueltas a lo que quería conseguir en mi vida y cómo querría sentirme en mi lecho de muerte. Lo cierto era que de haber sucumbido a la enfermedad en ese momento me habría invadido la decepción, por la forma en que había malgastado los años anteriores. Decidí que en el momento de mi fallecimiento quería que mi último acto fuese rememorar mi vida y llegar a la conclusión de que había sido divertida, al mismo tiempo que tenía la sensación de que había logrado algo. En torno a esa época llegué a la conclusión de que no creía en Dios y empecé a considerar la ciencia como la única manera verdadera de conseguir nuevos conocimientos. Así mismo, quería alcanzar una buena comprensión de los motivos de mi existencia para cuando esta llegara a su fin y de las razones por las que forjé la personalidad de la que poco después hice gala. Fue también en esa etapa cuando decidí que quería dedicarme a la investigación.

He pasado los años posteriores a este episodio sin dejar de pensar acerca de mi existencia, ni de investigar sus fundamentos. Muchos científicos quieren hacer contribuciones decisivas y a menudo buscan maneras de reducir el sufrimiento humano o animal, de mejorar las condiciones de vida o de resolver amenazas que se ciernen sobre toda la humanidad, como el cambio climático. Mi motivación ha sido más personal. Tan solo quería comprender los motivos de mi existencia y lo que había tenido que acontecer para que pudiera estar aquí.

Tomé estas decisiones hace más de treinta años. He tardado mucho en llevar a cabo mis resoluciones, porque la vida se interpuso en el camino. Me casé, formé una familia, me divorcié y me casé de nuevo. En ocasiones me he divertido mucho, en otras me he sentido triste; a veces las cosas han sido fáciles y enriquecedoras, otras difíciles o frustrantes, como le pasa a todo el mundo. No obstante, mis ansias de entender los motivos de mi existencia no han dejado de acompañarme en ningún momento, y leer la obra de autores como Bill Bryson o David Christian, que han escrito volúmenes fabulosos sobre el universo, me llevó a pensar que yo también podía redactar un libro parecido, si bien con un enfoque diferente de quienes me habían precedido. No dispongo de todas las respuestas sobre las razones de nuestra existencia, pero he logrado una buena comprensión de los acontecimientos cruciales que tuvieron que producirse para llegar a ella y también de los motivos por los que los científicos creen que sucedieron.

Durante mi trabajo como investigador, pude darme cuenta de que hay muchas personas que no confían en la ciencia y que tienden a no hacerle caso. Es cierto que esta puede ser difícil, que algunos de sus resultados son contraintuitivos y que no siempre se ha enseñado de la manera más atractiva. Una parte de esta desconfianza se debe a que los avances tecnológicos que ha hecho posibles en las últimas décadas son deslumbrantes, sin duda, pero no siempre se han empleado para beneficio de la humanidad. Por ejemplo, dividir el átomo fue un logro científico notable, pero también inauguró la época de las bombas atómicas, con su capacidad de exterminar al género humano. De un modo parecido, los láseres se pueden emplear en cirugía ocular, pero también como armas que destruyen los tejidos vivos, mientras que los drones no tripulados pueden utilizarse para plantar semillas desde el aire sin pisotear el suelo o para arrojar bombas sobre personas a cientos de kilómetros del operador.

No se puede culpar a la ciencia de la manera en que se la emplea. Cuando se utiliza para matar o causar daño a los seres humanos es porque alguien ha decidido hacerlo así. Del mismo modo, cuando se utiliza para el bien, esto también es decisión de alguien. La ciencia no es más que una manera de obtener conocimientos acerca del mundo. Sus beneficios van desde ampliar la esperanza de vida mediante la erradicación, prevención y tratamiento de múltiples enfermedades, hasta aumentar la seguridad alimentaria en muchas partes del globo. El que estas ventajas hayan redundado en un aumento de la felicidad de los seres humanos es algo menos evidente. La tecnología nos aporta tiempo, tanto en el sentido de hacer que nuestras tareas cotidianas sean más fáciles como en el de aumentar el número de años que podemos vivir. Pero también puede causar ansiedad. ¿Podría la inteligencia artificial escribir un libro como este más rápido que yo? ¿Acaso versiones posteriores de ChatGPT harán que mi puesto de trabajo sea redundante? No tengo respuesta a estos interrogantes, pero me consta que una comprensión más profunda de la ciencia permite participar en el debate sobre su uso en mejores condiciones. Al centrarme en los motivos de nuestra existencia, me di cuenta de que también quería defender la actividad científica. No cabe duda de que es una asignatura más ardua que la historia o la filosofía, pero puede ser un motor de progreso de un modo en que ninguna otra disciplina consigue serlo. Sin ciencia ni tecnología nos sentaríamos a la intemperie a merced de las inclemencias del tiempo, discutiríamos sobre el motivo de que se produzcan los fenómenos naturales y especularíamos sobre la causa de los terremotos, si acaso constituyen una muestra de enfado de un poderoso espíritu ancestral o bien son una premonición de calamidades futuras. Hoy en día sabemos, mediante la investigación, que los seísmos ocurren cuando enormes extensiones de roca, que forman la superficie de nuestro planeta, se deslizan unas sobre otras. La ciencia es sorprendente. Gracias a ella podemos alcanzar una buena comprensión del modo en que hemos llegado a existir, aunque su aplicación por nuestra parte nos haya llevado a transformar el mundo en décadas recientes de manera significativa. El siguiente capítulo está dedicado a su funcionamiento y a la manera en que podemos descubrir hechos concretos. Si no fuera por el método científico, no sabríamos nada acerca del comportamiento del universo y sobre cómo este llegó a ser como es en la actualidad. Sin duda, el desarrollo del método se puede considerar uno de los grandes logros de la humanidad.

1

El método científico

Tales de Mileto puede presumir de haber sido el primer científico del mundo. También fue el más antiguo de los siete sabios de la Grecia clásica, personajes que alcanzaron la fama por sus logros en filosofía, en la promulgación de leyes y en la política, y a los que se reverenciaba por su sabiduría y conocimientos. Tales nació hace 2.600 años en la ciudad epónima y, de dar pábulo a todo lo que se ha escrito sobre él, tuvo una vida sorprendente y fue poco menos que una celebridad entre sus contemporáneos.

Reconstruir los episodios de su biografía no es tarea fácil, ya que no hay constancia escrita de buena parte de los descubrimientos que se le atribuyen hasta varias décadas después de su muerte. Las menciones de sus logros fechadas durante su vida son muy escasas y no se han podido encontrar textos de su puño y letra. En todo caso, historiadores de la época clásica tales como Heródoto y Eudemo lo tenían en muy alta estima y enumeraron sus hallazgos más notables, entre los que se incluyen la medición de los diámetros del Sol y la Luna, el cálculo de que el año tiene 365 días, mejoras en la navegación mediante el uso de las estrellas fijas, la predicción de eclipses solares, la determinación de los solsticios de verano e invierno, el desvío del curso del río Halis para que un ejército pudiera cruzarlo, la enunciación de numerosos teoremas matemáticos, la invención del comercio de materias primas y la demostración de que la Tierra es una esfera. Es cierto que las evidencias de que fue él quien realizó estas proezas son más sólidas en unos casos que en otros, pero todos ellos tienen algo en común: buscaba obtener conocimientos a través de hipótesis comprobables.

Los científicos, desde la época de Tales de Mileto hasta la actualidad, se esfuerzan por descubrir hechos acerca del mundo. Para hacerlo, emplean una herramienta denominada método científico, que es de una potencia increíble a pesar de su simplicidad. Todos los fenómenos descritos en este libro han sido caracterizados de este modo.

La ciencia consiste en explicar los motivos por los que se produce una observación determinada, para predecir a continuación las ocasiones futuras en que va a suceder lo mismo. Las observaciones más sencillas se refieren a cosas que pasan siempre, como caer al suelo después de saltar. Cuando esto sucede, no flotamos hacia el espacio, sino que volvemos a la Tierra, algo que debemos agradecer a la fuerza de la gravedad, que siempre tira de nosotros hacia abajo. Sin embargo, otros casos son más complejos, porque a veces se producen ciertos fenómenos que están ausentes en otras ocasiones. Por ejemplo, cuando se deja en reposo un cubito de hielo, este puede transformarse en un líquido o permanecer en estado sólido. Cuando la temperatura está por debajo del punto de congelación del agua (al menos en la Tierra y al nivel del mar), el hielo no experimenta cambios, pero por encima de este valor, se convierte en líquido. La ciencia pretende explicar estas observaciones e identificar las circunstancias en que se producen ciertos fenómenos. Tanto saltar como que se derrita o no el cubito son hechos empíricos relativamente sencillos que se pueden repetir muchas veces.

Otros acontecimientos menos habituales son más difíciles de analizar. La constatación de nuestra existencia y dilucidar si tú y yo éramos inevitables en el momento del nacimiento del universo es algo muy complejo de entender y predecir, porque solo ha ocurrido una vez. A pesar de ello, la comunidad científica ha perseverado y ha avanzado poco a poco en la resolución del problema. Por otro lado, lo sucedido en un pasado remoto es siempre complicado de estudiar, tanto más cuanto mayor sea el tiempo transcurrido y, por norma, menor la información disponible. Conocemos mejor la vida de los famosos en la actualidad (de hecho, a menudo sabemos más de lo que quisiéramos) que la biografía de las personas eminentes de la Grecia clásica. A su vez, se sabe más sobre la población de la antigua Mileto que sobre los habitantes de Çatalhöyük, la primera ciudad del mundo, que llegó a su apogeo hace unos 9.000 años. El hecho es que la información escasea al remontarse en el tiempo. El registro fósil, que tanto ha contribuido a nuestra comprensión de la evolución de la vida, es muy parco y a menudo presenta lagunas insalvables. Lo cierto es que son muy pocos los individuos de una especie que se fosilizan tras la muerte. Hasta la fecha, los paleontólogos solo han desenterrado los restos de 32 ejemplares de *Tyrannosaurus rex* adultos, a pesar de que estos animales eran muy grandes y tenían huesos y dientes enormes, que son las partes del cuerpo que se conservan con mayor probabilidad. Puede parecer que 32 son muchos, y lo son en comparación con otras especies, pero hay que tener en cuenta que este temible y gigantesco dinosaurio habitó la Tierra durante 2,5 millones de años y se estima que pueden haber nacido hasta 2.500 millones de ejemplares en total. De extrapolar esta tasa de fosilización a los seres humanos actuales, dentro de 66 millones de años solo se conservarían los restos de cien de nosotros, lo que equivale al 0,00000128 % de la población mundial.

Para que un animal (o una planta) experimente este proceso, debe fallecer en circunstancias muy concretas y en un entorno adecuado. Si alguien quisiera aumentar sus posibilidades de quedar fosilizado, lo mejor que puede hacer es morir sepultado bajo los sedimentos de una inundación repentina o las cenizas volcánicas de una erupción inesperada. Después, sus restos deben permanecer inalterados durante al menos 10.000 años. Sin embargo, nada de todo esto garantiza que se alcance el objetivo. A mí me gustaría quedar fosilizado (mis hijos afirman que ya lo estoy), pero también querría tener una muerte más pacífica que ser enterrado vivo por el lodo o la lava. El motivo de mi deseo es que serviría de ayuda a futuros científicos, para que pudiesen interpretar la historia que estamos haciendo hoy mismo. Lo cierto es que, si algún paleontólogo descubriese mi fósil en la posteridad, podría ser más útil a la humanidad tras mi muerte que en vida.

La historia evolutiva de los organismos que vivieron en el pasado está escrita en parte mediante impresiones en roca. No obstante, estos grabados son escasos y a menudo sirven de poca ayuda a la hora de investigar las razones por las que tú y yo existimos. A pesar de ello, los paleontólogos que estudian los fósiles han realizado notables hallazgos acerca de la historia natural de la vida.

En este capítulo me propongo explorar la manera en que funciona la ciencia. El método científico consiste en varias técnicas que permiten hacer descubrimientos sobre el universo en que vivimos. A diferencia de lo que parecen creer ciertos políticos populistas y algunos gurús de las redes sociales, repetir una y otra vez algo ficticio no es una forma válida de obtener conocimientos. Tan solo es una manera pasada de moda de interpretar la realidad. Antes de los hallazgos alcanzados gracias al método científico, era habitual explicar las observaciones del mundo que nos rodea mediante mitos. Muchos de ellos son bastante entretenidos, pero en general no son nada más que fábulas.

A la vista de todo el conocimiento que hemos obtenido gracias a la investigación científica, me sorprende y decepciona que las leyendas y las invenciones no hayan dejado de desempeñar un papel destacado en la sociedad actual. He conocido a simpatizantes de teorías de la conspiración que creen que la familia real británica pertenece a una raza de lagartos alienígenas, que Elvis sigue vivo y está oculto en algún lado, que Donald Trump ganó las elecciones de 2020 en Estados Unidos, que la llegada a la Luna fue rodada en un plató y que Keanu Reeves es inmortal y podría, de hecho, ser un vampiro. Algunas de las ideas más descabelladas en este sentido pueden ser risibles, pero cuando un grupo de personas abandona el terreno de los hechos para enarbolar sinsentidos que carecen por completo de demostración alguna, pueden causar un daño muy real. La ciencia ha demostrado de manera concluyente que ni la homeopatía ni la curación a distancia tienen efecto alguno sobre la salud, del mismo modo que el jengibre no puede acabar con el cáncer. Sin embargo, hay muchas personas que se aferran a estas creencias sin fundamento. Es cierto que la ciencia y la medicina no son capaces de curar todas las enfermedades, pero han hecho progresos asombrosos en el tratamiento de muchas de ellas. Darles la espalda sin más a los fármacos modernos, tan solo porque un místico al que nunca has conocido en persona se ofrece a elevar plegarias desde Tombuctú para sanarte, conlleva el riesgo de acortar tu vida. Confía en la ciencia. Esta aporta pruebas para defender o rechazar una hipótesis dada y para explicar lo que hasta ese momento no tenía explicación. En cambio, los mitos y las conspiraciones no se basan en evidencia alguna. Nuestra civilización ha logrado avanzar gracias a la ciencia, no porque haya sectas o sociedades secretas que manejen los hilos entre bastidores. Los hechos empíricos que han llevado hasta nuestra existencia son mucho más interesantes que cualquier bulo o teoría conspirativa. Además, pueden comprobarse.

El método científico parte de una observación, a menudo planteada como un interrogante. Esta puede referirse a cualquier aspecto del mundo natural o artificial. Tal vez sea algo tan sencillo como ¿por qué está ese árbol ahí? o ¿por qué ese tipo de árbol y no otro de otra especie? O ¿por qué enfermo? y ¿por qué me curo de la enfermedad? O ¿por qué vuelvo siempre al suelo cuando salto hacia arriba? y ¿por qué ya no nieva tanto en Inglaterra como cuando mis padres eran jóvenes? La observación a la que me refiero en este libro es «tú y yo existimos» y el interrogante que me planteo es «¿por qué estamos vivos?». La ciencia nos ha permitido hacer grandes avances a la hora de dar una respuesta a esta cuestión.

Me he planteado preguntas como estas desde que era pequeño, y sospecho que en más de una ocasión puedo haber vuelto locos a mis padres. Cuando tenía tres o cuatro años me llevaron por primera vez a ver el mar. Según me han contado, me quedé mirando embelesado las olas durante varios minutos, antes de preguntar por qué subían y bajaban. Mis padres son personas con educación superior y una cierta comprensión de la ciencia. Sin embargo, poco después les hacía preguntas a las que no podían responder, de modo que fuimos a la biblioteca a por libros científicos. Pasaron los años, y cuando era un adolescente me suscribieron a una revista semanal de divulgación para jóvenes. Esperaba expectante su llegada y la leía de cabo a rabo. Incluso a veces dibujaba gráficas o intentaba escribir ecuaciones para comprender mejor algunos de los conceptos sobre los que acababa de leer.

El método científico

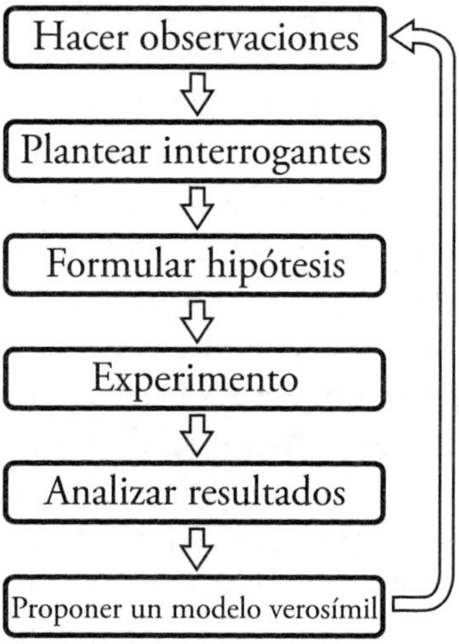

Si me hubieran llevado al psicólogo cuando era niño, este habría concluido que era un pequeño excéntrico y sabiondo. Si hubieran llevado a mis padres, habría descubierto que mi obsesión por la ciencia, junto con mis malas notas en la escuela, les preocupaba sobremanera. No me gustaba el colegio. No solo porque la mayor parte de mis compañeros pensaran que yo era un bicho raro (tampoco me hizo ningún favor en este sentido el hecho de que durante la mayor parte de mis años adolescentes fuera vestido con pantalones bombachos, zapatos de cuero acabados en punta, gabardina y un sombrero de ala estrecha), sino sobre todo porque nos daban listados de hechos para memorizar, en vez de enseñarnos cómo funciona el mundo. En todo caso, en clase nunca se habla-

ba del método científico. Lo tuve que investigar yo por mi cuenta en casa.

Una vez realizadas las observaciones, el siguiente paso es formular una hipótesis, que es una explicación plausible de los hechos observados. Un psicólogo que me hubiera analizado de niño podría plantear la hipótesis de que estaba predeterminado por mi herencia genética a ser un friki de la ciencia. Sin embargo, este extremo no habría sido fácil de comprobar a principios de la década de 1980, y para que una propuesta de este tipo sea útil tiene que ser comprobable mediante observaciones adicionales, experimentos, o ambos. Si no cumple este requisito, equivale a un mito o a un cuento: puede ser atractivo, pero el conocimiento no puede ir más allá de lo empírico.

Para poner un ejemplo de la manera adecuada de realizar este proceso, tomemos la primera cuestión planteada: ¿por qué está ese árbol ahí? La he elegido por dos motivos principales. En primer lugar, es algo que todo el mundo puede comprender, aunque es posible que nunca nos haya surgido al ver un ejemplar concreto. Después, porque al poco tiempo de empezar mi doctorado, me senté durante cerca de una hora a mirar un abedul que se alzaba en medio de un campo y me hice exactamente esa pregunta. Ese episodio dio origen a mi tesis doctoral: ¿de qué manera contribuyen los animales, como ardillas y ciervos, a la distribución de poblaciones de árboles en un medio?

La respuesta más inmediata a este interrogante es que una semilla capaz de brotar de esa misma especie llegó hasta ese lugar y que las condiciones eran las adecuadas para su germinación y para la supervivencia y el crecimiento del plantón, hasta convertirse en retoño y en adulto después. Para ello, fue necesario que el brote superara las amenazas que representaban los herbívoros, que podían devorarlo, y los patógenos, causantes de enfermedades mortales. Además, los aportes de agua, luz y nutrientes debían ser adecuados. Puede que una respuesta así sea una perogrullada, pero ¿cuántas hipótesis hay que formular y comprobar antes de llegar a esta conclusión? Resulta que no son pocas.

Para empezar, habría que proponer y demostrar que los árboles nacen de semillas, algo que en la actualidad nos resulta evidente. Sin embargo, para comprobarlo se podría hacer un experimento, reunir simientes de diferentes tipos de especies vegetales, plantarlas en sitios concretos y esperar a ver qué crece a partir de ellas. Dado lo que se sabe hoy en día, esto podría parecer algo trivial y ridículo, pero hasta mediados del siglo XIX muchas personas creían todavía en la generación espontánea y en que podían surgir criaturas vivas a partir de objetos inanimados, como las piedras o el agua. Esta creencia coexistía con la certeza de que se necesitaban semillas para obtener una cosecha, a pesar de lo cual no se aceptaba de manera generalizada que la simiente era imprescindible para que naciera la planta, ya que se pensaba que la vida podía surgir por sí misma bajo ciertas condiciones. Por ejemplo, algunos escritores del siglo XVII afirmaban que el trigo y los trapos producían ratones de forma espontánea.

Cuando se reúnen semillas en un experimento y se plantan, no todas germinan ni dan lugar a plantones, pero si bastantes de ellas lo hacen, esto supone una prueba de que pueden originar retoños de árboles. No obstante, esta comprobación lleva de manera natural a otro interrogante: ¿por qué no brotan todas? Aquí es posible formular la hipótesis de que las condiciones locales determinan la germinación y la supervivencia. Otro experimento podría consistir entonces en emplear varios tipos de suelo para la siembra y en aportar cantidades diferentes en cada caso de luz, agua y nutrientes, para ver a continuación qué semillas salen adelante y cuáles no. Si estas brotan en unas condiciones, pero no en otras, esto explica la observación de que no todas ellas tienen éxito a la hora de producir plantones.

No obstante, incluso cuando los factores externos son favorables, no todos los brotes se convierten en retoños. La pregunta que surge a continuación es el motivo por el que esto sucede. En algunos casos puede que esto se deba a la ingesta por herbívoros, tales como insectos, caracoles, conejos o ciervos. En otros, tal vez sea a causa de ataques de virus, bacterias u hongos y de las afecciones causadas por estos. Sea como fuere, estas observaciones conducen de manera natural a la formulación de nuevas hipótesis, según las cuales las enfermedades y algunos animales son causas destacadas de mortandad. El siguiente experimento en este sentido consistiría en comparar el rendimiento de las semillas, de los plantones y de los retoños cultivados en condiciones favorables de luz, agua y nutrientes, pero expuestos en algunos casos a herbívoros y patógenos y protegidos de su actuación en otros. Si las tasas de mortalidad son diferentes en ambos grupos, quedaría demostrado que estas causas son factores determinantes en las posibilidades que tiene una semilla de llegar a producir un árbol adulto.

No obstante, incluso cuando se proporcionan agua, nutrientes y luz en cantidades adecuadas y no intervienen patógenos ni herbívoros, hay algunas semillas que no logran germinar. Ante esta observación, cabe formular la hipótesis de que hay algo defectuoso en ellas. Es posible que su constitución interna no sea la correcta, o que se hayan estropeado con el paso del tiempo, o que haya algún error en sus genes. Cualquiera de estos factores puede impedir que broten. Para comprobar estos extremos, sería necesario ir del campo y el invernadero al laboratorio. Habría que utilizar microscopios, básculas, espectroscopios, aparatos para secuenciar el ADN e incluso la ingeniería genética, para comparar la morfología, el metabolismo y el código genético de las diferentes semillas, antes de plantarlas en condiciones ideales y controlar cuáles germinan y cuáles no.

Como parte de mi tesis doctoral, realicé experimentos en los que impedía el paso de ciervos a ciertas zonas de un bosque en Inglaterra y comprobaba el efecto que esto tenía sobre la mortandad de semillas y plantones. Para ello, rodeé ciertas parcelas con una valla y las llamé «áreas con tratamiento de exclusión de herbívoros», mientras que elegí otras del mismo tamaño cuyo acceso no estaba restringido, a las que denominé «áreas de control». A continuación, planté en ellas semillas y plantones. Mi intención era que las condiciones en todas las zonas fueran tan similares como fuera posible en todos los aspectos, excepto en la presencia o ausencia de ciervos.

Utilicé una guadaña para eliminar todas las plantas bajo el dosel del bosque en las áreas de control y tratamiento. En una ocasión en que estaba bastante aburrido, me dediqué a blandir la guadaña y a gritar «soy la muerte». Justo en ese momento pasaba por un recodo del camino una señora que había salido a pasear a su perro y que me sorprendió en esta tesitura, antes de alejarse a toda prisa. La zona de mi estudio estaba cerca de una institución de máxima seguridad para criminales mentalmente inestables, de modo que no perdí el tiempo en alejarme del lugar, en caso de que la mujer llamara a la policía para denunciar que un interno se había escapado. Por lo menos, en esa época ya no llevaba la gabardina ni el sombrero verde. A pesar de este contratiempo, el experimento fue un éxito y pude estimar el significativo impacto que tenían los ciervos sobre la supervivencia de semillas y plantones de varias especies en mis áreas de investigación.

Cuando acabé mi estudio de campo, había aportado mi granito de arena para comprender dónde y por qué podían arraigar con éxito ciertos árboles. En ese sentido, era un proyecto útil, pero no respondía al segundo interrogante planteado al principio del capítulo: ¿por qué está ahí ese tipo de árbol y no otro de otra especie? ¿Por qué ese ejemplar que vi tantos años atrás era un abedul y no un coco de mar? Para contestar esta segunda pregunta, hay que formular nuevas hipótesis.

Estas pueden referirse al hecho de que ciertas condiciones favorezcan la germinación de semillas de una especie concreta, en lugar de otra, o bien a que esto sea el resultado de la cercanía de sus progenitores y de la mera suerte. Estas variables son determinantes a la hora de que una simiente específica llegue a un lugar determinado en el momento apropiado para su germinación y para la supervivencia del plantón. Tal vez los abedules necesiten cantidades diferentes de luz, agua y nutrientes para brotar que el coco de mar. Lo cual se presta a reflexión: ¿por qué tienen los diferentes árboles semillas tan distintas, en tamaño y forma, y acaso ayudan estos factores a algunas especies a prosperar en ciertos entornos en vez de otras? Varios investigadores han intentado dar respuesta a este interrogante y, mediante la aplicación del método científico, han logrado explicar el motivo por el que una planta en concreto da frutos particularmente enormes.

El coco de mar (*Lodoicea maldivica*) es un tipo de palmera que se encuentra solo en un par de islas en las Seychelles y cuya semilla es la más grande del mundo. Digamos que no es aconsejable ponerse bajo una de estas plantas en la época en que sus frutos empiezan a caer: pueden pesar hasta 20 kilos y medir un tercio de metro. Un impacto directo en la cabeza podría matar a cualquiera. En cambio, es probable que el choque con una semilla de abedul pase desapercibido, porque apenas tiene uno o dos milímetros de longitud y no llega al gramo. No obstante, y a diferencia del coco de mar, esta especie está presente en la mayor parte de Europa y Asia, una zona mucho más extensa que un par de islas. Los biólogos no han prestado mucha atención al tamaño diminuto de las semillas de abedul, pero desde hace muchos años les han llamado la atención las enormes dimensiones de los frutos del coco de mar. Ahora se sabe ya el motivo por el que crecen tanto.

Las primeras palmeras evolucionaron hace 80 millones de años, unos 14 antes de la extinción de los dinosaurios. A partir de ese momento, el coco de mar se adaptó para crecer en zonas de suelo pobre, donde los minerales y nutrientes son escasos. En este sentido, ha desarrollado características que lo hacen especialmente adecuado para medrar en entornos difíciles, en los que ejemplares de otras especies suelen encontrar una muerte prematura. El precio que ha de pagar para vivir en estas condiciones es que la mayoría de las otras plantas tienen ventajas competitivas cuando se trata de crecer en sustratos más ricos. ¿Cuáles son estas características para especializarse en terrenos con poco alimento?

Para empezar, la evolución ha dotado a sus hojas de una forma particular, para actuar como canalones y dirigir la lluvia hacia la base del tronco. De este modo, al caer las gotas, arrastran el guano, el polen y cualesquiera otros restos que puedan haberse acumulado en la superficie, y el agua, enriquecida ahora con valiosos minerales y nutrientes, va a parar al suelo, junto a las raíces. Allí empapa la tierra y es absorbida por la planta, que la emplea para dar lugar a nuevas ramas, frutos o más raíces. Así, el coco de mar ha evolucionado con hojas de una forma única para capturar los nutrientes y minerales que tan escasos son en el suelo en que vive.

Por otro lado, también es notable su eficacia a la hora de extraer alimento de su propio follaje, antes de que este se desprenda del tronco. De hecho, ninguna otra especie vegetal conocida es tan buena a la hora de reutilizar los recursos. El entorno en el que habita la palmera es tan pobre que todo debe reciclarse, siempre que sea posible. No se malgasta nada. Sin embargo, esto no explica por qué son tan grandes sus semillas.

El coco de mar invierte una cantidad considerable de valiosos recursos en la producción de enormes frutos, que tardan hasta cuatro años en desarrollarse y otros dos en germinar, una vez que han caído de la planta. Esta ha evolucionado para producir semillas enormes, repletas de nutrientes, de modo que los plantones que brotan de ellas empiezan su vida con una importante ventaja: cuentan con alimento suficiente para crecer a gran velocidad y alcanzar con rapidez un tamaño a partir del cual son capaces de capturar los escasos minerales y nutrientes del entorno, gracias a sus propias hojas acanaladas. Es decir, nacen con una ventaja intrínseca frente a otras especies vegetales que tienen semillas de menor envergadura, cuyos brotes no pueden desarrollarse tan rápido a partir de las reservas proporcionadas.

No obstante, las semillas de grandes dimensiones no se pueden alejar mucho de su lugar de origen, y ese es precisamente el caso del coco de mar, cuya simiente germina en la mayor parte de los casos a la sombra de su progenitora. Por otro lado, esta es la única especie vegetal conocida que cuida de sus descendientes, algo que resulta asombroso de verdad. En efecto, hay muchos animales que lo hacen, pero este parece ser un caso único entre las plantas. Varios experimentos han demostrado que los brotes que surgen inmediatamente bajo su progenitora crecen a mayor velocidad que aquellos que lo hacen más lejos. Esto se debe en parte a que el efecto de canalón que hacen las hojas de la palmera originaria, al conducir el agua y la suciedad hasta la base del tronco, también beneficia a sus retoños más cercanos. Sin embargo, no acaba ahí la cosa. Muchos árboles producen una serie de sustancias químicas que impiden que las semillas de su propia especie germinen a sus pies, para evitar la competencia. El coco de mar no solo no lo hace, sino que proporciona a sus jóvenes de manera activa un entorno que les ayuda a crecer.

En lugar de producir solo una semilla al año, o unas pocas, como es el caso de esta palmera, los abedules liberan cientos de miles de ellas cada vez. Además, sus minúsculas simientes tienen unas pequeñas alas, de manera que el viento las arrastra durante bastantes kilómetros. Lo cierto es que es poco habitual que les vaya bien bajo el dosel del bosque, mientras que salen adelante y prosperan cuando caen en entornos despejados, con muy poca competencia. Esto quiere decir que solo unas pocas alcanzan condiciones adecuadas para la germinación y, en consecuencia, el ciclo vital del abedul es muy diferente al del coco de mar. Mientras que el primero produce millones de semillas y se asume que casi todas ellas van a encontrar una muerte temprana, el segundo apenas produce unas pocas en toda su vida, pero cada una con unas posibilidades razonables de alcanzar la edad adulta. Los botánicos se han servido del método científico (observación, hipótesis, experimento y vuelta a empezar) para obtener una cantidad impresionante de conocimientos sobre los motivos por los que especies concretas de plantas se hallan en determinado lugar y por los que presentan adaptaciones específicas para crecer y desarrollarse en ese entorno.

Puede que tú en concreto nunca te hayas preguntado las razones por las que un tipo determinado de árbol se encuentra en un lugar específico, pero si alguien te pidiera que lo explicaras, lo más probable es que formulases algunas hipótesis sobre la forma en que la semilla llegó hasta allí, germinó y creció para convertirse en un plantón y luego en un ejemplar adulto. Podrías hacerlo porque en el fondo todos somos científicos y formulamos hipótesis para explicar el mundo que nos rodea. Es posible que estas versen sobre hechos triviales, como las razones por las que alguien no te saludó esta mañana en la calle, o que se refieran a interrogantes tan trascendentales como el sentido de la vida. A menudo, también es posible adelantar varias propuestas posibles para explicar una misma observación concreta. Tal vez no sepamos con certeza por qué el perro ha vomitado en la moqueta, pero podría ser por el kebab abandonado que se comió ayer en el parque durante su paseo, o porque le pusieron la vacuna de la rabia hace un par de días.

La formulación de hipótesis es el segundo paso del método científico, una vez que se han hecho las observaciones pertinentes. El siguiente paso es recopilar toda la información relevante para comprobar las propuestas. ¿Cómo se lleva esto a cabo? ¿Qué evidencias son aceptables y cuáles no? ¿Cuándo es suficiente? El método científico implica algo más que observaciones, hipótesis y experimentos. Requiere saber que los resultados empíricos observados son reales y no se han producido por casualidad. ¿Cómo hacen los científicos para sopesar las pruebas y decidir que confirman o contradicen una hipótesis determinada?

Cuanto más audaz sea una afirmación, mayor tiene que ser el soporte empírico que la respalde. Si alguien asegura que ha encontrado la cura del cáncer, debe ser capaz de demostrarlo, de forma que convenza al resto de la comunidad médica. Parte del método científico consiste en ser capaz de proporcionar pruebas que apoyen las conclusiones a las que se ha llegado. Además, otras personas deben poder repetir los experimentos y llegar a los mismos resultados. En ocasiones se formula una hipótesis y se registran algunas observaciones que la respaldan o se diseñan experimentos que la confirmen, solo para descubrir que los datos recogidos son insuficientes para llegar a una conclusión convincente. Tomemos como ejemplo a tres especies de homínidos que demuestran los diferentes niveles posibles de evidencia.

En el folclore irlandés, los lepricanos son duendes solitarios de baja estatura. A menudo se les representa (por lo menos a los varones) con barba y vestidos de verde. Yo podría afirmar que hay uno viviendo en mi jardín, e incluso hacerlo de manera que suene convincente. Sin embargo, hasta que proporcione alguna prueba de su existencia, no hay razón alguna por la que nadie tenga que creerme. No basta con asegurar algo para que quede demostrado.

¿Qué tipo de pruebas cabe exigir? Sería ideal que los propios observadores lo vieran por sí mismos, o en su defecto, si ya no estuviera vivo, su cadáver. Las fotografías de alta calidad y sin manipulaciones podrían ser aceptables, al igual que una muestra genética de una nueva especie relacionada con los seres humanos. En ningún caso se debería aceptar solo mi palabra por sí misma, sin importar lo persuasiva que pueda parecer. El principal punto fuerte de la ciencia es que siempre está basada en evidencias y que se deben aportar pruebas para confirmar o refutar una hipótesis. Si esta viene apoyada por una gran cantidad de experimentos, pasa de ser una simple suposición a ser un hecho contrastado. Para que quede constancia, no puedo demostrar en modo alguno que haya un lepricano en mi jardín. Lo cual no es en absoluto sorprendente. ¿Cómo podría sobrevivir esta criatura sin ser pisoteada por mi rebaño de unicornios?

Es muy posible que todo el mundo piense que cualquier afirmación que yo pueda hacer sobre la existencia de los duendes domésticos irlandeses carezca por completo de fundamento, pero ¿alguien ha oído hablar del *Orang pendek*? Cada cierto tiempo se reciben informes acerca del hallazgo de pruebas que demuestran la existencia de una nueva especie homínida, viva en la actualidad. Alguien regresa de una expedición y trae «evidencias» de que existe el Yeti, o Pie grande, o el *Orang pendek*. Este último es un simio bípedo que se supone habita en las regiones más remotas de las selvas de Sumatra, y su caso sigue el patrón habitual. Un aventurero cualquiera retorna de un territorio lejano y presenta las pruebas que ha reunido de la presencia de una nueva especie, sea el *Sasquatch*, un Simio del pantano o el *Batutut* vietnamita, y se desencadena la locura mediática. No obstante, poco después se calman las aguas, la historia pasa de moda y los medios de comunicación se dedican a informar sobre un político corrupto o una celebridad insolente, lo que sea que sirva para rellenar el hueco al final de los telediarios. Cuando el público ha perdido el interés en el tema, la debilidad de las evidencias aportadas empieza a salir a la luz de manera gradual: una fotografía borrosa que podría perfectamente ser de cualquier cosa, un dudoso molde en escayola de una huella, pelos que se cree que pertenecen a la criatura o relatos inverificables de miembros de la población local. En algunos casos, el pelaje es sometido a un examen genético y se concluye que pertenece a una vaca, una cabra o un perro, o bien no se puede extraer ninguna muestra de ADN (ácido desoxirribonucleico, la molécula que encierra las instrucciones para construir un organismo). A menudo, la persona que ha reunido estas pruebas tan endebles está convencida de lo que vio, pero no siempre comprende que la mayoría de los científicos exigen demostraciones más concluyentes, e idealmente una muestra de un ejemplar de la especie, tal como un esqueleto.

Una vez asistí a una conferencia en el Instituto de Zoología, la rama del Zoológico de Londres que se dedica a la investigación, en la que se habló de avistamientos del *Orang pendek*. El ponente estaba convencido de la existencia de esta criatura a raíz de la evidencia aportada, pero el resto del auditorio no. Sin embargo, en la conversación posterior quedó claro que la mayor parte del público deseaba creer en estas pruebas. Después de todo, el descubrimiento de un nuevo gran simio sería un importante avance en biología y el autor de tal hallazgo podría reclamar unos muy merecidos laureles. Sin embargo, la mayoría de los asistentes también creían que las imágenes proyectadas eran demasiado borrosas como para constituir una evidencia fiable y daban poca credibilidad a una entrevista con un miembro de una tribu local, cuyo testimonio se aportaba como prueba de la existencia del *Orang pendek*. No cabe duda de que la persona entrevistada era un experto en la flora y fauna nativas, después de haber pasado muchos años en la selva, pero fue incapaz de volver al lugar en el que afirmaba haber enterrado a una de estas criaturas que había encontrado muerta. Por otro lado, su afirmación de que la especie tenía la capacidad de quitarse los pies y volver a ponérselos al revés, para confundir a los cazadores, carecía de verosimilitud, ya que ninguna otra especie de simio, ni de animal, puede hacerlo. Sería un rasgo evolutivo muy peculiar, porque es poco probable que una característica así dotase a su poseedor de una ventaja a la hora de producir crías, el motor de la evolución, en comparación con otro ejemplar de tobillos más firmes. Incluso un miembro del público dijo dar más credibilidad a la afirmación del entrevistado de que en una vida anterior había sido una paloma que a este truco de ponerse los pies del revés. En conclusión, le dijimos al investigador que le deseábamos la mejor de las suertes a la hora de reunir más datos, al mismo tiempo que expresamos lo que haría falta para convencernos. No pierdo la esperanza de que algún día nos lleguen noticias del descubrimiento fehaciente de un ejemplar de una nueva especie de gran simio vivo en Sumatra. Aunque mejor espero sentado. Del mismo modo, me encantaría enterarme de que yetis y pies grandes pasean a sus anchas por las zonas más remotas de nuestro planeta, pero, de nuevo, tengo la sospecha de que eso es poco probable.

No siempre hacen falta una gran cantidad de materiales para proporcionar pruebas irrefutables de la existencia de una nueva especie. Los lepricanos no existen y es poco probable que el caso del *Orang pendek* sea diferente, pero la Mujer X sí lo hizo y formaba parte de un grupo de homínidos llamados denisovanos. Estos vivieron en la prehistoria, como los neandertales, pero habitaron en Asia central, no en Europa, y estaban estrechamente emparentados con los humanos actuales. No se han recuperado suficientes restos como para determinar que constituyen una nueva especie, aunque lo que se ha descubierto ya es notable de por sí. Buena parte de lo que sabemos sobre ellos se debe a una única falange (el nombre científico que se da a un hueso de un dedo de la mano o el pie), que se sometió a los análisis más avanzados y que arrojó luz sobre el recorrido evolutivo de la humanidad.

Este relato empieza en una caverna en el macizo de Altái, en Siberia, en la que vivía un ermitaño ruso. Este hombre, llamado Dionisi, habitó la gruta a finales del siglo XVIII. Su nombre se traduce al inglés como Denis y de ahí el apelativo de cueva Denísova que se dio a esta oquedad entre las rocas.

No obstante, él no fue la primera persona que utilizó este refugio. Los arqueólogos rusos que han excavado la zona han encontrado evidencias de presencia neandertal, de la «Mujer X» y, más recientemente, de seres humanos modernos, todos los cuales ocuparon la gruta a lo largo de un período de al menos 100.000

años. Entre los hallazgos había un huesecillo del dedo de una niña, que no era ni neandertal ni *Homo sapiens*, la denominación latina que recibimos los humanos actuales, lo que permitió identificar a la Mujer X. Cabe destacar que no fue la estructura ósea la que permitió descubrir esto, sino la secuenciación del ADN extraído de su interior.

La pequeña de la que procedían los restos habitó la caverna en algún momento hace entre 30.000 y 50.000 años. Los científicos aún no han concluido si se trata de una especie diferente a la nuestra o bien si es una subespecie, por lo que todavía no se le ha asignado una nomenclatura. En biología, los organismos se clasifican según la especie a la que pertenecen, pero en ocasiones es difícil acotar este concepto, ya que los individuos que integran una misma clasificación pueden variar de manera sustancial de una población a otra. Por ejemplo, el tigre de bengala (*Panthera tigris tigris*), el de Sumatra (*Panthera tigris sumatrae*) y el siberiano (*Panthera tigris althaica*) presentan pequeñas diferencias de aspecto entre sí, sus poblaciones son diferentes desde el punto de vista genético y han evolucionado por separado durante lo que podrían ser cientos de generaciones. A pesar de ello, todos son tigres y pueden procrear unos con otros para producir descendencia viable. En consecuencia, se dice que son subespecies. A menudo se afirma que la Mujer X es una denisovana, y si por mí fuera la clasificaría como una subespecie, junto con neandertales y humanos modernos, aun a riesgo de irritar a algunos paleontólogos.

Se sabe muy poco de la vida de esta niña, pero se pudo extraer y secuenciar su ADN a partir de la falange recuperada. Para ello, se emplearon una tecnología puntera y grandes dosis de esmero. Se comparó su genoma con muestras neandertales y de humanos modernos de todas partes del mundo y los resultados demostraron que no pertenecía a ninguno de estos grupos. El fallecimiento de la Mujer X puede haber sido un suceso ordinario, aunque no me cabe la menor duda de que sus familiares y amigos lo lamentaron mucho, pero el descubrimiento de un huesecillo de uno de sus dedos ha tenido una repercusión extraordinaria: ha obligado a reescribir la historia de nuestros antepasados.

El descubrimiento de los denisovanos supuso una auténtica conmoción en la comunidad científica. Sin embargo, esta no era la primera vez que las pruebas de una subespecie extinta similar a la nuestra despertaban un vivo interés. En 1856, tres años antes de que Darwin publicara *El origen de las especies*, se encontraron restos óseos en una cueva en el valle de Neander, en Alemania. Sus diferencias con los huesos de los humanos modernos eran evidentes, y cuando el hallazgo fue anunciado en un periódico de Elberfeld causó un gran revuelo. A lo largo de los años siguientes, los eruditos propusieron que los fósiles encontrados pertenecían a un cosaco ruso, a un nativo americano, a un soldado en las huestes de Atila, a un individuo que sufría raquitismo o a un miembro de una tribu extinta, que se suponía había habitado en Europa en poblados primitivos antes de la llegada de los moradores modernos del continente. William King publicó un artículo en 1864 en el que trazaba un paralelismo entre los restos fosilizados y los huesos de ciertos simios, tales como chimpancés y gorilas, antes de llegar a la conclusión de que se trataba de una nueva especie, a la que llamó *Homo neanderthalensis*. La comunidad científica aceptó de forma gradual que otras especies (o subespecies), parecidas a los humanos actuales, existieron una vez en Europa y en general se dio por sentado que los neandertales eran toscos, salvajes y brutales. Esta opinión tardó buena parte de los siguientes 150 años en verse superada.

Hasta que se dispuso de la posibilidad de secuenciar cantidades minúsculas de ADN extraído de restos óseos muy antiguos, la teoría tradicional de la evolución humana sostenía que una especie, llamada *Homo erectus*, se desarrolló en África, antes de expandirse por Europa y Asia hace 2 millones de años. Su éxito fue asombroso y evolucionó hasta dar lugar a los neandertales y a varios otros grupos, como el diminuto *Homo floresiensis*, un homínido del tamaño de un hobbit que habitaba la isla de Flores, en Indonesia. Mientras tanto, en África, los descendientes de *Homo erectus* siguieron evolucionando y se convirtieron en los antecesores de los humanos modernos, hace cerca de 300.000 años. Algunos de estos abandonaron el continente por primera vez 125 milenios después, pero solo llegaron hasta la península Arábiga, Siria y Turquía. Sin embargo, no consiguieron establecer poblaciones permanentes y en consecuencia desaparecieron. Hace 60.000 años se produjo una segunda emigración desde África, que tuvo más éxito. Esta oleada llegó al sur de Asia hace entre unos 50.000 y 60.000 años, y unos pocos milenios más tarde se extendió hasta Australia. Hace cerca de 40.000 años colonizaron de manera efectiva el continente europeo, antes de llegar hasta América, entre 25.000 y 16.500 años atrás. Al mismo tiempo que se producía esta expansión por todo el globo, *Homo sapiens* compitió con éxito frente a los homínidos más primitivos que habían evolucionado a partir de *Homo erectus*. Los neandertales fueron la última de estas especies en extinguirse, algo que ocurrió hace aproximadamente 30.000 años.

A mediados de la década de 1990, se especulaba si los seres humanos procedentes de África y los neandertales habían tenido descendencia conjunta de manera habitual, pero dado que no existían fósiles de criaturas mixtas, el debate carecía de pruebas. Recuerdo que, en una ocasión en 1994, durante una entrevista en televisión, le preguntaron a un colega mío por este tema. Explicó que carecíamos de evidencias al respecto, pero que él pensaba que lo más probable era que no hubiera sucedido. Unos días más tarde, recibió una carta de una espectadora en la que afirmaba: «Los neandertales y los humanos modernos se reprodujeron entre sí y yo puedo demostrarlo: le adjunto una fotografía de mi pareja». Bromas aparte, lo cierto es que los neandertales se extinguieron hace muchos miles de años y que a finales de la década de 1990 parecía imposible saber si en alguna ocasión se habían cruzado con *Homo sapiens*. No obstante, es sorprendente el punto hasta el que la genética ha supuesto un adelanto en el campo de la evolución humana en las últimas tres décadas.

El descubrimiento de la falange de la Mujer X, junto con los hallazgos de restos neandertales bien conservados y los significativos adelantos tecnológicos a la hora de extraer ADN de fósiles antiguos, que permiten recomponer secuencias genómicas a partir de meros fragmentos, han permitido a los biólogos dar respuesta de un modo riguroso y científico al interrogante acerca de la posibilidad de cruces entre neandertales, *Homo sapiens* y denisovanos. Sin embargo, este trabajo se debe realizar con sumo cuidado.

Con el paso del tiempo, el material genético de los cadáveres se degrada, ya que los enlaces químicos entre los átomos que lo forman se rompen con los años. El ritmo al que esto sucede depende del entorno. La temperatura promedio en la cueva Denísova apenas ha superado los cero grados desde el fallecimiento de la Mujer X. Al mismo tiempo, el aire relativamente seco de la caverna ha preservado fragmentos del ADN de la fallecida, de modo que los científicos pudieron extraer pequeñas cantidades a partir del hueso. Llegados a este punto, fue necesario proceder con sumo cuidado para que la falange no sufriera contaminación alguna por material genético de otros humanos, incluido el propio Dionisi o los miembros del equipo que realizaron el hallazgo. Los investigadores debían tener también la certeza de que las muestras conseguidas pertenecían a una criatura estrechamente emparentada con el género humano y no a otro animal o a alguna bacteria que pudiera haberse refugiado en la cueva o vivido en ella. Mediante la aplicación de procedimientos extremadamente delicados, fue posible asegurar que el ADN recuperado no estaba contaminado en modo alguno y, así, un equipo de biólogos de Alemania pudo extraer y secuenciar el genoma de la Mujer X. A continuación, compararon estos resultados con los de multitud de seres humanos modernos de diferentes partes del globo y con los obtenidos a partir de huesos y dientes de neandertales.

Aunque el material analizado en el estudio inicial provenía de una única falange, permitió obtener muchos datos. El ADN consiste en cadenas de moléculas llamadas nucleobases o bases nitrogenadas. Estas se presentan en cuatro variedades: adenina, guanina, citosina y timina, indicadas respectivamente por sus iniciales A, G, C y T. El orden de su configuración se denomina secuencia, de modo que AACACTGT es una secuencia diferente de ATTAGAGC. El genoma consiste en cerca de 3.000 millones de estos caracteres, unidos entre sí en 46 cadenas diferentes, cada una de las cuales se conoce como cromosoma. En un primer momento, el genoma de la Mujer X fue secuenciado con una profundidad de 1,9, lo que quiere decir que en promedio cada base de cada cromosoma fue registrada algo menos de 2 veces. Es decir, todos los elementos A, G, C y T fueron identificados por una máquina diseñada para leer hileras de estas letras. Los integrantes individuales de una configuración pueden no ser detectados nunca o pueden serlo en repetidas ocasiones. En este caso, los componentes de la cadena fueron leídos un promedio de 1,9 veces. ¿Por qué hacerlo así?

Cuando se analiza un genoma en la actualidad, no es posible registrar de golpe el orden de las bases nitrogenadas en un cromosoma entero. Ello se debe a que la secuenciación implica tomar muestras de material genético de varias células de un mismo sujeto y los resultados se obtienen de forma fragmentaria. Muchos de estos pedazos son cortos y pueden no abarcar más que unas pocas decenas de componentes de la cadena. El proceso, por lo tanto, parte de la lectura del orden de las letras en muchos fragmentos de ADN, antes de recurrir a programas informáticos para recomponer la hilera entera. De este modo, cuanto mayor sea el número de veces que se registra cada base, junto con sus vecinas inmediatas en los diferentes trozos de material genético, mayor es la posibilidad de obtener la secuencia completa de un cromosoma y recomponerlo de manera correcta a partir de los diferentes fragmentos.

Cabe preguntarse por qué es esto tan complicado. Imaginemos una cadena muy corta que consista solo en las letras ACAGTCAGA, que a su vez se recupere en dos partes, ACAG y TCAGA. ¿Como recomponer la secuencia inicial? ¿Debe ir ACAG primero y luego TCAGA, o es al revés? Las cosas son más complicadas todavía, porque no hay manera de saber si los fragmentos de ADN deben leerse de izquierda a derecha o en el sentido contrario. ¿Es ACAG o GACA? Con una profundidad de 1,9 es difícil recomponer un genoma entero de manera fiable. En la actualidad, no es extraño alcanzar profundidades de 30, y de hecho investigaciones posteriores sobre el material genético de la Mujer X, llevadas a cabo apenas cinco años después de la publicación del primer estudio, lograron unos resultados cercanos a esta marca.

Una analogía útil para comprender mejor esta tarea consiste en imaginar a alguien que cogiera muchas copias de este libro, las hiciera pedazos, de modo que no hubiera más que unas cuantas palabras en cada trozo, y luego quisiera recomponer el texto original. Salvo que el proceso es mucho más difícil en el caso de la secuenciación genética, porque solo hay cuatro letras y no la totalidad del alfabeto. Además, no hay espacios y, a diferencia de las palabras, es imposible saber si los fragmentos se deben leer de izquierda a derecha o en el sentido contrario. Para empeorar las cosas aún más, este libro contiene cerca de tres cuartos de millón de caracteres, mientras que el genoma humano y el de nuestros ancestros es mucho más extenso. No cabe duda de que se trata de una tarea ardua.

El genoma de las especies del género *Homo* contiene cerca de 3.000 millones de pares de bases nitrogenadas. Los científicos que estudiaron a la Mujer X compararon las secuencias obtenidas con muestras de neandertales, de doce humanos de diferentes partes del mundo y de un chimpancé. Eso es una cantidad ingente de datos, unos 45.000 millones de letras. Este análisis permitió descubrir trazas de ADN denisovano en las poblaciones humanas actuales que viven en partes del sur de Asia y en Oceanía, mientras que los europeos modernos presentaban restos de genes neandertales.

¿Qué es más fiable a la hora de determinar la existencia, pasada o presente, de especies similares a los humanos? ¿Mi afirmación de que hay lepricanos en mi jardín? ¿Una fotografía desenfocada y el testimonio de alguien que fue una paloma en una vida anterior en el caso del *Orang pendek*? ¿O 45.000 millones de pares de bases nitrogenadas, una secuenciación genética cuidadosa en extremo y análisis estadísticos formales, en el de la Mujer X? La ciencia se basa en pruebas, y las evidencias de que nuestros ancestros tuvieron descendencia con neandertales y denisovanos son concluyentes. A pesar de ello, todavía queda algún científico suelto empeñado en considerar otras posibilidades, tales como patrones sesgados de errores en la replicación de genes (mutaciones en el ADN), que en potencia podrían generar los mismos resultados.

Sin embargo, hay pocas personas que consideren atractivas estas explicaciones, aunque siempre es importante formular hipótesis alternativas. Al fin y al cabo, de eso trata la ciencia, de plantear y comprobar explicaciones, para identificar aquellas capaces de producir un patrón de hechos observados.

No solo la historia del género humano se ha beneficiado de estos avances tecnológicos y de la gran cantidad de información que puede generar. Las colisiones de partículas que se suceden en el LHC producen tantos datos sobre las partículas fundamentales que componen el universo que solo se almacena una fracción de estos resultados (la que parece a primera vista que podría desvelar nueva ciencia), mientras que el resto se desecha. Algo parecido ocurre con los telescopios espaciales, como el recientemente lanzado James Webb. Estos instrumentos envían a la Tierra un gran número de imágenes en alta resolución de galaxias que se encuentran a miles de millones de años luz de distancia (a billones de kilómetros). Incluso tú, lector, produces grandes cantidades de datos, ya que tu teléfono inteligente se conecta a torres de telecomunicaciones y registra los pasos que das o los peldaños que subes. Los contenidos que compartes o consultas en las redes sociales se utilizan para elaborar mapas de visitas, del mismo modo que las transacciones comerciales que realizas con tus tarjetas de crédito o débito alimentan los bancos de datos. Se estima que la humanidad genera 1.145 billones de megabytes de información cada día. Para hacernos una idea de lo que esto significa, baste decir que las cerca de 130.000 palabras que hay en este libro se pueden almacenar en menos de medio megabyte.

Es probable que esta tendencia creciente se mantenga, y se estima que el volumen de datos producido por la población mundial podría duplicarse cada 18 meses o cada 2 años. Si nos remontamos a 1945, esto mismo sucedía cada 25 años. No hay manera de seguir el rastro a toda esta nueva información, y examinar siquiera una fracción supone un reto que pretende abordar una nueva rama del conocimiento: la ciencia de datos. Quienquiera que sea capaz de dominar y analizar esta enorme amalgama tendrá abiertas las puertas del mercado laboral en sectores tan diversos como la banca, las campañas políticas o las apuestas. En este sentido, las herramientas disponibles en este campo no dejan de aumentar y permiten a los científicos hacer observaciones cada vez más detalladas, al mismo tiempo que se incrementa el ritmo al que se generan los datos y, muy probablemente, también el conocimiento humano.

Para poder recopilar la información, es necesario que haya algo que observar y medir, ya sea una secuencia de ADN, los resultados de colisiones de partículas en el LHC o un fósil de *T. rex* con 125 millones de años de antigüedad. No obstante, en la actualidad hay muchas cosas más susceptibles de ser medidas que objetos que se conserven del pasado. Por ejemplo, se sabe mucho más de la biografía de Tales de Mileto que de la Mujer X, en parte porque esta vivió muchos milenios antes de que naciera el sabio griego (de hecho, antes de la fundación de las primeras ciudades, la invención de la escritura y el registro de acontecimientos históricos). Sin embargo, el análisis detallado de la información codificada en su ADN nos ha proporcionado una ventana por la que asomarnos a parte de la historia evolutiva del género humano. Gracias a la capacidad de extraer muestras de la falange de esta pequeña y de comprender las reglas generales que rigen la genética, hemos podido recomponer pieza a pieza el rompecabezas de la evolución de los homínidos. Puede que las hipótesis puestas a prueba en este caso sean mucho más complejas que la presencia de un árbol dado en un lugar concreto, pero no cabe duda de que todo el proceso se basa en el método científico. Esta es la razón por la que este es uno de los grandes logros de la humanidad. No solo puede resolver enigmas sobre nuestro pasado, o acerca de la presencia y la adaptación de árboles, sino también de la historia del universo.

Las observaciones fiables son fundamentales para la buena ciencia, y lo cierto es que los seres humanos hemos llegado a ser muy hábiles a la hora de hacerlas, con precisión y variedad. Sin embargo, no se acaba ahí la cosa. Esta ingente cantidad de datos supone un desafío. No solo su análisis requiere un gran volumen de recursos informáticos, sino que también cabe plantearse la posibilidad de que un determinado patrón sea producto del azar. ¿Qué requisitos debe cumplir para que podamos descartar esta eventualidad con seguridad? ¿O, por el contrario, es algo de lo que deberíamos preocuparnos?

El 61,4 % de mis estudiantes aborrecen la estadística, y no es nada fácil convencer al público en general de que esta disciplina puede ser divertida o útil. Sin embargo, el análisis estadístico es una de las piedras angulares de la ciencia moderna. Su objetivo en este campo es proporcionar una estimación de lo fiable que resulta un patrón detectado en las observaciones.

Supongamos que hay una bolsa muy grande de caramelos y que metemos la mano para sacar uno al azar. Es rojo. ¿Quiere eso decir que todos los dulces son del mismo color? Es intuitivo concluir que no se puede hacer esta afirmación, puesto que solo se ha tomado (o muestreado, como dirían los profesionales en la materia) uno de entre varios cientos. Si se cogiesen dos caramelos y ambos fuesen rojos, podríamos tener una mayor seguridad de que todos en el paquete son del mismo color. Si fuesen cincuenta los que cumplen esta condición, nuestra confianza en este sentido crecería mucho. No obstante, no podría ser completa hasta examinarlos todos. La función de la estadística es proporcionar una manera de evaluar la seguridad que podemos tener de que los patrones detectados no son fruto del azar. En este caso, el dato consiste en el número de caramelos que hemos sacado de la bolsa y el patrón es que todos son rojos. Lo que queremos es estar en posición de poder decir algo así como «tengo un 85 % de certeza de que todos los caramelos son rojos». Del mismo modo que todos somos científicos natos, también somos estadísticos. En efecto, no paramos de tomar decisiones basándonos en nuestra certeza de que algo ocurrirá o de que no lo hará. Incluso el escribir este libro es una apuesta de que alguien querrá publicarlo.

El inventor de la estadística moderna fue un biólogo, Ronald Fisher. Nació en Inglaterra en 1890 y murió en Australia en 1962, a los setenta y dos años. Desarrolló una cantidad muy considerable de herramientas estadísticas y cualquiera que haya tenido que soportar lecciones de esta disciplina debe agradecerle la invención de conceptos y métodos con nombres como «la máxima probabilidad», «el análisis de la varianza» y «la prueba F», que todavía hoy se enseñan en los cursos universitarios de ciencias, medicina y ciencias sociales.

No obstante, desde la época en que Fisher estableció las bases del análisis estadístico, este ha avanzado de manera considerable. En la actualidad hay una plétora de métodos en este campo, con denominaciones tan extrañas como los de «Montecarlo basados en cadenas de Markov con saltos reversibles», «algoritmos de recocido simulado transdimensionales» o «modelos jerárquicos bayesianos de estado múltiple». Todos ellos derivan de una intuición fundamental del biólogo inglés, según la cual las variaciones en las observaciones realizadas pueden desglosarse en las contribuciones de las fuentes. Para poner un ejemplo de ello, basta con imaginarse que pesamos a todas las personas que viven en un vecindario. El valor será distinto para cada una de ellas, lo que quiere decir que esta magnitud varía dentro de la población de la que se han obtenido los datos. Los métodos estadísticos permiten explicar cuál es el origen de estas diferencias. ¿Son resultado de la dieta, el lugar de nacimiento, la genética, el ejercicio, el género, la altura o la edad? Fisher desarrolló herramientas para estimar cómo contribuyen estos factores a la variación en las observaciones y para cuantificar la confianza que se puede depositar en las conclusiones.

El grado de seguridad aceptable en cada caso depende mucho del número de datos recogido. En física, a menudo se emplea un estándar llamado cinco sigma, que quiere decir que hay una posibilidad entre un millón de que el resultado obtenido sea solo debido al azar. En otros campos, en los que se dispone de menos datos, tales como la paleontología, el nivel que se considera adecuado para empezar a dar por bueno un resultado es de uno entre veinte.

La estadística es pues una manera de medir la confianza que merece cualquier patrón detectado y en este sentido se pueden aplicar sus métodos tanto a los valores observados como a los experimentales. Si los primeros presentan alguna pauta, el siguiente paso, si es posible, consiste en diseñar un experimento para investigar si es plausible que aquella se deba a un proceso o mecanismo conforme a la hipótesis formulada. Volviendo a la discusión planteada anteriormente sobre los motivos por los que un árbol concreto se encuentra en un lugar determinado, tal vez el investigador plante semillas de varias especies en diferentes condiciones y suelos para ver cuáles son las que germinan. Hay que tener en cuenta que un estudio bien diseñado incluye grupos experimentales y de control. En este ejemplo, los primeros son aquellos en los que se hace variar el tipo de semilla o de suelo, mientras que los segundos pueden consistir en tierra en la que no se planta nada, en simiente sin sustrato alguno o en muestras en que no hay ni una cosa ni la otra, para comprobar si puede darse la generación espontánea de formas de vida (adelantemos ya que no puede).

De este modo, un buen experimento arroja nuevos datos con los que comprobar una hipótesis referente a la causa de una pauta detectada en las observaciones. Esta nueva información puede someterse después a análisis estadísticos adicionales. Si la hipótesis se ve respaldada ahora en grado suficiente, se llega a una situación en la que se ha constatado la existencia del patrón inicial, se ha formulado una posible explicación sobre su causa y se han generado datos empíricos para comprobar si esta interpretación es plausible. En caso de que sea desmentida, también se obtiene una información valiosa, que puede resultar en el diseño de un nuevo experimento o en un conjunto de ellos.

No obstante, en algunos casos es imposible hacer este tipo de comprobaciones. Por ejemplo, no se pueden reproducir las condiciones existentes en el momento en que nació el universo, ya que esto supera con mucho nuestra capacidad técnica. Una consecuencia de ello es que estamos obligados a depender de la observación de objetos lejanos en el cielo nocturno, realizada gracias a telescopios. Cuando no se pueden hacer experimentos, la segunda opción es diseñar modelos matemáticos o simulaciones y comprobar que generan predicciones acordes a lo observado. Los científicos han hecho esto para el desarrollo del universo y han examinado los resultados en cada caso, para ver cuáles son más parecidos a lo existente. Aquellos que se ajustan mejor a la realidad tienen una probabilidad mayor de incluir en su planteamiento los procesos que están detrás de los patrones detectados.

Las matemáticas son un lenguaje exacto y sin concesiones, muy abstracto, que describe la manera en que diferentes objetos se relacionan entre sí y cambian a lo largo del tiempo o a través del espacio, incluso en dimensiones superiores a las nuestras que, en realidad, no podemos concebir. Al igual que ocurre con todas las habilidades del ser humano, sean deportes, música, bellas artes o el aprendizaje de idiomas, la facilidad para las matemáticas varía enormemente de unos individuos a otros. Hay quien las encuentra evidentes, mientras que para otras personas siempre serán un galimatías, sin importar el esfuerzo que hagan para dominarlas. Hay casos en que la ciencia no requiere su uso. Muchos estupendos investigadores experimentales, de campo o de laboratorio son grandes científicos, a pesar de que son matemáticos pobres o mediocres. Yo mismo soy razonablemente competente en esta disciplina, pero en absoluto excepcional. En cambio, se me da fatal el trabajo de campo. Por ello, tiendo a colaborar con otros profesionales que son expertos en áreas en las que carezco de talento. Precisamente una de mis habilidades más destacadas consiste en formar equipos con personas de capacidades complementarias para abordar cuestiones de interés.

No solo se han hecho simulaciones para el desarrollo del universo, sino también para el comportamiento de sistemas planetarios y galaxias, para reacciones químicas, para la diversificación de la vida o para el funcionamiento del cerebro humano. En realidad, no se me ocurre ningún aspecto de la ciencia que no haya sido modelado gracias al empleo de ecuaciones. Del mismo modo que hay diferentes géneros de música y estilos de arte, hay distintos tipos de modelos matemáticos. Algunos de ellos son deliberadamente sencillos, para examinar cómo podría un proceso determinado dar lugar a un patrón concreto. En cambio, otros son muy complejos y proporcionan descripciones precisas y en tiempo real de los sistemas analizados. Cada uno es útil a su manera y el quid de la cuestión es saber cuál emplear en cada caso. Albert Einstein, uno de los mayores genios de todos los tiempos, afirmó que «se debe hacer todo tan sencillo como sea posible, pero no más». En ocasiones, esto se ha interpretado como si quisiera decir que los modelos deben ser supersimples, pero esta forma de entender su frase no es adecuada. Hay ocasiones en que las simulaciones deben ser complejas si quieren conseguir sus objetivos. Por ejemplo, imaginemos que se ha desarrollado un programa muy complicado que predice a la perfección el comportamiento de la bolsa. No cabe duda de que esto haría muy felices a todos los inversores. Si cualquier intento de simplificar el modelo hiciera desaparecer su capacidad predictiva, entonces este ya no haría lo que se espera de él y sus usuarios llegarían a la conclusión de que la complejidad era necesaria para asegurarse una jubilación temprana. Es probable que a ninguno de ellos le importase no comprender el funcionamiento de la simulación, simplemente querrían que sus predicciones fuesen acertadas. En este caso, la complejidad del modelo se encuentra a un nivel adecuado, porque consigue hacer de manera efectiva aquello para lo que se diseñó: ganar dinero.

Estas herramientas son también extremadamente importantes a la hora de formular nuevas hipótesis. Una vez que se ha diseñado una simulación, esta puede emplearse para hacer predicciones y en ocasiones estas son susceptibles de comprobación mediante observaciones o experimentos adicionales. Por ejemplo, el Modelo Estándar de la física de partículas es una complicada ecuación que describe el comportamiento de tres de las cuatro fuerzas fundamentales que existen en el universo: la nuclear débil, la nuclear fuerte y la electromagnética. Los análisis de esta expresión condujeron a la predicción de la existencia del bosón de Higgs. En consecuencia, el LHC, la mayor máquina jamás creada, fue construida para buscarlo, hasta que lo encontró. De este modo, el estudio de una fórmula matemática llevó a la conclusión de que debía haber una nueva partícula fundamental y, cuando los científicos fueron a por ella, la hallaron justo donde el Modelo les había dicho. Este es un ejemplo impresionante del empleo de un formalismo matemático para formular una hipótesis que se vio luego confirmada por un experimento.

EL LHC es impresionante, un ejemplo del notable desarrollo tecnológico que científicos e ingenieros han logrado a lo largo de los dos últimos siglos. En la actualidad, es posible realizar mediciones que eran impensables hace poco más de una década y, además, con una precisión mucho mayor y un error mucho menor que antes. También hemos aprendido a manipular la naturaleza de modos novedosos, de manera que podemos modificar algunos de sus aspectos y comprobar cuál es el resultado.

La genética es uno de los campos en los que nuestra capacidad de comprender y alterar el mundo natural ha aumentado de forma drástica. Cuando estudiaba en la universidad a finales de la década de 1980, las prácticas que hacíamos en esta asignatura giraban casi en exclusiva en torno a moscas de la fruta, *Drosophila melanogaster*. Nos dedicábamos a cruzar ejemplares de diferentes características y a observar cuáles de estas estaban presentes en la descendencia. Eran cosas como el color de los ojos, o el número de pelos en las patas. Era muy aburrido, pero éramos capaces de predecir los patrones hereditarios y de deducir el número de genes implicados. Personalmente, a pesar de que siempre me gustaron la estadística y la evolución, encontraba estas sesiones prácticas extremadamente tediosas. Sin embargo, aprendí bastante en ellas y en la actualidad trabajo en un proyecto en el que hemos llevado este tipo de análisis mucho más allá de analizar pequeñas diferencias de aspecto entre moscas. También aquí ha sido fundamental un modelo matemático, que nos ha permitido obtener nuevos conocimientos.

Una de mis investigaciones se refiere a la población de lobos grises en el Parque Nacional de Yellowstone. Es un lugar espectacular para trabajar, y la reintroducción y readaptación de estos animales en el propio parque y en su entorno es uno de los grandes éxitos de la conservación de la fauna, logrado en buena medida gracias al esfuerzo incansable de mi amigo y colaborador Doug Smith. Es cierto que no a todo el mundo le gusta tener lobos cerca de su casa y a pesar de las notables mejoras en el paisaje, debidas a que estos depredadores mantienen controlada la población de alces, hay colectivos que no están de acuerdo con la iniciativa. Por ejemplo, los cazadores tienen que bajarse ahora del coche para disparar a los alces y por ese motivo están en contra de la medida.

Aunque el nombre común por el que se conoce en Norteamérica a la especie *Canis lupis* es lobo gris, lo cierto es que su pelaje puede ser también negro. La variación genética detrás de este último tono apareció en perros domésticos y pasó a los animales salvajes cuando estos se cruzaron con los primeros, poco después de la llegada de los seres humanos al continente. A partir de ese momento, el número de ejemplares negros empezó a aumentar en las manadas en libertad. Sin embargo, no hay individuos con esta característica en toda Norteamérica, sino que tienden a ser más abundantes al suroeste, hacia México, donde son comunes, y menos hacia el extremo norte y al este, cerca de Nueva Escocia, donde no los hay. En el resto del mundo no hay lobos negros, o son extremadamente poco habituales.

Si pudiéramos realizar en este caso el tipo de experimentos que hacía con las moscas de la fruta en la universidad, podríamos llegar a la conclusión de que los cambios en el pelaje se deben a una variación en un único gen. Si un ejemplar gris tiene cachorros con una hembra del mismo color, la camada es siempre gris. Ahora bien, si la pareja es mixta o negra, sus crías pueden ser negras o grises. La frecuencia con la que se dan estos casos revela que hay dos variantes, o alelos, en el gen. Llamémoslos Gris y Negro, o G y N. Cada individuo tiene dos alelos. Si ambos son G, el pelaje es gris, y si son N, es negro. Pero si uno es G y el otro N, el cachorro es negro. Se dice que el alelo N es dominante frente al G. Me habría encantado hacer experimentos de reproducción de lobos en la escuela, en lugar de cruzar solo moscas de la fruta, pero la normativa de seguridad e higiene lo habría prohibido.

En las zonas en las que están presentes, los ejemplares de pelaje negro son más habituales en regiones con muchos bosques, de modo que se formuló una hipótesis según la cual estos individuos tendrían una ventaja competitiva sobre sus congéneres más claros a la hora de cazar en la espesura, ya que se podrían camuflar mejor entre los árboles. Realizamos varios análisis estadísticos de las tasas de supervivencia y reproducción entre animales con genes diferentes e hicimos un descubrimiento intrigante. Los de color negro, pero con un alelo G y otro N (lobos GN), tenían más éxito a la hora de sobrevivir y reproducirse que los del mismo tono con dos alelos N (lobos NN). También tenían una tasa de supervivencia ligeramente superior a los GG. Este descubrimiento implicaba que la ventaja no residía en el pelaje a la hora de cazar en el bosque, sino que las variaciones genéticas responsables de esta característica debían serlo también de algo más. La razón para llegar a esta conclusión es que, aunque los ejemplares NN y GN son idénticos en lo que se refiere a su aspecto, su esperanza de vida al nacer es muy diferente. Si ser de color negro fuese el único factor determinante, entonces las tasas de supervivencia deberían ser iguales en ambos casos. Sin embargo, los individuos NN solían morir jóvenes y en caso de llegar a la madurez no se reproducían casi nunca. Por el contrario, los GN se las apañaban muy bien. Si el tono fuese una ventaja, entonces ambos tipos de lobos negros deberían sobrevivir y reproducirse con igual frecuencia. Dado que no es así, hay que concluir que los alelos que determinan el color del pelaje deben hacer también algo más que esto.

El gen responsable de esta pigmentación es el CBD103, que en otras especies se sabe que está asociado a la inmunidad frente a ciertas enfermedades. De modo que formulamos una nueva hipótesis: los lobos GN evitan las infecciones o luchan contra ellas mejor que sus congéneres de las variedades NN y GG. Cada pocos años aparece en Yellowstone el virus del moquillo, llamado CDV por sus siglas en inglés, que provoca algo así como un sarampión que afecta a los cánidos y a otros carnívoros. Según esta suposición, los ejemplares GN tendrían una probabilidad menor de morir durante un brote de CDV, en comparación con individuos negros NN o grises GG. Los análisis estadísticos realizados apoyaron esta hipótesis. La diferencia en la tasa de supervivencia entre animales GN y GG era mucho menos pronunciada cuando no había epidemia, mientras que a los NN les iba mal en todos los casos.

El CDV puede infectar a muchas especies de mamíferos, incluidos osos, mapaches y mofetas, y solo persiste en una zona concreta si en ella hay abundantes animales susceptibles de enfermar. Por lo general, tiende a haber más de estos hacia el suroeste de la región en la que habita el lobo y hay menos hacia el noreste. Por consiguiente, la presencia de ejemplares de pelaje negro viene determinada por la prevalencia del virus, que está a su vez condicionada por el número de especies que se pueden contagiar.

Por muy emocionante que pudiera ser el hecho de que los datos apoyaran nuestra hipótesis, lo cierto es que podía haber otras explicaciones para los patrones observados. Por este motivo, algunos de mis colegas de Los Ángeles, liderados por Bob Wayne, tristemente fallecido hace poco, diseñaron un fascinante experimento que demuestra hasta qué punto la tecnología ha supuesto una revolución en el estudio de los animales salvajes.

Lo primero que hay que hacer para estudiar a los lobos es encontrarlos, y a tal fin se colocaron localizadores en uno o dos ejemplares de cada manada. Estos dispositivos emiten señales de radio, no causan daño alguno al portador y no son muy diferentes de un collar que pueda llevar un perro doméstico. Sin embargo, en este caso hay que dormir primero al animal con un dardo tranquilizador. Mientras el individuo está sedado, se le revisa y se comprueba que no tenga enfermedades, se le pesa, se le hace un análisis de sangre y se toma una muestra de células del interior de sus mejillas. Estas se congelan y se llevan en avión a Los Ángeles, donde mis colegas las hacen crecer en el laboratorio. De este modo, cada lobo capturado tiene un cultivo guardado. Mediante el uso de métodos de ingeniería genética, llamados CRISPR, los investigadores en el proyecto crearon las tres variantes posibles en cada caso: una con el genotipo NN en el gen CBD103, otra con el GN y una tercera con el GG. No hubo ninguna otra alteración. Unas cuantas de estas células modificadas fueron expuestas a diferentes patógenos y se registró su respuesta. Este experimento estaba diseñado para comprobar si la configuración GN en el gen CBD103 era la responsable de proporcionar una ventaja competitiva, o si por el contrario esta se debía atribuir a otras causas. Los resultados confirmaron que el genotipo en CBD103 desempeña un papel crucial en la respuesta inmune, junto con otros muchos genes.

La tecnología de edición de genes permitió hacer hallazgos impresionantes y los análisis estadísticos pusieron de relieve las diferencias en las tasas de supervivencia entre lobos con diferentes genotipos en años en los que había brote de CDV y en los que no. Sin embargo, todavía no sabíamos si las diferencias en este sentido tenían una repercusión real sobre las poblaciones en libertad. Al fin y al cabo, todas las criaturas vivas deben morir, de modo que diferentes tasas de mortalidad causadas por el virus en ejemplares de genotipos distintos podrían no tener relevancia en última instancia. Para responder a esta cuestión, construimos y analizamos un modelo matemático, cuyo estudio nos llevó a hacer predicciones interesantes. Por ejemplo, asumamos que hay un lobo negro que vive en Yellowstone, un paraje en el que hay epidemias de moquillo cada pocos años. La estrategia más ventajosa que puede seguir este individuo, desde un punto de vista evolutivo, es aquella que maximiza el número de copias de sus genes en las generaciones futuras. En este caso, consiste en producir descendencia con genotipo GN (recordemos que este es inmune ante el CDV). La mejor manera de conseguirlo, para nuestro animal, es aparearse con otro que sea gris. No importa que se trate de un ejemplar negro NN o GN, la forma de aumentar al máximo las posibilidades de tener cachorros GN es elegir una pareja del otro color y lo mismo ocurre para lobos grises GG. Si esto es así, debería haber más casos de progenitores de tonalidades diferentes que iguales. Para comprobar esta predicción, observamos quién se apareaba con quién en Yellowstone y descubrimos que las parejas mixtas ocurrían más a menudo de lo que cabría esperar si estas se hicieran de manera aleatoria. En promedio, eran más comunes las formadas por un ejemplar negro y otro gris que del mismo color. No obstante, nuestro modelo también predijo algo más. En ausencia de CDV, siempre sería mejor producir lobos grises GG. Esto es así porque en regiones en las que el virus no está presente el genotipo GG es más ventajoso en términos evolutivos que las otras variedades. Es decir, en estas zonas los animales grises deberían procrear con otros ejemplares similares y el alelo N, y por lo tanto los individuos de pelaje oscuro deberían acabar por desaparecer de la población. Esto es exactamente lo que descubrimos. En las regiones de Norteamérica en las que no se producen brotes de CDV, o son muy esporádicos, no hay lobos negros.

Puede que nuestras predicciones no fueran tan impresionantes como las del Modelo Estándar, que anticipó la existencia de una nueva partícula, que fue posteriormente descubierta, pero pudimos hacer varias y comprobar que se cumplían. En este sentido, contribuyeron a demostrar que la evolución es un condicionante inapelable. En las regiones en las que está presente el virus del moquillo, los lobos que, por lotería genética, se sentían más atraídos por ejemplares de distinto color tenían una mayor probabilidad de engendrar cachorros que pudiesen llegar hasta la edad adulta, comparados con aquellos progenitores que elegían parejas de la misma tonalidad. Con el paso del tiempo, en las zonas en las que se producían brotes de CDV, un número cada vez mayor de individuos se reproducían con otros de diferente color, lo que dio lugar a la distribución que se observa en toda Norteamérica de lobos de pelaje negro.

Los avances tecnológicos no solo han causado una revolución en genética, sino también en física, química e informática. En la actualidad, es posible observar galaxias a más de 13.000 millones de años luz, del mismo modo que la estructura de moléculas de tan solo unos pocos átomos de tamaño. Podemos detectar ondas gravitatorias muy débiles generadas por la colisión de agujeros negros muy distantes, al mismo tiempo que es posible acelerar algunas partículas fundamentales hasta el 99,999999 % de la velocidad de la luz, mediante el empleo de electroimanes. La inteligencia artificial puede engañarnos y hacernos creer que estamos hablando con otra persona en vez de una máquina, o escribir trabajos universitarios pasables. Este desarrollo empezó la primera vez que nuestros ancestros tallaron piedras para producir bordes afilados. Ha llovido mucho desde entonces y nuestra tecnología puntera es a la par fascinante y preocupante.

La posibilidad de editar genotipos en un gen en células individuales, como hicimos con los lobos, representa un potencial para el tratamiento de enfermedades degenerativas en seres humanos, si la sociedad decide que estas herramientas se deben incluir entre nuestro arsenal de métodos para curar estos males. La investigación que hicieron mis colegas en el laboratorio sirve para demostrar todo lo que es posible en este sentido y los resultados desvelan lo que se puede conseguir. Al mismo tiempo, hay que tratar estas herramientas con cuidado. Todavía no comprendemos lo suficiente del genoma humano como para producir mediante ingeniería genética individuos resistentes ante ciertas enfermedades, ni con capacidades o habilidades determinadas. Sin embargo, se está adquiriendo este conocimiento a marchas forzadas, de modo que es importante que el uso de esta tecnología, incluida la terapia genética, reciba una regulación adecuada. La última generación de inteligencia artificial ha desatado unas preocupaciones similares. No cabe duda de que ChatGPT es un instrumento muy útil, pero debemos asegurarnos de que solo se utiliza para el bien.

Si las observaciones sirven para detectar un patrón, los procesos describen los motivos por los que este se produce y los mecanismos explican cómo se generan los procesos. Por ejemplo, la observación de que el hidrógeno y el oxígeno se combinan para formar agua es un patrón. La razón por la que estos elementos se comportan de esta manera es que sus átomos tienen cargas eléctricas opuestas, de modo que se atraen entre sí y se enlazan en una molécula. A su vez, este enlace se forma porque sus integrantes comparten partículas llamadas electrones. De este modo, una comprensión detallada de por qué se observa un patrón requiere el conocimiento tanto del proceso como del mecanismo.

A veces, en el progreso del conocimiento puede haber múltiples interpretaciones para un patrón determinado. Cuando esto sucede y mientras los investigadores se afanan en conseguir más datos que les permitan elegir una de las hipótesis en liza y descartar las demás, la mayoría de los científicos recurren a la navaja de Ockham para decidir cuál secundan. Guillermo de Ockham fue un teólogo y filósofo inglés nacido en el pueblo del mismo nombre, en Surrey, en 1287. Su «navaja» afirma que, en el caso de que haya múltiples explicaciones posibles para un mismo fenómeno, se debe dar preferencia siempre a la más sencilla. Es el enfoque

que adopto cuando se proponen interpretaciones incompatibles, pero de igual plausibilidad, y sobre todo recurro a esta filosofía en el capítulo final de este libro, cuando me propongo dar una respuesta al interrogante de nuestra existencia, si esta era inevitable o se debe solo a la suerte.

Aparte de responder a esta pregunta, quiero que este libro convenza a los lectores de los notables logros de la ciencia. Me es imposible resumir algo más que una pequeñísima parte de todo el saber acumulado por esta, pero con eso ya es suficiente para trazar la historia de nuestra existencia. Hay muchas personas que se muestran desconfiadas ante la ciencia. Sin embargo, no tienen por qué hacerlo. Merece la pena comprender el desarrollo y el funcionamiento de nuestro universo, ya que estos aspectos son tan notables como hermosos. No hay razón alguna para temer al método científico. Al contrario, debería ser adoptado en general, ya que ha permitido alcanzar, mediante el esfuerzo de millones de investigadores, un conocimiento que quita el aliento. Empecemos con la exploración de los motivos de nuestra existencia.

2

El comienzo

Siempre he sido un lector voraz. Mis padres solían pedirme que dejara de leer y saliera a jugar, al revés de lo que pasaba con los otros niños. Por la noche, cuando me mandaban a la cama, me escondía bajo las mantas con una linterna y un libro. No recuerdo cuál fue el primer volumen de ciencia que cayó en mis manos, pero a menudo iba a la biblioteca itinerante que se desplazaba hasta nuestro pueblo y sacaba en préstamo todos los textos científicos que podía encontrar. Los mejores eran los de física y sobre todo los que desvelaban los secretos del universo, aunque cualquier cosa sobre dinosaurios se le acercaba mucho. De hecho, abrigaba la esperanza de que unos exploradores espaciales descubriesen algún día que había dinosaurios vivos en otros planetas.

Sin embargo, aunque en casa devoraba los libros de física, en la escuela se enseñaba esta disciplina de un modo increíblemente tedioso. El temario nos exigía estudiar las diferencias entre la energía cinética y la potencial durante semanas enteras, pero nadie nos hablaba nunca de cosas realmente excitantes, como las supernovas. Nos dedicábamos a calcular el ángulo con el que una pelota rebotaba en un muro, pero no aprendíamos nada acerca de partículas como los cuarks o los fotones. En mis libros se decía que el tiempo se ralentizaba cuando la velocidad de un objeto se acercaba a la de la luz. En el aula, lo más emocionante que llegamos a hacer con la luz fue construir una cámara oscura.

Lo cierto es que mis profesores se esforzaban todo lo que podían por hacer interesantes sus clases, pero se enfrentaban a una batalla perdida. Quienquiera que fuese el que había diseñado el temario se había empleado a fondo para que esta fascinante asignatura resultase lo más aburrida posible. La física es la ciencia que explica los motivos por los que el universo se comporta como lo hace. Describe la manera en que operan las cuatro fuerzas fundamentales, el modo en que la energía y la materia (todo lo que puede ser pesado y ocupa un espacio) están relacionadas entre sí y la razón de las interacciones entre partículas. Hoy en día me parece increíble que ni yo ni mis compañeros de clase fuésemos deslumbrados con tan alucinantes conocimientos. Por mi parte, me mostraba indiferente a la par que resuelto. No dejé nunca de leer por mi cuenta sobre las partes interesantes de la física y enseguida llegué a la conclusión de que el mundo inanimado podía ser fascinante, hasta el punto de que incluso la energía cinética y la potencial podían resultar atractivas. En todo caso, cabe señalar, para los lectores que hayan tenido que soportar el mismo temario de ciencias con el que me torturaron a mí, que esta es la última mención de estos tipos de energía que se hace en el libro.

Para que tú y yo podamos existir, antes tuvo que hacerlo el universo, pero ¿cómo ocurrió esto? Damos por sentado que en el cosmos se dan las condiciones adecuadas para la aparición de la vida. ¿Acaso fue inevitable desde un primer momento que fuese así? ¿Podría haber nacido un universo en el que este desarrollo fuese imposible? Los científicos han determinado que si alguna de las características de la realidad fuera solo un poco diferente, entonces no habría átomos, ni estrellas, ni planetas, ni tú ni yo. Las etapas inaugurales de esta historia nos llevan desde un punto minúsculo de gran intensidad energética, a partir del cual creció el cosmos, hasta las partículas fundamentales, los primeros átomos y las primeras estrellas. Aún hay mucho que no se sabe sobre estos instantes iniciales, pero los investigadores han logrado descubrir cosas sorprendentes sobre la materia, la energía y las fuerzas que determinaron el curso del universo y de las combinaciones que se dieron entre estos ingredientes para poner los cimientos de la vida en la Tierra. Sin embargo, antes de embarcarnos en esta aventura, es necesario mencionar algunos datos.

En la actualidad, el universo tiene un tamaño verdaderamente inconmensurable. Nadie sabe con certeza cuánto mide, pero los científicos han estimado que tiene más de siete billones de años luz (la distancia que los fotones pueden recorrer en un año en el vacío) de diámetro. Es decir, que una señal luminosa tardaría 7.000.000.000.000 de años en atravesar esta enorme distancia. Esa unidad de longitud equivale a poco menos de 9,5 billones de kilómetros, lo que significa que el cosmos mide 42 billones de billones de kilómetros. Desde la Tierra apenas podemos ver una fracción de esta inmensidad, la que se conoce como el universo observable, de tan solo 93.000 millones de años luz, aunque es cierto que esta cifra no deja de crecer. Más adelante en este capítulo explicaré los motivos por los que esto sucede, junto a las razones por las que no podemos ver la totalidad de lo existente.

Es imposible concebir cualquier distancia que se deba expresar en miles de millones de kilómetros, dadas nuestras experiencias cotidianas en la Tierra. Para intentar hacernos una idea, baste decir que el vuelo más largo sin paradas que se puede tomar desde Londres, Inglaterra, es el que va a Perth, en Australia. Se tardan diecisiete horas y el avión recorre unos 14.500 kilómetros, lo que tan solo representa el 0,0000000015 de un año luz, algo que una señal luminosa atravesaría en menos de una vigésima de segundo. Una aeronave modelo Boeing 787-9 Dreamliner en este mismo viaje puede alcanzar una velocidad punta de 1.110 kilómetros por hora, algo irrisorio en comparación con los fotones. De hecho, lo es incluso con algunas de nuestras máquinas más veloces. La sonda solar Parker de la NASA es el objeto fabricado por seres humanos que más rápido ha ido. Alcanzó el 0,05 % de la velocidad de la luz cuando llegó a los 531.000 kilómetros por hora al pasar cerca del Sol. Sin embargo, esto no es más que 1/2.000 veces la rapidez a la que se desplaza un fotón en el vacío. No cabe duda de que estos son muy veloces y de que nuestro universo es verdaderamente enorme.

Para comprender el desarrollo de este cosmos inconmensurable, es necesario analizar el comportamiento de las minúsculas partículas a partir de las que tú y yo, junto con toda la materia, estamos hechos, así como las interacciones entre ellas. Su diámetro, en tanto en cuanto somos capaces de medirlo, se sitúa en torno a la milésima parte de una millonésima de milímetro y los científicos se refieren a ellas como fundamentales porque no pueden dividirlas en partes más pequeñas. En este sentido, son los ladrillos de los que se compone todo lo existente.

Estamos acostumbrados al comportamiento de las cosas de gran tamaño, tales como piedras, coches, aviones, asteroides, la Luna y los planetas en el sistema solar. Estos objetos se llaman macroscópicos porque son grandes en comparación con las partículas fundamentales. Todo lo que percibimos en nuestra vida cotidiana es de este tipo, desde otras personas hasta libros o vasos de agua, y se desplaza por el tiempo y el espacio de manera parecida a como lo hacemos nosotros. Sus contornos están bien definidos y no desaparecen de una ubicación para aparecer de manera misteriosa en otra, como pueden hacer algunas partículas fundamentales, tales como los electrones en el átomo. Por el contrario, en la escala espacial microscópica, en la que interactúan los componentes indivisibles de la materia, estos se comportan de manera muy diferente. Para empezar, es difícil asignarles una ubicación precisa y esto hace que su comportamiento sea muy peculiar. Durante partes de este capítulo y del siguiente, al hablar de las partículas fundamentales, puede ser conveniente renunciar en cierta medida al escepticismo. La realidad como la conocemos no tiene vigencia alguna en esta minúscula escala.

Hasta la primera mitad del siglo XX, la mayor parte de los científicos daban por sentado que el universo tenía un tamaño constante, que era inmutable, que siempre había existido y que no dejaría de hacerlo nunca. No obstante, al aumentar la potencia de los telescopios, se hizo evidente que ese no era el caso, sino que el cosmos se expandía. Esto sugirió la noción de que debía haber un punto de partida y de que en ese momento inicial el universo era muy pequeño, un punto minúsculo de intensa energía. No cabe duda de que ha crecido y cambiado mucho desde entonces.

De hecho, aunque empezó siendo minúsculo, ahora es inmenso. En cualquier dirección que miremos desde la Tierra, veremos una región suya. No podemos percibir su borde, pero aun así hay cosas de sobra que contemplar. Para poder visualizar esto, consideremos un hipotético viaje espacial. Imaginemos un astronauta en una nave a cuatrocientos kilómetros de la superficie de nuestro planeta, que es la altura a la que orbita la Estación Espacial Internacional. Si mira por la ventana, verá nuestro hermoso hogar. Es hora de empezar su periplo y aumentar la distancia. Al hacerlo, ve como se aleja la Tierra, en torno a la cual gira la Luna (como la Estación Espacial Internacional, pero más lejos), el siguiente objeto celeste que queda atrás. Después, sobrepasa otros integrantes del sistema solar. De estos, hay un total de ocho planetas en órbita alrededor del Sol (Mercurio, Venus, la Tierra, Marte, Júpiter, Saturno, Urano y Neptuno), además de uno enano llamado Plutón y millones de objetos rocosos de menor tamaño. Al superarlos, la luz que recibe de nuestra estrella disminuye en proporción a la lejanía, hasta que otras acaban por brillar con más fuerza. Eventualmente, pasará cerca de algunas de ellas, todas con su correspondiente corte de planetas y rocas. A su debido tiempo, también las estrellas serán cada vez más escasas y el Sol, perdido ahora en una inmensa nube estelar, será solo uno de tantos entre los más de 100.000 millones de puntos luminosos que giran en torno a un centro y que forman parte de nuestra galaxia, la Vía Láctea.

En la parte del universo que nos resulta visible hay cerca de un billón de galaxias. Al observarlas a través de un telescopio se puede descubrir algo interesante: la mayoría se alejan de nosotros y lo hacen a mayor velocidad cuanto más distantes se encuentren. Si pudiésemos dar marcha atrás en el tiempo, algo que los cosmólogos han hecho en simulaciones informáticas, descubriríamos que toda la materia y la energía, que en la actualidad se encuentran esparcidas por enormes regiones cósmicas, deben haber estado comprimidas en un único punto, llamado singularidad. Esta debió ser menor que la más pequeña de las partículas fundamentales, a la vez que extremadamente densa y caliente. A partir de esta minúscula región surgió este universo, en cuyo seno ha podido aparecer vida inteligente al menos en una ocasión, aquí en la Tierra. Los físicos han demostrado que las cuatro fuerzas fundamentales, que desempeñan un papel protagonista en nuestro relato, son cruciales a la hora de definir la forma en que se comporta todo lo existente, incluidos los motivos por los que el espacio se expande. En este sentido, determinan la manera en que las partículas, los átomos y los objetos de mayor tamaño, incluidos los planetas, las estrellas y las galaxias, interactúan entre sí. Dado que son un aspecto primordial de nuestra existencia, puede ser útil decir cuáles son, antes de entrar a considerar cómo se comportan y cómo funcionan. En buena medida son las protagonistas de este libro, ya que sin ellas ni tú ni yo estaríamos aquí y tampoco existirían los átomos de los que estamos hechos.

Lo cierto es que todos los objetos existentes están construidos a partir de átomos. Cada uno de estos consiste en un cuerpo central, denominado núcleo, compuesto a su vez de partículas de menor tamaño, llamadas protones y neutrones, en torno al cual orbitan los electrones, a distancias variables. El número de protones y electrones es el mismo y depende del elemento del que se trate. Además, el núcleo contiene uno o más neutrones, excepto por un tipo de hidrógeno que no tiene ninguno, aunque el número exacto depende del isótopo. Por ejemplo, el hidrógeno tiene siempre un protón y un electrón, pero en la naturaleza puede incluir cero, uno o dos neutrones, y las diferentes configuraciones se denominan protio, deuterio y tritio, respectivamente. Son lo que se conoce como isótopos del hidrógeno. A su vez, los componentes del núcleo están hechos de cuarks, que se mantienen unidos gracias a una fuerza llamada nuclear fuerte, la misma que impide que neutrones y protones se alejen unos de otros. Si no existiera, tampoco lo harían los núcleos atómicos, ni por supuesto la vida.

La siguiente interacción que se debe considerar es la fuerza nuclear débil. Es la razón por la que algunos isótopos son radiactivos, y también se deja sentir solo dentro del núcleo atómico. La mayoría de estos últimos son estables y sus neutrones no decaen de manera espontánea en protones, ni viceversa, lo que daría lugar a un átomo de un elemento diferente. No obstante, ciertos isótopos tienen una configuración inestable y esto puede hacer que un protón se convierta en un neutrón, o al revés. Cuando esto ocurre, se emite un tipo de radiación. No todos los elementos radioactivos decaen de esta manera, pero los que lo hacen, como el tritio (el isótopo del hidrógeno con dos neutrones, que decae para formar helio), deben este comportamiento a la fuerza nuclear débil. Podría pensarse que esta interacción tiene poca relevancia en la vida cotidiana, pero sin ella no podría ocurrir la fusión nuclear que alimenta el Sol. En efecto, ella es la causante de este proceso, que es responsable de que los isótopos de hidrógeno en el interior de nuestra estrella se conviertan en helio, lo que genera cantidades ingentes de energía, en forma de luz y calor. Sin la fuerza nuclear débil, todo el universo estaría a oscuras y no podría darse la vida.

Es habitual que protones y neutrones aparezcan representados como pequeñas bolas, que se juntan para formar núcleos atómicos. Esta analogía es bastante razonable, aunque no sea precisa del todo. En torno suyo da vueltas una mancha imprecisa, una nube borrosa de electrones, en órbitas que los químicos denominan orbitales. La fuerza electromagnética los mantiene en su sitio, para que no se alejen del núcleo, y sin esta atracción no existirían los átomos.

No obstante, el electromagnetismo es responsable de mucho más que esto. Hay diferentes tipos de átomos, dependiendo del número de partículas que contengan. La cantidad de protones es siempre la misma que la de electrones y es una cifra que determina el elemento del que se trata. Por ejemplo, el litio tiene tres protones y tres electrones, mientras que el carbono tiene seis. Cuando se produce una reacción química, los elementos que intervienen comparten o intercambian electrones entre sí, gracias a la fuerza electromagnética. Al hacerlo, forman moléculas. Un ejemplo de compuesto muy común es el agua, que contiene dos átomos de hidrógeno y uno de oxígeno, enlazados por la forma en la que comparten electrones. El dióxido de carbono, el metano y el óxido son otros ejemplos. La variedad de moléculas es extraordinaria, pero siempre están formadas por átomos, los cuales a su vez están hechos de protones, neutrones y electrones. De no existir la fuerza electromagnética, no habría ni átomos ni moléculas.

La última interacción que se debe considerar es la gravedad. No solemos reparar en el hecho de que caminamos por el suelo sin irnos flotando por el espacio. La responsable de que permanezcamos unidos con firmeza a nuestro planeta es la fuerza gravitatoria. Lo cierto es que atrae todos los objetos entre sí, de modo que cualquier cosa que tenga masa, incluidos los átomos, muestra una tendencia a agruparse. Su efecto se deja sentir en los cuerpos grandes tanto como en los pequeños. Mantiene a la Luna en órbita alrededor de la Tierra y a esta en torno al Sol, el cual a su vez da vueltas al centro de la galaxia. Todo el mundo sabe que nuestro planeta tarda un año en completar este periplo. Por su parte, la Luna emplea 27 días en realizar el suyo y el Sol y el sistema solar necesitan cerca de 250 millones de años para recorrer una vez la Vía Láctea. Es decir, vivimos sobre una roca que da vueltas en torno a una estrella que da vueltas en torno al centro de la galaxia. La fuerza gravitatoria es la responsable de mantener esta danza cósmica en movimiento y sin ella no existiría la vida, ya que no habría Sol, Tierra ni Luna.

De hecho, las cuatro interacciones son imprescindibles para la aparición de la vida, en el sentido en que determinan la forma en que se comporta el universo. Por lo tanto, comprenderlas es un paso adelante importante en la exploración de los motivos por los que existimos. Estamos hechos de partículas, que se han reunido para formar átomos y moléculas, las cuales a su vez se han combinado para formarnos a ti y a mí. Nuestro siguiente paso consistirá en investigar la manera en que las cuatro fuerzas fundamentales interactúan con la materia y afectan a esta.

Las partículas pueden combinarse y relacionarse de muchas maneras distintas. Las normas que determinan cómo lo hacen son constantes en todo el universo, aunque el resultado de su interacción depende del modo en que la materia esté distribuida en el espacio. Esto sucede en parte porque algunas fuerzas operan en volúmenes muy pequeños, mientras que otras lo hacen a escalas mucho mayores. Por ejemplo, la nuclear fuerte solo se deja sentir en los tamaños más reducidos. A continuación, viene la nuclear débil, mientras que las dos restantes ejercen su influencia a distancias mucho mayores.

En todo caso, las fuerzas nucleares fuerte y débil y la electromagnética funcionan de forma muy parecida y los cuarks y los electrones intercambian de manera constante entre sí unos paquetes de energía denominados partículas portadoras de fuerza. En el caso de las dos primeras interacciones, estas se llaman gluones y bosones (W y Z) respectivamente, mientras que en el electromagnetismo son los fotones. Los científicos sospechan que la gravedad se comporta de un modo parecido, pero todavía no han sido capaces de detectar su partícula portadora, que sigue siendo hipotética y se llama gravitón. Detectarla requeriría más energía de toda la que hay disponible en la Tierra. Según ciertas estimaciones, sería necesario construir un acelerador parecido al LHC, pero del tamaño del sistema solar, y situarlo en las proximidades de una estrella de densidad muy alta para observar un único gravitón cada década, más o menos. No cabe duda de que, de existir, estas partículas son muy esquivas. Por suerte, las portadoras que median las otras fuerzas son más fáciles de detectar y todas han sido observadas. Cada una de ellas está asociada a un campo y cada interacción fundamental dispone del suyo.

Estos campos atraviesan el universo en todas las direcciones y están presentes en todos los puntos, incluso en el espacio más profundo, entre las galaxias. La manera más sencilla de concebir esto es imaginarse el campo que rodea a un imán. Este se puede hacer visible al esparcir limaduras de hierro de manera uniforme en la superficie de un folio, colocarlo encima de un imán y dar unos golpecitos cuidadosos en el papel. Las limaduras se orientarán para dibujar unos arcos que van de un polo al otro. Lo que se consigue al hacer esto es trazar las líneas del campo de fuerza electromagnético. Los campos de fuerza asociados a las otras interacciones no son tan fáciles de observar, pero también están en todas partes todo el tiempo.

Cada uno de ellos consiste en una energía que experimenta fluctuaciones constantes, lo que a su vez hace que aparezcan y desaparezcan las partículas portadoras de esa fuerza. Estas no subsisten mucho tiempo, solo una fracción de una centésima de segundo, antes de desvanecerse de nuevo. De hecho, en ocasiones se las denomina partículas virtuales, aunque lo cierto es que son muy reales. Sea como fuere, la frecuencia con la que estas empiezan a existir y dejan de hacerlo aumenta cuando se encuentran en las proximidades de la materia, pero incluso en partes del universo muy alejadas de todo cuerpo la energía no deja de transformarse en ellas, antes de volver a su estado inicial.

El tamaño de estas partículas es minúsculo y no se las puede descomponer en elementos constituyentes más pequeños. Sin embargo, es posible que se estén dando otros procesos en escalas aún menores. Algunos físicos defienden la llamada teoría de cuerdas, que plantea la hipótesis de que puede haber estructuras diminutas y vibratorias, parecidas a cuerdas, que serían los componentes últimos de toda la materia. La frecuencia de esta vibración determinaría la partícula observada. Además, se cree que a este nivel tan reducido el espacio tendría un aspecto muy diferente al que percibimos a nuestro alrededor. En general, concebimos el espacio como algo continuo, que no está dividido en bloques discretos. Al caminar o conducir no se salta de una ubicación a la contigua, sino que nos desplazamos sin interrupciones. Sin embargo, se cree que estas estructuras vibratorias existirían a escalas tan pequeñas que el espacio podría perder esta característica y presentarse dividido en volúmenes discretos, un poco como si fuera una agrupación infinita de minúsculos bloques de construcción. Los físicos se refieren a esta pequeñísima distancia como escala de Planck y su asociada longitud de Planck (el lado de cada una de estas piezas) sería la menor que existe. Es decir, no podría dividirse más y la noción de media longitud de Planck no tendría sentido. Esta es también la escala a la que vibrarían las cuerdas, lo que haría que el espacio tuviese el aspecto de una espuma burbujeante, de poder observarlo a tamaños tan reducidos. Estas conclusiones se alcanzan a través del análisis de modelos matemáticos, porque no disponemos de la tecnología para realizar observaciones en la escala de Planck.

Este no es el único aspecto del universo que elude a los físicos. El cosmos consiste en materia (incluida la conocida como antimateria, de la que se hablará más adelante), en la forma de partículas fundamentales; en otras denominadas virtuales, que se producen y destruyen de manera continua y que median las interacciones de las primeras; en energía, que se presenta como luz y calor; y por último en algo llamado energía oscura, que debe existir, pero que los científicos no comprenden aún del todo. Cada uno de estos componentes debe estar ligado con los demás, pero todavía no está clara la forma en que el último ingrediente encaja en este esquema. Lo que sí saben los físicos es de qué modo la materia está ligada a la energía convencional (que no es oscura), mediante la ecuación más famosa de la ciencia, debida a Einstein: $E = mc^2$. En esta expresión, la E se refiere a la energía, m a la masa y c es la velocidad de la luz en el vacío, que es toda región del espacio que no contiene cuerpos con masa. De este modo, la fórmula liga estos dos ingredientes básicos de la realidad, al reflejar la relación que existe entre ambos. Asimismo, señala que la cantidad de energía encerrada en la materia es muy grande, porque c es un número muy alto: 299.792,458 kilómetros por segundo. Esta enorme cifra es aún mayor elevada al cuadrado, 299.792,458 x 299.792,458. Esto quiere decir que si se logra revertir este proceso, que es lo que ocurre en el interior de las estrellas y en las bombas atómicas, se genera un montón de luz y de calor. A la inversa, cuando se produce materia a partir de la energía, un gran volumen de esta queda atrapada.

Cuando nació el universo, hace 13.770 millones de años, solo había un punto de energía muy caliente, antes de que parte de esta se transformara en cuarks y electrones, que no volvieron a su estado anterior de manera instantánea, como ocurre con las partículas virtuales. En lugar de esto, subsistieron lo bastante como para que nosotros podamos existir. Permanecieron como materia, aunque los científicos no están seguros del todo de la razón. Lo que sí saben es que al poco tiempo empezaron a interactuar entre sí y que cuando el universo se enfrió hasta los 1.000 millones de grados los cuarks se unieron para formar los protones y neutrones que constituyen los núcleos atómicos.

Estos componentes subatómicos reciben el nombre colectivo de nucleones. Cada uno de ellos consta de tres cuarks, los cuales se presentan en dos variedades, llamadas up y down. Un protón contiene dos de los primeros y uno de los segundos, mientras que en el caso del neutrón es al revés. Estos se hallan encerrados, o confinados, en un volumen muy pequeño mediante partículas virtuales llamadas gluones, que cada par de cuarks intercambia de manera continua entre sí. Si aumenta la distancia entre ellos, también lo hace la intensidad del enlace, ya que aparecen y desaparecen más partículas virtuales, lo que los atrae de nuevo. Cada gluon intercambiado existe solo durante una fracción de segundo, mientras se desplaza de un miembro de la pareja al otro, pero el efecto de este movimiento es unir con firmeza los extremos del enlace.

Los cuarks tienen varias características que los científicos emplean para describirlos. Algunas de estas son la masa, el espín, una que se denomina color y la carga eléctrica. En el caso del cuark up esta última es positiva y equivale a 2/3 de la del electrón, mientras que el down la tiene negativa en cantidad de 1/3. De este modo, cuando se combinan dos del primero y uno del segundo para formar un protón, se suman estos valores y el resultado es +1. En cambio, en un neutrón, que tiene uno del primero y dos del segundo, el total es 0. La llamada carga de color es conceptualmente similar a la eléctrica, pero en vez de poder ser solo positiva o negativa, como esta, se puede dar en tres tipos diferentes, denominados rojo, verde y azul. No se deben tomar estos colores de manera literal, ya que solo son herramientas que utilizan los físicos para distinguir las tres variedades posibles. Además, la carga de color cambia cada vez que los cuarks interactúan entre sí e intercambian gluones.

La fuerza nuclear fuerte no solo confina a los cuarks en los nucleones, sino que también une a estos últimos dentro de los núcleos atómicos. Dos partículas con una carga eléctrica del mismo signo se repelen en virtud de la fuerza electromagnética, igual que los polos de un imán ejercen un empuje contra los del mismo tipo. Como los protones están cargados y son positivos, tienden a separarse en virtud de este efecto. No obstante, la interacción nuclear fuerte es lo bastante poderosa como para impedirlo. Esto no lo logra mediante gluones, sino a través de otras partículas virtuales llamadas mesones. Por motivos que no voy a explicar, estos no se consideran portadores de fuerza, aunque tienen un papel determinante en el funcionamiento de la interacción nuclear fuerte. Sea como fuere, al igual que los gluones, los mesones actúan en escalas muy pequeñas, solo un poco superiores al tamaño de un nucleón. No obstante, su capacidad para mantener a estos unidos es sorprendente. La intensidad del enlace que ejercen los mesones es suficiente como para que varios protones se mantengan dentro del núcleo atómico a pesar de estar cargados positivamente, a la vez que se combinan con los neutrones, que son neutros en este sentido.

Por el contrario, la fuerza nuclear débil es menos potente que la fuerte, pero se parece a ella en el aspecto de que solo se deja sentir en escalas muy pequeñas. Como ocurre en los demás casos, hay un campo asociado que se extiende por todo el universo y partículas portadoras, llamadas bosones W y Z. De hecho, hay dos tipos de bosones W, pero no es necesario que tengamos en cuenta esos detalles aquí.

Cuando la fuerza nuclear débil convierte protones en neutrones y viceversa, se emite una partícula beta. Estas son muy energéticas, lo que hace que sean radiactivas. Los elementos a partir de los que estamos hechos, incluidos el hidrógeno, el oxígeno, el carbono, el nitrógeno y el calcio, no decaen en otros diferentes. Son estables, lo que es una gran suerte, porque de no serlo nos desharíamos enseguida.

Los primeros núcleos atómicos que se formaron en el universo fueron los de hidrógeno y helio. Existían sin desintegrarse en el seno de un plasma caliente, junto con una nube de electrones libres, que son partículas con una carga eléctrica de -1. Permanecieron en este estado hasta que el universo se enfrió lo bastante como para que aparecieran los primeros átomos. Llegados a este punto, el electromagnetismo empezó a desempeñar un papel crucial en el desarrollo de la materia.

La fuerza electromagnética es cien veces más débil que la nuclear fuerte, pero se deja sentir a distancias mucho mayores que cualquiera de las dos interacciones anteriormente consideradas. Junto con la gravedad, es la más fácil de experimentar en nuestra vida cotidiana. Es la responsable de que los compuestos estén en estado sólido, liquido o gaseoso, y de los enlaces atómicos en las moléculas. Del mismo modo que hay campos asociados a las fuerzas nucleares fuerte y débil por todo el universo y que los gluones y los bosones W y Z son sus partículas portadoras, el electromagnetismo también tiene un campo propio y está mediado por los fotones. Estos son los que permiten que protones y electrones interactúen entre sí y son también las partículas de las que está hecha la luz. Del mismo modo que los cuarks intercambian gluones, los componentes cargados del átomo hacen lo propio con fotones virtuales, que aparecen y desaparecen con las interacciones entre los protones en los núcleos atómicos y los electrones en los orbitales.

La fuerza menos potente de todas es la gravitatoria. Es 10 elevado a 38 veces menos intensa que la nuclear fuerte, a pesar de lo cual su atracción es irresistible en presencia de objetos de grandes dimensiones. La Tierra es lo bastante masiva como para impedir que nos alejemos flotando. A diferencia de las interacciones nucleares fuerte y débil, pero al igual que la electromagnética, la gravitación puede actuar a distancias enormes. La única razón por la que nuestras vidas cotidianas se ven influidas por estas dos últimas mucho más que por las primeras es porque nuestra escala es enorme, comparada con aquella en la que se dejan sentir las fuerzas nucleares.

Los cuarks up y down y los electrones no son las únicas partículas fundamentales. Lo cierto es que hasta el momento solo hemos analizado una de las tres agrupaciones que hay. Los físicos se refieren a estos conjuntos como generaciones. He descrito la primera, que es la que incluye los componentes de toda la materia observable. No obstante, he omitido mencionar los neutrinos, el cuarto integrante de este grupo. Estos son extremadamente abundantes, pero casi no interaccionan con los núcleos atómicos ni con los electrones. Tal vez sea una obviedad afirmar que solo se puede detectar algo que interactúa con otra cosa. Por otro lado, no todas las partículas responden a las cuatro fuerzas mencionadas. Así, los neutrinos solo son afectados por la nuclear débil y la gravitatoria, mientras que la fuerte y la electromagnética carecen de efecto sobre ellos. Millones de neutrinos, emitidos por el Sol, atraviesan la Tierra cada segundo sin chocar con la materia que la compone. Aun así, una parte pequeñísima de este bombardeo colisiona con núcleos atómicos. No mencioné antes estas partículas porque no entran a formar parte de los seres humanos, pero conviene referirse a ellas ahora para apreciar mejor lo notable que es la comprensión del universo lograda por físicos y cosmólogos.

Hay por lo tanto cuatro componentes en esta generación: los cuarks up y down, los electrones y los neutrinos (o para ser más precisos, los neutrinos electrónicos). La segunda está constituida por versiones más masivas de estas partículas y la tercera por otras aún más pesadas. A modo de ejemplo, la segunda generación de la materia está compuesta por los cuarks encantado (*charm*) y extraño (*strange*), muones y neutrinos muónicos. Charm y strange son meras denominaciones y no quieren decir en absoluto que uno sea cordial y el otro excéntrico. El caso es que strange es más pesado que el cuark down, que es su gemelo del primer grupo. Ninguno de estos integrantes de los conjuntos de orden superior es estable. Solo se forman a altas energías y decaen rápidamente, para dar lugar a sus correspondientes versiones de la primera generación.

Cuatro integrantes en tres generaciones arrojan un total de doce partículas fundamentales, que son los constituyentes básicos de la materia. También he mencionado cuatro portadoras de fuerza: gluones, fotones y bosones W y Z, que hacen posibles las interacciones entre las anteriores. Dejemos a un lado de momento los gravitones, cuya existencia hipotética no ha podido ser observada aún. Con todo ello, hay dieciséis partículas. No obstante, hay una más que introducir, el llamado bosón de Higgs, lo que eleva el total a diecisiete. Sin ella las demás no tendrían masa, y no podrían existir las estrellas, los planetas ni los seres humanos. Su descubrimiento permite vislumbrar lo bien que los físicos comprenden las dinámicas de las partículas en las tres generaciones y de las portadoras de fuerza.

El Modelo Estándar es una teoría desarrollada por los físicos para describir la manera en que las diecisiete partículas mencionadas interaccionan y se comportan. Su ecuación matemática es muy

Tabla de las partículas elementales

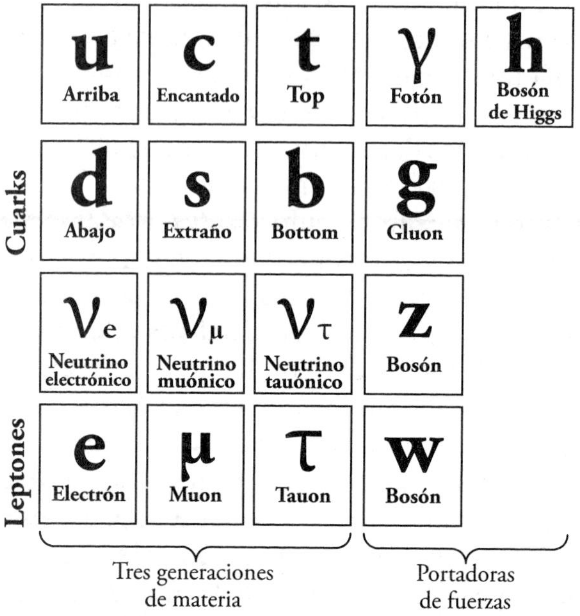

complicada y no se puede decir que sea especialmente elegante. No obstante, es un logro espectacular y permite hacer predicciones de una precisión sorprendente sobre la forma en que interactúan las partículas elementales mediante las fuerzas electromagnética y nucleares fuerte y débil. A pesar de su complejidad, se puede desglosar en cuatro partes. La primera describe las cuatro interacciones ya mencionadas, mientras que la segunda refleja la forma en que cada una de estas se relaciona con los miembros de las tres generaciones de la materia. La tercera deja claro que el bosón de Higgs determina la masa de cada uno de estos integrantes y la última explica cómo se lleva a cabo este proceso. Sin embargo, hasta hace poco el problema residía en que nunca se había detectado un bosón de Higgs. El Modelo Estándar dependía de su existencia, pero ¿y si no era real? En este caso, los físicos tendrían que regresar a la casilla de salida y plantear un nuevo sistema, ya que su comprensión del universo se habría mostrado defectuosa.

En todo caso, detectar esta partícula no era tarea fácil. Había que reproducir unas condiciones parecidas a las del universo temprano, para lo que se necesitaban cantidades ingentes de energía. Además, había que registrar su presencia enseguida, una vez que se le había forzado a aparecer, antes de que pudiese decaer y transformarse. Para ello, los físicos construyeron la máquina más grande jamás creada, la cual he tenido la suerte de visitar.

Mi hija mayor siempre ha sido una lectora empedernida y al igual que yo atravesó una fase en la que devoraba los libros de física. De tal palo, tal astilla. Por suerte, el temario que cursó había mejorado de manera significativa desde mis días en la escuela, y esta disciplina le pareció tan fascinante que la eligió como carrera universitaria. Al terminar sus estudios, empezó a trabajar en una empresa emergente de Oxford, la ciudad en la que vivimos mi esposa Sonya y yo, dedicada al campo de la física. Cuando Sophie estaba a punto de cumplir dieciocho años le pregunté qué quería de regalo, y me dijo que le gustaría visitar el LHC, la máquina que habían construido los físicos para detectar el bosón de Higgs.

Una de las cosas que más disfruto de trabajar en la universidad es que tengo la oportunidad de conocer expertos en todo tipo de materias. En efecto, tenía relación con un físico que pasaba su tiempo a caballo entre Oxford y el LHC y le pregunté cuándo era un buen momento para visitarle. Me dijo que fuera a verle cuando el acelerador estuviera cerrado por mantenimiento. Debí poner cara de desconcierto ante esta respuesta, porque él me explicó que así podría organizarnos una visita a los túneles bajo tierra, para ver el corazón del aparato. Sophie y yo fuimos a Ginebra, tal y como nos había indicado mi amigo, que nos recogió allí y nos llevó a ver una parte de la máquina llamada ATLAS, que es un detector. Como biólogo de campo, paso buena parte de mi tiempo en entornos remotos del planeta y estoy acostumbrado a que mis colegas de otras áreas de estudio sientan un poco de envidia por mi lugar de trabajo. En cambio, es muy raro que yo desee haberme dedicado a otra disciplina. Sin embargo, sufrí un brote de celos de la física cuando visitamos el LHC. No cabe duda de que es uno de los grandes logros de la ciencia y de la humanidad.

Este enorme aparato acelera haces de protones, y ocasionalmente también de otras partículas, a velocidades muy cercanas a la de la luz, antes de hacerlos chocar unos contra otros en una localización determinada, de cuatro posibles, en los 27 kilómetros de corredores subterráneos que constituyen la parte central de la máquina. En cada una de estas ubicaciones hay montañas de dispositivos muy sofisticados, diseñados de manera específica para detectar las partículas creadas en estas colisiones. Lo cierto es que estas tienen una vida muy breve y decaen enseguida, convirtiéndose en otros componentes del Modelo Estándar y liberando energía, o bien interactuando con otros protones, neutrones y electrones. El detector ATLAS se encuentra en una de estas localizaciones y fue uno de los dos aparatos que detectaron el bosón de Higgs en 2012. Mide 25 x 45 metros y se encuentra ubicado en una gruta subterránea del tamaño de una catedral. Está diseñado para medir las masas, las trayectorias y los tiempos de vida de las partículas resultantes de los choques.

No solo el LHC y sus cuatro detectores son la máquina más grande jamás construida por el ser humano, sino que también son la más avanzada desde el punto de vista tecnológico. Acelera protones y les hace dar vueltas en una trayectoria circular mediante imanes superenfriados muy potentes, antes de hacerlos chocar unos contra otros con una notable precisión. No cabe duda de que este aparato nos ha permitido avanzar de manera significativa en nuestra comprensión de la física de partículas, ni de que el descubrimiento del bosón de Higgs es su logro más destacado.

El Modelo Estándar es casi tan notable como el LHC. Es una formulación matemática del modo en que interactúan entre sí los cuarks, los electrones y los neutrinos (y los miembros de generaciones superiores), mediante las fuerzas electromagnética y nucleares fuerte y débil. Describe con precisión lo que ocurre en el mundo físico que nos rodea y permitió predecir la existencia de una partícula que no había sido observada. Cuando los físicos fueron en su busca, estaba allí, justo en el rango en que el Modelo Estándar había predicho. Miles de científicos e ingenieros participaron en el diseño y la construcción de la máquina más grande del mundo, con el fin de detectar este minúsculo bosón. Su fabricación costó más de 3.700 millones de euros, más otros 1.000 millones anuales que se gastan en su funcionamiento. Sin embargo, en mi opinión, es un dinero muy bien invertido, porque gracias a esto tenemos una mejor comprensión del universo. No obstante, no todos los investigadores están satisfechos. Hay algo que no encaja y esto ha llevado a algunos teóricos a afirmar que es necesario replanteárselo todo y volver a la casilla de salida. Sin embargo, hay que tener en cuenta que cualquier propuesta nueva en este sentido debe obtener tan buenos resultados como la anterior, pero ser mejor y explicar más cosas.

El motivo por el que el Modelo Estándar es incompleto es que no incluye una de las cuatro fuerzas. Describe muy bien la forma en que las diecisiete partículas anteriormente mencionadas se comportan en ausencia de gravedad, pero prescinde de una de las interacciones fundamentales. En consecuencia, la física moderna se enfrenta al reto insoslayable de hacer compatible el Modelo Estándar con nuestra comprensión de la atracción gravitatoria.

Los físicos disponen de una explicación de la gravedad que es notable en sí misma y que permite hacer predicciones tan impresionantes como el Modelo Estándar. Se trata nada menos que de la teoría general de la relatividad, desarrollada a principios del siglo XX por Albert Einstein. Es una ampliación de una propuesta anterior del sabio alemán, denominada teoría especial de la relatividad, y juntas describen los vínculos existentes entre la gravedad, el espacio, el tiempo, la energía y la masa, a la vez que afirman que la velocidad de la luz es un factor básico en la relación que hay entre estas dos últimas. Para ello, Einstein partió de las cruciales aportaciones acerca de la atracción gravitatoria que hizo antes Isaac Newton, otro coloso de la ciencia.

El universo tiene un límite máximo de velocidad, que es la de la luz en el vacío. Como ya he mencionado antes, su valor es 299.792,498 kilómetros por segundo y representa la rapidez con la que un fotón se desplaza a través del espacio sin materia. Al acercarse a esta frontera empiezan a ocurrir cosas muy extrañas. En primer lugar, el tiempo transcurre más despacio. Después, la masa se hace cada vez mayor, hasta el extremo de llegar a ser infinita en el límite, de modo que es imposible que ningún cuerpo masivo alcance la velocidad de la luz. En todo caso, de poder hacerlo, el tiempo se detendría por completo. Los fotones pueden viajar así de rápido porque carecen de masa y no son sino paquetes de energía que recorren el espacio a toda prisa.

A la hora de enfrentarse a la relatividad de Einstein, es necesario recurrir a la imaginación y prescindir de nuestras intuiciones cotidianas. Como ejemplo baste decir que, si se mide lo que tarda la luz en llegar a la Tierra desde el Sol, se obtiene un resultado de ocho minutos y veinte segundos. Siempre desde nuestro punto de vista, claro. En cambio, un fotón que forme parte del haz que atraviesa el vacío en este recorrido percibiría que se encuentra a la vez en el Sol y en la Tierra. Esto es así porque para él no existe el tiempo, ya que se ha detenido. Einstein bautizó a su teoría de un modo muy adecuado, porque la realidad es relativa a la velocidad con la que se desplaza el observador.

Dado este vínculo entre espacio y tiempo, independientemente de lo rápido que alguien se desplace, si enciende una linterna verá a la luz alejarse a 299.792,498 kilómetros por segundo. Da igual que se quede quieto o que vaya a tan solo 1 kilómetro por hora por debajo del límite, los fotones siempre viajarán a la misma velocidad: 299.792,498 kilómetros por segundo. No importa lo rápido que se vaya, porque en todas las ocasiones se observará lo mismo, que es la radiación alejándose de la fuente de forma extremadamente veloz. Esto se debe a que una hora dura mucho más cuando alguien se desplaza a velocidades cercanas a la de la luz que si permanece estacionario. Es decir, este valor es constante, sin importar la rapidez del observador.

Este comportamiento es muy diferente a lo que se puede experimentar en la Tierra. Si alguien va en un coche a 100 kilómetros por hora y otro vehículo le adelanta a 120 kilómetros por hora, no parece que este último viaje mucho más rápido que el primero. Por el contrario, si le sobrepasa a 200 kilómetros por hora, se alejará a una velocidad mucho mayor. Lo cierto es que con estos valores tan bajos no se pueden percibir las variaciones en el paso del tiempo debidas a la rapidez a la que se viaja, pero incluso en estos casos se dan cambios en este sentido, si bien son muy leves.

El vínculo entre velocidad y tiempo tiene además algunas consecuencias poco usuales. Si un gemelo se alejase en un viaje espacial al 99,99 % de la velocidad de la luz y partiese con veinte años, para volver a la tierra doce meses después desde su punto de vista, entonces tendría veintiuno, mientras que su hermano habría cumplido los noventa. En la Tierra, pensamos que el tiempo es constante y que siempre transcurre al mismo ritmo, pero esto se demuestra falso en cuanto empezamos a movernos un poco más velozmente. Se trata de algo relativo.

Cuando era adolescente me fascinaba la idea de viajar así de rápido, aunque era consciente de que no podía suceder. Me preguntaba lo que vería desde la ventana de mi nave espacial al alcanzar esta frontera. Dado que el tiempo se habría parado para mí, pero no para los objetos de una velocidad menor a la mía, ¿podría observar todas las ubicaciones futuras de todos los cuerpos del universo? Las órbitas de la Tierra en torno al Sol, ¿se verían como una zona difuminada en el espacio? Al imaginarme esto cometía un error lógico, pero aprendí una valiosa lección. Mi equivocación consistía en olvidar que el espacio y el tiempo están relacionados, de modo que conforme este último transcurre con más lentitud al acercarse al límite, el primero también se contrae. De este modo, el universo parecería reducir su tamaño de manera progresiva, hasta que, a la velocidad de la luz, no sería más que un punto muy brillante pero infinitesimalmente pequeño. Esto me enseñó que la ciencia procede por el método de prueba y error. Lo que podría ser en principio una intuición genial puede resultar falso. El conocimiento científico se construye a base de explicar patrones en los datos y descartar aquellas hipótesis que resultan ser incorrectas. Yo había formulado una que se demostró equivocada, porque había olvidado que el espacio se contrae con el aumento de la velocidad. No obstante, eso me permitió aprender una valiosa lección: la ciencia avanza descartando las hipótesis de una en una.

Einstein encajó todas las piezas. No solo demostró que el tiempo y el espacio varían con la velocidad, sino también el efecto que sobre ellos tiene la gravedad. En efecto, su teoría general de la relatividad incluye todos los factores relevantes a esta escala. Afirma que el tiempo avanza con mayor lentitud cuanto más intensa sea la atracción gravitatoria. Este fenómeno es discernible incluso en la Tierra, ya que un segundo transcurre más deprisa en la cima de una montaña que al nivel del mar. La diferencia en este caso es muy pequeña, pero coincide a la perfección con las predicciones de las ecuaciones de Einstein.

Además de ralentizar el tiempo, la gravedad curva el espacio. Cuando un haz de luz atraviesa el vacío y llega a las proximidades de un objeto muy masivo, su trayectoria se desvía. Una analogía que se usa a menudo para describir este fenómeno, a pesar de que solo considera dos dimensiones en lugar de las tres existentes, es la de una cama elástica, que en un primer momento no tiene nada sobre su superficie. Supongamos que esta es perfectamente plana, de modo que una canica lanzada desde uno de sus lados rodará en línea recta sin desviarse hasta caer por el otro extremo. Supongamos ahora que hay un peso colocado en el centro de la cama elástica, lo suficientemente grande como para hacer que esta se hunda en el medio, y repitamos el experimento. Si la canica se desplaza lo bastante rápido, su trayectoria será curva y si la masa del objeto pesado es muy elevada, esta desviación será tan marcada que nuestro proyectil describirá círculos en torno al peso. Del mismo modo que la presencia de este ha alterado la superficie que debe recorrer la canica, que ha pasado de ser un plano perfecto a contar con una depresión en el centro, la gravedad de un cuerpo masivo deforma el espacio a su alrededor.

Por otro lado, la atracción gravitatoria es más intensa cuanto mayor sea la masa que la genera. Por ejemplo, la del Sol es mucho más fuerte que la de la Tierra, porque aquel es 333.000 veces más masivo que esta. En consecuencia, curva el espacio mucho más que nuestro planeta y el tiempo transcurre más lento conforme nos acercamos a él. No obstante, incluso el efecto del Sol es minúsculo en comparación con el producido por un agujero negro. Estos están siempre rodeados por el llamado horizonte de sucesos, que es la región circundante a partir de la cual la gravedad es tan fuerte que ni siquiera la luz puede escapar. De hecho, es tan intensa que dobla el espacio sobre sí mismo y detiene el tiempo de cualquier objeto que atraviese esta frontera.

Las teorías de la relatividad de Einstein se han comprobado en repetidas ocasiones y siempre han demostrado tener una precisión extraordinaria. Aportan la mejor descripción de la manera en que la Luna gira en torno a la Tierra (y por qué lo hace), de cómo esta orbita a su vez en torno al Sol y del motivo por el cual no nos alejamos flotando en el espacio. También ha servido para calcular la edad del universo y para revelar las razones por las que este sigue en expansión. Del mismo modo, ha permitido concluir que debe existir otro tipo de materia, porque en caso contrario no podrían existir las galaxias.

En efecto, los científicos descubrieron galaxias que giraban tan rápido que la atracción gravitatoria ejercida por el resto de los objetos en su interior no era suficiente para mantener en sus órbitas a los sistemas solares de sus bordes. Enseguida supieron que tenían un problema. La velocidad de rotación era tan elevada que las estrellas cercanas al extremo del disco deberían salir disparadas hacia las regiones intergalácticas. Para resolver esta contradicción, los cosmólogos formularon la hipótesis de la existencia de partículas que no interactúan con las demás mediante las fuerzas electromagnética y nucleares fuerte y débil, sino solo a través de la atracción gravitatoria. Les dieron el nombre colectivo de materia oscura. La falta de interacciones la hace muy difícil de detectar y hasta el momento no ha podido ser observada, ni siquiera en el LHC. A pesar de ello, la materia oscura debe ser muy común, dado que las teorías de la relatividad parecen ser correctas.

No obstante, esta no es la única cosa que debe existir si las ideas de Einstein son correctas. El universo se expande a gran velocidad, y además el ritmo al que lo hace no deja de aumentar. Para explicar este comportamiento, los físicos han calculado que debe haber algo más aparte de las materias oscura y observable. Algo que hace que a escalas muy grandes las galaxias se separen unas de otras. Los científicos han denominado energía oscura a este misterioso efluvio, que ya se mencionó de pasada antes en este capítulo. Estos dos componentes sin identificar deben ser extraordinariamente abundantes, a juzgar por las observaciones realizadas. Las estimaciones sugieren que el 5 % de todo lo existente está hecho de materia y energía convencionales, mientras que el 27 % y la friolera del 68 % corresponden a sus contrapartes oscuras, respectivamente.

Se sabe muy poco acerca de las partículas que integran la materia oscura o sobre el origen de la energía oscura, a pesar de lo cual hay muchas observaciones que sugieren su existencia. Sin embargo, esta contradicción no es del todo sorprendente. Antes del descubrimiento del bosón de Higgs, se podría haber dicho que el Modelo Estándar era erróneo, porque un ingrediente que resultaba imprescindible en el sistema no había sido detectado nunca. El hecho de que hasta la actualidad no hayamos sido capaces de medir de manera directa la energía oscura ni de ver la materia oscura no quiere decir que no existan. Además, como ya se ha dicho, no todos los integrantes del Modelo Estándar se ven afectados por las cuatro interacciones fundamentales. De hecho, solo los cuarks cumplen esta condición. Los electrones no sienten la fuerza nuclear fuerte, y si es tan difícil detectar neutrinos es precisamente porque solo interactúan con otras partículas a través de la fuerza nuclear débil y de la gravedad. Si, según las hipótesis, la materia oscura solo interacciona a través de la atracción gravitatoria, será muy difícil detectarla directamente, ya que esto requeriría niveles de energía muy superiores a los producidos por el LHC.

Recapitulemos brevemente el punto en el que nos encontramos, antes de volver a nuestra narración de la vida del universo temprano. Los científicos tienen por un lado el Modelo Estándar, que describe de manera sorprendentemente buena el comportamiento de tres de las interacciones fundamentales. Además, por el otro lado disponen de una teoría independiente que explica el funcionamiento de la cuarta fuerza, la gravitatoria. Sin embargo, cuando se intentan unir las dos, para obtener una teoría del todo, se presentan problemas y los retos matemáticos son extraordinarios. Nuestra física de partículas deja de ser válida cuando la atracción causada por una masa distorsiona el espacio y el tiempo y no puede ampliarse para incorporar la gravedad con las mismas herramientas de cálculo que fueron imprescindibles en su desarrollo.

A pesar de este conflicto, hay algunas teorías, como la de cuerdas, que mencioné antes, la teoría M y la gravedad cuántica de bucles, que se han propuesto en un intento de unificar la gravedad con las otras tres fuerzas fundamentales. En la actualidad, no hay manera de comprobar experimentalmente las predicciones de ninguna de ellas, y esto quiere decir que no existe una teoría del todo que suscite un consenso general. Una herramienta así sería útil para investigar con mayor profundidad el desarrollo del universo temprano, pero incluso sin ella los científicos han podido descubrir muchos aspectos de estos momentos iniciales. También han desarrollado simulaciones informáticas en las que han modificado la potencia de las cuatro fuerzas fundamentales, para ver si a pesar de todo se formaban los átomos y las estrellas. Han descubierto que no todos los valores de estas magnitudes darían como resultado un cosmos en el que pudiese surgir la vida, de modo que debemos estar agradecidos de que tengan las intensidades que tienen. No sabemos el motivo por el que presentan estas y no otras, pero me alegro de que lo hagan. En caso contrario, no habría nadie leyendo este libro.

El Modelo Estándar, la teoría general de la relatividad, las colisiones entre partículas diminutas en la máquina más compleja del mundo, las simulaciones informáticas y las observaciones de galaxias lejanas en el cielo nocturno han aportado piezas a partir de las cuales los científicos han podido resolver el rompecabezas que es la evolución del universo temprano. Con todas estas contribuciones, ha sido posible pasar de la energía a los cuarks y los electrones y de estos a los átomos de los elementos químicos, los primeros ingredientes imprescindibles de una historia natural tuya y mía. A continuación, presentaré un resumen de lo que ocurrió: el crecimiento cósmico y el desarrollo desde una singularidad hasta las estrellas que pueblan el cielo nocturno.

Los científicos especulan con la noción de que antes del nacimiento de nuestro universo hubiera un vacío primordial. Este término podría dar a entender que me refiero a una región del espacio en la que no hay masas, tal vez algo parecido a lo que se encuentra entre la Tierra y la Luna, o entre el borde de nuestro sistema solar y Alfa Centauri, la estrella más cercana a este. Pero en estas zonas no se cumple la condición a la que me refiero. Contienen energía y campos de fuerza, y en la escala de Planck podrían tener un aspecto parecido a una espuma burbujeante. Por el contrario, los cosmólogos suponen que nada de esto estaba presente antes del Big Bang. Un vacío primordial significa que no hay energía ni campos de fuerza. De alguna manera, nuestro universo se materializó a partir de este estado, pero no se sabe cómo. Hay investigadores que han propuesto teorías al respecto, pero en la actualidad no existe modo alguno de realizar observaciones con las que comprobar su veracidad. Por ejemplo, ciertos matemáticos han afirmado que este vacío primordial era inestable y que colapsó para dar lugar a la singularidad inicial, pero lo cierto es que no hay modo de saber si estas hipótesis son correctas.

Sea como fuere, hace 13.770 millones de años apareció un punto, a partir del cual creció todo lo que existe hoy en día. Debía tener más de un trillón de grados y ser de una densidad muy, muy grande, ya que contenía toda la masa y la energía del universo en un volumen muy reducido, menor que la más pequeña de todas las partículas observables en la actualidad. Las cuatro interacciones fundamentales de la física, que hoy en día permean todo el espacio, no existían al principio y la fuerza (o fuerzas) determinante en ese primer momento puede haber sido más sencilla que las que rigen ahora nuestras vidas. Una fracción de fracción de segundo después de la aparición de esta singularidad, hubo un período de tiempo muy breve al que los científicos se refieren como inflación y que duró menos de una billonésima de segundo. En este lapso, el cosmos se expandió con una velocidad pasmosa y multiplicó su tamaño por un 1 seguido de 78 ceros. No obstante, incluso después de este rapidísimo crecimiento, su diámetro estaría situado solo a medio camino entre el de un grano de arena y el de un balón de baloncesto. Las cuatro fuerzas fundamentales surgieron más tarde, en lo que quedaba de la primera fracción de segundo.

El caso es que el jovencísimo universo comenzó a enfriarse en este proceso y al hacerlo empezaron a aparecer las interacciones fundamentales tal y como las conocemos hoy en día. La primera en diferenciarse del resto fue la gravedad, seguida por la nuclear fuerte. Los cosmólogos no se ponen de acuerdo sobre si esta última se apartó de la fuerza electrodébil (la combinación resultante de la nuclear débil y de la electromagnética) inmediatamente antes o después de la inflación, pero lo cierto es que al surgir debió llenarlo todo de una sopa caliente de cuarks y gluones. Muy poco tiempo después terminó la época electrodébil y se separaron las dos interacciones restantes, momento en el que nacieron los electrones. Todo esto sucedió con una rapidez pasmosa, y para cuando el universo tenía 0,000001 segundos se había enfriado lo suficiente como para que neutrones y protones se pudiesen formar.

Este plasma caliente de protones y electrones era opaco y la energía, en forma de fotones, no podía atravesarlo con la misma facilidad con la que recorre el universo hoy en día. En consecuencia, todo era oscuro. Los cosmólogos analizan los objetos celestes gracias a diferentes tipos de radiación electromagnética: rayos gamma, rayos X, luz ultravioleta y visible, el infrarrojo, microondas y radio. Todos ellos recorren el espacio como fotones, que son a la vez partículas y ondas (algo que explicaré en el próximo capítulo). Todas las clases de radiación electromagnética se pueden ubicar en un espectro continuo, definido por la separación que existe entre dos picos de ondas consecutivas. Las de mayor longitud en este sentido son las de radio, mientras que a los rayos gamma les corresponde la más corta. En todo caso, ninguna de ellas habría podido desplazarse por el universo temprano, ya que los fotones, que transportan la energía, interactuarían sin cesar con la sopa de cuarks y electrones.

Cuando el universo tenía 380.000 años ya se había enfriado lo suficiente como para que protones, neutrones y electrones pudieran combinarse y formar átomos de hidrógeno y helio. En ese instante, todo se hizo transparente y las ondas electromagnéticas pudieron desplazarse con total libertad. En efecto, la radiación más antigua que se puede detectar hoy en día en la Tierra ha estado viajando por el espacio desde ese momento, un recorrido en el que ha empleado 13.700 millones de años. Es lo que se conoce como el fondo cósmico de microondas.

Este se encuentra en cualquier región del espacio que se observe y sus propiedades son muy similares si se mira hacia el centro de la galaxia o en sentido opuesto. Un modelo matemático que haga volver el tiempo atrás, desde la actualidad hasta el nacimiento del universo, permite predecir la existencia de esta radiación. Su descubrimiento ayudó a demostrar que el universo surgió a partir de una singularidad y de un Big Bang.

Desde la década de 1960, cuando se realizó este hallazgo, muchos proyectos de investigación han estudiado el fondo cósmico de microondas y en 2013 se publicó un mapa de su distribución en todo el cielo en muy alta resolución. Esta imagen puso de relieve que no era completamente idéntico en todas las direcciones, sino que mostraba fluctuaciones muy pequeñas, correspondientes a regiones en las que era un poco más caliente u otras en las que era un poco más frío. Debido a que esta radiación permeaba el universo desde su nacimiento, estas variaciones de temperatura por zonas reflejan diferencias minúsculas en la distribución de energía y materia en el universo temprano. Los científicos creen que esto dio lugar a la formación de galaxias y de las estructuras a gran escala que se observan hoy en día.

El mapa detallado del fondo cósmico de microondas también supuso un espaldarazo a los modelos inflacionarios, ya que las fluctuaciones observadas se debían a pequeñísimas diferencias en la distribución de materia durante las primeras fases cósmicas. Además, la imagen permitió a los cosmólogos calcular con precisión la edad del universo y situarla en 13.772 millones de años, con 59 millones de años arriba o abajo.

Debido a las enormes distancias a que se encuentran los objetos astronómicos, la radiación que llega hasta la Tierra puede haber viajado por el espacio durante millones, o incluso miles de millones, de años. Al observar un astro en el cielo nocturno, no se ve lo que ocurre en el momento en que se mira, sino lo que pasaba cuando las ondas electromagnéticas observadas empezaron su recorrido. Por ejemplo, la luz reflejada por la Luna tarda 1,3 segundos en llegar a la Tierra, mientras que la emitida por Alfa Centauri emplea algo más de cuatro años y tres meses en completar su viaje. Si algo catastrófico ocurriese en esta estrella, tardaríamos 52 meses en enterarnos. En consecuencia, al dirigir nuestra vista al firmamento también estamos mirando atrás en el tiempo, del mismo modo que un geólogo que excavase a través de capas de roca depositadas a lo largo de varios eones. Sin embargo, en este caso solo se obtiene una foto fija del pasado, mientras que los astrónomos tienen acceso a una película. Si unos investigadores extraterrestres, desde un planeta en torno a una estrella a 70 millones de años luz de distancia, apuntasen en este momento sus potentes telescopios a la Tierra, podrían ser testigos de las andanzas de un *Tyrannosaurus rex* por los paisajes del Cretácico.

Cuanto más alejado se encuentra un objeto, más tardan los fotones en llegar hasta nosotros. De este modo, al observar diferentes objetos a distintas distancias, los científicos pueden recomponer gran parte de la historia cósmica. El universo observable creció a partir de la pequeña esfera que rodeaba el punto en que nos encontrábamos cuando la radiación pudo viajar libremente. En este sentido, el fondo cósmico de microondas no es otra cosa que la primera luz proveniente de la región en que nos hallábamos cuando el espacio se hizo transparente. Todas las galaxias que podemos observar, distribuidas a lo largo de miles de millones de años luz, corresponden a la materia encerrada en esta pequeña zona cuando el universo tenía 380.000 años.

Una manera de concebir esto consiste en imaginarse un punto dibujado en un globo sin inflar. En cierta medida, la superficie de este es similar al conjunto del universo, solo que en dos dimensiones. Cuando el espacio se volvió transparente y la luz pudo empezar a desplazarse por él, nuestro vecindario más inmediato era como el punto en ese momento. Supongamos ahora que el globo comienza a inflarse. Su volumen aumenta y la marca señalada sobre él se hace más grande. Este proceso equivale a la expansión cósmica, mientras que el dibujo (ahora un círculo) sería lo que se puede observar, el universo observable. Hay mucho que no podemos ver y eso corresponde a las regiones cósmicas a las que no tenemos acceso. En esta analogía, el fondo cósmico de microondas sería algo así como la luz que estaba en el punto inicial y las galaxias representarían toda la materia encerrada en esa área. Los cosmólogos saben que el universo se expande y que lo hace a un ritmo creciente, lo que equivaldría a inflar el globo de forma cada vez más rápida. En este sentido, el símil puede ser útil, pero no es perfecto. Por otro lado, la superficie en este caso es curva, mientras que los científicos han demostrado que el espacio no lo es, sino que es plano. La analogía tiene otras limitaciones. El globo puede estallar si se infla demasiado. Abrigo la esperanza de que no ocurra lo mismo con el universo.

Cuando este se hizo transparente se había expandido mucho desde la singularidad inicial y ya tenía un diámetro de cerca de 1,4 millones de años luz. La razón por la que no podemos ver su límite es que la parte que podemos observar en la actualidad no se encontraba junto al borde en el momento en que la radiación empezó a circular con libertad. En ese instante, el cosmos tenía 380.000 años y la región que más tarde se convirtió en el universo observable estaba rodeada por materia y energía en todas las direcciones. No tenemos manera de saber si estamos más próximos al extremo del universo o a su centro, y tal vez no lo sepamos nunca.

Sea como fuere, una vez que el espacio se había vuelto transparente y que el helio y el hidrógeno eran moneda corriente, la gravedad empezó a hacer de las suyas. Los primeros átomos y las primeras moléculas se atrajeron mutuamente hasta formar estrellas, que comenzaron a arder cuando el universo tenía unos cien millones de años. Estos astros primordiales eran mucho más grandes que el Sol y su vida era muy corta.

En efecto, las estrellas brillan porque la fuerza de la gravedad lleva a los átomos de hidrógeno y helio a acercarse mucho y esto hace que se calienten y se vuelvan lo bastante energéticos como para empezar a colisionar entre sí. Estos choques pueden romper los enlaces que mantienen a los electrones en sus órbitas y en última instancia consiguen que los núcleos se fusionen entre sí para formar otros de elementos más pesados, tales como nitrógeno y oxígeno.

Las estrellas que más brillan consumen sus cantidades iniciales de gas a mayor velocidad que otras que son más pequeñas, pero todas las que superan un cierto tamaño realizan este proceso y convierten su combustible en núcleos de elementos más pesados, tales como nitrógeno, oxígeno, carbono y hierro. Además, al acercarse a su fin colapsan sobre sí mismas y la gravedad se hace tan intensa que agrupa grandes cantidades de protones y neutrones, para formar átomos completamente ionizados todavía más masivos, como los de uranio y el plutonio. La manera en que todo esto sucede a partir de nubes de hidrógeno, gracias a la fuerza nuclear débil y a la atracción gravitatoria, es fascinante.

En las partes centrales de una estrella, los átomos ionizados de hidrógeno se fusionan entre sí para convertirse en helio, hasta que se forma algo llamado núcleo estelar de helio. La fusión nuclear en una nube de gas se pone en marcha debido a la gravedad, que atrae a los átomos hacia los demás y los hace muy energéticos. Este proceso libera mucha energía, en forma de luz y calor, y la radiación emitida ejerce una presión, que impide que las capas externas de gas colapsen sobre sí mismas. Estos dos factores, la atracción gravitatoria, que tiende a agrupar los átomos, y la presión creada por la energía liberada en la fusión, que empuja en sentido contrario, coexisten en un delicado equilibrio durante la mayor parte de la vida de una estrella. En cambio, cuando se acaba el combustible, hacia el final de esta etapa, la situación se vuelve inestable. Lo que sucede exactamente a partir de ese instante depende de la masa inicial. En el caso del Sol, este se hará cada vez más caliente y de mayor tamaño a lo largo de los próximos 5.000 a 6.000 millones de años, hasta que llegue un momento en el que empezará una serie de ciclos de expansiones y contracciones consecutivas. En su punto álgido, su diámetro llegará hasta la órbita de Júpiter, antes de volver a encoger hasta unas dimensiones menores que las que tiene en la actualidad. Estas pulsaciones comprimirán mucho el núcleo estelar de helio, el cual alcanzará una temperatura de 100 millones de grados y convertirá su gas en carbono, oxígeno y otros elementos más pesados. Este proceso libera inmensas cantidades de energía, que harán que el Sol se expanda de nuevo hasta alcanzar un tamaño inmenso. En última instancia, estos ciclos cesarán y los elementos creados en el momento de la muerte del astro, junto con el hidrógeno que pueda quedar sin consumir, formarán una nube de polvo. La Tierra será absorbida y consumida en una de las expansiones del Sol moribundo, de tal forma que nuestro planeta dejará de existir.

Cuando una estrella de una masa ocho veces superior al Sol agota su combustible, la gravedad hace que colapse hasta que forma una supernova, el tipo más violento de explosión que se puede dar en el universo. Cabe destacar que en este proceso se producen elementos más pesados que el hierro. Estos, junto con polvo y otros restos del estallido, se dispersan por el espacio y pueden formar nebulosas, a partir de las cuales nacerá la próxima hornada de objetos estelares. Lo cierto es que los elementos pesados son muy comunes en la Tierra y en otras partes de nuestro sistema solar, lo que constituye una prueba de que el Sol no puede ser de primera generación. De hecho, los científicos saben que el universo ya tenía más de 9.250 millones de años cuando se formaron los planetas. La Tierra puede haber surgido de los restos de una estrella de segunda, tercera o cuarta generación, no se sabe con certeza. De lo que no hay duda es de que los ingredientes resultantes de convulsiones estelares anteriores han resultado imprescindibles para la construcción de nuestro hogar planetario y para la aparición de la vida.

Llegados a este punto en la narración, hemos pasado de una singularidad a nuestro vecindario cósmico, en el que una parte del hidrógeno y del helio formados en una etapa anterior de la vida del universo se han convertido, mediante un proceso llamado nucleogénesis, que sucede en el centro de las estrellas, en elementos más pesados. La siguiente etapa en nuestro relato consiste en investigar la manera en que estos se combinan entre sí para formar moléculas como el agua, el dióxido de carbono y el metano: grupos de átomos de diferentes elementos que se enlazan mediante la fuerza electromagnética.

En este capítulo nos hemos referido a una serie de acontecimientos que tuvieron que producirse para que tú y yo existamos. Hace

13.770 millones de años tuvo que formarse una singularidad muy caliente y densa, que contenía grandes cantidades de energía. El universo empezó a expandirse y enfriarse, un proceso que continúa hoy en día. Con el paso del tiempo, pero todavía en la primera fracción de segundo, surgieron las cuatro fuerzas y la energía se transformó en materia, en forma de partículas fundamentales. Este vínculo entre materia y energía es crucial para que nuestro universo sea viable y para que tú y yo existamos. Poco después, los cuarks empezaron a formar protones y neutrones, de los que surgieron los núcleos atómicos más ligeros. Al descender la temperatura, se unieron a los electrones para constituir los primeros átomos. En última instancia, la atracción gravitatoria hizo que estos se agruparan y crearan estrellas, dando lugar a regiones de intenso calor en las que se formaron los elementos más pesados, los cuales, a su vez, se reunieron en nuestro vecindario cósmico y así nacieron el Sol y el sistema solar. Ojalá me hubieran enseñado esto en el colegio. Todos los niños deberían estar al tanto del sorprendente nivel de comprensión que han alcanzado los físicos acerca del modo y el motivo por el que se formaron los átomos de la tabla periódica. La química es la siguiente parada en nuestro itinerario, sobre todo la razón por la que se producen las reacciones. En buena medida, tú y yo no somos otra cosa que procesos químicos muy complejos, de modo que entender la manera en que interaccionan los átomos y el motivo por el que lo hacen es algo imprescindible a la hora de descubrir por qué estamos aquí.

3

Moléculas

En el colegio no había muchas lecciones de química que me gustaran, y las únicas que lo hacían eran las que acababan con una explosión. Sin embargo, las reacciones violentas eran poco habituales, sobre todo porque mis profesores dominaban bien su asignatura y se aseguraban de darnos solo productos que no fuesen peligrosos al mezclarlos. Tenía un juego de química en casa, pero tampoco era fácil usarlo para sembrar el caos. Uno de los motivos, según me enteré luego, es que es obligatorio mantener las sustancias más explosivas sumergidas en un líquido inerte. Además, estas no venían incluidas en los laboratorios para uso doméstico y en la escuela estaban guardadas bajo llave. Los metales alcalinos, como el sodio, se conservan en aceite de parafina, porque podrían reaccionar con el oxígeno del aire en el momento en que entrasen en contacto con la atmósfera. No obstante, incluso los estallidos de los compuestos más volátiles son poca cosa en comparación con los que se producen durante la muerte de una estrella, tal y como se explicó en el capítulo anterior, o en la aniquilación mutua de materia y antimateria. La mayor parte de este capítulo trata de las reacciones debidas a la fuerza electromagnética, de la forma en que se comportan los electrones, de la organización de estos en torno a los núcleos atómicos y de su intervención a la hora de formar varios tipos de enlaces. Sin embargo, antes de empezar con este tema, es necesario hablar brevemente de otro tipo de interacción, que también es crucial para nuestra existencia.

Poco después del nacimiento del universo, cuando aparecieron los cuarks, los electrones y los neutrinos, también lo hizo la antimateria. Esta incluye a los llamados anticuarks, que pueden combinarse para dar lugar a antiprotones e incluso a antineutrones, y a los positrones. Algunas de las explosiones más impresionantes del cosmos deben haberse producido al entrar en contacto estas dos sustancias, ya que se destruyen mutuamente y liberan enormes cantidades de energía. Por ejemplo, si un electrón choca con su opuesto, un positrón de carga eléctrica positiva, se emiten dos fotones muy energéticos. El motivo por el que la antimateria es tan escasa en nuestro universo es que cualquier partícula de esta que se forme es aniquilada poco después de su creación, al colisionar con su contraparte material, un proceso en el que se emite energía. Un misterio que la ciencia todavía no ha podido resolver es la razón por la que las partículas convencionales ganaron la partida a las antipartículas poco después del Big Bang. La teoría sugiere que todas ellas debieron aparecer en cantidades similares y que deberían haberse aniquilado mutuamente de manera instantánea y por completo, lo que habría causado la muerte prematura del universo. Sin embargo, debe faltar algún factor en este análisis, porque lo cierto es que la materia era ligeramente más abundante que la antimateria y eso llevó a la existencia tal y como la conocemos hoy en día. Si sus poblaciones hubiesen sido exactamente iguales, no podríamos existir.

No obstante, la antimateria no se formó solo en los primeros instantes del universo. En ocasiones aparece de la manera más inesperada. Por ejemplo, los plátanos en tu frutero generan un haz continuo de positrones, porque todos ellos emiten una de estas partículas cada hora y cuarto, aproximadamente. Esto se debe a que contienen potasio-40, un isótopo poco común de este elemento, y a que este decae de forma muy, muy lenta mediante la fuerza nuclear débil para formar calcio-40. De hecho, si tomamos un gramo de esta sustancia inestable, algo menos de la mitad sufrirá este proceso al cabo de 1.000 millones de años. Es imposible predecir el instante en el que un átomo concreto va a experimentar este fenómeno, pero se sabe que en promedio tarda 1.290.000.000 de años. Dado que este valor es una media, en algunos casos se producirá mucho antes, mientras que en otros pueden pasar varios miles de millones de años sin que ocurra. Sea como fuere, lo cierto es que esto se produce en todos los plátanos una vez cada setenta y cinco minutos, más o menos. A su vez, este hecho sugiere que debe haber una gran cantidad de átomos de potasio-40 en estas frutas. Así es. En un gramo de esta sustancia hay tantos como un 15 seguido de 21 ceros. Un plátano promedio contiene solo 0,015 gramos de este isótopo, aproximadamente, pero eso no deja de ser una cantidad muy elevada de átomos. Cuando alguno de ellos decae, emite una partícula beta (en este caso, un positrón con muy alta energía), la cual es aniquilada en cuanto choca con un electrón. Nuestra vista no nos permite observar esta colisión, pero es algo que tiene lugar todo el rato y que libera energía. Si ampliásemos ahora la escala e hiciésemos chocar un gramo de materia con un peso equivalente de antipartículas, la energía generada sería equivalente a una bomba atómica como la arrojada sobre Hiroshima. Por suerte, los positrones no se generan lo bastante rápido en nuestro frutero como para llegar a esto. En caso contrario, los batidos de plátano podrían ser letales. La antimateria no desempeña ningún papel adicional en nuestra existencia, pero debemos dar gracias de que ya no sea muy común en el universo. De serlo, ni tú ni yo estaríamos aquí.

Las reacciones químicas no involucran estos procesos, y en lugar de la fuerza nuclear débil, el papel determinante corresponde al electromagnetismo. A pesar de ello, en ocasiones se puede alcanzar una violencia extraordinaria. Por ejemplo, el 1-diazidocarbamoil-5-azidotetrazol, o azidoazida azida, como se la llama en ocasiones, es una de las moléculas más volátiles conocidas. Es casi imposible de almacenar, ya que cualquier cambio en temperatura o presión, por pequeño que sea, así como la exposición a la luz, pueden provocar su detonación. Es tan inestable que con ella no es posible emplear los aparatos habituales utilizados para medir la volatilidad de una sustancia, porque todo intento en este sentido la haría explotar. En el extremo contrario, hay moléculas que reaccionan con mucha dificultad. Por ejemplo, el helio es muy estable y tiende a permanecer inerte. Sus átomos constan de dos protones, dos neutrones y dos electrones. Eso no quiere decir que no sea un gas muy útil y, de hecho, tiene muchos usos. Para empezar, es más ligero que el aire, de modo que los globos inflados con helio flotan. Además, inhalarlo es muy divertido, porque la voz se vuelve muy aguda. Bromas aparte, ¿por qué son algunos elementos y productos químicos más reactivos que otros?

En el capítulo anterior hablé de las cuatro fuerzas fundamentales, pero me enfoqué sobre todo en las nucleares. Proporcioné una descripción del ciclo vital de las estrellas y del modo en que estas fusionan núcleos de hidrógeno para convertirlos en otros de helio y estos a su vez en los de elementos más pesados. Después, todos estos productos de las fusiones capturan los electrones necesarios para convertirse en los átomos correspondientes. El siguiente paso crucial en nuestra historia es la aparición de moléculas, creadas por los elementos al enlazarse unos con otros, para formar una gran variedad de sustancias. Esto es algo que logran gracias a la fuerza electromagnética. De hecho, ya va siendo hora de que esta interacción adopte un papel protagonista. En efecto, ella es la responsable de todas las reacciones, desde pequeños intercambios entre moléculas sencillas hasta la forma en que algunas medicinas impiden que ciertas sustancias muy complejas realicen sus tareas dentro de las células del paciente.

Es cierto que la química no fue una asignatura que me gustara en particular en la escuela, pero eso no impidió que esta disciplina desempeñase un papel destacado en mi infancia. El caso es que mis padres eran traficantes. Así es, eran dueños de una cadena de farmacias en Cambridgeshire, en las que vendían tratamientos sin receta y medicinas para aliviar una serie de indisposiciones, malestares y lesiones leves. Por mi parte, consideré durante una breve temporada la posibilidad de dedicarme al negocio familiar, pero lo cierto es que nunca me gustó ayudar en las tiendas. En todo caso, no era el trabajo adecuado para mí. Dada la profesión de mis padres, es comprensible que se mostraran horrorizados ante mis notas en química. Sea como fuere, pasé muchas horas en casa leyendo sobre este tema, como hacía con la física, aunque sin llegar a tanto. Puede que no lograra una buena comprensión del papel que desempeña el electromagnetismo en los enlaces, pero aprendí cómo pueden ciertas moléculas prevenir y curar algunas enfermedades. Mis padres tenían un enorme libro con listas interminables de dolencias e indisposiciones varias y de los medicamentos que se podían usar para tratarlas. Era una lectura fascinante y resultaba sorprendente saber todas las maneras diferentes que hay de ponerse malo y las formas que tienen los distintos tratamientos de aliviar los síntomas. El problema era que, cada vez que me daba algo de fiebre, tosía o me salía un grano, me autodiagnosticaba y siempre me ponía en lo peor. Como farmacéuticos que eran, mis padres eran muy responsables con las medicinas y, aparte de alguna que otra aspirina de vez en cuando, hicieron oídos sordos a mis ruegos de remedios para el escorbuto, infecciones parasitarias por el gusano de Guinea, la elefantiasis o la peste bubónica.

Cuando tenía diez u once años leí acerca de una enfermedad que me metió el miedo en el cuerpo: la rabia. No existía cura para este mal, que conducía a un final terrible. Todos los veranos íbamos de vacaciones a Francia y durante un par de viajes apenas pude dormir. Tenía la convicción de que todos los perros, gatos, ovejas o cuervos de los alrededores estaban infectados y me iban a contagiar. Supongo que mi estado de permanente inquietud por este tema debió hacer que mi madre, mi padre y mi hermana Fiona no pudieran disfrutar mucho de estas escapadas.

De hecho, en una ocasión estaba seguro de haber contraído la rabia. Durante la temporada que pasé en Zimbabue a finales de mi adolescencia me mordió un perro y por un tiempo despertó de nuevo mi ansiedad ante esta enfermedad. Fui a la clínica de la localidad y me enteré de que existía una vacuna, pero que necesitaría siete inyecciones muy molestas en el abdomen, las cuales, además, solo podían ser administradas en la capital, Harare, a la que no era fácil llegar desde donde me encontraba. El animal me atacó porque lo desperté cuando salí a trompicones, un poco perjudicado, de un bar y lo pisé sin querer. En el dispensario, también me explicaron que no se habían dado casos de rabia en la zona desde hacía meses, por no decir años. En resumen, decidí que la probabilidad de morir a causa de esta dolencia era muy baja y que no necesitaba vacunarme. A pesar de ello, pasé las siguientes semanas pendiente de no empezar a perder el juicio ni a desarrollar una sed insaciable. Con posterioridad leí más sobre este mal, y en cuanto supe que había una vacuna disponible, me aseguré de recibirla antes de emprender cualquier viaje de trabajo que me pudiera poner en contacto con animales salvajes.

Mi obsesión por las enfermedades, su prevención y los medicamentos me ayudó a comprender lo fascinante que puede ser el comportamiento de algunas moléculas y, de hecho, los avances de la medicina en este sentido no dejan de causarme admiración. Por ejemplo, las vacunas de ARN mensajero, como la desarrollada por Pfizer ante la pandemia de la COVID-19, se basan en un notable conocimiento de la química subyacente al sistema inmune. Lo cierto es que las sustancias artificiales están presentes en casi todos los aspectos de nuestras vidas, desde aliviar malestares hasta conservar la comida, eliminar plagas o teñir la ropa. Su funcionamiento se basa en todos los casos en la fuerza electromagnética. Se estima que los laboratorios de todo el planeta sintetizan 10 millones de compuestos nuevos cada año, de los cuales 2.000 son aprobados para usos comerciales tan solo en Estados Unidos en el mismo período. No cabe duda de que los elementos de la tabla periódica se pueden combinar de muchas maneras diferentes para formar un conjunto casi infinito de productos. Algunos de ellos son beneficiosos, y otros dañinos para la salud. Por ejemplo, el fosgeno es un arma química que fue empleada en ambas guerras mundiales y que constituye uno de los venenos sintéticos más potentes jamás creados. Apenas una concentración de doscientas partes por millón en el aire que respiramos es suficiente para matar a una persona. Sin duda, eso es malo, pero no tanto como la toxina botulínica, segregada de manera natural por la bacteria *Clostridium botulinum*. Tan solo un gramo de esta sustancia puede acabar con la vida de un millón de seres humanos. Aun así, hay quien se la inyecta en cantidades diminutas, ya que es uno de los ingredientes principales del bótox.

La razón por la que todo esto es posible es porque los átomos de los diferentes elementos se unen para formar moléculas, las cuales a su vez pueden combinarse de muchas maneras distintas. Tú y yo estamos hechos de grandes cantidades de moléculas, algunas muy sencillas, como el agua, y otras de una gran complejidad y miles de veces más grandes, como el ADN. No cabe duda de que, si este proceso de agregación no fuese posible, el universo sería un lugar mucho más aburrido y nosotros no existiríamos. La siguiente parte de nuestro recorrido nos llevará a investigar los motivos por los que sucede todo esto, así como las razones por las que algunos compuestos son muy estables, como el ácido desoxirribonucleico, mientras que otros, como la azidoazida azida, no lo son en absoluto. La tabla periódica será de gran ayuda para entender en qué se diferencian los elementos y por qué lo hacen.

En efecto, los químicos organizan los elementos en una tabla periódica. Esta empieza con el hidrógeno, que, con solo un protón y un electrón en sus átomos, es el más ligero de todos sus integrantes. Ocupa un lugar en la esquina superior izquierda, a partir del cual se incluyen los demás miembros de la tabla de uno en uno por orden creciente de masa, hasta llegar al oganesón, que tiene 118 protones y 118 electrones. Las filas y las columnas de esta clasificación sistematizan los elementos conforme a la disposición de sus cargas negativas en la corteza, algo que describiré en detalle más adelante. El último y el más pesado de todos es el oganesón, que no existe en la naturaleza, ya que es muy inestable y decae enseguida. Sin embargo, en el laboratorio se han podido crear cinco, o tal vez seis, isótopos suyos y es uno de los 24 elementos producidos por el ser humano que no se dan en estado natural. Que los investigadores hayan logrado esto me parece fascinante. ¿Acaso es la Tierra el único planeta en el que estas sustancias han sido producidas, o hay extraterrestres en algún rincón del universo que también han sintetizado oganesón?

La tabla periódica separa los elementos metálicos, como el litio y el sodio, y los sitúa a la izquierda, mientras que los que no son metales, como el cloro y el oxígeno, ocupan casillas a la derecha. Cada columna agrupa a sus integrantes en función de sus propiedades, tales como la manera en que participan en reacciones químicas para formar moléculas. Así, los metales tienden a donar electrones a otros átomos, mientras que los no metálicos de la derecha tienden a recibirlos. En cambio, las posiciones en la mitad de la tabla son más proclives a compartirlos. En la actualidad, tenemos una buena comprensión de las razones por las que los elementos se comportan como lo hacen, así como sabemos el número de protones, neutrones y electrones que tiene cada uno de ellos. Sin embargo, se tardó mucho en llegar a este conocimiento. Durante milenios no se tuvo certeza alguna sobre qué era un elemento exactamente. No cabe duda de que saber de qué están hechas las cosas es algo muy difícil.

Lo cierto es que los seres humanos han mostrado interés por estas cuestiones desde la Antigüedad, si no antes. Hace casi 2.500 años, Empédocles afirmó que había cuatro elementos: tierra, fuego, aire y agua. Medio siglo después, Demócrito en Grecia y Kamala en la India llegaron a la conclusión, de manera independiente, de que la materia podía descomponerse en partículas indivisibles, pero no estaba claro en qué consistían estas. El primero las denominó átomos, pero se dio cuenta de que debían ser demasiado pequeñas para percibirlas a simple vista.

A lo largo de la Edad Media, la prioridad en estos asuntos dejó de ser la identificación de los elementos y se prestó más atención a fabricar sustancias útiles. Sobre todo, a la posibilidad de convertir metales baratos y abundantes, como el hierro, en otros más caros y preciosos, como el oro. Las observaciones demostraron que se podían conseguir nuevos compuestos a partir de la combinación de una serie de ingredientes concretos y la alquimia se propuso como objetivo principal la conversión de una sustancia en otra. Esta disciplina fue considerada una ciencia respetable hasta los tiempos de Isaac Newton, cuyos intereses abarcaban este campo. En la actualidad, se la considera mera charlatanería, pero fue una de las principales áreas de investigación de una de las mentes más brillantes de la humanidad, uno de los pensadores a los que debemos agradecer el cálculo, un componente imprescindible del lenguaje matemático de la ciencia.

Al llegar el siglo XVIII, científicos y filósofos empezaron a darle la espalda a la alquimia e inauguraron la época de la química moderna. En esos años consiguieron aislar e identificar varios elementos y compuestos, tanto gases como metales. Así ocurrió con el hidrógeno en 1766, bautizado por el investigador británico Henry Cavendish con el nombre de «aire inflamable». Por su parte, el sueco Carl Wilhelm Scheele descubrió el oxígeno en 1773, aunque este resultado fue logrado también de manera independiente en Inglaterra un año después.

El primer texto de química que describía los elementos fue publicado en 1789 en Francia por Antoine Lavoisier, y en él se mencionaban el hidrógeno, el nitrógeno, el oxígeno, el fósforo, el azufre, el cinc y el mercurio, como sustancias que no se podían descomponer más. Su lista también incluía otros productos que hoy en día sabemos que no cumplen esta condición. Sin embargo, a pesar de estos errores, el libro de Lavoisier era un compendio imprescindible del conocimiento químico de la época y de las teorías que dominaban la disciplina hacia finales del siglo XVIII. El ritmo al que se producían los descubrimientos aumentó de manera considerable unas décadas más tarde y el científico inglés Humphry Davy añadió al inventario el sodio, el potasio, el calcio, el boro, el magnesio, el estroncio y el bario. Para ello, se sirvió sobre todo de una técnica conocida como electrólisis, que utiliza una corriente eléctrica para descomponer un complejo en sus elementos constituyentes.

A finales de la década de 1860, casi un siglo después de la identificación del hidrógeno, se conocían 66 elementos, cuyos pesos se habían calculado de manera aproximada. Mendeléiev, un químico ruso, los distribuyó en su primera versión de la tabla periódica de 1869, la cual revisó solo dos años después. Al hacerlo, corrigió algunas masas y predijo la existencia de tres nuevos integrantes de su clasificación, que hoy en día se conocen como escandio, galio y germanio. El descubrimiento de los dos primeros a finales de la década de 1870 y del tercero en 1886 llevó a la adopción generalizada de las propuestas de Mendeléiev. Con ello, la química entró en el terreno de las ciencias predictivas y el legado del investigador ruso, como uno de los mejores científicos de todos los tiempos, quedó asegurado.

A la vez que este desarrollo estaba teniendo lugar, se propusieron las primeras teorías acerca de la forma en que los elementos se combinan para generar compuestos. También se empezó a trabajar para comprender la manera en que los átomos se unían entre sí y constituían enlaces en las moléculas. El descubrimiento del electrón por J. J. Thomson en 1897 fue contemporáneo de adelantos cruciales en el campo de la radiactividad por parte de la investigadora polaca Marie Curie y del físico de Nueva Zelanda Ernest Rutherford. La mecánica cuántica, de la que hablaremos en breve, fue formulada durante la primera mitad del siglo XX, y unas décadas después la química alcanzó la madurez. La humanidad había logrado una buena comprensión de la manera en que funcionan las reacciones y de las razones por las que se desarrollan como lo hacen, e incluso estaba en situación de predecir el resultado de muchas de ellas.

Los avances en este campo son un ejemplo fabuloso de la aplicación del método científico. Por otro lado, también demuestran que el progreso puede tardar generaciones enteras en llegar. Las primeras observaciones consistían solo en constataciones del hecho de que algunas sustancias reaccionan con otras. Por ejemplo, que el hierro y la plata se oxidan al contacto con el agua o con el aire, mientras que otros compuestos se pueden separar en sus partes constituyentes. Se formuló la hipótesis de que muchos productos se podían reducir a elementos, algo que se definió luego con mayor precisión. Por su parte, los investigadores en el laboratorio fueron capaces de identificar bastantes de estos componentes indivisibles. Mendeléiev se dio cuenta de que algunos de ellos tenían un comportamiento parecido y a partir de estas similitudes descubrió la manera correcta de agruparlos. La clasificación que obtuvo sugería que existían unos principios subyacentes a la forma en que reaccionaban sus integrantes y los químicos y los físicos formularon una serie de hipótesis para explicar este comportamiento.

Algunas de ellas demostraron ser falsas, tales como la existencia del flogisto, un supuesto ingrediente de todos los compuestos inflamables, o una presunta estructura del átomo, según la cual los electrones estarían inmersos en un núcleo esponjoso, como si de una madalena con pepitas de chocolate se tratara. En cambio, otras eran más acertadas y se diseñaron y realizaron experimentos para comprobarlas, cada vez más elegantes y exigentes desde un punto de vista técnico.

Al igual que en la física, se desarrollaron una serie de ecuaciones matemáticas para poner por escrito el comportamiento de átomos y moléculas y su desempeño en las reacciones. Se logró una mejor comprensión de la fuerza electromagnética, lo que en última instancia permitió asociarla a las interacciones nucleares fuerte y débil en el Modelo Estándar. No obstante, se puede afirmar que la física es la ciencia más avanzada, mientras que la química ocupa el segundo lugar a poca distancia. Todavía hay interrogantes sin resolver en ambas disciplinas y sin duda se lograrán nuevos adelantos y aplicaciones. Sin embargo, es de esperar que estos se produzcan a un ritmo menor que en las ramas del saber que se ocupan de la vida. Es cierto que se descubrirán nuevos usos para las sustancias existentes, que nuevos compuestos resolverán algunos de los problemas de la humanidad, que se desvelarán nuevos matices en el funcionamiento del electromagnetismo y, espero, que se logrará hacer este compatible con la gravedad en el seno de una teoría del todo. Pero esto pertenece a un hipotético futuro. Por el momento, volvamos a lo que sabemos en la actualidad y exploremos las razones por las que los átomos reaccionan con otros para formar moléculas que son esenciales para los procesos vitales.

Los protones y los neutrones, independientemente del elemento al que pertenezcan, están compuestos de cuarks up y down, de modo que todos los núcleos atómicos están hechos de las mismas partículas fundamentales. Además, los protones siempre tienen una carga eléctrica positiva, mientras que la de los electrones, que se encuentran en las capas externas de los átomos, es negativa. Esta diferencia entre unos y otros implica que se atraen mutuamente. Estos componentes básicos son los mismos en todos los casos, pero cada integrante de la tabla periódica es diferente. Es difícil conseguir que algunos de ellos, como el argón, se combinen con los demás a través de la fuerza electromagnética. En cambio otros, como el oxígeno, son muy reactivos y entran en la composición de todo tipo de productos.

No solo el comportamiento químico difiere en este sentido, sino que las propiedades físicas de los elementos también lo hacen. El hidrógeno y el oxígeno son gases a temperatura ambiente, mientras que el mercurio es un líquido y el litio y el hierro son sólidos. Cuando los dos primeros se combinan para formar moléculas de agua, ambos son gaseosos, pero el producto es un líquido. A menos, claro está, que la temperatura sea inferior a cero grados, en cuyo caso se obtiene hielo, o superior a cien, cuando se genera vapor. A su vez, estos puntos de congelación y ebullición cambian con la presión y este es el motivo por el que, a grandes alturas, en que la atmósfera es más tenue, el agua hierva por debajo de este valor.

Tú y yo somos formas muy complejas de química y para comprender las razones de nuestra aparición es necesario entender algo de esta disciplina. En cada una de tus células se producen millones de reacciones al segundo, las cuales requieren elementos reactivos. Si todos ellos fuesen inertes, como el helio y el neón, la vida no habría surgido nunca. El siguiente paso en nuestro recorrido desde el Big Bang hasta llegar a ti y a mí es el salto de los átomos a las moléculas. Si alguno de los conceptos expuestos en el capítulo anterior parece raro, tal como el de un límite cósmico de velocidad, el efecto de la gravedad sobre el tiempo o el aspecto de espuma burbujeante del espacio en la escala de Planck, lo cierto es que las cosas no dejan de ser peculiares en el nivel cuántico, que es en el que se comparten o intercambian electrones.

En la realidad que experimentamos, las cosas no desaparecen de repente de una ubicación para volver a aparecer en otra. Mi perro, Woofler, no se esfuma en el dormitorio y se materializa de manera instantánea en el jardín, por mucho que le gustase hacerlo. Del mismo modo, los objetos macroscópicos solo pueden estar en un sitio al mismo tiempo. Por más que lo he intentado, nunca he logrado ocupar mi puesto en la oficina y bajar al bar a la vez. Sin embargo, el mundo de lo muy pequeño, en el que habitan las partículas fundamentales y los átomos, es muy diferente en este sentido.

La radiación electromagnética, como por ejemplo la luz visible, se desplaza formando ondas. Sin embargo, está hecha de corpúsculos, llamados fotones. El reino de lo diminuto es extraño, porque estos y otros componentes de la realidad, como los electrones, átomos aislados e incluso moléculas pequeñas, son a la vez partículas y ondas. Ser las dos cosas al mismo tiempo carece de sentido para nosotros, dado que solo experimentamos lo que se siente al ser una: un cuerpo. Sin embargo, aunque parezca difícil de creer, los árboles del campo, los coches en la carretera, los planetas y, de hecho, todo el universo, son tanto objetos sólidos como ondas. Bien es verdad que las oscilaciones descritas por los entes macroscópicos son miles de millones de veces más pequeñas que ellos mismos y por eso no afectan nuestra existencia cotidiana, de modo que podemos ignorarlas. Sin embargo, la situación se complica cuando su amplitud es mayor que el propio objeto, que es lo que ocurre si estos son minúsculos, como fotones, electrones o átomos. En estos casos, cabe hablar de lo que los científicos denominan un comportamiento cuántico. Una manera de demostrar este aspecto, un fenómeno que también recibe el nombre de dualidad onda-corpúsculo, consiste en el clásico experimento de la doble rendija.

Los científicos lo han repetido en multitud de ocasiones y siempre se obtiene el mismo resultado: parece que los átomos pueden estar a la vez en dos lugares diferentes. Para realizar esta comprobación, lo primero que se necesita es un dispositivo capaz de proyectar átomos individuales hacia una pantalla y que esta pueda registrar las posiciones donde se producen las colisiones resultantes. Supongamos que ambos artefactos están fijos. A continuación, se interpone entre ellos una lámina de un material opaco con dos rendijas verticales paralelas y muy próximas entre sí, lo bastante anchas como para que un átomo las atraviese sin dificultad. Por último, se lanzan los proyectiles de uno en uno hacia la pantalla y se anota dónde se registra el impacto.

Empecemos por imaginar lo que cabría esperar en el mundo clásico en que vivimos. Si este experimento se realizase a escala macroscópica y se lanzasen pelotas de tenis a través de una lámina con ranuras hacia una superficie de velcro, cada una de las bolas pasaría por una rendija u otra antes de quedarse pegada en la pantalla. Acabarían por formar dos líneas verticales en el objetivo, determinadas por las posiciones relativas del cañón y de cada uno de los orificios.

En el ámbito cuántico, algunos de los átomos disparados parecen comportarse del mismo modo, solo que a escala reducida. Es decir, aparentan abandonar el extremo del cañón, atravesar una de las dos rendijas e impactar en la pantalla empleada para detectarlos. La marca resultante, una de las dos ranuras y el dispositivo emisor están en línea recta. Sin embargo, es solo cuestión de suerte que unas cuantas de las partículas lanzadas se comporten de este modo, ya que la mayoría de ellas no lo hacen como las pelotas de tenis. A diferencia de estas, en la pantalla aparecen otras líneas verticales. En efecto, hay conjuntos de marcas paralelas, separadas por regiones en las que no se ha registrado ninguna colisión. ¿Qué rendija atravesaron los átomos que dejaron las marcas que no están en línea recta con el cañón ni con ninguna de las ranuras? La respuesta es que lo hicieron por ambas: cruzaron las dos a la vez. No cabe duda de que esta conclusión es realmente sorprendente, dada nuestra experiencia previa en el mundo clásico, en el que una pelota de tenis solo puede pasar por una rendija o por la otra.

Lo cierto es que todos los átomos y, de hecho, todos los cuerpos tienen una serie de ondas asociadas, que pueden ser descritas por una fórmula matemática denominada función de onda. Esta expresa la ubicación de un objeto como la combinación de todos los lugares posibles en los que puede encontrarse, junto con la probabilidad en cada caso. Los entes muy voluminosos con ondas muy pequeñas aparecen siempre en un solo sitio. En cambio, partículas muy pequeñas con ondas comparativamente grandes pueden hallarse en un número de localizaciones muy elevado. En el caso de un átomo, la función describe en cierta manera todos los futuros posibles, si se viera obligado a revelar su posición como corpúsculo. Si las dimensiones de cualquier objeto son menores que la ondulación asociada, este puede aparecer en dos lugares a la vez. Cuando he mencionado en ocasiones anteriores que los electrones en torno al núcleo forman una mancha difusa, hacía referencia a este aspecto.

En la película *Hombres de negro 3*, Michael Stuhlbarg interpreta a un personaje llamado Griffin, que es un alienígena del planeta Archanan. Se les describe como seres multidimensionales, que pueden ver una cantidad infinita de líneas temporales alternativas y todos los futuros posibles. Son incapaces de predecir cuál se va a hacer realidad, pero conforme suceden ciertos acontecimientos, algunas de las posibilidades desaparecen y surgen otras nuevas. Griffin emplea esta habilidad para dirigir a los hombres de negro a través de la única cadena de sucesos que salva el mundo, aunque al hacerlo reconoce que esta capacidad de ver tantas opciones a la vez es poco menos que una carga. Le creo. Sus poderes son en cierta manera como ver las funciones de onda de todo el universo en torno suyo. Lo que percibe cambia con el paso del tiempo, del mismo modo que lo hacen los futuros posibles, algunos de los cuales se hacen más probables y otros menos. La onda de una partícula es más o menos lo mismo. No obstante, las cosas en el ámbito cuántico son todavía más sorprendentes.

Hay varios factores que se pueden medir en un átomo, en un electrón o en otras partículas, incluidas su ubicación y su velocidad. Cada una de estas propiedades tiene asociada una función de onda y todas ellas están relacionadas entre sí. Esto quiere decir que cuanto más se sabe acerca de, digamos, la posición en que es probable que se encuentre un objeto, menos se puede conocer sobre lo rápido que va. Esto es, si se sabe dónde se encuentra un corpúsculo, no se dispone de información acerca de su velocidad. A la inversa, si se especifica esta última, no se puede saber la localización exacta. La incapacidad de conocer ambas cosas a un mismo tiempo se llama principio de incertidumbre de Heisenberg, en honor al físico alemán que lo enunció por primera vez. Lo cierto es que el mundo cuántico se basa en indeterminaciones, que los científicos describen mediante probabilidades. En este aspecto, el comportamiento de las partículas más pequeñas y de los átomos es probabilista, algo que en última instancia se debe al hecho de que sus funciones de onda son de mayor tamaño que ellos mismos.

En el caso del experimento de la doble rendija, la función de onda del átomo describe el lugar en la pantalla en que este puede aparecer y dibuja lo que se conoce como un patrón de interferencia. Este es el motivo por el que aparecen una multitud de líneas verticales separadas por áreas en las que no hay impactos registrados. Una manera de entender el patrón de interferencia es pensar en el comportamiento del agua. Imaginemos una ola que avanza por la superficie de un estanque hacia dos ranuras paralelas, que las alcanza y que sale por el otro lado. Se observarán ondulaciones semicirculares que se expanden a partir de cada orificio y se alejan de cada uno de ellos, antes de colisionar con las procedentes de la otra rendija. Este choque genera un patrón de interferencia compuesto de picos y valles en la ola resultante. Algo parecido sucede cuando se cruzan las estelas de dos barcos. El mar se pica y presenta una serie de altibajos. Lo mismo ocurre con la función de onda del átomo que sale del cañón, porque se ve perturbada de un modo parecido. En este caso, los máximos indican las posiciones más probables, mientras que los mínimos señalan las ubicaciones en las que hay menos posibilidades de encontrarlo. Las bandas verticales que se forman en la pantalla corresponden a los primeros y las regiones vacías a los segundos. De este modo, el experimento de la doble rendija es una manera muy inteligente de utilizar muchos átomos para desvelar el aspecto que tiene la función de onda de los corpúsculos individuales.

Los proyectiles disparados por el cañón forman una onda que atraviesa las ranuras, antes de que la pantalla detectora obligue a la partícula a abandonar ese estado ondulatorio y mostrarse en una ubicación concreta. Para que todo salga bien y se forme un patrón de interferencia, es necesario que las rendijas estén muy próximas y que su anchura sea similar a la longitud de onda (una propiedad de la función) de los objetos proyectados. Si se cumplen estas condiciones, el experimento se puede repetir y en todas las ocasiones se observa el efecto indicado. Lo cual plantea un interrogante: ¿qué es lo que hace que la partícula abandone su estado inicial y aparezca como un corpúsculo en un sitio específico?

Cuando un átomo alcanza la pantalla, se dice que su función de onda colapsa, tras lo cual se muestra en una ubicación concreta. En cierta manera, esto sería similar a salir a la vez de un edificio por la puerta de delante y la de atrás, antes de aparecer como por arte de magia en la calle que hay enfrente. La función describe la longitud de onda de un objeto. Cuanto más grande sea este, más pequeña es aquella y el cuerpo aparece en un solo lugar.

Digamos de paso que se podría forzar a los entes macroscópicos a comportarse como partículas diminutas si las longitudes de onda de todos sus átomos constituyentes pudiesen alinearse de una manera determinada, si bien conseguir esto es extremadamente difícil para todo lo que supere en tamaño a una molécula sencilla. Una analogía aproximada para este fenómeno podría ser una hilera de metrónomos con una sincronía perfecta. En la mayoría de los casos, esto no se cumple y los elementos componentes de un cuerpo no están sincronizados, sino que se comportan como un conjunto de metrónomos que marcasen el ritmo cada uno a su manera. Es lo que ocurre en los seres humanos. Su longitud de onda es aproximadamente una millonésima de millonésima de millonésima de centímetro, porque las funciones de sus átomos integrantes no están acompasadas. Como somos muchísimo más grandes que esta medida, nos comportamos como objetos sólidos y podemos pasar por alto las funciones de onda. En cambio, si fuésemos capaces de alinear estas para todas nuestras partículas constituyentes, mostraríamos características ondulatorias. Podríamos actuar según la cuántica, salir de un edificio a través de múltiples puertas a la vez y aparecer en la calle. Nadie es capaz de conseguir este tipo de sincronía, lo que quiere decir que el experimento de la doble rendija no funciona con personas. No cabríamos a través de las ranuras, de una estrechez extraordinaria, que harían falta para generar un patrón de interferencia. Sería como hacer pasar un camello por el ojo de una aguja extremadamente pequeña. De este modo, solo se obtienen los resultados esperados con objetos cuya longitud de onda es de mayor tamaño que ellos mismos, algo que solo cumplen partículas y átomos. Por ejemplo, en el caso de un electrón, esta longitud es un par de miles de veces más grande que él mismo.

Cuando un proyectil atraviesa una rendija en el experimento y llega hasta su objetivo, forma un enlace químico con la sustancia indicadora y pasa a formar parte de un objeto mucho mayor. Tanto el átomo disparado como la pantalla tienen una longitud de onda determinada, pero dado que los corpúsculos que componen la superficie detectora no están alineados, la partícula proyectada aparece ahora en una ubicación concreta. Si se viese liberada de su unión con el producto que señala su presencia, recobraría sus propiedades cuánticas originales. Los átomos se enlazan entre sí para formar moléculas y estas se reúnen en cuerpos macroscópicos que podemos ver. Llegados a este punto, la mayor parte de las veces sus longitudes de onda carecen de importancia por lo que respecta a su comportamiento. Es decir, este es conforme a los cuerpos habituales en nuestras vidas cotidianas y no a las partículas del ámbito cuántico.

Cuando describí el nacimiento del universo, hice referencia al fondo cósmico de microondas, que es la radiación más antigua que existe en el espacio, y a las fluctuaciones que muestra. Los cosmólogos creen que estas se remontan a una etapa muy temprana, cuando todo lo existente era tan pequeño que su función de onda era mayor que su diámetro. Los valores máximos y mínimos de esta expresión cuántica fueron ampliados y profundizados con la rápida expansión cósmica, lo que dio resultado a variaciones en la distribución de la materia. Con el paso del tiempo, estas diferencias de densidad dieron lugar a las galaxias, que contienen miles de millones de estrellas, y a las regiones de espacio vacío que hay entre ellas. En este sentido, se cree que la estructura a gran escala del universo fue un resultado de su comportamiento cuántico cuando aún era extraordinariamente diminuto.

Sea como fuere, las propiedades cuánticas de las partículas son muy peculiares. Sin embargo, todavía no hemos considerado cómo nos pueden ayudar a entender la manera en que los átomos interactúan. Si echo la vista atrás a mis clases de química en el colegio, soy incapaz de encontrar contenidos que me ayuden a dar respuesta a esta pregunta. No se nos enseñaba nada parecido. De hecho, solo recuerdo tres cosas de esas lecciones. En primer lugar, me acuerdo de un compañero llamado Gary, que consiguió llenar el laboratorio de un gas irritante que nos hacía toser a todos y que forzó la evacuación de todo el edificio de ciencias. Gary pasó el resto de sus días de químico escolar empeñado en repetir esta proeza, pero no lo logró. En otra ocasión, me acuerdo de decir a mi amigo Mike que si ajustaba la goma del mechero Bunsen a un grifo de agua saldría un potente chorro de líquido que con toda probabilidad llegaría hasta el puesto del maestro, a cinco metros de distancia. No me creyó, pero hizo lo que le indicaba, aunque no se atrevió a empapar al profesor. En vez de esto, abrió la llave cuando el mechero estaba de pie en el banco de laboratorio. El agua llegó hasta el techo, a resultas de lo cual nos estuvieron cayendo gotas encima hasta que terminó la clase. Por último, aprendimos que los átomos son en cierto modo como el sistema solar, con el

Experimento de la doble rendija

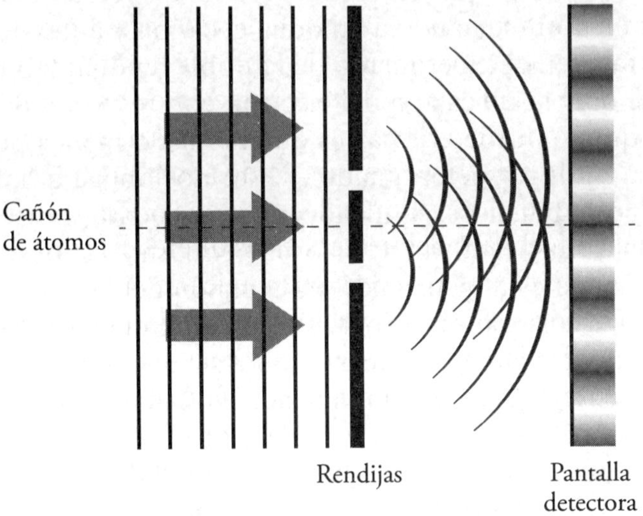

núcleo en el centro y unas partículas llamadas electrones en órbita en torno suyo, como si fueran planetas. No cabe duda de que habría mejores cosas que recordar que las dos primeras y en cuanto a la tercera, aunque se nos enseñaba como un hecho, es errónea en buena medida.

Un aspecto de esta analogía que sí es correcta es que la mayor parte del átomo es espacio vacío. Sin embargo, las similitudes acaban ahí. El elemento más sencillo es el hidrógeno, que consta de una carga positiva y una negativa. Si su núcleo tuviera el tamaño del Sol, la posición más probable del electrón estaría diez veces más alejada que Plutón de nuestra estrella. No es moco de pavo. Mercurio, el primer planeta y aquel cuya órbita es menor, estaría ubicado tan cerca del protón que no cabría esperar ningún electrón a esta distancia, si el sistema solar encogiese hasta un tamaño atómico.

Hablar de probabilidades y hacer afirmaciones del tipo de «la posición más probable del electrón» puede parecer raro, sobre todo si pensamos en términos de cuerpos celestes. Sería mucho más fácil decir que la partícula de carga negativa está diez veces más lejos del núcleo que Plutón del Sol, en lugar de manifestar que esa es su ubicación más probable. Sin embargo y por desgracia, del mismo modo que no podemos saber con certeza dónde se encuentra un átomo cuando abandona el cañón y antes de alcanzar la pantalla en el experimento de la doble rendija, tampoco es posible conocer la ubicación del electrón con respecto al núcleo. Lo único que se puede afirmar es que es más o menos probable que esté en un lugar determinado, y esto nos obliga a hablar en términos probabilísticos. Teniendo esto en cuenta, no se puede decir que la carga negativa esté en órbita en torno a la positiva. Su función de onda está distribuida en la región del espacio que corresponde a la corteza y el corpúsculo correspondiente puede aparecer en cualquier parte en este intervalo, si se ve obligado a mostrarse. Para reflejar esta complejidad, en química se habla de «orbitales» y no de «órbitas». Los electrones describen orbitales en torno al núcleo y existe una cierta probabilidad de que se encuentren en cualquier punto en esta región del espacio. Si este fuese el caso de los planetas, se verían como un área difuminada a través del cielo nocturno, con unas partes más densas que otras, correspondientes a las zonas más probables. Estas consideraciones añaden complejidad al asunto, pero todos hacemos algo parecido a veces en nuestras vidas cotidianas.

Mi familia no rastrea las ubicaciones de nuestros teléfonos móviles, de modo que, mientras estoy sentado en mi oficina escribiendo estas líneas, no puedo asegurar dónde están mi esposa Sonya ni mis tres hijos, Sophie, Georgia y Luke. Podría calcular las probabilidades de que mi mujer estuviera en su trabajo, de compras o tomándose un café con sus amigos, pero por el bien de mi matrimonio no lo voy a hacer. A su vez, lo más probable es que Luke esté en la universidad, pero si hace buen tiempo y no tiene clases, puede haber ido a montar en monopatín o a darse una vuelta y sacar fotos para su proyecto de fotografía. Los electrones no tienen una existencia tan emocionante como ellos, pero los químicos pueden obtener la probabilidad de que se encuentren en una localización dada en torno al núcleo, del mismo modo que yo puedo estimar la que tienen los miembros de mi familia de hallarse en un lugar determinado.

Un átomo de hidrógeno característico consta de un protón, que constituye el núcleo, y de un electrón. La función de onda que indica la posición de este último puede ubicarlo en cualquier parte en torno a la carga positiva, pero afirma que es mucho más probable que se encuentre en un rango de distancias intermedias, en lugar de estar más cerca o más lejos. A su vez, el nivel de energía de esta partícula determina su función de onda, el orbital que ocupa y, en consecuencia, su distancia más probable del centro. Es decir, los electrones más energéticos ocupan orbitales más alejados del núcleo.

Los protones atraen a los electrones, de modo que estos tienden a estar en el orbital viable más cercano al centro. No obstante, para que esto suceda, es necesario que tengan la menor energía posible. Un átomo de hidrógeno que conste de un protón y de un electrón muy energético y distante perderá la energía que le sobra, de modo que la partícula de carga negativa desaparecerá de su ubicación original y aparecerá en una más cercana, en un orbital de menor radio. La energía liberada es emitida en forma de fotón, algo que ocurre al mismo tiempo que el salto de orbitales anterior.

Además, las partículas tienen una propiedad denominada espín. En el caso que nos ocupa, este es el responsable de que en un átomo con varias cargas negativas estas se distribuyan siguiendo un patrón determinado. Este concepto se refiere a la manera en que se mueven las partículas, aunque su definición es bastante complicada desde un punto de vista matemático. En los electrones se presenta en dos variedades (hacia arriba, o *up*, y hacia abajo, o *down*) y una buena analogía sería asociar el primer tipo con una rotación en el sentido de las agujas del reloj y el segundo con otra en el sentido contrario. Sin embargo, como ocurría con el «color» y el «encanto» en teoría cuántica, no se puede hablar aquí de giros en la acepción ordinaria de la palabra. De hecho, los electrones no rotan sobre sí mismos como podría hacerlo una pelota.

Cada orbital puede contener un máximo de dos electrones, pero estos no pueden ocuparlo a un tiempo si tienen el mismo espín. A su vez, los orbitales están dispuestos en estructuras llamadas capas. La más cercana al núcleo contiene solo 1 de ellos, mientras que la segunda alberga 4, la tercera, 9, la cuarta, 16, la quinta, 25 y la sexta, 36. Por lo tanto, en términos del número de cargas negativas, de la primera capa a la sexta caben respectivamente un máximo de 2, 8, 18, 32, 50 y 72.

El hidrógeno solo tiene 1 electrón en la primera capa, mientras que el helio, el segundo elemento por orden creciente de masa y que consta de un núcleo con 2 protones y 2 neutrones, tiene dos cargas negativas en el orbital de menor radio (una con cada tipo posible de espín). El litio, el siguiente integrante de la tabla periódica por peso, tiene un núcleo con 3 protones y 4 neutrones. En consecuencia, hay tres electrones en su corteza, porque todos los átomos tienen el mismo número de cargas positivas que de negativas. Por lo tanto, dos de estas estarían en la primera capa y habría otra en la segunda. En cambio, el oganesón tiene 2 en la primera capa, 8 en la segunda, 18 en la tercera, 32 en la cuarta, otros tantos en la quinta, 18 en la sexta y 8 en la séptima y última.

Por lo menos, eso es lo que han calculado los químicos. Lo cierto es que ninguno de sus átomos ha sobrevivido lo bastante como para que su configuración electrónica haya podido ser determinada con precisión.

Los elementos más ligeros llenan por completo sus orbitales interiores antes de pasar a los siguientes, en el sentido de distancia creciente al núcleo. En cambio, los de mayor masa realizan este mismo proceso de una manera más compleja. Por ejemplo, las 118 cargas negativas del oganesón están distribuidas en siete capas, pero lo cierto es que cabrían en seis. Esto es así porque las más alejadas se dividen en subcapas y la energía que necesita un electrón para ocupar un orbital varía entre ellas. En ocasiones, esta cantidad es menor en la subcapa inferior de una capa más lejana que en la subcapa superior de una capa más cercana. Ahora que pongo todo esto por escrito, me doy cuenta de los motivos por los que mi programa escolar de química prescindía de estos detalles y se centraba en la analogía del sistema solar, por imprecisa que fuera. Lo cierto es que los átomos son complicados. Sin embargo, es precisamente esta complejidad la que permite a los químicos predecir la manera en que unos elementos van a reaccionar con otros, algo que es fundamental en nuestra existencia.

Los átomos son más estables cuanto menor sea su energía, de modo que cuando se encuentran en el estado fundamental sus cargas negativas ocupan los orbitales disponibles más cercanos al núcleo. Si el átomo absorbe un paquete de radiación y uno de sus electrones salta a un orbital más distante, el conjunto vuelve a su configuración inicial lo antes posible, mediante la emisión de un fotón. Por ejemplo, un hidrógeno con un electrón en la segunda capa no se encuentra en el estado fundamental. Esta última partícula tenderá a perder la energía sobrante por medio del proceso indicado, lo que le permitirá desaparecer de la capa externa y aparecer en la interna. La longitud de onda del fotón emitido en este caso vendrá determinada por su nivel de energía. En este ejemplo, corresponderá a la región ultravioleta del espectro, que no podemos ver a simple vista. La diferencia es menor cuando el salto se produce entre la tercera capa del hidrógeno y la segunda y en consecuencia el fotón es menos energético. Su longitud de onda es mayor y nosotros lo percibimos como luz de color rojo.

Un átomo puede reaccionar con facilidad incluso cuando se encuentra en su estado fundamental. Su capacidad en este sentido disminuye cuando las capas, luego las subcapas y finalmente los orbitales están llenos. En cambio, si hay una carga aislada en alguno de estos niveles, el elemento puede ser muy reactivo. Ejemplos de estas configuraciones son el hidrógeno, el litio, el sodio, el potasio, el rubidio, el cesio y el francio. Todos ellos tienen un solo electrón en su capa externa en el estado fundamental y se encuentran en la columna de la izquierda en la tabla periódica. El hidrógeno es un gas a temperatura ambiente, pero todos los demás son sólidos y se conocen de manera colectiva como metales alcalinos. Si uno de ellos dona su electrón más externo a otro átomo, se convierte en un ion positivo. Esto quiere decir que tiene más cargas eléctricas positivas en su núcleo que negativas en su corteza y en consecuencia el total se inclina en el sentido de las primeras. Un ion positivo se denomina catión y se ve atraído por las cargas de signo opuesto.

Al flúor, al cloro, al bromo, al yodo, al astato y al teneso les falta justo una carga negativa para completar una subcapa o su capa más externa, y se conocen como halógenos. Ocupan un lugar a la derecha de la tabla periódica. A diferencia de los metales alcalinos, no tienden a ceder un electrón, sino a ganarlo. Sin embargo, al hacerlo se convierten en iones negativos, llamados aniones, y en consecuencia se ven atraídos por las cargas de signo opuesto. ¿Qué ocurre cuando se mezclan átomos alcalinos y halógenos? Los primeros donan un electrón a los segundos y así se forma un compuesto. Este se crea mediante un vínculo químico conocido como enlace iónico, de naturaleza electrostática y muy resistente. Estrictamente hablando, los productos que solo incluyen este tipo de uniones no son moléculas, si bien esta distinción se pasa por alto a menudo en el lenguaje cotidiano. El cloruro sódico es una de estas sustancias, aunque lo más probable es que se la conozca como sal.

Esta se puede hacer a partir de la mezcla de sodio y cloro. Los átomos del primero donan el electrón aislado que hay en su capa externa y los del segundo lo reciben para llenar el hueco recíproco. De este modo, unos adquieren una carga positiva y los otros negativa, por lo que se atraen entre sí. Cuando una multitud de cationes y aniones de estos elementos forman enlaces iónicos, se producen cristales de sal. Si se fabrica esta sustancia en el laboratorio a partir de cloro gaseoso y de sodio metálico, lo habitual es que sea necesario aportar una cierta cantidad de energía para que la reacción se ponga en marcha. Sin embargo, una vez logrado esto y cuando las parejas de átomos empiezan a intercambiar electrones, el proceso libera fotones, que se pueden percibir como una luz amarillenta. Se denomina energía de activación a la cantidad de esta que es necesaria para que dé comienzo una reacción química.

No obstante, este no es el único enlace que existe. Otra manera de formar moléculas es a través de un vínculo denominado covalente, en el que los átomos participantes comparten electrones. Por ejemplo, el agua consta de dos hidrógenos y un oxígeno unidos de este modo. En este caso, los tres implicados completan sus capas externas, aunque a costa de compartir las cargas negativas. De hecho, este tipo de unión es más fuerte cuantas más partículas se comparten. Los átomos de carbono son un buen ejemplo a este respecto, ya que se pueden unir entre sí y formar parejas que tienen en común uno, dos o tres electrones. Es mucho más difícil separar los integrantes del emparejamiento en este último caso que en el de dos y, a su vez, cuesta más romper los enlaces dobles que los sencillos. Cuando varios átomos de uno o múltiples elementos forman enlaces covalentes, producen moléculas.

Los químicos clasifican este tipo de uniones en dos grupos: polares y no polares. Las que se forman entre átomos de carbono son de esta última clase, en la que los electrones se comparten por igual entre los participantes en el enlace. Esto implica que la función de onda que describe las ubicaciones más probables de las partículas en común es simétrica entre los dos integrantes de la molécula. Si pudiésemos forzar a las cargas compartidas a mostrarse como corpúsculos, pasarían la mitad del tiempo más cerca de un átomo y la otra mitad, del otro. En cambio, los enlaces polares describen situaciones en las que, en promedio, es más probable encontrar los electrones en las proximidades de un átomo que del otro. Es lo que ocurre en las moléculas de agua, en las que cada carga compartida tiene una probabilidad mayor de estar cerca del oxígeno que de cualquiera de los hidrógenos.

Las uniones de este último tipo implican que una parte del compuesto tiende a comportarse como si tuviera carga eléctrica neta positiva o negativa. Las áreas que muestran estas características se llaman dipolos y se ven atraídas por las de signo opuesto al suyo. De este modo, dan lugar a enlaces electrostáticos que no son muy fuertes. Por lo que respecta al agua, el extremo de la molécula en el que se encuentra el oxígeno es un dipolo negativo, porque este átomo tiende a acaparar el electrón compartido, mientras que los hidrógenos constituyen dipolos positivos. Estos se ven atraídos por los de signo contrario y entre ellos se forman vínculos débiles, llamados enlaces de hidrógeno. Aunque la atracción en este caso es de menor intensidad que la que se da en los enlaces iónicos, lo cierto es que es relativamente fuerte, en lo que se refiere a uniones electrostáticas. Por otro lado, este comportamiento resulta de una importancia crucial para la vida. Si la química no funcionara de esta manera, ni tú ni yo existiríamos.

Este es el motivo de que el hielo flote en el agua. En efecto, cuando esta se encuentra en estado líquido, los átomos en su interior no dejan de vibrar y moverse. Son lo bastante energéticos como para que los enlaces de hidrógeno no puedan subsistir mucho tiempo. Por otro lado, las moléculas colisionan con frecuencia entre sí. En cambio, cuando desciende la temperatura y se pierde energía del fluido, empieza a aparecer una estructura. Esto sucede porque los dipolos positivos crean enlaces de hidrógeno con los negativos más cercanos, lo que da lugar a la formación de una red de doce lados. A su vez, este tipo de uniones electrostáticas mantienen separados a los componentes de la configuración, lo que produce un sólido con mucho espacio entre las moléculas. La gran cantidad de huecos es la que hace que el hielo sea menos denso que el agua. El caso es que sin enlaces de hidrógeno los témpanos no flotarían en el mar ni los cubitos en tu *gin-tonic*. Es relativamente extraño que una sustancia se comporte de esta manera. La mayoría de nosotros no dedica mucho tiempo a pensar en el comportamiento del agua, pero lo cierto es que es sorprendentemente poco usual.

La última propiedad atómica que determina el comportamiento en las reacciones químicas es el tamaño, ya que este influye en la capacidad que tiene un elemento para compartir, donar o recibir electrones. Por ejemplo, cuantas más cargas positivas y negativas tenga un metal alcalino, más fácil le será actuar como donante de estas últimas. En consecuencia, el potasio es más reactivo que el sodio, que es más ligero, porque le cuesta menos ceder el único electrón que hay en su capa externa. Por el contrario, cuanto más pequeño sea un halógeno, más dispuesto estará a recibir la partícula faltante en su último orbital y, en este sentido, el más propenso a reaccionar de todos ellos es el flúor. Dado su reducido tamaño y puesto que todos sus electrones están cerca del núcleo, acepta con facilidad el que necesita para completar la última capa, que le aportan los elementos con los que se combina. Esto le hace más reactivo que su primo, el cloro, que es más pesado.

De hecho, lo es hasta tal punto que es un ingrediente principal de dos de los compuestos más peligrosos que hay en el planeta. La sustancia más corrosiva conocida es el ácido fluoroantimónico, que es una mezcla de dos moléculas en las que interviene el flúor: fluoruro de hidrógeno y pentafluoruro de antimonio. El ácido más fuerte con el que podemos toparnos en nuestra vida cotidiana es, con toda probabilidad, el sulfúrico. Este es bastante desagradable ya de por sí y puede causar quemaduras graves en la piel. Pues bien, el ácido fluoroantimónico es 10.000 billones (un uno seguido de dieciséis ceros) de veces más potente. Reacciona de manera muy violenta con casi todo y es extraordinariamente difícil de almacenar, para lo que se emplean recipientes hechos de materiales como el teflón, que son resistentes a la corrosión.

Otro compuesto que incluye a este halógeno y que es muy reactivo es el trifluoruro de cloro. Sus moléculas cuentan con tres átomos de flúor y uno de cloro, unidos mediante un enlace covalente. El caso es que sus electrones están dispuestos de una manera tal que hacen que la sustancia sea muy inestable. De hecho, se la puede utilizar para quemar el amianto, un material ignífugo muy eficaz, ampliamente utilizado a mediados del siglo XX. Es capaz incluso de hacer arder las cenizas de una hoguera de leña. A pesar de esta elevada capacidad de reaccionar, se utiliza en pequeñas cantidades en el combustible para cohetes y en la fabricación de ordenadores. En la vida cotidiana, se considera que es seguro en concentraciones menores a 0,1 partes por millón, es decir, muy diluido. De este modo, cuando en la década de 1950 se fabricaron 900 kilogramos de este compuesto en estado puro, se estaba asumiendo un riesgo considerable. En una ocasión en que se intentó mover este producto de un lado a otro de un almacén, se derramó por accidente. El incendio resultante atravesó 30 centímetros de hormigón y 90 de gravilla, antes de consumir todas las moléculas, momento en el que las llamas se apagaron por sí mismas.

Las sustancias muy reactivas son escasas en la naturaleza porque se unen con rapidez a otras y dan lugar a compuestos más estables. En todo caso, la vida no utiliza materiales altamente explosivos, como el 1-diazidocarbamoil-5-azidotetrazol o el ácido fluoroantimónico. Es cierto que todos los organismos necesitan energía y que algunas moléculas con mayor tendencia a reaccionar liberan grandes cantidades de esta con facilidad, pero también que se pueden encontrar maneras mucho más manejables de sacar partido a estos procesos.

Si la física es la forma que tiene el universo de convertir la energía en átomos, entonces la química es su manera de transformar los elementos de la tabla periódica en materia viva. En todo caso, esta última es bastante quisquillosa en lo que se refiere a las sustancias que utiliza. El hierro representa algo menos de un tercio del peso del planeta, pero apenas un 0,01 % del corporal. En cambio, el oxígeno es el segundo elemento por orden de abundancia en la Tierra y constituye el 30 % de su masa, mientras que es todavía más profuso en nuestros cuerpos, con un 65 %. El silicio, el magnesio, el azufre y el níquel son algunos de los elementos más abundantes en la corteza terrestre. Sin embargo, los organismos vivos los utilizan de forma muy parca y no suponen más que una fracción de un 1 % de los seres humanos. Puede ser que estemos hechos de polvo de estrellas, pero lo cierto es que la vida ha sido muy selectiva a la hora de decidir lo que emplea.

Por el contrario, el carbono es totalmente imprescindible para la vida tal y como la conocemos y es probable que también lo sea para todos los seres vivos que existan en el universo, de haberlos. Por fracción de peso, representa el 18,5 % de cada persona. Sus átomos tienen seis protones y seis electrones y entre dos y dieciséis neutrones. El número más común de estos últimos es también seis, con lo que se obtiene un isótopo conocido como carbono-12. Las únicas otras dos variedades que se encuentran en la naturaleza son el carbono-13 y el carbono-14. Este último presenta una radiactividad débil y decae para formar átomos de nitrógeno-14, una característica que los arqueólogos emplean para datar los artefactos que encuentran. Los demás isótopos son inestables y solo se han fabricado en el laboratorio.

En su estado fundamental, el carbono tiene dos electrones en su capa interna y cuatro en la segunda. En consecuencia, puede establecer hasta cuatro enlaces covalentes mediante partículas compartidas. Lo cierto es que sus átomos son pequeños, por lo que estas uniones son bastante fuertes y dan lugar a compuestos muy estables. A su vez, puede combinarse de varias maneras para dar lugar a sustancias con propiedades muy diferentes. Por ejemplo, si la presión es muy elevada, cada carbono crea enlaces simples con otros cuatro y el conjunto adopta una estructura piramidal de tetraedro, lo que da lugar al diamante. Por el contrario, a bajas presiones (y a la temperatura adecuada) forma grafito. En este material, que es de un color gris oscuro, cada átomo se une a otros tres iguales por medio de un complejo arreglo para compartir los electrones. De este modo, quedan entrelazados y constituyen una lámina. Varias de ellas se unen luego mediante la atracción electrostática, estructuradas como las hojas en una resma de papel.

Los átomos de carbono no solo se combinan con sus semejantes, sino que pueden establecer enlaces covalentes con otros elementos, incluidos algunos metales. En la naturaleza, a menudo se encuentra unido a nitrógeno, hidrogeno y oxígeno. Dado que puede entrar a formar parte de varios vínculos de este tipo a la vez, en muchas ocasiones es un ingrediente principal de moléculas muy grandes que son cruciales para la vida.

Ninguna de ellas es sinónimo de la materia viva tanto como el ácido desoxirribonucleico. En efecto, una sola cadena de ADN puede contener miles de millones de átomos, en los que se conserva parte del código genético que permite producir nuevos organismos, ya sean bacterias, plantas, hongos o animales. Estas moléculas son muy estables y no participan en reacciones con otros compuestos ni cambian su estructura atómica. Más nos vale, porque en caso contrario, el manual de instrucciones para nuestro ensamblaje se perdería con mucha rapidez. Muchas otras sustancias imprescindibles para la vida son también inertes. Por ejemplo, almacenamos energía en forma de grasa, cuyas moléculas pueden conservarse hasta que se necesite que liberen sus reservas. Se conservan inalterables en nuestras células y solo son procesadas cuando llega el momento en que se requiere su contenido. Las proteínas, el caballo de batalla de lo vivo, son estables igualmente y pueden mediar en varios procesos de manera repetida. En buena medida, la química de la vida consiste en controlar reacciones, ya sea para procesar grasas y generar energía, o para consumir esta en la construcción de células y órganos, como huesos y cerebros.

Al igual que todas las reacciones, las necesarias para los procesos vitales tienen una energía de activación. Esta puede ser muy baja, como en el caso de moléculas que se combinan con facilidad entre sí, o necesitar un aporte energético más elevado, como cuando se quiere separar el agua en hidrogeno y oxígeno. Una vez que la reacción ha comenzado, puede liberar más energía o capturarla de su entorno. En el primer caso se dice que es exotérmica y emite luz y calor. Por el contrario, si los absorbe, se dice que es endotérmica. Un ejemplo de la primera es la combustión, cuando se quema algo, mientras que de la segunda lo es la fotosíntesis, el proceso que utilizan las plantas para vivir y crecer. Esta emplea fotones, las partículas portadoras de radiación electromagnética, para poner en marcha la producción de los azúcares que necesitan los vegetales para desarrollarse.

La vida recurre a ambos tipos de reacciones y utiliza un truco muy elegante para reducir la energía de activación de muchas de ellas. Para hacerlo, se sirve de una clase de productos químicos llamados enzimas. Casi siempre son proteínas, que consisten en largas cadenas plegadas en estructuras grandes y complejas, hechas de componentes más pequeños llamados aminoácidos. Billones de ellas están activas en todos los rincones del cuerpo humano en cualquier momento dado. Son las responsables de unir moléculas para construir los órganos y también de romperlas cuando se consume el alimento, para obtener la energía necesaria en nuestras actividades cotidianas. Las enzimas son sorprendentes y sin ellas la vida no podría existir.

Se trata de cadenas grandes y complejas, con complicadas estructuras tridimensionales. A menudo incluyen valles, canales y protuberancias de forma extraña. Una pequeña parte de los aminoácidos que las componen forman algo conocido como sitio de unión, que es específico de cada una de ellas y es la región donde se producen las reacciones que facilita la enzima. Es lo que le permite formar enlaces electrostáticos con sustancias químicas concretas, que son cruciales en la reacción catalizada.

Un catalizador es cualquier compuesto capaz de acelerar una reacción. Esto se logra mediante una reducción en la energía de activación, lo que facilita que el proceso se ponga en marcha. Los catalizadores también son importantes en la química inorgánica, pero por lo que respecta a los seres vivos, los más empleados son las enzimas. Estas procesan o construyen moléculas concretas en cada caso, llamadas sustrato, cuya forma modifican. En ocasiones el proceso se puede iniciar sin la participación de ninguna sustancia adicional, mientras que en otras intervienen los denominados cofactores. La enzima se une al sustrato, hace descender la energía de activación de la reacción, la pone en marcha y libera los productos finales, que pueden ser nuevos componentes para tu cuerpo, combustible para tus células o materiales de desecho. La enzima en sí no se ve alterada desde el punto de vista químico por el proceso que cataliza y sobrevive para poder repetirlo, una vez tras otra.

El sustrato solo se puede combinar con la proteína en el sitio de unión de una manera muy concreta. En algunos casos este encaje es muy ajustado, como si se tratara de una pieza de un rompecabezas tridimensional. En cambio, en otras ocasiones, el sustrato, la enzima, o ambos cambian un poco de forma durante un cierto tiempo para permitir este ajuste tan preciso. Es habitual que la unión se deba a enlaces de hidrógeno, o a otro tipo de débil atracción electrostática. No obstante, algunas enzimas forman enlaces covalentes temporales no polares y en ocasiones incluso polares. Una vez que el sitio de unión activo y el sustrato están ligados, pueden tener lugar una serie de procesos que ponen en marcha la reacción. Algunos de ellos implican una química muy compleja, que supera con creces lo que puedo explicar en este texto. Por el contrario, otros son mucho más fáciles de entender.

Cuando el sustrato se ve obligado por la enzima a adoptar una forma diferente, los enlaces covalentes que unen los electrones en esta molécula se ven sometidos a una cierta tensión y esto hace que sea más fácil romperlos, bien por un cofactor o por otra parte de la proteína que puede donar o capturar cargas positivas o negativas. En otros casos, lo que cambia es la orientación del sustrato, de modo que es más fácil que otras sustancias que participan en el proceso reaccionen o se combinen con él. Independientemente del mecanismo exacto, lo cierto es que la energía de activación se reduce y la reacción se acelera.

El aumento de la velocidad debido a la actuación de un catalizador como los aquí descritos puede ser muy pronunciado, en ocasiones de hasta varios millones de veces. Esto es algo muy bien ejemplificado por una investigación realizada sobre un fósil muy antiguo. Hace 68 millones de años, murió una hembra de *Tyrannosaurus rex*. No sabemos cómo, pero fue uno de los poquísimos ejemplares que se fosilizaron. De hecho y de manera notable, incluso se conservaron algunos músculos y tendones. En 2007, Mary Schweitzer, una paleontóloga molecular de la Universidad Estatal de Carolina del Norte, analizó estos tejidos blandos y sometió una cantidad muy pequeña de ellos a la acción de una enzima llamada colagenasa. Esta pudo descomponer las moléculas de colágeno en la muestra en cuestión de horas.

El colágeno es una proteína muy resistente, imprescindible para construir un cuerpo. Se encuentra en la piel, en el cartílago, en los tendones y en los huesos. Sin la colagenasa es muy difícil de procesar, y este es uno de los motivos por los que cartílagos y tendones siguen duros y fibrosos, aunque se cocine la carne. También es la causa por las que estas partes de los animales son algunas de las que más tardan los microbios en descomponer tras la muerte. A pesar de estas propiedades, el descubrimiento de Schweitzer de restos microscópicos de tejidos blandos de varios millones de años de antigüedad fue controvertido en su momento y no ha dejado de serlo desde entonces. En efecto, algunos investigadores ajenos a su equipo han podido repetir sus resultados, mientras que otros no lo han logrado. A menudo, la ciencia avanza de esta manera. Las afirmaciones contrarias a nuestro conocimiento tradicional requieren varias comprobaciones independientes antes de ser aceptadas. Desde luego, no todos los biólogos o paleontólogos moleculares están dispuestos a dar por buenas las conclusiones de Schweitzer y sus colegas. Sin embargo, por lo que he leído al respecto, la opinión empieza a decantarse a su favor. Un número creciente de científicos, entre los que me incluyo, se muestran cada vez más convencidos por sus argumentos.

He elegido mencionar aquí estos hallazgos, a pesar de que la evidencia que los respalda es menos sólida que el resto de la ciencia mencionada en el capítulo, porque si superan el paso del tiempo demostrarán que una enzima puede poner en marcha una reacción en un sustrato que se ha mantenido estable durante cerca de 70 millones de años. Antes de este descubrimiento, se sabía que la colagenasa aceleraba la ruptura del colágeno varias decenas de veces. Sin embargo, los resultados con los fósiles sugieren que podría ser incluso más potente.

Una vez que una enzima, como la colagenasa, ha facilitado un proceso, debe liberar el producto. Todos los enlaces químicos temporales entre ambas sustancias deben ser desechos. En ocasiones, basta con redistribuir las cargas en el sustrato modificado para que este se separe y se aleje, mientras que en otros casos hace falta algo más. Puede que la enzima regrese a su forma original, lo que ayuda a expulsar el producto. De este modo, el catalizador está disponible de nuevo para mediar la reacción con otra molécula de sustrato.

Como se ha visto, los fenómenos químicos están regidos por la fuerza electromagnética. Si esta fuera de una intensidad mucho mayor o menor, las capas electrónicas y las cargas de aniones y cationes serían diferentes y tal vez la vida no sería posible. Si la atracción que ejercen los núcleos atómicos sobre sus electrones fuese más potente, o lo fuese menos, muchas reacciones no tendrían lugar en absoluto o requerirían temperaturas y presiones más elevadas para ponerse en marcha. En buena medida, nuestra existencia se debe a la química, y si esta funciona como lo hace es gracias a la fuerza electromagnética.

En este capítulo, no he hecho más que arañar la superficie de estos asuntos. He explicado cómo se comportan los átomos, la forma en que comparten sus electrones, por qué se producen las reacciones y la manera en que se forman las moléculas. Es posible que la química de la vida no sea tan espectacular como la de los compuestos muy reactivos y altamente explosivos, pero no por eso deja de ser sorprendente. Los científicos han logrado una comprensión muy completa del funcionamiento de las cuatro fuerzas fundamentales de la naturaleza y su conocimiento del electromagnetismo, al que tanto ha costado llegar, les permite predecir el resultado de muchos procesos antes de mezclar los ingredientes. En todo caso, hay cuestiones que todavía no se comprenden del todo.

No se pueden pronosticar con facilidad muchos aspectos de la química orgánica, que es la que subyace a todos los procesos vitales. Por ejemplo, no comprendemos cómo controlan los organismos vivos muchas reacciones que se producen en su interior ni cómo se impide que se produzcan de manera continua. Tampoco se sabe por qué las cuatro fuerzas fundamentales de la naturaleza tienen las intensidades que tienen, aunque esto no es algo exclusivo del electromagnetismo. ¿Por qué tiene este el valor justo para que las capas atómicas se encuentren a las distancias a que lo hacen y no estén más alejadas ni más cerca del núcleo? ¿Acaso esto es inevitable, o es solo una cuestión de suerte cósmica? Lo que sí sabemos con certeza es que la fuerza electromagnética determina la química tal y como la conocemos y que sin ella la vida no podría existir. Sin embargo, esta no es la única interacción que debe tener un valor adecuado para que esto sea posible. Es necesario también que la atracción gravitatoria, que es más débil en comparación, permitiera la formación del sistema solar y de la Tierra. Por ello, consideraré ahora el papel que desempeña la gravedad en nuestra existencia.

4

Nuestro vecindario

El universo es realmente magnífico. Sin embargo, uno de sus aspectos me resulta muy frustrante. En efecto, su tamaño es tan enorme que las posibilidades de que lo podamos explorar más allá de nuestra vecindad más inmediata son muy remotas. La sonda espacial Voyager 1 fue lanzada al espacio en septiembre de 1977, cuando yo tenía nueve años. Eso quiere decir que lleva viajando más de cuarenta y cinco. Es ya el objeto fabricado por el ser humano más distante de la Tierra, tras recorrer cerca de 24.000 millones de kilómetros. Una señal luminosa lanzada hacia la sonda desde nuestro planeta tardaría algo menos de un día en alcanzarla. Por grande que pueda parecer esta distancia, lo cierto es que es muy pequeña a escala cósmica. Alfa Centauri, la estrella más cercana al Sol, se encuentra a 4,37 años luz. La Voyager 1 no viaja en esta dirección, pero si lo hiciera y siguiera con su velocidad actual, tardaría unos 80 milenios en llegar hasta ella.

El Sol es un astro no binario (es decir, solo hay uno) y forma, junto con los planetas que le rodean, un sistema estelar, solar en este caso. Sin embargo, no es extraño que haya más de una estrella central, cada una dando vueltas en torno a sus compañeras en una elaborada coreografía. Por ejemplo, el sistema del Castor alberga seis de ellas.

Todos estos sistemas, como el solar o el del Castor, se agrupan en galaxias. La nuestra es la Vía Láctea. Contiene al menos 100.000 millones de estrellas, un número que podría ser hasta cuatro veces mayor. A ella pertenece cada punto luminoso que vemos brillar en el firmamento nocturno a simple vista. También es posible ver otra galaxia, la más cercana a la nuestra, sin ayuda de aparatos ópticos en noches despejadas y sin luna, pero no se pueden resolver los objetos astronómicos en su interior excepto con un potente telescopio. Se estima que puede haber hasta un billón de agrupaciones de este tipo en el universo observable, cada una de ellas separada de las otras por inmensidades de espacio vacío. Eso significa un montón de estrellas y un montón de regiones cósmicas que no podemos visitar ni con las que podemos comunicarnos. De haber extraterrestres, tendrían que estar en nuestro vecindario inmediato, a escala universal, para enterarnos de su existencia.

Marconi envió el primer mensaje de radio («¿Pueden oírme?») hace unos 125 años, en 1897. Si una civilización alienígena se dedicase a escuchar nuestras comunicaciones en esta frecuencia, recibiese la pregunta, respondiese de manera inmediata: «Sí, podemos», y su respuesta llegase hasta nosotros, deberían estar a una distancia de menos de 62,5 años luz de la fuente. Las ondas de radio se desplazan a la velocidad de la luz, de modo que la pregunta de Marconi debería haber llegado a los extraterrestres más alejados en condiciones de escucharla en algún momento de 1959 y recibiríamos su respuesta más o menos en la actualidad. Dentro de una esfera de 62,5 años luz en torno a nuestro planeta hay unas 15.000 estrellas. Sin embargo, no hemos recibido ninguna comunicación inteligente procedente de sus proximidades. No cabe duda de que tardaríamos generaciones como poco en mantener una conversación con alienígenas en su planeta de origen.

No obstante, hay unas ondas de radio detectadas en 1977 y que podrían haberse originado en una civilización extraterrestre. La llamada «señal Wow!» fue identificada en un radiotelescopio de la Universidad Estatal de Ohio. El astrónomo Jerry Ehman escribió esta interjección en la versión impresa de las observaciones entre las que aparecía la señal y desde entonces se la conoce así. No es ni remotamente parecida a la transmisión de Marconi, sino que adopta la forma de un tipo de onda diferente a todo lo que se ha detectado después. En 2012, la humanidad respondió a este presunto mensaje mediante el envío de 10.000 tweets hacia la constelación de Sagitario, que es la dirección desde la que se recibió la emisión original. Si es verdad que esta provenía de alienígenas, esperemos que no piensen que les estamos troleando. Personalmente, tengo mis dudas de que esto constituya una prueba de vida extraterrestre y me mostraré escéptico hasta que recibamos de nuevo un mensaje similar y podamos descartar otras posibles explicaciones.

El motivo por el que las vastas distancias cósmicas me parecen tan frustrantes es que me encantaría saber lo común que es la vida, sobre todo la inteligente, en el universo. El hecho de que no hayamos encontrado alienígenas no quiere decir que no los haya. Incluso si cada galaxia albergara en promedio un solo planeta en el que hubieran aparecido criaturas inteligentes en algún momento de su historia evolutiva, habría un billón de civilizaciones en el universo observable. Sin embargo, nosotros nunca lo sabríamos. Parece que el destino no me reserva visitas a seres extraterrestres en sus lejanos hogares. Por suerte, hay muchas cosas que ver en el nuestro. Este ha tenido un desarrollo geológico sorprendente, el cual ha producido algunos lugares que cortan la respiración.

Uno de mis paisajes favoritos en la Tierra es el Parque Nacional de Purnululu, en Australia Occidental. Me quedé prendado de esta esquina de nuestro planeta cuando estudiaba en la universidad. A finales de la década de 1980, mis amigos y yo veíamos con avidez un culebrón australiano titulado *Neighbours*. Uno de los personajes, Helen Daniels, anunciaba a veces que se iba de viaje a esta región, a pintar. Cabe suponer que esto sucedía siempre que la actriz que interpretaba este papel, Anne Haddy, necesitaba unas vacaciones. Por lo que a mí respecta, no podía creer que hubiese de verdad un lugar llamado Purnululu, de modo que acudí a la biblioteca para conseguir más información. A pesar de que a duras penas me podía permitir malgastar este tiempo, dado que mis exámenes estaban a la vuelta de la esquina, y después de emplear en esta tarea muchas más horas de las que había planeado, me enteré de que este era el nombre real de una cadena montañosa muy antigua. Este macizo consiste en una serie de montículos con forma de colmena y bandas de colores, atravesados por cañones labrados por la acción del viento, el agua y la arena a lo largo de millones de años. La primera vez que este paisaje fue contemplado por el hombre blanco fue en 1983, cuando un equipo de cine lo sobrevoló. Cuatro años después, fue declarado parque nacional. Por supuesto, la tribu de los Kija, que habita en las cercanías, conocía la zona desde hacía al menos 20 milenios y posiblemente desde mucho antes. De hecho, el nombre por el que se conoce la región en la actualidad proviene de su lengua.

Tardé tres décadas en decidirme a hacer el viaje hasta allí, acompañado de mi esposa Sonya y de mis hijos, Sophie, Georgia y Luke, para celebrar mi quincuagésimo cumpleaños en 2018. Para llegar a nuestro destino, volamos en aviones cada vez más pequeños desde Londres a Singapur, desde aquí a Darwin, luego a Kununurra y finalmente al aeropuerto de Purnululu, que es el pretencioso nombre por el que se conoce a la pista de tierra batida junto a la que nos dejó la avioneta de ocho plazas. Tras este último trayecto, ya estábamos cerca del macizo. A pesar de que había tardado 30 años en visitar este lugar, declarado Patrimonio de la Humanidad por la Unesco, no faltó quien me dijera que habíamos sido víctimas de una elaborada campaña de marketing por parte del gobierno de Australia. En efecto, una persona con un envidiable empleo en el parque nacional nos explicó que la Junta Australiana de Turismo empezó promover la zona en 1987. Para atraer visitantes a la región, incluyeron las referencias a Purnululu en los diálogos de Helen Daniels. No he podido verificar esto de manera independiente.

Sea como fuere, los montículos en forma de colmena presentan una serie de bandas alternas de color naranja y negro. Además, se encuentran frente a unas montañas que en la actualidad no tienen más de 575 metros de altura por encima de las llanuras circundantes. Estos picos están atravesados por cañones excavados en las rocas a lo largo de millones de años. El origen de estas formaciones se remonta a una época en que los anfibios dominaban la Tierra, mucho antes de la aparición de los mamíferos. Hace entre 350 y 375 millones de años, se depositaron múltiples capas de sedimentos en el lecho de un río o lago, antes de ser sometidas a grandes presiones y convertirse en arenisca. Esta se vio después empujada hacia arriba por la actividad geológica causada por el desplazamiento de enormes extensiones de roca llamadas placas tectónicas, que forman la corteza de nuestro planeta. De este modo, surgió en este lugar un majestuoso macizo montañoso. Con el paso del tiempo, sus cumbres sufrieron la erosión de la lluvia, los riachuelos, los vendavales y las variaciones de temperatura, de modo que surgió el paisaje que se puede contemplar hoy en día. Las vetas anaranjadas y oscuras presentes en los montículos se han visto sometidas al castigo incesante de los vientos, que se han llevado el material que en la actualidad constituye el desierto de Simpson, y son la parte más erosionada del conjunto. Se cree que las bandas se deben a diferencias en el contenido de arcillas en las capas de arenisca, a partir de la cual surgieron las montañas. Al aumentar la presencia de este material en la composición del sedimento en el momento en que este fue depositado, se incrementa también el contenido posterior de agua en la roca. Por otro lado, estos estratos más húmedos albergan cianobacterias, un tipo de microorganismo que realiza la fotosíntesis. Este es el motivo por el que las vetas solo profundizan un par de milímetros en la piedra, ya que las cianobacterias necesitan la luz solar para poder vivir y esta no penetra en la roca. Tampoco hay otras bacterias capaces de sobrevivir en las capas más secas de la arenisca. En consecuencia, las bandas son indicativas de las fluctuaciones entre períodos húmedos y secos, que tuvieron lugar hace casi 400 millones de años y a lo largo de un período de otros 25 millones, en la región en que se encontraba el lago en cuyo fondo se depositaron los sedimentos.

El caso es que esta zona es tan única en la Tierra como nuestro propio planeta lo es en el sistema solar. Entre los asuntos que he cubierto hasta el momento en este libro no se incluyen todavía los acontecimientos en el ámbito local. La gravedad, el electromagnetismo y las fuerzas nucleares fuerte y débil funcionan del mismo modo en todas las partes del universo (o por lo menos los físicos asumen que así lo hacen, porque surgieron cuando el cosmos era diminuto y se cree que no han cambiado desde entonces. Por otro lado, no hay evidencia alguna que haga pensar que pueden variar de una galaxia a otra). No obstante, la materia no está distribuida uniformemente a lo largo de todo el espacio, debido a las variaciones cuánticas que existían en las primeras etapas después del Big Bang. Estas fluctuaciones han dado pie a que la atracción gravitatoria agrupe las partículas en estrellas y galaxias. Las cuatro interacciones fundamentales son las responsables de que existan la Tierra y el conjunto del sistema solar en el que residimos. Sin embargo, para comprender la manera en que pudo surgir esta pequeña esquina del universo, debemos pensar un poco más localmente. Los detalles de la distribución de materia en nuestro vecindario cósmico son importantes a la hora de considerar este proceso de formación. ¿Acaso era inevitable que un objeto del tamaño del Sol apareciese en el punto preciso que este ocupa en la actualidad, o que tuviese una serie de cuerpos a su alrededor, en las órbitas que podemos observar en el cielo nocturno? Cada estrella es un poco diferente a las demás, del mismo modo que lo es cada sistema estelar con respecto a los otros y todas las galaxias entre sí. Para que tú y yo existamos, ha hecho falta la combinación precisa de una serie de acontecimientos que se tuvieron que producir en el contexto local. De este modo, pudo formarse un planeta en el que surgió la vida, la cual evolucionó después hasta dar lugar a una especie inteligente. En este capítulo, me voy a detener sobre todo en lo que sabemos acerca de la aparición de las condiciones locales adecuadas, un proceso en el que la gravedad tuvo un papel protagonista. Sin embargo, antes de referirme a estos temas, hay un hueco que cubrir.

Las fuerzas fundamentales, las primeras estrellas, los elementos pesados y las moléculas existían antes de que el universo tuviera unos pocos cientos de millones de años. No obstante, su edad es de 13.770 millones y nuestro sistema solar se formó hace tan solo 4.600 millones. ¿Qué pasó en todo ese tiempo entre un momento y otro?

Las galaxias aparecieron hace unos 13.600 millones de años y forman agrupaciones y cúmulos a través del espacio. La Vía Láctea es parte de un conjunto de al menos 54 objetos similares que constituyen el llamado Grupo Local, que a su vez es un integrante más de los cerca de 100 que componen el supercúmulo galáctico de Virgo. También este pertenece a una estructura gigantesca conocida como Laniakea, que cuenta con al menos 100.000 galaxias. La más pequeña de todas ellas contiene solo un millar de estrellas aproximadamente, mientras que la mayor alberga cien billones o más.

Las galaxias se mueven. Todas ellas giran sobre sí mismas en torno a su punto central, una rotación debida a su proceso de formación a partir de enormes nubes de hidrógeno gaseoso bajo los efectos de la atracción gravitatoria. Además, también se alejan unas de otras, en promedio, por efecto de la expansión del espacio. No obstante, las que están en cúmulos, tales como el Grupo Local, pueden acercarse entre sí e incluso colisionar. Los astrónomos han descubierto unas 30.000 estrellas en la Vía Láctea que recorren sus órbitas en sentido opuesto a las demás. A partir de esta observación, han llegado a la conclusión de que deben proceder de otra galaxia, que chocó con la nuestra hace varios eones. Por otro lado, las proyecciones de las trayectorias que siguen la Vía Láctea y Andrómeda, nuestra vecina más cercana de este tipo a tan solo 2,5 millones de años luz, indican que estas pueden chocar dentro de 4.500 millones de años.

Aunque todas las galaxias empezaron a formarse en torno a la misma época, no todas fallecen a la misma edad. El telescopio espacial Hubble, un notable instrumento que orbita la Tierra y que ha sido imprescindible en muchos descubrimientos, ha permitido identificar seis de ellas que murieron cuando el universo tenía 3.000 millones de años de antigüedad. Por razones que se desconocen, habían agotado su hidrógeno y no podían formar nuevas estrellas. Por el contrario, en la mayor parte de ellas se sigue produciendo estos nacimientos, aunque su ritmo es variable. Algunas galaxias contienen grandes cantidades de elementos pesados, como el hierro, tras haber consumido muchas generaciones estelares, mientras que otras carecen de ellos, ya que apenas están en la primera o segunda generación. En el seno de la Vía Láctea, ciertas regiones son más ricas en oxígeno y metales que otras, lo que pone de relieve el hecho de que diferentes partes de una misma galaxia pueden variar a este respecto.

La mayor parte de las estrellas que poblaron la Vía Láctea por primera vez han muerto ya, mientras que otras nuevas nacen sin cesar. En consecuencia, nuestra galaxia contiene regiones que consisten sobre todo en polvo y moléculas provenientes del fallecimiento de generaciones estelares anteriores, junto con otras con grandes cantidades de hidrógeno y helio creados al principio del universo, pero que todavía no han sido capturados por ningún proceso de formación. En ocasiones, estas enormes nubes de gas son activadas mediante la explosión de estrellas de una masa varias veces superior a la de nuestro Sol. Estas supernovas se cuentan entre los sucesos cósmicos más violentos y pueden llevar a la aparición de nebulosas, los lugares de nacimiento de los nuevos sistemas estelares. La nebulosa de la Hélice es la región más cercana a nosotros en la que tiene lugar este proceso. Su luz tarda siete siglos en alcanzarnos. En los cuerpos celestes de este tipo, la atracción gravitatoria hace que el gas y el polvo fríos empiecen a agruparse y a calentarse, hasta que acaban por formar nuevas estrellas. Este fenómeno sucede en todas las partes de la galaxia en las que hay suficiente hidrógeno y su resultado final son estrellas de tamaño pequeño, mediano o grande, muchas de ellas acompañadas de objetos en órbita de varios diámetros y solo unas pocas sin ellos.

De acuerdo al promedio de los sistemas estelares analizados hasta la fecha, estos tienen entre uno y cinco planetas. Tanto los primeros como cada uno de estos últimos son únicos a su manera. Aunque su formación se debe en todos los casos a la atracción gravitatoria, fluctuaciones en la densidad inicial, variaciones en la composición del polvo en la nebulosa de la que surgieron y el valor de la gravedad estelar en el punto de formación determinan el tamaño y los materiales que integran los planetas. A partir de aquí, cada uno de ellos sigue su propio desarrollo, al igual que las estrellas. De este modo, ha llegado el momento de hablar de la formación del sistema solar.

Hace entre 4.900 y 5.000 millones de años, una supernova dio los primeros pasos para la aparición del sistema solar. Si la nebulosa en la que se formó el Sol era parecida a las que se pueden observar en otras partes de la galaxia, debieron nacer en su seno muchas otras estrellas y planetas. Conforme se completaba este proceso, la rotación de la Vía Láctea ponía a estos recién llegados en órbita en torno al centro galáctico. Este está ocupado por un enorme agujero negro con una masa cercana a cuatro millones de veces la del Sol, que se llama Sagitario A*. Todos los objetos pertenecientes a la galaxia orbitan alrededor suyo. Por lo menos, así lo hacen hasta que son absorbidos por él o se apagan, tras agotar su combustible de hidrógeno. No cabe duda de que este agujero negro es gigantesco, pero hay otros que son mucho más grandes: a principios de 2023, los astrónomos estimaron que uno de ellos, denominado TON618, era diez veces mayor.

El sistema solar se encuentra a 25.640 años luz del centro galáctico. Hace 256 siglos, los seres humanos empezaban a construir sus primeros asentamientos, unas cuantas chozas erigidas con piedras y huesos de mamut. La luz que partió del Sol en la época de nuestros ingeniosos ancestros empezará a llegar ahora al centro de la galaxia. Por otro lado, dado lo lejos que el sistema solar se encuentra de este punto, no es de extrañar que tarde tanto en completar una órbita. Este lapso es tan grande que los científicos se hartaron de manejar números tan largos y se inventaron una nueva unidad de tiempo: el año galáctico. Cada uno de estos equivale a entre 220 y 230 millones de años terrestres (es difícil calcularlo con precisión), de modo que la Tierra tiene unos 20 años galácticos de antigüedad. La vida apareció en su superficie hace unos 16,9 años galácticos y los seres humanos entramos en escena hace poco más de una quincena galáctica.

Hace unos 4.600 millones de años terrestres, o 20,4 galácticos, grandes cantidades de hidrógeno se vieron atraídas por la gravedad hasta que se puso en marcha un proceso de fusión nuclear. Había nacido el Sol. Este es, con mucho, el integrante más grande del sistema solar y supone un 99 % de su masa. A pesar de que es minúsculo en comparación con algunos de los objetos analizados en este capítulo, tales como los agujeros negros supermasivos, desde nuestro punto de vista es enorme. Tiene un diámetro once veces mayor que el de Júpiter, que le sigue por tamaño, y 109 veces el de la Tierra.

Posición del Sol en la Vía Láctea

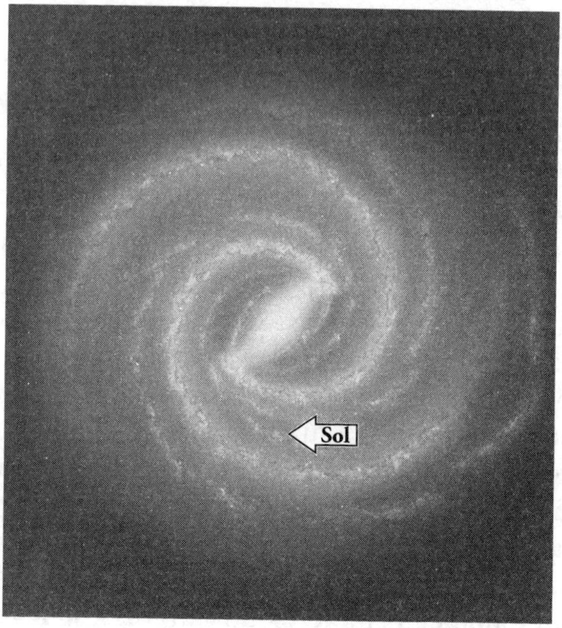

Otras estrellas que nacieron en la misma nebulosa emprendieron órbitas diferentes en torno al centro galáctico, algunas de ellas a mayor velocidad y otras más despacio. No obstante, las más cercanas a nosotros en este momento no se formaron a partir de las mismas nubes de gas y polvo que la Tierra, algo que podemos saber gracias a que sus edades varían de manera significativa. Por ejemplo, la estrella de Barnard, que es la segunda más próxima al sistema solar, dobla al Sol en antigüedad, mientras que la binaria Luhman 16, siguiente por orden de distancia, tiene solo 600 a 800 millones de años. Debido a estas diferencias de velocidad en las trayectorias alrededor del centro de la galaxia, Alfa Centauri, que en la actualidad es nuestra vecina más inmediata, no lo será dentro de 1.000 millones de años.

Las trayectorias de las galaxias en los cúmulos evidencian que cada una de ellas traza su propio recorrido a través del universo. En cambio, todos los sistemas estelares en la Vía Láctea orbitan en torno a Sagitario A*, bien que a su ritmo. Algunas de estas revoluciones llevan a ciertas estrellas a pasar cerca de otras en repetidas ocasiones y cada año galáctico, más o menos, el Sol se aproxima a objetos cuya vecindad ya ha visitado antes. Hay científicos que defienden la idea de que estos encontronazos cósmicos podrían modificar las órbitas de cuerpos celestes en los confines del sistema solar, tales como meteoroides y asteroides, y lanzarlos en nuevas trayectorias más ceñidas al centro, lo que en potencia podría causar una colisión con la Tierra. Hay pruebas de que la frecuencia de este tipo de impactos registra valores máximos y mínimos en períodos equiparables al año galáctico, aunque no todos los expertos en la materia las encuentran lo bastante convincentes. En cualquier caso, conseguir más datos para confirmar o desechar esta hipótesis podría llevar mucho tiempo.

La terminología de las rocas que vagan por el espacio puede parecer confusa. He mencionado asteroides, meteoroides, meteoros y meteoritos. ¿En qué se diferencian? Los primeros son objetos rocosos con un diámetro superior a un metro, pero menor al de un planeta. Los segundos están hechos de los mismos materiales, pero son inferiores a este tamaño. Cuando uno de ellos alcanza la atmósfera terrestre entra en combustión y produce un meteoro, que aparece como una estrella fugaz en el cielo nocturno. Si este objeto alcanza el suelo, se clasifica como un meteorito. A menudo, un asteroide que se acerque a un planeta se rompe y descompone en meteoroides, los cuales se pueden ver en el firmamento como una lluvia de meteoros. El impacto que provocó la extinción de los dinosaurios fue debido a un asteroide que no se desintegró por completo en meteoroides, lo que dio como resultado que un gran trozo de roca se estrellara contra la superficie. Por el contrario, y a diferencia de los casos anteriores, un cometa está compuesto de hielo y polvo. Cuando uno de ellos se acerca al Sol, una parte de él se derrite y deja un rastro de vapor y partículas. La luz solar reflejada en su núcleo y en su cola lo hace aparecer como una mancha brillante que se desplaza a través de las constelaciones.

No disponemos de bastantes datos de otros sistemas estelares como para saber si el nuestro es característico de estas formaciones o es más bien atípico. Puede ser que la disposición de los cuerpos celestes en torno al Sol sea moneda corriente, o tal vez que haya surgido como resultado de un conjunto de circunstancias muy concretas que no se han repetido nunca más. La búsqueda de exoplanetas (aquellos que orbitan en torno a otras estrellas) ha permitido concluir que son objetos bastante comunes. De hecho, no debe ser particularmente raro que los haya con un tamaño similar al terrestre y órbitas de un radio tal que el agua (un componente imprescindible para la vida) permanezca en estado líquido. Es posible que haya muchos planetas similares al nuestro, pero eso no quiere decir que no seamos únicos. En efecto, la historia geológica de la Tierra es fundamental en el camino que lleva del Big Bang hasta nosotros y para conocerla debemos encajar las piezas de este rompecabezas mediante las herramientas del método científico. Llegados a este punto, me permitiré una pequeña digresión. Dejaré a un lado estos acontecimientos para explicar el siguiente tramo de mi carrera hasta llegar a ser un biólogo profesional.

La ciencia que nos enseñaban en el colegio me parecía bastante sosa. Las cosas no mejoraron mucho en los primeros años de universidad en la encantadora ciudad de York, en el norte de Inglaterra. Me encantaba la vida universitaria, pero muchas de las materias me aburrían soberanamente, de modo que continúe mi aprendizaje autodidacta en la biblioteca. Me gustaba leer los artículos de investigación publicados en las revistas especializadas. Durante una clase en segundo curso de biología, un amigo y yo nos sentamos al final del aula y armamos bastante barullo. Nos dedicamos a cuchichear y a lanzar bolas de papel a nuestros compañeros. Al acabar la lección, el profesor, John Lawton, nos pidió que nos quedáramos para regañarnos.

Me sentí muy avergonzado, de modo que más tarde fui a su despacho para pedirle perdón. Me preguntó por qué me había portado tan mal y le expliqué que el contenido de las asignaturas no suponía un reto para mí. En cambio, los artículos que leía me parecían mucho más matizados. Me dio la razón, pero insistió en que había que empezar por enseñar lo básico, en lo que no le faltaba razón, y en que debía persistir en mis estudios, porque los proyectos de investigación de último año me resultarían mucho más estimulantes. Estaba en lo cierto, pero nunca le volví a ver en York y poco después me olvidé de la reprimenda.

Un año más tarde, cuando me faltaba poco para acabar la licenciatura, debía decidir lo que hacer a continuación. Aparte de comprender el motivo de mi existencia, no tenía ni idea de cuáles eran mis objetivos. La que entonces era mi novia solicitó un doctorado en el Imperial College de Londres, de modo que yo también lo hice. No sabía a ciencia cierta lo que eso implicaba, pero me esforcé para que mi solicitud fuera convincente y la envié. Unas semanas más tarde, recibí una invitación para una entrevista. La carta me informaba de que el panel estaría compuesto por los profesores Mick Crawley y John Lawton. Se me cayó el alma a los pies. Sin duda, este último me iba a reconocer, recordaría mi comportamiento inapropiado y pondría fin a mis esperanzas de cursar un doctorado en Londres. No fue así como sucedieron las cosas. John, como llegué a conocerle después, me saludó con un espontáneo «hola de nuevo, Tim», antes de pasar a explicarme que no era necesario hacer referencia a nuestro pasado compartido. Por lo demás, la entrevista salió bien y me ofrecieron la plaza. El caso es que mi antiguo profesor recordaba nuestra conversación y la impresión que le habían causado mis comentarios acerca de las asignaturas y de mis lecturas extracurriculares. Aun así, no recomiendo a nadie que se porte mal en clase, aunque en mi caso haya salido bien la jugada.

John y Mick pensaron que también los profesores Charlie Canhan y Steve Pacala debían ser mis tutores para la parte del doctorado que implicaba la recopilación de datos de un proyecto de gran envergadura que estaban llevando a cabo dos investigadores norteamericanos en el noreste de Estados Unidos. En su momento no me di cuenta, pero lo cierto es que John, Mick, Charlie y Steve eran un equipo de ensueño en lo que se refiere a la tutoría científica, no solo por sus excelentes reputaciones, sino también porque cada uno de ellos adoptaba un enfoque diferente en sus investigaciones. A John se le da bien todo. Es un excelente naturalista con una comprensión muy profunda del modo en que funciona la naturaleza. A menudo, cada vez que me dejaba atrapar por las minucias de mi propio proyecto, me decía que tenía que «dar un paso atrás y apreciar el conjunto». Me cabe la duda de si alguna vez se llegó a imaginar que retrocedería tanto como para escribir este libro. Por su parte, Mick es un botánico experto en el uso de herramientas estadísticas para el análisis de datos biológicos y la comprobación de hipótesis. También es un pedagogo de mucho talento, capaz de despertar el entusiasmo por la estadística entre quienes carecen de formación matemática. Charlie es un ecólogo especializado en bosques, que estudia los flujos de nutrientes y energía a través de los sistemas alimenticios. Por último, Steve es un teórico que construye y analiza modelos que le permiten adquirir una perspectiva general.

Se me pegó algo de cada uno de estos enfoques y acabé por convertirme en un todoterreno de la investigación, más que en un exponente de un único elemento del método científico. Sus tutorías también me enseñaron que un buen investigador debe ser imaginativo, a la vez que capaz de descartar ideas prometedoras que van contra el conocimiento recibido. También tiene que estar dispuesto a cambiar sus opiniones cuando los datos demuestran que una hipótesis es falsa, por mucho que esta le resulte muy querida. Además, debe basarse siempre en las evidencias y aportar críticas constructivas. En ocasiones, se ha dicho que la ciencia avanza funeral a funeral, porque muchos científicos no renuncian nunca a sus creencias más firmes, ni siquiera en vista de pruebas concluyentes. En cambio, mis tutores me demostraron que esto no era necesariamente cierto. Era habitual que Mick desechase una hipótesis al año. Al acabar mi doctorado, trabajé con él y con otros colaboradores en una remota isla escocesa, que albergaba una población de ovejas en estado salvaje. Cada verano apostábamos cuántas de ellas seguirían con vida. Después, las contábamos y yo me encargaba de desarrollar un modelo matemático predictivo que funcionaba razonablemente bien. Por el contrario, predecir el futuro no era uno de los puntos fuertes de Mick. En estos casos, no tenía problemas en reconocer que su hipótesis era errónea y en pagar la apuesta. Hizo bien en escoger la ciencia como profesión, porque no valía para corredor de bolsa.

A la hora de analizar la historia geológica terrestre, o incluso una pequeña parte de ella, es necesario recurrir a todas las herramientas del método científico. Al dirigir nuestra mirada al espacio, también lo hacemos a un tiempo anterior. Podemos ver lo que ocurría en las galaxias hace miles de millones de años, pero no hay manera de apuntar un telescopio hacia la corteza terrestre de épocas pasadas. No obstante, los astrónomos y los geólogos han reconstruido el desarrollo de nuestro planeta mediante la aplicación ingeniosa de todos los aspectos del método científico. De hecho, este es un campo de estudio que disfruté mucho cuando lo tuve que investigar para la redacción de este libro. Ha habido muchas desavenencias entre especialistas en este terreno, desde las condiciones en la Tierra primigenia hasta el movimiento de los continentes. Estos debates llevaron a la búsqueda de nuevos datos y en la actualidad disponemos de una buena comprensión de estos fenómenos. Una vez que ha concluido esta pequeña digresión, volvamos a la historia geológica de nuestro planeta.

El hogar que habitamos, con sus continentes, océanos y formas de vida muy diversas, no siempre ha sido así. En varias ocasiones en el pasado, la corteza terrestre fue una superficie de roca fundida. En otras, estuvo cubierta por una espesa capa de hielo, o bien era mucho más caliente o fría de lo que es en la actualidad. Fue bombardeada por meteoroides, asteroides y otras rocas provenientes del espacio. Incluso chocó con un planetesimal que debía ser de un tamaño similar a Marte. Nuestras vidas son demasiado cortas como para experimentar siquiera una minúscula fracción de una era geológica y, aparte de los terremotos y las erupciones volcánicas que se producen de vez en cuando, la actividad de nuestro planeta en este sentido nos parece en buena medida estable y tranquila. Lo que sin duda puede representar un cierto solaz, dadas las turbulencias que en ocasiones azotan la existencia humana. Sin embargo, la aparente calma geológica que experimentamos en nuestra escala temporal no es más que una ilusión. Lo cierto es que la Tierra es dinámica y siempre cambiante, aunque el ritmo al que se producen estas alteraciones sea lento en comparación con la duración en promedio de la vida de una persona. Cada año, Oxford, la ciudad en la que resido, se aleja aproximadamente dos centímetros y medio del lugar en el que trabajo, el Parque Nacional de Yellowstone, ya que el océano Atlántico se ensancha debido a la tectónica de placas, el movimiento de las grandes extensiones de roca que forman la superficie terrestre. Del mismo modo, las montañas de Papúa Nueva Guinea, en las que querría trabajar, se elevan anualmente, mientras que el océano Pacífico desciende.

Hace 4.600 millones de años, el hidrógeno y otros elementos, junto con hielo y moléculas, empezaron a colapsar en la nebulosa en la que nació el Sol por efecto de su propia atracción gravitatoria y formaron un disco de grandes proporciones que tenía por centro a la joven estrella. Es muy probable que esta estructura presentase una serie de anillos, un poco como los que se pueden ver en torno a Saturno en la actualidad. El polvo y las moléculas en su interior comenzaron a agruparse entre sí, o en jerga astronómica a experimentar un proceso de acreción, para dar origen a objetos de mayor tamaño. Los meteoroides resultantes tenían el diámetro de un guijarro y se combinaron y chocaron con otros hasta producir rocas equiparables a pequeños planetas. Las colisiones y la gravedad aumentaron las dimensiones y la temperatura de estos cuerpos y la asimilación continuó hasta que aparecieron varios objetos de mayor envergadura, llamados planetesimales, en órbita alrededor del Sol. Estos siguieron con la acumulación de material del disco inicial y se convirtieron en los planetas que conocemos hoy en día. En última instancia, a una distancia de 150 millones de kilómetros de la estrella central, surgió una masa de roca fundida que era la Tierra. Esta existe desde hace 4.543 millones de años. En ese entonces, no se trataba en absoluto de un paraíso y cualquier forma de vida habría encontrado un rápido y cruento final.

Procesos similares a este ocurrieron a distintos intervalos. Nuestro sistema solar tiene cuatro planetas rocosos (Mercurio, Venus, la Tierra y Marte), que son los que se encuentran más cerca de la estrella central. En su parte exterior, hay otros cuatro gigantes gaseosos (Júpiter, Saturno, Urano y Neptuno). Estos últimos se encuentran más allá de la línea de congelación, que es la distancia al Sol a partir de la cual el agua solo se puede dar en forma de hielo y los compuestos gaseosos se condensan en sólidos. Tras esta barrera aparecieron estos cuatro enormes titanes, mientras que en el interior solo son susceptibles de acreción los materiales más densos y por ello se crearon planetas rocosos. De este modo, los cuerpos más cercanos al Sol son de este tipo y tienen una proporción de elementos pesados mayor que los que se formaron a distancias superiores. Esta es una de las principales razones por las que los integrantes del sistema solar son tan diferentes entre sí.

La joven Tierra tenía unos 40 millones de años cuando colisionó con un planetesimal llamado Tea. Este choque calentó mucho nuestro planeta, que hasta entonces se estaba enfriando lentamente, y creó una superficie de roca fundida. Además, debió generar una gran cantidad de polvo y fragmentos, que se elevaron en la atmósfera y más allá de esta. Parte de estos residuos cayó de nuevo al suelo, pero el resto se reunieron y formaron la Luna. Esta empezó su órbita a una distancia mucho menor que hoy en día, probablemente entre 25.000 y 30.000 kilómetros. Las mareas debían ser colosales en los océanos primigenios con un satélite tan cerca. Sin embargo, desde entonces se aleja con cada vuelta que completa y en la actualidad se encuentra a 384.400 kilómetros.

Hace entre 3.900 y 4.500 millones de años, los impactos entre objetos celestes eran más habituales de lo que son hoy en día. Muchas de estas colisiones se producían entre los jóvenes planetas y la miríada de meteoroides que poblaban nuestro sistema solar. Este tipo de acontecimientos fue de especial importancia en el caso de la Tierra, ya que a ellos se debe la mayor parte del agua que hay en sus océanos. Los geólogos han encontrado pruebas de que en el pasado se produjeron caídas de meteoritos y otras rocas provenientes del espacio, incluida la ubicación del impacto que acabó con el Cretácico y provocó la extinción de los dinosaurios. Sin embargo, buena parte de la evidencia que hay acerca de la frecuencia con la que se producen estos sucesos proviene del estudio de las superficies de la Luna y de Marte. Las cicatrices que debieron dejar estos acontecimientos en la corteza terrestre desaparecieron a una velocidad mucho mayor de la que es posible en estos últimos cuerpos celestes. Esto se debe a que ninguno de ellos tiene una tectónica de placas, causada por el desplazamiento de grandes extensiones de roca, ni agua superficial que pueda erosionar las paredes de un cráter, ni raíces de plantas ni bacterias que descompongan y rompan estas formaciones a lo largo de varios milenios. De este modo, las huellas dejadas en estos cuerpos celestes revelan que las colisiones entre planetas, satélites, asteroides y meteoroides deben ser frecuentes en escalas de tiempo astronómicas. Es difícil detectar estos sucesos en la Tierra porque su rastro ha sido borrado por la erosión a lo largo del tiempo.

Júpiter es el quinto planeta en el sistema solar y el de mayor tamaño. Se formó aproximadamente al mismo tiempo que la Tierra. Simulaciones informáticas de esos primeros momentos sugieren que poco después de su nacimiento el gigante empezó una deriva hacia el Sol y que solo se detuvo cuando se hallaba a una distancia similar a la que tiene Marte en este momento. Si cambió de rumbo y evitó una abrasadora colisión con nuestra estrella es porque Saturno había empezado a trazar una trayectoria que dio lugar a una complicada coreografía entre los dos gigantes gaseosos. El resultado final es que ambos colosos se establecieron en órbitas cercanas a las que ocupan en la actualidad. Júpiter se encuentra a una distancia del Sol que es tres veces y media la de la Tierra, mientras que Saturno está todavía más distante. Estas peregrinaciones planetarias, que debieron producirse a lo largo de varios millones de años, son lo que se conoce como hipótesis del gran viraje.

Al mismo tiempo que Júpiter viraba en su periplo de ida y vuelta hacia el Sol, la intensidad de su atracción gravitatoria impidió la formación de otro planeta. En efecto, el cinturón de asteroides, que se encuentra entre las posiciones actuales de Marte y Júpiter, habría seguido un proceso parecido de acreción de no haberse dedicado este último a dar esos paseos. Por otro lado, su viaje hacia el interior del sistema solar tuvo un efecto determinante sobre el polvo, el gas y los fragmentos que todavía andaban libres por ahí. Algunos fueron expulsados hacia regiones periféricas, mientras que otros fueron absorbidos por el propio gigante gaseoso. El resultado es que Marte es significativamente más pequeño de lo que habría sido en otro caso. De no haber sido por este factor, sería mayor que la Tierra, mientras que en la actualidad es mucho menor. En algunos sistemas estelares, los astrónomos han observado grandes planetas rocosos que orbitan sus estrellas a una distancia tan reducida que corren el riesgo de ser consumidos por ellas. Es posible que el gran viraje de Júpiter impidiera que la Tierra sufriera un destino parecido, al detener su proceso de acreción e impedir que se acercara más al Sol.

Solemos pensar que el comportamiento de nuestro sistema solar es bastante estable y no cabe duda de que lo es en el curso de una vida humana, incluso a lo largo de unos cuantos millones de años. Sin embargo, en escalas de tiempo superiores, se muestra dinámico y el comportamiento de cualquier planeta puede influir en los demás. Sin las andanzas de Júpiter en la primera fase de su existencia, la Tierra podría no haberse establecido en una órbita en la zona habitable (el rango de distancias desde una estrella en las que existe el agua líquida, en vez de darse como vapor o hielo). Así, sin la peculiar trayectoria del joven Júpiter, es posible que nuestro hogar no hubiera permanecido en esta región y que la vida no hubiera podido surgir en su superficie.

La Tierra tarda 365,24 días en dar una vuelta en torno al Sol, un año terrestre. Otros miembros del sistema solar a menor distancia de nuestra estrella tardan menos en completar sus órbitas, mientras que aquellos que se encuentran más lejos necesitan más tiempo para hacerlo. Neptuno, el más lejano de todos los planetas, dedica casi 165 años terrestres a esta tarea. Plutón emplea aún más: 248 años. Este último era considerado un planeta cuando yo era niño, pero fue degradado a planeta enano tras darse cuenta los científicos de que no había logrado barrer a todos los objetos de su vecindad más próxima. No solo los cuerpos más alejados del centro del sistema solar deben recorrer una distancia mayor para completar una revolución, sino que además se desplazan a menor velocidad. Mercurio atraviesa el espacio a poco menos de 177.000 kilómetros por hora, mientras que Neptuno se mueve nueve veces más despacio. En comparación con este último, la Tierra viaja a unos velocísimos 107.280 kilómetros por hora, equivalentes a 0,006 veces la velocidad de la luz.

Nuestro hogar se encuentra a casi 149,6 millones de kilómetros del Sol, que es lo que los científicos conocen como una unidad astronómica. Mercurio es el más cercano al centro del sistema solar, con una órbita de tan solo 0,387 unidades astronómicas, mientras que Neptuno está a más de 30. No cabe duda de que hay vida en la Tierra, pero ¿esto se debe a que nos hallamos a la distancia adecuada? ¿O acaso podrían haber aparecido organismos vivos en cualquier otro planeta o luna? Los astrónomos se han mostrado intrigados por esta cuestión desde hace mucho tiempo. En un primer momento, intentaron encontrar una respuesta mediante estimaciones del intervalo de distancias, en unidades astronómicas, a las cuales podía existir el agua en estado líquido.

Los primeros cálculos en este sentido parecían demostrar que la zona habitable era muy estrecha y que nuestro planeta era muy afortunado de encontrarse en su interior. No obstante, esta franja se ha extendido recientemente, gracias a las sondas lanzadas para explorar el sistema solar. Estas han revelado que puede haber agua líquida en Europa, una luna de Júpiter, y en Encélado, un satélite de Saturno que se encuentra 9,5 veces más alejado del Sol que la Tierra. Estos hallazgos complican la estimación del tamaño de la zona habitable alrededor de una estrella, porque este factor no depende solo de la distancia a esta, sino que también hay que tener en cuenta la atmósfera y la geología interna del objeto en cuestión, además de la atracción gravitatoria que sobre él pueden ejercer otros cuerpos. Por ejemplo, desde hace mucho se ha considerado que Marte estaba en la zona habitable, pero su atmósfera es muy tenue y no se ha encontrado agua líquida en su superficie. Por el contrario, Europa está cubierta de una capa de hielo que tiene entre 16 y 24 kilómetros de espesor, bajo la cual es casi seguro que se puede encontrar un océano de 64 a 160 kilómetros de profundidad. Este mar no se congela debido a la compleja atracción gravitatoria de Júpiter y de dos de sus lunas, Ío y Ganimedes. Los tres satélites describen órbitas muy excéntricas en torno al planeta y esta coreografía da lugar a un efecto de marea que calienta el agua bajo el hielo, de modo que no se congela. Además, Europa podría experimentar actividad volcánica geotérmica, lo que añadiría más calor todavía a su océano. Las pruebas irrefutables de la presencia de agua líquida en Europa y Encélado han llevado a los científicos a proponerlas como los escenarios más prometedores para la existencia de vida en nuestro sistema solar, aparte de la Tierra. Quién sabe, tal vez haya peces alienígenas nadando en esos mares.

La mayoría de los cuerpos celestes en la zona habitable no albergan organismos vivos. La Luna no lo hace y si alguna vez los hubo en Marte es poco probable que hayan sobrevivido hasta la actualidad. En la Tierra, requieren siempre agua líquida y en general se asume que fuera de ella lo harán también, ya se trate de bacterias o de hombrecillos verdes pluricelulares. El punto de congelación de esta sustancia se alcanza al nivel del mar en nuestro planeta cuando la temperatura cae por debajo de los 0 grados y el de ebullición cuando sube hasta los 100. No obstante, estos valores cambian con la altura. Así, en la cima del monte Everest, el líquido se convierte en vapor a solo 68 grados, lo que hace muy difícil conseguir una buena taza de té en la cumbre. Por el contrario, en el fondo de las simas más profundas del océano, la presión es tan grande que el agua no hierve hasta los 400 grados. También el punto de congelación desciende al disminuir la presión. De este modo, para conocer bien el intervalo en el que el agua permanece en estado líquido en una ubicación concreta es necesario saber la presión en esa localización, algo que en la superficie de un planeta viene determinado por la composición de su atmósfera, la cual es más densa cerca del suelo y se vuelve más tenue con la altura.

La atmósfera terrestre se divide en cinco zonas. Al nivel del mar y hasta una altitud promedio de unos 12 kilómetros encontramos la troposfera, que es la región en la que habitamos. Contiene la inmensa mayoría (un 99 %) del vapor de agua atmosférico. A continuación, viene la estratosfera, que se extiende hasta los 49 kilómetros. Alberga la capa de ozono, que nos protege de buena parte de la radiación solar responsable de las quemaduras de piel y de los errores en la replicación del código genético, todo lo cual puede causar cánceres. El ozono es una molécula consistente en tres átomos de oxígeno. La contaminación provocada por la humanidad abrió un agujero en esta capa durante la década de 1990, lo que nos hizo darnos cuenta de que nuestro impacto en el planeta se extiende mucho más allá de la superficie en la que residimos. Le sigue la mesosfera, que llega hasta los 80 kilómetros por encima del nivel del mar. Es donde se consumen la mayoría de los meteoroides que se acercan a la Tierra y se convierten en meteoros. La temperatura se desploma hasta los 85 grados bajo cero en su parte más alta. La siguiente franja se denomina la termosfera y es en la que orbita la Estación Espacial Internacional. Alcanza los 724 kilómetros por encima de la superficie terrestre y las moléculas ya son muy escasas aquí. La más externa de todas las regiones es la exosfera, que llega hasta los 10.000 kilómetros de altitud y es en la que se encuentran la mayoría de nuestros satélites artificiales. Los átomos que la integran corren el riesgo de perderse en el espacio exterior. Tras esta, aún quedan otros 374.000 kilómetros hasta la Luna.

Hoy en día, la troposfera consiste en un 78 % de nitrógeno, un 21 % de oxígeno y un 0,04 % de dióxido de carbono. El resto es sobre todo vapor de agua y argón. No obstante, esta composición ha variado a lo largo de la historia geológica de la Tierra. Durante la época de los dinosaurios, el dióxido de carbono era cinco veces más abundante de lo que es en la actualidad, mientras que había un 27 % de oxígeno, solo un 70 % de nitrógeno y la humedad promedio era el doble de la presente. Si estos enormes reptiles hubiesen tenido glándulas sudoríparas (no las tenían), no habrían parado de sudar. Si nos remontamos aún más atrás, ni siquiera existían las capas atmosféricas que hay en la actualidad. De hecho, la Tierra primigenia, cuando la corteza era roca fundida, no tenía atmósfera en absoluto, pero se formó una de metano, ácido sulfhídrico y monóxido y dióxido de carbono tras la colisión con Tea y con el paso del tiempo y el enfriamiento progresivo. Este último gas representaba entonces hasta el 10 % del aire primigenio. Al descender aún más la temperatura y a consecuencia de los frecuentes impactos de meteoritos, la cantidad de agua atmosférica empezó a aumentar, hasta que aparecieron los primeros lagos y océanos, hace unos 4.000 millones de años.

También la presión en la superficie de nuestro planeta ha variado a lo largo del tiempo. Los científicos han empleado modelos para determinar que la atmósfera terrestre de hace 4.000 millones de años debía ser muy espesa y pesada, parecida a la que tiene Venus hoy en día. Sin embargo, a partir de ese momento la presión empezó a reducirse, aunque se han producido altibajos en esta tendencia global. Algunas estimaciones sugieren que la densidad atmosférica a nivel del mar en la Tierra en el momento de la extinción de los dinosaurios era cuatro veces superior a lo que es hoy en día. Por el contrario, el análisis de minúsculas burbujas de aire atrapadas en lava de una antigüedad de 2.700 millones de años permite concluir que este valor era solo la mitad del actual. Todavía hay mucha incertidumbre en torno a estos resultados, por lo que se deben recibir con cautela. Analizar la atmósfera primigenia no es nada fácil, pero existe un consenso entre los geólogos de que las temperaturas y las presiones en la superficie terrestre hace 4.000 millones de años presentaban las condiciones adecuadas para la presencia de agua líquida.

La atmósfera y la distancia al Sol desempeñan un papel fundamental a la hora de determinar si el agua puede existir en forma líquida, pero hay otros factores que también intervienen. Por ejemplo, en nuestro planeta las temperaturas nocturnas son menores que las diurnas porque el lado oscuro se enfría al no recibir la luz solar. Lo mismo ocurre en otros cuerpos celestes. Así, la cara iluminada de Mercurio llega a superar los 450 grados, mientras que la contraria cae hasta los 170 grados bajo cero. Parte de esta enorme variación se debe a la duración de sus períodos de rotación. En efecto, cada uno de ellos equivale a 176 días terrestres. Casi tres meses de oscuridad son suficiente para que el termómetro caiga en picado. Venus también tiene días muy largos, equivalentes a 243 rotaciones de la Tierra. No obstante, la temperatura en su superficie permanece constante en todo momento en torno a los 465 grados. La diferencia entre las enormes fluctuaciones de Mercurio en este sentido y la relativa estabilidad de Venus se debe a la composición de sus atmósferas. Una gran concentración de gases de efecto invernadero, tales como el dióxido de carbono y el metano, dificultan que el calor escape. Venus tiene una cantidad de estos mucho mayor que Mercurio. La Tierra también tiene un porcentaje relativamente bajo de estos compuestos, aunque los seres humanos nos estamos encargando de que eso cambie. Si nuestro planeta girase sobre su eje a una velocidad menor y los días durasen varios meses, las temperaturas diurnas y nocturnas alcanzarían extremos que harían imposible la aparición de formas complejas de vida.

Los valores del termómetro no solo fluctúan en ciclos de 24 horas, sino que también lo hacen en escalas anuales e incluso mayores. Buena parte de nuestro planeta experimenta las estaciones de verano e invierno, dependiendo de la manera en que cada ubicación en su superficie recibe la luz solar. Tanto el Polo Norte como el Sur pasan por varias semanas de absoluta oscuridad, porque el resto del globo se interpone entre ellos y el Sol. Esto se debe a la inclinación del eje de rotación de la Tierra con respecto a su órbita, que es la causa de los cambios estacionales en las zonas templadas y polares. Por otro lado, la forma en que la Luna gira en torno a nuestro planeta implica que siempre nos muestra la misma cara. Alguien que viviese en su cara oculta no podría ver nunca la superficie verde y azul de la Tierra. Si el eje de esta última estuviese inclinado de manera que ciertas regiones nunca recibieran la luz del Sol, es muy probable que la vida fuese imposible en estas zonas.

La inclinación del eje de rotación de un planeta puede variar a lo largo del tiempo. En el caso de la Tierra, este valor, que se conoce de manera formal como oblicuidad de la eclíptica, oscila entre 22,1 y 24,5 grados en una escala temporal de 41.000 años. Por el contrario, en Marte varía de los 15 a los 35 grados. No obstante, incluso esta pequeña variación en la oblicuidad terrestre puede causar cambios cíclicos en el clima. Un intervalo más amplio podría originar condiciones poco aptas para la aparición de la vida, sobre todo en lo que se refiere a organismos complejos y pluricelulares.

A lo largo del último par de millones de años, el clima de la Tierra ha experimentado altibajos, como parte de un ciclo que se repite cada cien milenios. La oblicuidad de la eclíptica contribuye a estos cambios, pero también lo hace algo llamado excentricidad. Por lo general, al pensar en la traslación terrestre en torno al Sol nos imaginamos que describe un círculo perfecto, pero eso no es correcto. De hecho, todas las órbitas son elípticas, aunque algunas de ellas se aproximan más a una circunferencia que otras. Por suerte para nosotros, la de nuestro planeta se acerca bastante a esta forma. La diferencia que hay con una revolución completamente redonda es la excentricidad. Si este factor cambia, habrá tramos de la órbita en que aumentará la distancia al Sol. En consecuencia, menos luz alcanzará la superficie terrestre y las temperaturas disminuirán. En cambio, en otros momentos la separación se reduce y el termómetro sube. Estas fluctuaciones a muy largo plazo no deben confundirse con las variaciones anuales entre las estaciones que se experimentan a latitudes elevadas. El cambio en la excentricidad de la órbita terrestre se produce en períodos muy largos y es uno de los principales factores que determinan los ciclos climáticos de 100.000 años, que han sido los causantes de las glaciaciones de los últimos 2,5 millones de años. Si estas variaciones fuesen más pronunciadas, sería posible que nuestro planeta saliera con regularidad de la zona habitable, lo que sin duda tendría un impacto muy negativo para toda la vida en la Tierra.

A pesar de todos los factores que lo podrían haber impedido, lo cierto es que nos encontramos en la zona habitable en torno al Sol, ni muy lejos ni muy cerca. Nuestra órbita es estable y no demasiado excéntrica. Nuestro eje de rotación tiene una inclinación y una velocidad tales que hay agua líquida presente en buena parte del globo. Incluso pequeñas modificaciones en estos parámetros podrían haber hecho que no se formaran océanos, ríos ni lagos. En lugar de ello, la Tierra podría ser una bola de hielo o un ardiente invernadero en el que la única agua se encontrase en la atmósfera en forma de vapor. No obstante, las capas de moléculas que hay sobre nuestras cabezas y nuestra posición en el sistema solar no son lo único que protege la vida. La roca sólida que hay bajo nuestros pies también juega un papel en este sentido.

La Tierra es aproximadamente esférica y consta de una serie de capas, un poco como un huevo rebozado. Si nunca has probado esta delicia, te recomiendo que lo hagas. Consiste en un huevo duro rodeado de una generosa porción de carne picada, que luego es empanado con migas de pan y frito en abundante aceite. Pues bien, al igual que esta maravilla culinaria, nuestro planeta también tiene cuatro partes diferenciadas. El centro ocupa el lugar que corresponde a la yema y consiste en un núcleo interno sólido hecho principalmente de hierro. Esta estructura viene rodeada por un núcleo externo fundido, compuesto de hierro y otros metales pesados, equivalente a la clara en la analogía. Este es el responsable de generar el campo magnético terrestre, otra de las características fundamentales de la Tierra. A continuación, viene el manto, análogo a la carne picada. Se trata de una envoltura rocosa de silicatos, que son moléculas que contienen átomos de silicio y oxígeno. Por último, encima de todo lo anterior, está la corteza, la capa más delgada, correspondiente a las migas de pan de la parte externa. El empanado le da a este bocado una textura rugosa, que se podría comparar con el aspecto de las montañas en la superficie terrestre. No obstante, si nuestro planeta se redujese al tamaño de un huevo rebozado, aparentaría ser tan liso como una bola de billar. Esto es así porque incluso las

Estructura interna de la Tierra

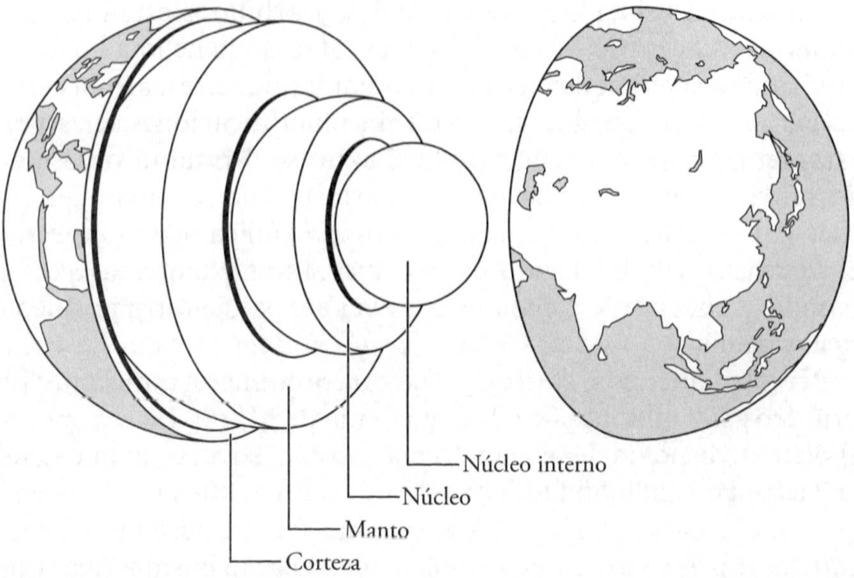

cadenas montañosas más pronunciadas, como el Himalaya o los Andes, no serían lo bastante altas como para perturbar el aspecto terso de la Tierra a esta escala.

El campo magnético terrestre es un escudo que protege nuestra atmósfera y que es imprescindible para la vida. De hecho, sin el magnetismo del núcleo externo, hace mucho que esta se habría extinguido. Para entender el motivo, hay que volver al Sol. No solo los planetas están rodeados por capas de gas y moléculas, sino que también lo hacen las estrellas. La nuestra no es una excepción en este sentido. La parte más externa de su atmósfera es la corona y por motivos que solo entendemos parcialmente se calienta a niveles extraordinarios, mucho más que la superficie, pudiendo llegar a alcanzar el millón de grados. Uno de los motivos por los que esto podría suceder es el magnetismo solar. A temperaturas tan elevadas, los electrones son arrancados de los núcleos atómicos y se forma un plasma de iones, cuyas partículas son aceleradas enormemente por el campo magnético. De este modo, constituyen el viento solar, que atraviesa el sistema alrededor del Sol a velocidades de entre 320 y 800 kilómetros por segundo.

Cuando estas partículas cargadas colisionan con las moléculas en las capas de gas que rodean a un planeta pueden hacer que estas sean lanzadas hacia el espacio exterior. Marte se ve afectado por este fenómeno en una proporción mucho mayor que la Tierra. De hecho, a lo largo de los últimos 4.000 millones de años, el viento solar lo ha dejado sin la densa atmósfera que tuvo en el pasado y ahora solo tiene una muy tenue, ya que apenas queda rastro de ella.

No obstante, este efecto no fue tan pronunciado durante los primeros 500 millones de años en la vida de Marte. En esa época, el planeta disponía de un campo magnético, parecido al que tiene la Tierra en la actualidad. Cuando eso sucede, este escudo puede desviar el viento solar y proteger la atmósfera de pérdidas significativas. En nuestro caso, las partículas cargadas solo alcanzan sus dos capas más externas, la termosfera y la exosfera. Al hacerlo, provocan un fenómeno digno de ser contemplado: las auroras boreales y las australes. Este notable espectáculo de luces se debe a las colisiones entre los tenues gases que hay en las regiones más altas de nuestra envoltura molecular y los protones, electrones y núcleos de helio que integran el viento solar. En última instancia, son el resultado del magnetismo planetario, que reduce el ritmo al que se pierde la atmósfera rumbo al espacio exterior. La cuestión obvia a este respecto es el motivo por el que la Tierra tiene un campo magnético y por qué el de Marte se agotó en una época tan temprana de su existencia.

En la analogía que hicimos antes, el núcleo externo era la clara del huevo. Consta de hierro, silicatos, sulfuros (moléculas que contienen átomos de azufre) y una cantidad por determinar de materiales radiactivos, todo ello derretido. Los seres humanos no hemos visitado el centro de la Tierra y hay mucho que todavía no sabemos al respecto, pero la circulación de hierro fundido en esta región crea lo que los científicos conocen como un efecto dinamo, que es el responsable del magnetismo terrestre. Si esta zona se volviese sólida de repente o disminuyese de tamaño, el campo magnético de la Tierra desaparecería de golpe y nuestra atmósfera se perdería poco a poco hacia el espacio exterior. Esto a su vez genera otro interrogante. ¿Por qué se mantiene el núcleo externo en este estado?

Una parte del calor en el núcleo es un residuo de la formación planetaria. El proceso de acreción de materiales en los inicios del sistema solar y la colisión con Tea produjeron temperaturas muy elevadas. Las capas externas de la Tierra se enfriaron, se solidificaron, y se convirtieron en roca de manera progresiva, pero esto hizo que las más internas quedaran aisladas y que solo pudieran disipar su calor de forma muy lenta. Por otro lado, la atracción gravitatoria y la actividad de los metales radiactivos contribuyen a mantener calientes estas regiones (aunque se desconoce la participación relativa de cada uno de estos fenómenos). Por lo tanto, hay muchos factores que han ayudado a que el núcleo externo se mantenga fundido. Mientras continúe así, tendremos un campo magnético. En cambio, en Marte, esta capa era más pequeña que la terrestre, de modo que se enfrió y se solidificó en un momento muy temprano de su historia. El efecto dinamo en su interior duró apenas 500 millones de años. A partir de ese momento, su atmósfera estaba condenada a verse arrastrada por el viento solar y la vida, en caso de haber surgido en su superficie, no pudo salir adelante como lo hizo en nuestro planeta.

El caso es que la Tierra dispone de un núcleo externo fundido y eso quiere decir que se comporta como un gigantesco imán. En este sentido, del mismo modo que los de menor tamaño que decoran tu nevera, tiene un polo norte y otro sur. El primero es el lugar preciso en el que las líneas del campo magnético llegan a la superficie terrestre en el hemisferio norte y se encuentra en la isla de Ellesmere, en Canadá. De la misma manera, el segundo está frente a las costas de la Antártida, en dirección a Australia. Estos puntos se desplazan con lentitud y de forma errática y hace seiscientos millones de años puede que estuvieran cerca del ecuador, no de sus equivalentes geográficos. A menudo en el pasado, el campo magnético ha llegado a cambiar de orientación por completo, de modo que el extremo norte era el sur y viceversa. Vestigios de estas inversiones pueden detectarse en varios depósitos rocosos de todo el globo. Sin embargo, los científicos no han podido detectar ningún patrón en estas fluctuaciones. Pueden producirse con una frecuencia elevada, una vez cada 10.000 años, o suceder solo cada 50 millones, aunque en promedio ocurren cada 300.000 años. La última se registró hace 773.000 años y puede haber tardado siete milenios en completarse. Desde entonces, el campo magnético ha estado a punto de darse la vuelta en quince ocasiones más, aunque esto finalmente no ha ocurrido. Cuando sucedió por última vez, ya había varias especies de simios bípedos, incluidos los primeros integrantes del género *Homo* (nuestros ancestros), que vivían en Europa. Sospecho que no se enteraron de este acontecimiento y que no se vieron afectadas por él. Sin embargo, en la actualidad sí que nos daríamos cuenta, ya que un cambio así causaría el caos en nuestros dispositivos electrónicos. Aparte de la inversión de polaridad, el magnetismo terrestre también varía en intensidad con el tiempo y en ocasiones es más fuerte y en otras menos.

Por encima del núcleo externo descansa el manto, el equivalente a la carne picada de nuestro símil. Este consiste sobre todo en minerales que forman parte de la composición de las rocas en su interior, materiales con nombres como el olivino, el granate y el piroxeno, que están hechos de óxido de magnesio y silicatos. Aunque se trata de una capa sólida, se mueve muy lentamente, en escalas de millones de años. Representa casi el 85 % del volumen terrestre, con un espesor de al menos 2.820 kilómetros. Está muy caliente, pero no tanto como las regiones que hay por debajo de él. Su parte más profunda, cercana a su límite inferior, alcanza temperaturas de entre 4.000 y 5.000 grados, mientras que la superior está considerablemente más fría, a unos 200 a 600 grados.

De hecho, el gradiente de temperatura que existe entre estas zonas produce un movimiento, en el que los minerales y las rocas calientes del interior ascienden muy despacio, mientras que los materiales más fríos y cercanos a la superficie se hunden hacia el fondo. No obstante, cualquiera de ellos puede tardar varios millones de años en recorrer todo el espesor del manto. En este sentido, la vida de los seres humanos no es más que un abrir y cerrar de ojos en comparación con los eones que emplea esta dinámica. A pesar de ello, esta lentísima convección es importante para el funcionamiento de la Tierra, ya que impulsa la tectónica de placas, la cual a su vez puede dar lugar a terremotos y a algunos tipos de erupciones volcánicas. Estos figuran entre los acontecimientos más dramáticos que puede experimentar nuestro planeta. No obstante, antes de pasar a analizarlos, podría ser conveniente hablar de la capa terrestre más externa, el rebozado de migas de pan que recubre el huevo: la corteza.

Esta se encuentra dividida en quince fragmentos o placas tectónicas, grandes extensiones de roca que a su vez se clasifican en siete primarias y ocho secundarias. Su espesor oscila entre los 5 kilómetros bajo el fondo oceánico y los 32 en promedio en los continentes, aunque en algunos lugares, en los que hay cadenas montañosas importantes como el Himalaya, puede alcanzar los 95. Marte, nuestro planeta vecino, no presenta estas fracturas y no tiene actividad en este sentido. En cambio, Venus, que es de un tamaño parecido a la Tierra, sí parece tenerla. Hasta hace poco, los científicos pensaban que su corteza era mucho más gruesa que la terrestre y que en consecuencia no tenía tectónica de placas. Sin embargo, en base a las recientes observaciones de la sonda espacial Magallanes, los investigadores han descubierto que el grosor de la capa más externa es muy similar en ambos casos. Parece ser que la estructura de huevo rebozado puede ser característica de los planetas rocosos, lo que por otra parte quiere decir que podríamos sufrir el mismo destino que Marte. Andando el tiempo, tras un progresivo enfriamiento, la corteza terrestre se endurecerá y cesará todo movimiento. Sin embargo, en el futuro inmediato, nuestra fracturada superficie seguirá siendo dinámica, los continentes se desplazarán y los terremotos amenazarán a muchas partes del mundo.

En las zonas en las que dos placas tectónicas se separan, en cadenas montañosas en el fondo del mar, se genera de manera continua nueva corteza. Cuando esto sucede, la roca fundida procedente del manto, llamada magma, asciende, se enfría y forma la nueva superficie. Por el contrario, en la región en que se ven empujadas una hacia la otra, una placa desciende y se funde lentamente, antes de unirse al manto y empezar su largo recorrido hacia el núcleo, mientras que la otra asciende y emerge, para crear una nueva tierra. Este es el motivo por el que la corteza continental es más gruesa que la submarina.

Los materiales emergidos de esta manera se ven desgastados de forma gradual mediante dos procesos que los geólogos denominan erosión y meteorización. Ciclos repetidos de acumulación de agua en las fisuras de la piedra, de congelación y deshielo del fluido, acaban por romper la roca, mientras que el viento y la lluvia la desgastan a lo largo de los eones. La presencia de ácidos en la precipitación contribuye a la meteorización. Por su parte, la vida también favorece estos fenómenos, pues las raíces de las plantas, los hongos, las bacterias e incluso algunos animales ayudan a fragmentar la piedra. A lo largo de períodos de tiempo muy extensos, la erosión es capaz de reducir la altura de los macizos montañosos más poderosos. No hay sino que pensar en el paisaje de Purnululu, que visité con ocasión de mi quincuagésimo cumpleaños.

Las placas tectónicas se desplazan sin cesar y cambian de tamaño y forma, dependiendo del ritmo al que pierden materiales hacia el manto o de la velocidad con la que los ganan gracias a la formación de nueva corteza. Si la capa externa de nuestro planeta fuera más gruesa, la lenta convección que se da bajo ella no podría generar la tectónica de placas, responsable de la rotura y separación de estas, de modo que es posible que no hubiera emergido tierra alguna, o que lo hubiera hecho en muy poca cantidad. Una consecuencia de esta delgadez es que la presión ejercida sobre las partes móviles de la superficie puede acumularse cuando estas se rozan entre sí. Esto puede generar terremotos si se supera una cierta tensión y se produce una violenta sacudida. El suelo se mueve y tiembla, conforme las porciones de corteza involucradas se desplazan y se asientan en sus nuevas posiciones. La actividad tectónica ha sido una característica imprescindible en la historia geológica de nuestro planeta y ha desempeñado un papel crucial en la difusión y en la diversificación de la vida, hasta llegar a nuestra existencia. Por ejemplo, hace entre 200 y 300 millones de años solo había un supercontinente, llamado Pangea. La tectónica de placas lo dividió en partes y poco a poco surgieron los continentes que conocemos hoy en día. Este proceso separó a poblaciones de animales y plantas y en muchos casos estas divergieron evolutivamente con el paso del tiempo, hasta ser especies completamente diferentes en regiones distintas del globo. En épocas más recientes, esta dinámica ha causado algunas desgracias para los seres humanos. El mayor terremoto del siglo XXI ocurrió en el océano Índico el 26 de diciembre de 2004. Generó un tsunami que se cobró la vida de más de 225.000 personas.

Hace 54 millones de años, la placa que contenía lo que hoy en día son Europa y Norteamérica se partió en dos. El motivo de esta división no se conoce con certeza, pero puede haber sido debido al peso de los continentes, que se vieron atraídos por la gravedad hacia el centro del planeta. A este proceso pudo contribuir la acumulación de magma en un punto más débil en el centro de la formación. Sea como fuere, cuando se produjo la fractura vino acompañada de una intensa actividad volcánica, que arrojó a la atmósfera enormes cantidades de roca fundida, cenizas y gases, como dióxido de carbono y dióxido de azufre. Por suerte, este tipo de acontecimientos son poco habituales y además no siempre van acompañados de episodios tan violentos. Hace 63 millones de años ocurrió algo parecido con las actuales Seychelles y la India. No obstante, en este caso se habían producido numerosas erupciones en la región 6 millones de años antes, lo que quiere decir que no había grandes acumulaciones de magma en la zona y que estas eran insuficientes para alimentar una actividad volcánica importante, como la que se dio entre las incipientes Europa y Norteamérica un tiempo después. Comparaciones como esta ponen de relieve la importancia de los sucesos locales. Cada terremoto, fractura tectónica y volcán es diferente. Sin embargo, tras ellos subyacen las mismas dinámicas, que no son otras que el movimiento de las rocas en el manto, la formación de nueva corteza en el fondo oceánico, el endurecimiento de la misma y la subducción, que es como se conoce al fenómeno por el que una placa es empujada hacia abajo cuando choca con otra. Todos estos procesos interactúan entre sí y generan un amplio abanico de posibles resultados geológicos. Quienes se dedican al estudio de estos asuntos han logrado comprenderlos de manera notable y empiezan a hacer descubrimientos sorprendentes en otros planetas. No obstante, la predicción de los acontecimientos futuros es difícil y es imposible saber por adelantado cuándo se van a producir terremotos o erupciones volcánicas con un mínimo de certidumbre.

Cuando apareció la vida sobre la Tierra, la atmósfera estaba compuesta en gran medida por los gases emitidos por los volcanes. El ácido sulfhídrico, el metano, el monóxido y el dióxido de carbono eran muy abundantes. De no haber surgido seres vivos, la composición actual del aire terrestre podría parecerse a la de Venus, con un 95 % de dióxido de carbono y solo uno o dos puntos porcentuales de nitrógeno, oxígeno y otras moléculas. En todo caso, dudo mucho que alguien pudiera estar ahí para medirlo. No se conocen con certeza estas proporciones durante la infancia de nuestro planeta. Sin embargo, los científicos están de acuerdo en que los porcentajes de dióxido de carbono y metano han descendido de manera significativa a lo largo del tiempo, mientras que los de nitrógeno y oxígeno han aumentado. En concreto, este último no empezó su trayectoria ascendente hasta hace 2.000 o 2.500 millones de años, como producto de desecho de la fotosíntesis que llevaban a cabo varias especies de cianobacterias. No obstante, no pudo acumularse en la atmósfera en cantidades apreciables hasta que otros elementos, como el hierro, se hubieron oxidado. Por su parte, la concentración de nitrógeno empezó a aumentar de manera apreciable a partir de los 4.400 millones de años. Es un gas tan abundante hoy en día porque no es fácil que forme compuestos, de modo que no es un ingrediente de los cristales y las rocas que constituyen el suelo bajo nuestros pies. En consecuencia, hay mucho en el aire, pero es relativamente escaso en el planeta. Por el contrario, el oxígeno se encuentra en las rocas porque oxida con facilidad a muchos elementos y además entra en la composición del agua.

Los científicos que estudian estos asuntos han pronosticado que en unos 1.000 millones de años los niveles de oxígeno en la atmósfera caerán de manera catastrófica, lo que causará la extinción de todas las formas de vida pluricelulares. El motivo de este fenómeno será el descenso del dióxido de carbono hasta niveles muy bajos, en parte por el aumento de la temperatura del Sol, que hará que la fotosíntesis (la principal fuente de oxígeno atmosférico) ya no sea posible.

Del mismo modo que la concentración de gases ha variado, las temperaturas medias globales lo han hecho también. Al menos en cinco ocasiones la Tierra ha sido muy fría, unos episodios conocidos como glaciaciones. Estos gélidos intervalos duraron varios millones de años y fueron causa recurrente de extinciones masivas. En este sentido, también se puede considerar que dieron pie a la aparición de innovaciones evolutivas. La superglaciación Sturtiana duró unos 60 millones de años y se produjo durante el período Criogénico, que terminó hace unos 660 millones de años. Bien puede haber sido un factor catalizador de la evolución y de la consiguiente proliferación de la vida pluricelular. Los glaciares avanzaron y retrocedieron de manera espectacular durante algunos de estos intervalos, pero las áreas de nuestro planeta cubiertas por el hielo son una característica constante cuando la Tierra se halla en este estado. En este sentido, se puede considerar que nos encontramos inmersos en una glaciación, puesto que hay agua congelada en los polos y en las montañas, pero también que estamos en un interludio entre diferentes edades del hielo, ya que no hay tanta como hace quince milenios ni como es probable que lo haya dentro de cincuenta. El que este escenario llegue a hacerse realidad o que abandonemos la actual glaciación dependerá en buena medida de nuestras emisiones de dióxido de carbono y de otros gases de efecto invernadero en las décadas y en los siglos venideros. No se sabe con certeza qué es lo que desata estos episodios más fríos, pero estos podrían deberse a variaciones en la órbita terrestre, a cambios en la composición atmosférica o incluso a incrementos en la actividad volcánica.

También se han producido etapas de calor abrasador, que han abarcado cerca del 85 % de la existencia de nuestro planeta. En la actualidad, la temperatura media global está en 13,9 grados, pero durante los conocidos como períodos de invernadero este valor se ha disparado hasta los 30. En vista de estos números, cabe preguntarse a qué se debe todo el escándalo acerca del cambio climático antropogénico. No cabe duda de que la vida no desaparecerá del todo, aunque se produzcan alteraciones rápidas en el clima y el termómetro suba de manera pronunciada. Sin embargo, muchas especies sí lo harán. Es posible que los seres humanos se salven, pero sin duda lo pasaremos mal, sobre todo teniendo en cuenta lo frágiles y propensas al colapso que son nuestras civilizaciones.

En ocasiones anteriores, las modificaciones en este sentido han sido relativamente lentas y se han producido a lo largo de varios cientos de miles, o incluso millones, de años. No obstante, en momentos puntuales han sido mucho más bruscas, debido a impactos de asteroides o a erupciones importantes. Por ejemplo, la región conocida como las escaleras siberianas demuestra que hace 250 millones de años se produjo un enorme episodio de actividad volcánica que duró 2 millones de años. Las temperaturas planetarias pueden cambiar de manera súbita en cuanto los volcanes empiezan a emitir gases y lava.

La palabra «escaleras» o «*traps*» es un término geológico empleado para describir un tipo de formación rocosa. Cerca de 2 millones de kilómetros cuadrados de la actual Siberia, un área similar a la de toda Europa occidental, están cubiertos de basaltos, resultantes de antiguas erupciones volcánicas. Durante este episodio, fueron expulsadas grandes cantidades de lava de una enorme acumulación de magma bajo la superficie. No solo se cubrió una inmensa extensión de terreno de roca fundida, sino que también debieron emitirse volúmenes descomunales de dióxido de carbono y de otros gases de efecto invernadero, junto con cenizas y piroclastos. Estos dos últimos elementos, suspendidos en la atmósfera, tuvieron el efecto de reducir la cantidad de luz solar recibida y por lo tanto de enfriar la Tierra, antes de depositarse en el suelo. En cambio, el dióxido de carbono permaneció en el aire y se acumuló de forma lenta y progresiva en plantas, sedimentos y océanos. Mientras tanto, actuó como un potente gas de efecto invernadero que elevó la temperatura del planeta. Las estimaciones indican que las erupciones volcánicas que dieron lugar a las escaleras siberianas debieron liberar entre 12.000 y 100.000 gigatoneladas de dióxido de carbono (una gigatonelada equivale a 1.000 millones de toneladas). Estas emisiones multiplicaron por cuatro la concentración de este gas, lo que habría sido suficiente como para elevar la temperatura promedio en la atmósfera del período Pérmico en unos 10 o 15 grados, que debieron llegar hasta los 40 en los océanos tropicales.

Esta actividad se produjo durante aproximadamente 2 millones de años, aunque el grueso de las erupciones debió tener lugar en una cuarta parte de ese período. El resultado global fue la extinción de cuatro quintos de las criaturas marinas y del 70 % de las terrestres. Los tetrápodos, el grupo animal al que pertenecemos los seres humanos, desaparecieron casi por completo y se cree que solo sobrevivieron en una pequeñísima parte del antiguo supercontinente de Pangea.

Las erupciones volcánicas pueden ser una causa de extinciones masivas originada en nuestro propio planeta, pero las más conocidas llegaron desde lo alto. Si miramos el firmamento nocturno cuando no hay nubes y en ausencia de luces artificiales, se pueden ver estrellas fugaces. Los mejores lugares para su observación son áreas desérticas durante noches frías, en las que hay poca neblina. La primera vez que lo hice en estas condiciones fue desde la granja de mi suegro en una zona rural de Queensland y fue una experiencia memorable. La Vía Láctea se extendía de un lado al otro de la bóveda celeste, con sus innumerables puntos de luz. A través de los prismáticos, pude ver otra galaxia. Los meteoros en las capas más altas de nuestra atmósfera aparecían como estrellas fugaces cada pocos minutos y yo las contemplaba absorto. Si hubiera crecido en un lugar como este, me habría dedicado a la astronomía, pero para la época en que Sonya y yo nos casamos, ya era profesor de zoología.

La mayor parte de los objetos que colisionan con la Tierra son pequeños y se consumen como meteoros, como los que vi en la granja, cuando entran en contacto con la atmósfera. No obstante, los de mayor tamaño pueden penetrar hasta sus capas más internas. El 30 de junio de 1908, un asteroide de 100.000 kilogramos de peso, que viajaba a una velocidad de más de 96.000 kilómetros por hora, chocó con la Tierra y causó lo que los geólogos conocen como el incidente de Tunguska. Buena parte de esta roca, de unos 50 o 60 metros de ancho, ardió al atravesar la envoltura de gas y moléculas que rodean nuestro planeta, pero a una altura de 8 kilómetros sobre la superficie se dividió en una multitud de fragmentos más pequeños y causó lo que se conoce como una explosión meteórica. Esta se produjo cuando el bólido colisionó con la parte más densa de la atmósfera y en este caso el estallido fue lo bastante potente como para derribar 80 millones de árboles en Siberia en un área de más de 2.150 kilómetros cuadrados. No cabe duda de que la humanidad se salvó de una tragedia de grandes proporciones. Si esto hubiese sucedido sobre una zona habitada, podría haber acabado con la vida de millones de personas.

Algunos meteoroides no se consumen por completo, sino que alcanzan la superficie terrestre. Esto depende de su tamaño inicial, de su ángulo de aproximación y de su composición. En octubre de 1992, un meteorito cayó a la Tierra en Peekskill, Nueva York, y destruyó un coche. Una parte de este objeto celeste se desintegró durante el trayecto y el núcleo que golpeó el suelo pesaba solo 890 gramos. Esta roca había pasado 4.400 millones de años dando vueltas por el sistema solar, hasta que acabó su periplo al estrellarse contra el maletero de un Chevrolet Malibú de doce años de antigüedad. No cabe duda de que lo importante es el viaje y no el destino. No pude llegar a saber si la dueña del vehículo, Michelle Knapp, de diecisiete años, logró cobrar la póliza del seguro. A juzgar por la actitud de las aseguradoras con las que he tenido que lidiar, por accidentes mucho más mundanos que este, sospecho que no. Sin embargo, no hay de qué lamentarse: Wikipedia afirma que la joven pudo vender el meteorito por 50.000 dólares y el coche accidentado, que le había costado a ella 300 dólares de segunda mano, por otros 25.000. Además, asumo que le ha sacado a la historia todo el partido posible. Yo lo haría.

Muy probablemente, nuestra galaxia contenga cientos de miles de millones de planetas que orbitan en torno a sus 100.000 millones de estrellas, si no más. No tenemos motivos para pensar que la Vía Láctea sea especial en este sentido e incluso se empieza a disponer de indicios de la presencia de exoplanetas en otras galaxias. Si asumimos que este es el caso, debe haber cientos de billones de ellos en el universo observable. Las cuatro fuerzas fundamentales de la naturaleza funcionan en todo el espacio como lo hacen en nuestro vecindario cósmico y ya se ha dado un caso en que estas interacciones se combinaron para producir una Tierra. Cada planeta es único y su historia geológica viene determinada por la densidad local de materia cuando se formó, por su capacidad de atrapar materiales adicionales al crecer, por el tipo de estrella al que orbita y por su distancia a la misma. Sin embargo, dado el enorme número de objetos de este tipo que hay en el universo, sería sorprendente que no hubiera lugares similares a la Tierra. Puede que sean ligeramente diferentes, que tengan días o años un poco más cortos o largos, que sus masas y su atracción gravitatoria sean algo mayores o menores, que sus órbitas sean más o menos excéntricas y que las inclinaciones de sus ejes de rotación sean distintas. Habrán atravesado varias etapas climáticas y sufrido tasas variables de impactos de meteoritos, pero tendrán océanos de agua líquida, erupciones volcánicas, terremotos y uno o más satélites. Todavía no se ha descubierto algo así entre los 5.000 exoplanetas hallados hasta la fecha (aunque la NASA tiene una lista de candidatos). No obstante, esta es una fracción muy, muy pequeña del total de los que pueden existir en la Vía Láctea, por no hablar de todo el universo observable.

Geólogos y astrónomos han reconstruido la historia de nuestro hogar a través de una mezcla de observaciones, experimentos y modelos matemáticos, al mismo tiempo que se han apoyado en los descubrimientos de la química, la física y la biología. No dejan de analizar los datos provenientes de otros planetas y sistemas estelares, obtenidos gracias a telescopios y al estudio de meteoritos que se estrellan contra la Tierra, de muestras de meteoroides obtenidas en el espacio por sondas o del comportamiento de ciertos isótopos, que les permiten fechar las rocas. Buena parte de la historia geológica de nuestro planeta se ha podido deducir gracias a la caracterización de la composición química de estratos pétreos de diferentes tipos y distintas épocas y por la deducción de las condiciones que debían prevalecer cuando se formaron estas vetas. Todavía queda mucho por aprender, pero lo que podemos afirmar hasta el momento es que las condiciones en una o más ubicaciones de la Tierra primigenia, hace 4.000 millones de años, eran tales que permitieron la aparición de la vida. A partir de este momento, la química se vuelve muy complicada y eso es lo que debemos considerar en la siguiente parte de nuestro relato.

5

La aparición de la vida

Hasta el momento, el libro se ha centrado en los reinos físico, químico y geológico y ha resumido lo que ocurrió en estos ámbitos y lo que tuvo que suceder para llegar a la formación de un planeta en el que pudieron aparecer organismos vivos. En los siguientes capítulos, se prestará atención a la biología, a la aparición y la diversificación de la vida y al proceso mediante el que algunas especies alcanzaron una notable complejidad. El ADN es una sustancia química con un papel protagonista en esta historia. De sus muchas propiedades, la primera que llama la atención es su capacidad de hacer copias de sí misma. La segunda, que es aún más importante que la anterior, es su habilidad de codificar las instrucciones necesarias para la fabricación de objetos muy intrincados, tales como proteínas, células y órganos, que a su vez ayudan en su replicación. La complejidad en muchos de estos casos es apabullante, pero algunos de ellos son más eficaces que otros a la hora de contribuir a la producción de duplicados del código genético. La evolución es el proceso natural que selecciona las partes componentes del ADN en función de su mayor idoneidad en cuanto a su propia reproducción. Para que existiéramos, fue necesario en primer lugar que apareciese el ácido desoxirribonucleico y después que se seleccionaran evolutivamente las instrucciones que producen seres como tú y como yo. Para comprender el motivo por el que sucedió esto, no basta con conocer el origen de la vida, sino que también hay que saber cómo funciona el código genético y la manera en que la evolución creó cosas como las criaturas pluricelulares, el sexo, la conciencia y el comportamiento cooperativo. Los siguientes capítulos analizan esta parte del recorrido que lleva desde el Big Bang hasta nosotros.

El primer paso en este viaje consiste en explorar las razones por las que se produjo esta aparición, uno de los problemas más acuciantes y complicados de la ciencia. Sin embargo, a pesar de esta dificultad, es un interrogante bastante sencillo de articular: ¿de qué manera pudo la vida generar, por sí misma y de forma independiente, el primer manual de instrucciones para la construcción autónoma de un organismo? Todos los seres vivos contienen esta información (en su genoma), que describe los pasos que hay que dar en su ensamblaje. ¿Cómo surgió el primer código genético, en el que figuraban las indicaciones para el montaje de esa criatura? Sea como fuere, lo cierto es que no fue algo creado por designio, sino que apareció como resultado de la interacción de unas cuantas moléculas en algún lugar de la joven Tierra. Todas las formas de vida actuales descienden de ese primer ejemplar primitivo.

Además, contienen sin excepción una sustancia química denominada ácido desoxirribonucleico, más conocida como ADN. Su secuencia completa en un individuo es el genoma, un material genético que está presente en todos los organismos vivos en la Tierra, desde la más pequeña de las bacterias hasta las enormes ballenas azules. Este es el encargado de codificar las instrucciones para el desarrollo del organismo en cuestión. En el caso de los seres humanos, contiene una serie de pasos que debemos recorrer para crecer a partir de una única célula, formada por la fusión del óvulo materno con un espermatozoide paterno, hasta llegar a ser simios inteligentes, capaces de pensar, hablar, comer y leer libros. Del mismo modo, el genoma de mi perro Woofler codifica las etapas necesarias para la construcción, desde la fecundación, de un animal que mucha gente describiría como encantador, a pesar de su entusiasmo por perseguir ardillas y de sus irresistibles impulsos de restregarse en todo lo que huela mal. Estos manuales de autoensamblaje no están escritos mediante palabras, sino en genes: fragmentos de

ADN que encierran las instrucciones para fabricar unas moléculas llamadas proteínas, que son fundamentales para los procesos vitales. El objetivo de toda la existencia, incluida la humana (por lo menos, desde un punto de vista biológico), es producir descendencia. Esta lleva nuestro material genético, el cual la ayuda a desarrollarse y convertirse (esperemos) en adultos biológicamente competentes. En buena medida, la vida consiste en hacer copias de uno mismo. El genoma en cualquier organismo contiene instrucciones para fabricar las proteínas necesarias para que los genes puedan replicarse. Ahora bien, ¿qué surgió primero? ¿El genoma o las proteínas? En este aspecto, los investigadores se enfrentan al problema del huevo y la gallina, pero a nivel molecular.

La aparición de la vida a partir de productos químicos inorgánicos se denomina abiogénesis. La investigación de los mecanismos que subyacen a este fenómeno es muy técnica e implica una serie de reacciones muy complejas. Los científicos que estudian este campo han encontrado la manera y el escenario en el que surgieron muchas de las moléculas imprescindibles para los procesos vitales, pero todavía no han sido capaces de explicar cómo se unieron de forma autónoma estas sustancias para dar lugar al primer organismo, simple y unicelular. Parte de la razón de este fracaso es que incluso la más sencilla de las células independientes vivas en la actualidad es extraordinariamente intrincada. Contiene más de quinientos genes y produce cientos de proteínas diferentes. A pesar de su sencillez, presenta una complejidad muy superior a la de nuestras máquinas más sofisticadas, incluido el LHC en el CERN. No voy a describir en detalle los procesos químicos descubiertos en este terreno. En su lugar, voy a hablar de todo lo que tuvo que suceder para que algo así pudiera ocurrir.

Una vez que se hubo formado nuestro planeta, la vida apareció relativamente rápido. Esto da a entender que siempre que las condiciones sean adecuadas, este proceso sucede sin demasiada dificultad. Las trazas más antiguas de criaturas vivas que no son objeto de controversia se hallan en rocas en la región de Pilbara, al norte de Australia Occidental, y tienen una antigüedad aproximada de 3.400 millones de años. Estas huellas consisten en estromatolitos fosilizados, que son capas de sedimentos formados por microorganismos unicelulares llamados cianobacterias. Este tipo de estructuras sigue existiendo en la actualidad y es probable que hayan cambiado muy poco en todo este tiempo. Por ejemplo, se pueden encontrar en la bahía Shark, a unos pocos kilómetros de las formaciones rocosas de Pilbara. Visité la zona en 2022 (para mí era una especie de peregrinaje) y pude constatar que su aspecto es el de una versión en miniatura de los montículos en forma de colmena que hay en Purnululu y que describí con anterioridad, en el sentido de que a menudo tienen una apariencia similar y también presentan rayas. No obstante, estas colinas están hechas de piedra arenisca, mientras que los estromatolitos contienen caliza y no superan el medio metro de altura. Hoy en día son una auténtica rareza (el único sitio aparte de este en el que se encuentran está en las Bahamas), pero en el pasado remoto eran mucho más comunes. Las cianobacterias que dieron lugar a estas formaciones descendían de seres vivos más sencillos, cuyos primeros vestigios se remontan a un momento sin precisar en los 500 millones de años anteriores. En efecto, rocas procedentes de Quebec y Groenlandia muestran tentadoras evidencias de estos primitivos organismos en la forma de registros químicos muy específicos. Sin embargo, los científicos no se ponen de acuerdo sobre el origen de estas sustancias. De este modo, no queda claro en qué momento exacto apareció la vida por primera vez sobre la Tierra, pero es posible que esta evolucionara cuando nuestro planeta apenas tenía unos pocos cientos de millones de años de antigüedad. Tú y yo, la lechuga en la ensalada, los gusanos en el jardín y mi perro Woofler descendemos de esos organismos primitivos. Este es el motivo por el que entender la aparición de la vida es un elemento fundamental en esta historia sobre la manera y las razones por las que llegamos a existir.

Las especies que he mencionado (incluso los ingredientes de la ensalada) son todas de una complejidad extraordinaria y están hechas de cantidades enormes de células. Sin embargo, incluso la más sencilla forma de vida unicelular existente en la actualidad es muy intrincada. La más pequeña de las bacterias no surgió sin más y de repente, sino que evolucionó desde algo aún más simple. Estos organismos primigenios se extinguieron hace mucho tiempo sin dejar registro fósil alguno, de modo que conocer sus características es un reto para los científicos. El abismo que hay entre la mezcla de compuestos orgánicos que fue la antesala de la vida y la más elemental de las bacterias es tan grande que es difícil comprender cómo se puede pasar de una a la otra. Aún no se han dado casos de que aparezca algo vivo en las retortas con productos químicos en el laboratorio. Esto quiere decir que resulta inevitable especular sobre esos momentos iniciales, así como sobre el comportamiento de los organismos primigenios. Sea como fuere, lo cierto es que estas criaturas se debieron ver sometidas a las mismas fuerzas evolutivas que nos gobiernan hoy en día. De este modo, a partir de ciertas observaciones hechas en la actualidad, se pueden realizar algunas inferencias sobre los acontecimientos necesarios para que este proceso pudiera darse.

No es nada fácil marcar la línea divisoria entre la mezcla de compuestos orgánicos que condujeron a la aparición de la vida y el primer ser vivo. Hay una continuidad sin interrupciones que une ese momento inicial contigo y conmigo y decidir dónde se traza la frontera es algo subjetivo. Los científicos discuten desde hace mucho el punto exacto en el que situar este salto. Buena parte de la discusión se debe a la falta de una definición adecuada. Debo reconocer que no soy lo bastante romántico como para hablar de algo tan hermoso como la vida, pero me atreveré a definirla como un conjunto de reacciones químicas dentro de una membrana, que surgen, se replican y controlan de manera natural y que se mantienen activas gracias a una fuente externa de energía. Así dicho, no da para una canción de amor.

Merece la pena reflexionar un poco sobre esta definición. Que «surge de manera natural» quiere decir que se trata de un fenómeno resultante de reacciones químicas más sencillas y que no ha sido diseñado, generado ni puesto en marcha por algún ente sobrenatural. Que «se replica» se refiere a la procreación y a la descendencia. Todos los seres vivos intentan hacer copias de sí mismos, mediante la reproducción sexual o por clonación. En este último caso, los clones son genéticamente idénticos a su progenitor, mientras que en el anterior, los hijos comparten la mitad de su ADN con su padre y la otra mitad con su madre. El éxito biológico y evolutivo se mide en el número de descendientes que quedan atrás, cada uno de los cuales lleva un duplicado de al menos una parte del material genético parental. Desde un punto de vista histórico, el papa Inocencio III y Gengis Kan fueron ambos líderes influyentes en su época. Sin embargo, sus legados biológicos no podrían ser más diferentes. A diferencia de otros pontífices, como Sergio III y Alejandro VI, que engendraron varios vástagos durante sus papados, Inocencio III no tuvo descendencia. En cambio, se estima que uno de cada doscientos hombres vivos en la actualidad proviene de Gengis Kan. Sin duda, también deben hacerlo muchas mujeres, pero tal y como funciona la genética hoy en día (hablaremos de esto con más detalle más adelante), su número es más difícil de evaluar. Es imposible saber cuántos hijos tuvo el emperador mongol. Formalmente, solo se reconocieron nueve, pero algunas fuentes sugieren que esta cifra pudo llegar hasta el millar.

Volviendo a la definición de la vida, se afirma también que esta es «un conjunto de reacciones químicas controladas». Es decir, que pueden ser aceleradas, frenadas o incluso detenidas por completo. Hay varios millones de ellas ocurriendo en el cuerpo en cualquier momento dado. Para alguien sano y en ausencia de tumores, todos estos procesos están controlados y se mantienen dentro de unos límites determinados. La evolución ha encontrado el modo de ralentizarlos o detenerlos del todo cuando sus productos son lo bastante abundantes para el correcto funcionamiento del organismo, al mismo tiempo que se inician o se aceleran otros cuando las moléculas resultantes son menos numerosas de lo ideal. Las reacciones son alimentadas por una «fuente externa de energía», que realiza sus aportaciones en forma de luz, productos químicos o alimentos, y la mayoría de ellas tienen lugar «dentro de una membrana» interna o externa de las células de las que están hechas todos los seres vivos.

Cada una de estas células, independientemente de que se trate de una bacteria unicelular o de un organismo pluricelular, como cualquiera de nosotros, es muy compleja. En su interior tienen lugar de manera continua innumerables procesos y reacciones químicas, incluida la lectura del código genético y la fabricación de proteínas y otras moléculas de gran tamaño y enrevesada estructura. Incluso en el caso de las bacterias más simples, que viven en solitario, todos estos fenómenos son el producto de cientos de genes. Es cierto que este número es menor en algunas especies de microorganismos parasitarios, pero esto solo es posible porque dependen de sus huéspedes para algunas de las funciones vitales más arduas.

En este capítulo y en el siguiente, voy a analizar la manera en que apareció la vida y cómo se difundió y conquistó todo el planeta. No obstante, antes de considerar este origen, tal vez merezca la pena recalcar lo complicadas que son algunas de las funciones vitales más importantes. Esto nos ayudará a darnos cuenta del enorme reto que afrontan los científicos a la hora de estudiar la forma en que surgieron incluso los seres vivos más sencillos.

El ADN es crucial para la vida. Consiste en una larga cadena hecha de cuatro constituyentes moleculares más pequeños, denominados de manera colectiva como nucleótidos. Cada uno de estos puede descomponerse a su vez en una base nitrogenada, un grupo fosfato y un azúcar simple. Esta última se denomina desoxirribosa y está hecha de carbono, hidrógeno y oxígeno, mientras que el fosfato está integrado por tres átomos de oxígeno y uno de fósforo. Las cuatro bases nitrogenadas del ADN se llaman adenina, guanina, citosina y timina, están unidas al azúcar dentro de cada nucleótido y constan de carbono, nitrógeno, hidrógeno y (con la excepción de la adenina) oxígeno. En este sentido, el ácido desoxirribonucleico puede ser una molécula grande y compleja, pero está hecha de elementos comunes, combinados de forma tal que constituyen una secuencia genética. Por otro lado, es una sustancia estable e inerte. Esto es importante, no porque pudiera participar en reacciones químicas en general (que no lo hace), sino porque contiene las instrucciones de montaje del organismo en cuestión. De este modo, su estructura resulta fundamental para la vida.

Cuando los científicos hablan de secuencia genética, se refieren al orden de las bases nitrogenadas en una cadena de ADN. No hay restricción alguna al lugar que ocupa cada una de ellas en las hebras aisladas. Es habitual que los biólogos las denominen mediante la inicial de su nombre completo, de modo que una secuencia genética podría ser AGCGTGGCCAGTC y así muchas letras más. No obstante, cuando dos hebras se juntan para formar la conocida estructura de doble hélice, la citosina y la guanina siempre se unen entre sí, como ocurre con la adenina y la timina. El característico aspecto de la molécula es el resultado de enlaces de hidrógeno establecidos entre estas parejas. De este modo, si la hélice dejase de estar enrollada sobre sí misma, el ADN tendría el aspecto de una escalera de mano muy larga. En este símil, los travesaños serían las bases nitrogenadas ligadas por los enlaces de hidrógeno, mientras que los largueros de los

Estructura del ADN

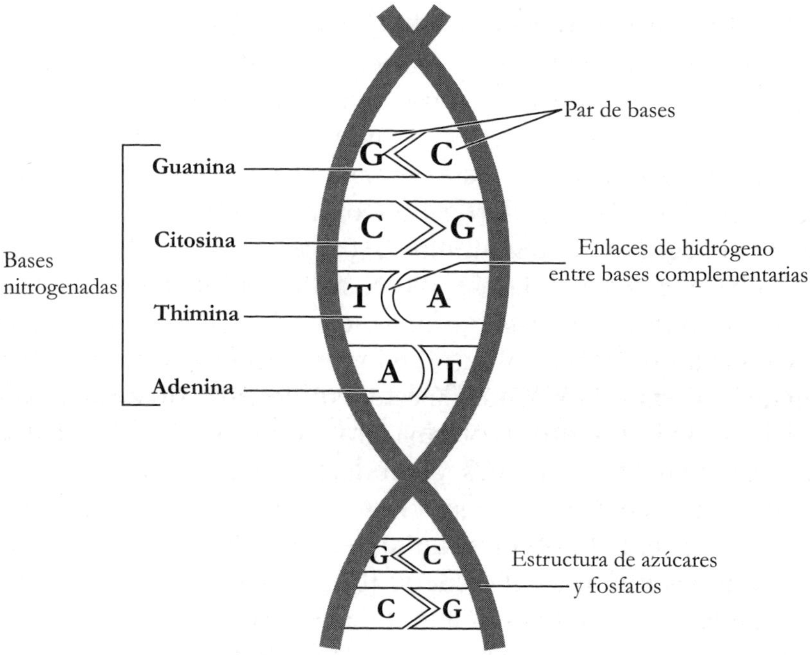

lados serían la desoxirribosa y los fosfatos. No hay más que enroscar estos para obtener el consabido perfil doble.

Algunas partes de la cadena de ADN (secuencias genéticas) contienen instrucciones para la fabricación de proteínas, fundamentales en los procesos vitales. Cada una de las porciones en las que figura esta información es un gen. El genoma de una persona adulta consta de unos 3.000 millones de bases nitrogenadas y muchas de ellas (aunque no todas) se hallan empaquetadas en cerca de 20.000 genes. Este material genético indicó los pasos necesarios para nuestro montaje, codificados de manera que permitieron la elaboración de proteínas, las cuales a su vez determinaron la manera en la que crecimos, desde un óvulo fecundado hasta ser quienes somos en la actualidad, así como la forma en que funcionamos en nuestras vidas cotidianas.

Las proteínas son moléculas tridimensionales construidas a partir de cadenas plegadas de componentes más pequeños, llamados aminoácidos. Los genes facilitan una lista ordenada de estos constituyentes, que deben unirse entre sí en una estructura lineal para obtener el producto final. La vida emplea veinte de ellos en este proceso de fabricación, aunque hay muchos tipos más. La cadena empieza con la unión de dos de estos eslabones y se prolonga con la adición de nuevos integrantes en alguno de los extremos. El código genético define los ingredientes que se deben añadir en cada etapa. Cada una de las veinte piezas posibles está representada por secuencias de tres bases nitrogenadas. Por ejemplo, un aminoácido llamado histidina está codificado por el triplete adenina-timina-guanina, o ATG, mientras que la leucina puede serlo de ocho maneras diferentes: TTT, TTC, TTA, TTG, CTT, CTC, CTA y CTG.

Como el ADN, las cadenas resultantes son estables y la mayoría no son particularmente reactivas. Basta con recordar el ejemplo del dinosaurio que mencioné antes, en el que el colágeno subsistió durante 66 millones de años antes de ser descompuesto por la colagenasa. Algunas proteínas son enzimas y catalizan ciertas reacciones. Es decir, hacen que se produzcan con más facilidad y las aceleran. La colagenasa es de este tipo y funciona al unirse al sustrato, haciendo que sea más sencilla su descomposición en sus partes componentes, mientras que ella misma no se ve alterada desde un punto de vista químico. Es su estructura la que le permite conseguir este efecto. Esta ayuda a las moléculas de colágeno a participar en una reacción cuyo resultado final es su descomposición en constituyentes más pequeños.

Las proteínas que producen los genes son a menudo un paso intermedio para producir sustancias más complejas. Por ejemplo, en los seres humanos hay 43 de estos fragmentos de ADN involucrados en la fabricación del colágeno. En mi anterior comentario al respecto omití algunos detalles, pero el caso es que disponemos de 28 tipos diferentes de colágeno. Todos ellos participan en la construcción del cuerpo y son el resultado de la actuación de los 43 genes mencionados. Estos fabrican cadenas de aminoácidos más sencillas, que luego se unen para constituir las moléculas definitivas, más complejas. Las instrucciones para este proceso están codificadas en el material genético, pero no existe una relación unívoca entre sus partes constituyentes y sus productos. Nuestro genoma, y la forma en la que somos construidos, es más complicado que la ecuación un gen, una proteína.

A su vez, no todos los fragmentos de ADN son códigos para la elaboración de moléculas. También hay algunos que sirven como interruptores y que encienden y apagan los demás. Esto permite a un organismo regular las cantidades producidas de un tipo particular de sustancia. Cuando se lee un gen, o se expresa, como se diría en jerga biológica, este elabora la cadena de aminoácidos correspondiente, necesaria para el ensamblaje del producto final. Por su parte, los interruptores avisan a la maquinaria celular de que una porción concreta del código genético debería ser puesta en marcha o detenida. En todas las células y en todo momento hay genes activados, mientras que hay otros que no lo están. La lista de los que se encuentran en el primer caso y fabrican cadenas de aminoácidos y la de los que se hallan en el segundo cambia en todo momento. Bucles de información garantizan que, si una proteína en concreto es demasiado abundante en el interior de una célula, entren en juego las instrucciones para desactivar los fragmentos que la producen.

Los glóbulos rojos maduros son una rareza en el ser humano porque no cuentan con un núcleo que almacene el ADN. Excepto por este caso, cada una de nuestras células contiene el mismo material genético. No obstante, no lo utilizan de la misma manera. En este sentido, lo que las diferencia no son los genes que hay en su interior, sino los que expresan. En nuestro cuerpo hay cerca de 220 tipos celulares y la diferencia entre ellos radica en que distintos fragmentos del ADN se activaron y desactivaron en los momentos adecuados de su desarrollo. Por otro lado, para que cada órgano cumpla su función, sus constituyentes emplean conjuntos contrapuestos de genes. Así, las agrupaciones de fragmentos expresados en las células de la piel son diferentes de las activadas en las neuronas del cerebro.

Algunos de los interruptores genéticos son diferentes de un individuo a otro. También lo son las secuencias en algunos genes, lo que quiere decir que con toda probabilidad el ritmo de producción de proteínas para cada tarea varía en función de la persona. Estas diferencias implican que, aunque todos somos seres humanos, no somos exactamente iguales. Así, esta disparidad puede hacer que tú y yo tengamos distinto color de ojos o de pelo, que uno sea más alto que el otro, que nuestras alergias no sean las mismas y que seamos más o menos susceptibles a varias enfermedades. En promedio, el 99,9 % de mi genoma será idéntico al tuyo, lo que quiere decir que solo divergen en un 0,1 %. De hecho, si comparo mi ADN con el de mi perro Woofler, la coincidencia es del 85 % aproximadamente.

No obstante, tu genoma es exclusivamente tuyo y no hay nadie más, vivo ni muerto, que lo comparta por completo. A menos, claro está, que tengas un gemelo idéntico. Esta característica de tu secuencia genética contribuye a que seas diferente a todo el mundo, del que te separan unas divergencias surgidas en parte a raíz de mutaciones (errores en la replicación del ADN). Algunas de ellas ayudan al portador a sobrevivir y reproducirse mejor que si no las tuviera. Por el contrario, otras apenas afectan al desarrollo y al funcionamiento individual, mientras que las hay que producen enfermedades congénitas, como el enanismo o el albinismo ocular, un trastorno que yo mismo padezco. Algunas células en la parte de atrás de mis ojos no producen un cierto pigmento. Sé que no parece muy grave, pero implica que solo veo un 25 % de lo que vería alguien que no tuviera problemas en la vista. He heredado la mutación de la parte materna de mi familia, mientras que los descendientes varones somos mucho más propensos a sufrir este mal que las mujeres.

La mitad de tu ADN es aportada por tu madre y la otra mitad, por tu padre. Es tentador pensar que cada hebra en la doble hélice proviene de un progenitor, pero no es ese el caso. El material genético está dispuesto en 23 parejas, lo que arroja un total de 46 cadenas de ADN, con su característica forma enrollada. Estas se denominan cromosomas. Los científicos han procedido a bautizarlos de manera muy imaginativa: cromosoma 1, cromosoma 2, cromosoma 3, etc. En los pares hay dos copias del primero, dos copias del segundo, y así con todos. Una de ellas se recibe por vía materna y la otra, paterna. Si ignoramos de momento el cromosoma 23, el Y, que determina el sexo en el caso de los varones, la versión de los cromosomas heredada de cada progenitor es única y es una mezcla de sus pares cromosómicos respectivos.

En efecto, cuando tu madre produjo el óvulo del que procedes y tu padre el espermatozoide para fecundarlo, se crearon mediante meiosis (el proceso biológico por el que se generan estas células reproductivas) nuevas versiones nunca vistas de los cromosomas 1, 2, 3, 4, etc. (sigamos ignorando de momento el Y). Por ejemplo, el cromosoma 1 en el óvulo es único y es el resultado de cortar secuencias de cada integrante de la pareja cromosómica 1 materna y unirlas entre sí para producir la nueva cadena de ADN. Exactamente de la misma manera, el cromosoma 1 en el espermatozoide que consigue completar con éxito la fecundación es el resultado de mezclar trozos del par cromosómico 1 paterno.

Lo mismo ocurre en cada caso de la serie, excepto en el 23, el Y, como es probable que sea fácil de adivinar a estas alturas, y siempre que la meiosis produce un óvulo o un espermatozoide. Imaginemos que unos hilos azul y rojo representan las dos copias del cromosoma 12 en uno de los progenitores. Pongámoslos en paralelo y cortémoslos por la mitad con unas tijeras. Unamos el trozo superior de un color con el inferior del otro, de manera que obtengamos un nuevo hilo, rojo en el primer tramo y azul en el segundo. Así es como se hace con las cadenas de ADN. En nuestro ejemplo, se produce una versión nunca vista del cromosoma 12, la cual será incorporada a la célula reproductiva que corresponda. En este ejemplo solo he mencionado un corte, pero lo cierto es que se podrían haber hecho varios. Cada instancia en la que se repite este proceso se denomina entrecruzamiento cromosómico o suceso de recombinación. En promedio se producen entre uno y cuatro de estos eventos por cromosoma durante la meiosis, aunque en algunos casos las tasas de recombinación son más altas que en otros.

El cromosoma Y es diferente y esta es la razón por la que es más sencillo calcular el número de descendientes varones de Gengis Kan que de mujeres. Es muy raro que en este caso se produzca recombinación alguna. El par 23 contiene los cromosomas sexuales y estos determinan si se trata de un macho o una hembra de la especie en cuestión. Por lo que respecta a los mamíferos, los integrantes de la pareja cromosómica se denominan X e Y. Las hembras tienen dos X y los machos un X y otro Y. En consecuencia, el emparejamiento 23 es XX en el primer caso y XY en el segundo. Ambas cadenas de ADN son de longitudes muy diferentes (Y es diminuta en comparación con X) y no son fáciles de recombinar entre sí para producir mezclas de ambas.

La X que se hereda por vía materna es una mezcla de los dos cromosomas X de la madre. Sin embargo, el padre solo tiene un X, de modo que todas las mujeres lo reciben sin recombinar y en ese sentido es idéntico al paterno. En cambio, en el caso de los varones, no se hereda una cadena X por esta vía, sino la Y del padre, la cual tampoco ha sido mezclada. Nadie tiene dos cromosomas Y, lo que quiere decir que este no se combina con otro similar en ningún caso. No obstante, en ocasiones muy, muy excepcionales, sí puede haber entrecruzamiento con partes de otros fragmentos de ADN, como su compañero X o incluso integrantes de otro par completamente diferente. Cuando esto ocurre, se trata de un error en la replicación y en algunos casos puede ser el inicio de una trayectoria evolutiva que tenga como resultado final una nueva especie. Sin embargo, eso es tema de otro libro.

Los párrafos anteriores ponen de relieve lo complejo que resulta el manual de instrucciones de autoensamblaje que es el código genético. Más adelante, en un capítulo posterior, descubriremos los motivos de esta complejidad, cuando tengamos oportunidad de considerar las razones por las que surgió el sexo. Por el momento, basta con tener presente que el ADN es una molécula enorme y que la forma en la que se hereda, pasando de los progenitores a su descendencia, mediante una mezcla de las secuencias genéticas de los primeros, es muy complicada. Al llegar la muerte, que en última instancia aguarda a todos los seres vivos, estos dejan de existir, pero si han tenido descendientes, subsiste una parte de sus genes. Estos se replican y los padres los pasan a sus crías, pero los individuos desaparecen.

Los biólogos distinguen las células reproductivas, que se pueden fusionar para constituir el punto de partida de un nuevo integrante de la próxima generación, de las no reproductivas, cuyo único propósito es ayudar a mantener al individuo con vida el tiempo suficiente como para procrear. Las primeras constituyen la línea germinal, mientras que las otras se denominan de forma colectiva como soma desechable. Lo verdaderamente notable de la vida en la Tierra es que el soma ha llegado a ser muy complejo en los animales superiores, como tú y como yo. La evolución ha producido secuencias genéticas que permiten montar de manera autónoma organismos dotados de brazos, piernas, ojos, cerebros, piel, dientes, uñas, fosas nasales y conciencia. Estos atributos elevan al máximo las probabilidades de que las cadenas de ADN en la línea germinal, con la información necesaria para fabricar estas partes del cuerpo, sean legadas a la próxima generación. No cabe duda de que el ácido desoxirribonucleico es una molécula verdaderamente notable. No solo se replica y hace copias de sí misma, sino que al hacerlo proporciona el manual de instrucciones para el autoensamblaje de especies tan diversas como gatos, repollos, cucarachas y clamidias.

La forma en la que estas últimas y otras bacterias unicelulares hacen copias de su material genético no es tan complicada como la de seres vivos más avanzados, pero aun así requiere muchos pasos. Hay nueve enzimas que son fundamentales en este proceso y muchas más que desempeñan papeles menos destacados. Sin entrar en muchos detalles, la mayoría de estos microorganismos almacenan sus moléculas de ADN, con su característica disposición de doble hélice, en un círculo. La replicación consiste en tomar uno de estos aros y acabar con dos, que es lo que ocurre justo antes de la división bacteriana. Todo el engranaje se pone en marcha cuando varias sustancias catalizadoras cortan la cadena en un único punto de la circunferencia. Otras se encargan de deshacer la estructura inicial de manera progresiva, como si fuera una cremallera que se desabrocha, y el extremo en el que se produce la separación de las hebras se denomina horquilla de replicación. Proteínas adicionales se combinan con cada una de las partes resultantes. En un lado hay una serie de enzimas que siguen de cerca al punto de ruptura, que avanza sin parar, y leen las bases nitrogenadas para producir una imagen especular y continua de la hebra inicial. En el otro, las cosas son un poco más complicadas. La sustancia que recorre el ADN y que se encarga de hacer un duplicado invertido de este, como en un espejo, solo se puede desplazar en un sentido, que en este caso es contrario al del avance incesante de la horquilla. De este modo, en la segunda hebra, que se conoce como retardada, las enzimas se combinan muy cerca de esta ubicación móvil y se alejan de ella, para producir pequeños grupos de nucleótidos llamados fragmentos de Okazaki. Estos se unen luego entre sí por medio de más proteínas, de modo que se obtiene una cadena continua de ADN. Este proceso de replicación es muy intrincado incluso en las especies más sencillas (empleo la palabra «sencillas» con un deje de ironía) y no es algo que haya aparecido de repente.

No obstante, esta no es la única complicación en la definición de la vida. Fabricar proteínas a partir del código genético es algo significativamente más difícil de lo que puedo explicar aquí. En buena medida, depende de otra sustancia química imprescindible para los procesos vitales que se denomina ácido ribonucleico, o ARN. No voy a decir mucho sobre esta molécula, pariente cercana del ADN, pero es necesario mencionarla porque puede haber desempeñado un papel destacado en la aparición de los primeros seres vivos. Está formada por una cadena simple, con una estructura básica que alterna los fosfatos y la ribosa. Esta última tiene un oxígeno más que la desoxirribosa, pero por lo demás ambas sustancias son muy parecidas. En lugar de la timina, el ARN contiene una base nitrogenada llamada uracilo. Este es más sencillo y, sobre todo, carece del grupo de átomos de carbono e hidrógeno responsable de formar los enlaces que unen las dos hebras del ADN.

Del mismo modo que la replicación del material genético y la síntesis de proteínas a partir de este, el metabolismo es abrumadoramente complicado y no apareció de golpe. En los seres humanos, este proceso involucra la adquisición de energía en la forma de azúcares, tales como la glucosa, a partir del alimento y su uso para crear un gradiente de protones, mediante la acumulación de más cargas positivas en un lado de una membrana molecular que en el otro. Estas partículas son uno de los elementos constituyentes de los núcleos atómicos y se describieron en un capítulo anterior. Esta diferencia en su concentración se emplea luego para fabricar una sustancia química denominada adenosín trifosfato a partir de otra llamada adenosín difosfato, abreviadas ATP y ADP respectivamente por sus siglas en inglés, y de una molécula de fosfato. El ATP es importante porque es el combustible básico que utilizan los procesos vitales. En animales como tú y como yo, el gradiente de protones se forma en unos corpúsculos que hay en el interior celular llamados mitocondrias. Estos orgánulos, la palabra que utilizan los científicos para referirse a las estructuras dentro de las células, están rodeados por una doble membrana, a través de la cual se crea la diferente concentración de partículas con carga positiva, mediante la entrada y salida de estas en el espacio que hay entre ambas (el espacio intermembranal). Tanto las mitocondrias como esta separación son esenciales para la vida, porque en ellas se fabrica el ATP.

Asumiendo que ninguna fuerza actuara sobre los protones y que estos pudieran cruzar la membrana sin obstáculos, sus concentraciones acabarían por equilibrarse a ambos lados de la barrera. Sin embargo, no es esto lo que ocurre. En su lugar, las partículas de carga positiva se ven empujadas desde una región en la que presentan baja densidad en el interior de las mitocondrias hasta una zona en el espacio intermembranal en el que se agrupan en gran número. Para conseguir esto, se hacen pasar cargas negativas a lo largo de una serie de sustancias químicas llamada, de modo bastante apropiado, cadena de transporte de electrones. Estas partículas recorren las moléculas en las diferentes etapas de este dispositivo y al hacerlo cambian la polaridad de las mismas, lo que hace que las cargas positivas crucen la membrana. En este sentido, la vida se sirve de la fuerza electromagnética. Al acabar el proceso, dos electrones han empujado a diez protones al otro lado de la barrera a través de unos canales especiales. Posteriormente, los dos primeros, junto con cuatro de los últimos y una molécula de oxígeno (O_2), son empleados para producir dos moléculas de agua. En última instancia, estas son expulsadas del cuerpo mediante la orina o el sudor.

Una vez creado el gradiente, la célula lo emplea para fabricar ATP. Las cargas positivas en el espacio intermembranal se unen con facilidad a las partes con polaridad negativa de una proteína llamada ATP sintasa, que se encuentra en la membrana interna de la mitocondria. Los protones pasan luego a través de un canal que hay en esta enzima y al hacerlo rotan una parte de ella que se parece un poco a una minúscula noria hidráulica. Al ocurrir esto, el ADP se combina con un ion de fósforo para formar ATP. Diez protones empujados por la cadena de transporte de electrones producen 2,5 moléculas de esta última sustancia. Estas se utilizan luego para poner en marcha la producción de nuevas proteínas y para crear gradientes de otros compuestos, incluidos iones de sodio y potasio, a través de otras membranas.

Una vez más, la configuración de una proteína, en este caso la ATP sintasa, resulta crucial para los procesos vitales. La forma de noria hidráulica rotatoria que constituye el núcleo de esta enzima es imprescindible para la fabricación de ATP, el combustible de la vida. Estar vivo consiste en buena medida en construir estructuras moleculares estables que median reacciones químicas, como el metabolismo, que hacen posible la replicación del ADN. A su vez, este último está dispuesto de manera tal que contiene las instrucciones para el ensamblaje de las estructuras moleculares fundamentales para todos los seres vivos.

Dicho de otro modo, en nuestro interior se desarrolla un metabolismo que aporta la energía necesaria para la fabricación de proteínas, con el objetivo último de producir cromosomas que legar a las próximas generaciones. La vida tardó unos 4.000 millones de años en evolucionar hasta los seres humanos y a lo largo de todo ese intervalo aumentó de manera progresiva la complejidad de los organismos. Las configuraciones moleculares se diversificaron y se hicieron más intrincadas, al mismo tiempo que algunas células se volvieron cada vez más estructuradas. A su vez, se avanzó en la dirección de la cooperación celular, para construir objetos como huesos, riñones, troncos de árboles y micelios de hongos. De este modo, los procesos vitales generan estructuras, desde proteínas a cerebros, lo bastante resistentes como para durar toda una vida.

Ahora bien, estructuras más complejas requieren genomas más grandes e intrincados. Los manuales de montaje autónomo adquirieron genes e interruptores nunca vistos, al mismo tiempo que los cuerpos que contenían este material genético ganaron nuevos tipos de células. Me parece admirable la forma en que la evolución ha escrito por sí misma las instrucciones para el autoensamblaje de criaturas inteligentes, capaces de entender no solo el contenido de dicha información, sino también el proceso por el que podría haber surgido esta. Este conocimiento, que no suscita mayor polémica entre los biólogos, ha sido alcanzado gracias al método científico. He ofrecido una breve panorámica del estado en que se encuentra en la actualidad este campo, al igual que hago en el resto del libro, pero me parece que no se ha dado suficiente reconocimiento al enorme esfuerzo realizado por multitud de investigadores para llegar a este punto. Miles de personas se han dedicado a hacer observaciones, a formular hipótesis, a diseñar experimentos con los que comprobarlas, a analizar los resultados y a reproducir las pruebas realizadas por otros equipos para garantizar que sus hallazgos eran repetibles. La ciencia requiere mucha dedicación y la obtención de nuevos descubrimientos es a menudo estresante y difícil. Quienes se dedican a este empeño son tan humanos como cualquiera y en ocasiones estos esfuerzos les resultan igual de frustrantes que otras facetas de la vida cotidiana. Un aspecto crucial en esta tarea es la comunicación del trabajo realizado, de los avances logrados y de cómo estos mejoran nuestra comprensión del tema en cuestión. Antes de centrarme en la aparición de la vida y en el inicio de su apasionante viaje hasta llegar a seres complejos como tú y como yo, analizaré brevemente la manera en que se anuncian los resultados de una investigación y en cómo surge el consenso en la comunidad científica. Esto contribuirá a explicar el hecho de que la apabullante complejidad que he descrito en las líneas anteriores sea aceptada como un hecho comprobado.

Un aspecto importante de la actividad científica es la comunicación eficaz. En mi práctica cotidiana, debo convencer a mis colegas de la solidez de la novedosa investigación que esté llevando a cabo en ese momento. Los investigadores en cualquier terreno aplican el método científico para comprobar una hipótesis, tras lo cual tienen que anunciar sus hallazgos al resto de la comunidad. Esto lo consiguen a través de artículos especializados, escritos de una manera muy formal. Si alguna vez alguien sufre de insomnio, le recomiendo que haga una búsqueda en Google Scholar, que escriba un par de términos y que lea los textos encontrados. Es muy probable que se tope con un estilo particularmente adusto, como este:

> Derivamos una ecuación para desglosar de manera exacta el cambio en el valor promedio de un rasgo fenotípico en las aportaciones debidas a las fluctuaciones en la estructura demográfica y a la selección conforme a la viabilidad de edades concretas, conforme a la

> fertilidad, a la plasticidad del fenotipo y a diferencias entre los valores de los rasgos de la progenie y parentales. Consideramos la aptitud como una suma de sus componentes y no como un escalar y tratamos la estructura por edad de manera explícita mediante el enfoque en intervalos cortos de tiempo, que son adecuados para describir el cambio fenotípico en especies con generaciones que se solapan.

Estas líneas provienen de uno de mis artículos más fáciles de entender. No es de extrañar que cualquiera que carezca de una formación especializada se vea intimidado por la ciencia.

Cuando se termina una investigación, se ponen sus resultados por escrito y se envían a una revista científica, donde se evalúa su publicación. El editor lee el manuscrito en primer lugar y, si le parece que el artículo podría ser acorde a la línea editorial, lo envía a un comité asesor para ser revisado con más detalle. Entre uno y diez expertos en la materia leen el texto y envían de vuelta sus comentarios críticos. El papel de los revisores consiste en indicar lo novedoso que pueda haber en la investigación y en informar de cualquier defecto en la recogida de datos, en el diseño experimental, en el análisis estadístico o en el modelo informático, así como en señalar la literatura relevante que no se haya citado y las partes del texto que no sean comprensibles. Su objetivo último es contribuir a la mejora de la ciencia, aunque en algunas ocasiones van más allá y humillan a los autores para minar su confianza y posiblemente destruir sus carreras. Por suerte, la mayoría son mucho más profesionales y aportan críticas constructivas. Sin embargo, en los quince años que llevo como editor de dos de las publicaciones más prestigiosas en mi campo, me he encontrado con una docena de revisiones sorprendentemente agresivas e innecesariamente hostiles. En todos estos casos, he omitido estas consideraciones y eliminado al culpable de la base de datos de posibles miembros del comité asesor. Dado que lo normal es desempeñar esta función sin recibir nada a cambio, la sanción no es demasiado severa y siempre he mantenido la esperanza de que el enfado, que sin duda debía sentir el revisor cuando el artículo veía la luz sin sus comentarios, sirviese en cierta medida como castigo por su comportamiento poco profesional.

Una vez que el artículo se da a conocer, otros equipos intentan reproducir sus hallazgos de manera independiente, sobre todo si los resultados anunciados son sorprendentes o van en contra de lo aceptado. En caso de que se consigan replicar en varias ocasiones, aumenta el peso de la prueba que los apoya, hasta que en última instancia el conjunto de la comunidad científica los da por buenos. Las teorías de Darwin fueron muy controvertidas en el momento de su publicación, a pesar de que su autor había hecho gala de una considerable diligencia a la hora de reunir numerosas evidencias a su favor. En los 165 años que han pasado desde que *El origen de las especies* vio la luz, los biólogos han encontrado la manera de cuantificar la evolución, han desarrollado modelos para predecirla y la han analizado en experimentos de laboratorio y de campo. Esto les ha permitido acumular enormes cantidades de pruebas que respaldan la evolución por medio de la selección natural y han concluido que se trata de algo tan real como la gravedad o el electromagnetismo. Una vez tras otra, los investigadores han sometido la teoría a comprobación y, al igual que la relatividad general de Einstein, esta ha superado con éxito todas las verificaciones. La ciencia hace avanzar el conocimiento porque el método científico se basa en la confirmación y en la repetición y estos dos elementos juntos constituyen una herramienta muy poderosa. Las hipótesis y las ideas erróneas son desechadas, mientras que las correctas disponen de un apoyo empírico creciente hasta que, como ocurrió con la gravedad y la evolución, se aceptan como hechos demostrados.

El estilo de los artículos científicos es muy adusto, puntilloso y formal y algunos revisores actúan como censores y suprimen cualquier cosa que pueda hacer sonreír al lector. Incluso en una ocasión me modificaron un manuscrito para eliminar de los agradecimientos mi mención a los colegas que habían contribuido a la investigación con su charla informal. Es cierto que intentaba hacerme el gracioso, pero lo decía de corazón, ya que las horas que había pasado debatiendo el proyecto con expertos en otros campos fueron muy útiles a la hora de identificar las partes del problema que podían ser difíciles de entender para quien no estuviera especializado en ese tema. Sea como fuere, en ocasiones algún autor consigue sortear las hordas de revisores y editores carentes de sentido del humor y colar comentarios graciosos. Uno de mis ejemplos favoritos a este respecto es un texto publicado en 1974 en la revista *Journal of Applied Behavior Analysis*. El artículo de Dennis Upper, titulado «El fracasado tratamiento aplicado a mí mismo para un caso de bloqueo de autor», consiste en poco más que una página en blanco. Una nota enviada por el revisor A afirma que:

> He analizado este manuscrito con mucho cuidado mediante zumo de limón y rayos X y no he detectado ningún defecto ni en su planteamiento ni en el estilo de su escritura. Sugiero que sea publicado sin correcciones. No cabe duda de que se trata del texto más conciso que he visto nunca, a pesar de lo cual contiene suficientes detalles como para permitir que otros investigadores repitan el fracaso del doctor Upper.

Los artículos se han convertido en moneda corriente en ciencia y el mantra de «publicar o morir» se ha generalizado a lo largo de las dos últimas décadas. El gran número de solicitudes que se presentan para algunos empleos (en ocasiones varios cientos para una sola oferta) ha llevado a muchos integrantes de juntas de valoración, siempre escasos de tiempo, a ordenar los formularios recibidos en función del número de publicaciones del solicitante, en lugar de leer los textos en sí mismos. A su vez, esto ha hecho que muchos investigadores noveles, que están al principio de su carrera y aspiran a conseguir un puesto en una facultad universitaria, se desvivan por publicar. A lo largo de los años, muchos de mis estudiantes de doctorado me han preguntado cuántos artículos debían tener a su nombre en revistas especializadas para obtener una plaza académica. Para empeorar las cosas, el gobierno del Reino Unido determina la financiación de departamentos y universidades mediante una evaluación que se basa en parte en las tasas de publicación. La población exige, con razón, que sus impuestos se gasten de manera adecuada, de modo que el ministerio necesita una forma de justificar la distribución de su presupuesto para educación superior. En este sentido, los artículos constituyen una métrica fácil de calibrar. El problema con este enfoque es que a menudo la buena ciencia requiere mucho tiempo, lo que implica que buena parte de lo que se da a la imprenta hoy en día contiene muy poca sustancia. Además, muchas de las revistas más prestigiosas en un campo dado, en las que muchos autores querrían ver sus escritos, tienden a dar prioridad a anuncios de nuevos y excitantes descubrimientos, en lugar de otros estudios que se dedican a reproducir lo ya conocido. La cultura académica prevalente, por lo menos en mi especialidad en el Reino Unido, aboca a una aplicación deficiente del método científico, en tanto que no se utiliza con todo el rigor que debiera. Sería necesario que hubiera financiación disponible para la comprobación de resultados ya conocidos y las revistas de primera línea deberían ser receptivas a los hallazgos de estos análisis. El actual énfasis en la publicación de artículos es comprensible, pero eso no quiere decir que los libros se deban pasar por alto en la evaluación gubernamental del rendimiento académico ni en el mercado laboral en el ámbito científico. No obstante, en muchas facultades de ciencia en las universidades, escribir libros es cosa del pasado.

Tengo la envidiable suerte de ser titular de un puesto permanente en una institución de enseñanza superior que no está tan obsesionada con las métricas de publicaciones como es habitual. Cada cinco años mi jefe evalúa mi desempeño y durante ese tiempo tengo que producir unos cuantos artículos realmente buenos, más que una gran cantidad de ellos con poco impacto. Por otro lado, también se me anima a participar en la divulgación de la ciencia. Esta actitud liberal me ha permitido escribir este libro y, a pesar de que mi objetivo vital desde mi experiencia con la malaria ha sido el de comprender los motivos de mi existencia, lo cierto es que solo me decidí a empezar la redacción de un texto dirigido al gran público, en el que resumo todo lo que he aprendido a lo largo de los años, cuando me mudé a Oxford en 2013. Sabía que por lo menos necesitaría doce meses ininterrumpidos para acabar el primer boceto de este proyecto, de modo que hice preparativos para que 2020 fuese ese año, ya que Sonya y yo lo podíamos pedir sabático. Sin embargo, en esa época se desató la pandemia global y hubo que retrasarlo todo doce meses. De este modo, en septiembre de 2021, Sonya y yo nos incorporamos a la Universidad de Queensland, en Brisbane, y empecé a escribir este texto.

Lo hice todo al revés. Cuando comencé la redacción de este volumen, no sabía cuál sería su destino. Mi intención inicial era escribirlo para mis hijos. No obstante, cuando enseñé el borrador de algunos capítulos a los dos menores, Luke y Georgia, me dijeron que no estaban interesados y que no lo iban a leer. Confieso que me sentí bastante desanimado. A pesar de ello, recibí críticas más positivas de mis colegas y amigos de Brisbane, quienes me dijeron que les gustaba la idea del libro y que les encantaría leerlo. De este modo, perseveré en mi empeño y al concluir el primer borrador empecé a pensar que podría ser algo digno de publicarse. Una somera investigación me permitió saber que tenía tres opciones al respecto. La primera era mandarlo a imprimir por mi cuenta, en cuyo caso también tendría que distribuir las copias y vendería como mucho decenas o cientos de ejemplares. También podía ofrecerlo a una de las editoriales universitarias, pero entonces estaría escribiendo para científicos. Ese era mi plan b. Tendría que eliminar del texto todas las anécdotas personales, las ocurrencias humorísticas y cualquier atisbo de prosa elegante, pero la editorial se encargaría de llevarlo a la imprenta y de distribuir las copias, bien que entre un público académico. La tercera opción era contactar con un agente literario que me buscase un sello de libros de divulgación científica, de modo que mi obra pudiese llegar a la población en general. Algunas personas con experiencia en estas lides me dijeron que este era un proceso arduo y que muchos investigadores fracasaban a la hora de conseguir un agente que les representara. Sin embargo, dado que había escrito el texto para mis hijos, que tenían educación superior pero no eran académicos, decidí probar suerte.

Los dos primeros representantes con los que me puse en contacto nunca me respondieron, pero la tercera sí lo hizo. Quedé con ella y firmé un contrato como autor en su agencia literaria. Yo estaba encantado. Me explicó que era poco habitual que un escritor llegara con el borrador completo del libro y que tendría que redactar una carta de presentación para enviar el volumen a las editoriales. Así lo hice y un editor que trabajaba para Penguin, Michael Joseph, se interesó por el proyecto.

Yo ya sabía lo que me esperaba a continuación, puesto que ya lo había vivido en todas las etapas de mi carrera. Pasé una noche toledana, asediado por la convicción de ser un fraude y de que nada de esto debía sucederme a mí. Tenía la certeza de que tanto mi agente como mi editor habían tomado una decisión fatídica y de que yo me había metido en camisas de once varas. Era la misma sensación que tuve cuando gané una beca para realizar estudios de doctorado, cuando conseguí empleo por primera vez en una universidad, cuando me concedieron los fondos para mi primer proyecto de investigación, cuando me ascendieron a catedrático, cuando obtuve una plaza en Oxford y cuando el claustro del departamento me votó para ser decano. Sin embargo, esta vez sabía lo que tenía que hacer. Me llevé a Woofler a dar un largo paseo y analicé la situación desde un punto de vista lógico. Mi agente y mi editor sabían lo que hacían. Ambos habían trabajado con autores de renombre y eran de lo mejor que había en su profesión. Tenían fe en mí, de modo que, aunque yo todavía tenía mis dudas, debía entregarles el mejor libro que pudiera redactar. Al fin y al cabo, se estaban desviviendo para conseguir el mismo resultado que yo: un texto de divulgación que se pudiese disfrutar. Seguir considerándome un impostor les hacía un flaco favor en este sentido. Al mismo tiempo, estaba decidido a sacarle todo el jugo a la experiencia, ya que también creo que solo se vive una vez, de modo que el proceso debía ser divertido. A este respecto, debo admitir la satisfacción que me causa dejar caer en la conversación que tengo un agente literario y un editor y ver las caras de incredulidad de mis colegas. Del mismo modo, después de que Michael dijera que mi perro iba a ser famoso, empecé a considerar que una medida de mi éxito podría ser el número de mascotas llamadas Woofler que me encontrase por ahí en el futuro. Asumo que todas ellas serán perros, porque nadie es tan tonto como para bautizar así a un gato. Por otro lado, Woofler es un nombre bastante poco imaginativo para ponerle a un perro.

Cualquiera que lea estas líneas podría considerarme un simple por llamar así a mi mascota, pero lo cierto es que soy, como lo eres tú, apabullantemente complejo. Por lo menos, lo es la química que me mantiene con vida. Antes de perdernos por los vericuetos del mundo de las publicaciones científicas, tuvimos la oportunidad de apreciar lo complicados que somos y es probable que te estés planteando cómo surgió por primera vez y de forma autónoma este manual de instrucciones para el autoensamblaje. No se sabe con certeza, pero disponemos de algunas teorías y de una cantidad creciente de evidencias al respecto. Sospecho que no pasará mucho tiempo antes de que algunos científicos produzcan seres vivos rudimentarios en el laboratorio, a partir de una mezcla de moléculas más sencillas. El truco consiste en parte en deducir cuáles debieron ser estos compuestos presentes en las primeras etapas de nuestro planeta, junto con las condiciones necesarias para que se pudieran reunir y formar los primeros organismos vivos.

Voy a asumir que la vida empezó en la Tierra y no en el espacio. Incluso aunque este no fuera el caso, se suele dar por sentado que los primeros organismos debieron aparecer en algún planeta o meteoroide y no en el vacío. Algunos investigadores defienden la hipótesis conocida como panspermia, según la cual los seres vivos habrían surgido en otros mundos antes de colonizar el nuestro. Sin embargo, esta teoría no resuelve la dificultad que suponen los momentos iniciales de este proceso y lo que hace es proporcionar un conjunto más amplio de escenarios, más allá de las condiciones prevalentes en la joven Tierra, en los que pudo haberse producido este fenómeno. Un punto débil de la propuesta es que no solo requiere una explicación de la aparición de la vida en algún rincón lejano del universo, sino también del modo en que esta se desplazó de un lugar a otro. Esta dificultad añadida, junto con el poco conocimiento disponible acerca de la química de otros mundos, hace que sean pocos los científicos que estudian estas ideas de forma activa. No les voy a dedicar aquí más espacio y asumiré que la vida surgió en la Tierra. A pesar de adoptar este punto de partida, lo cierto es que hay muchos compuestos orgánicos que se forman en otras partes de la galaxia, incluidas las nebulosas. Estas sustancias se han encontrado en meteoroides y meteoritos, al mismo tiempo que se han detectado sus trazas en otros planetas y sistemas estelares, gracias al uso de telescopios muy avanzados. No obstante, estos hallazgos se refieren solo a moléculas orgánicas y no a formas de vida capaces de replicarse. Por lo tanto, es muy posible que los organismos primigenios aparecieran en nuestro planeta, pero que lo hicieran con la ayuda de buena parte de las materias primas que emplearon las primeras células, compuestos que habrían llegado desde el espacio.

La formación de la Tierra y su consiguiente estabilización en una órbita en la zona habitable, a 150 millones de kilómetros del Sol, crearon las condiciones necesarias para la aparición de los seres vivos. Cuando pensamos en lo necesario para la vida, muy posiblemente el oxígeno ocuparía un lugar destacado en la lista, porque nosotros moriríamos sin él. No obstante, los organismos primigenios no dependían de este elemento y lo más probable es que fuese mortal para ellos. La atmósfera durante estas etapas iniciales era muy diferente del aire que respiramos en la actualidad. La colisión de Tea con nuestro planeta debió crear la primera envoltura de gas y partículas de una densidad apreciable y los científicos creen que consistía sobre todo en nitrógeno, dióxido de carbono, vapor de agua y dióxido de azufre, mientras que el oxígeno estaría ausente casi por completo. La corteza terrestre en esta época era muy caliente y la concentración atmosférica de gases de efecto invernadero debía ser muy elevada, lo que quiere decir que la superficie del planeta tardaría mucho tiempo en enfriarse lo bastante como para que el agua pudiese darse en estado líquido (el primer requisito de la vida). Hace 3.900 millones de años, el termómetro había descendido lo suficiente como para que esto fuese posible y se cree que los primeros seres vivos surgieron muy rápido a continuación. No obstante, el clima terrestre debió ser mucho más caliente cuando se produjo este acontecimiento de lo que es en la actualidad. La temperatura promedio en la Tierra en esa época habría estado muy cerca del punto de ebullición del agua, en comparación con los gélidos 13,9 grados que hay hoy en día.

Un segundo requisito básico para la aparición de la vida es la disponibilidad de moléculas basadas en el carbono. Durante la formación de la Tierra a partir de las partículas de polvo estelar, debieron estar presentes algunos compuestos orgánicos empleados en los procesos vitales. No obstante, estos debieron resultar destruidos por la enorme cantidad de energía liberada por la colisión planetaria que resultó en la formación de la Luna. Este impacto convirtió la superficie terrestre en un mar de roca fundida, que habría desmenuzado incluso las sustancias orgánicas más resistentes. Por ello, los productos necesarios para la aparición de los primeros seres vivos tuvieron que ser sintetizados en la Tierra después de este tremendo encontronazo cósmico, o bien se formaron en el espacio antes de llegar a nuestro planeta a bordo de meteoroides, asteroides y partículas de polvo que se estrellaron contra la atmósfera primigenia.

Las pruebas de la síntesis espacial de compuestos orgánicos complejos proceden del análisis de meteoritos y ninguno de ellos ha sido estudiado tanto como el que cayó a la Tierra a finales de septiembre de 1969. Su impacto fue detectado cerca de Murchison, en Victoria, Australia, y pudo ser recuperado con gran rapidez, antes de que cualquier molécula terrestre lo pudiera contaminar. El ejemplar de Murchison contenía 70 aminoácidos diferentes (la vida utiliza 20) entre las cerca de 14.000 sustancias identificadas hasta el momento. También se han investigado otros casos similares procedentes de los lagos Murray y Tagish, si bien no en tanto detalle. Aun así, en las tres rocas se han encontrado bases nitrogenadas. En 2019, incluso se descubrieron azúcares, incluida la ribosa, en varios meteoritos. Lo cierto es que estos pueden ser ricos en compuestos orgánicos y algunos científicos han estimado que el ejemplar de Murchison puede contener millones de ellos. Además, se trata de un cuerpo celeste muy antiguo, de una edad muy superior a la de la Tierra. A juzgar por la datación de partículas de carburo de silicio halladas en su interior, podría haberse formado hace unos 7.000 millones de años. Eso quiere decir que moléculas orgánicas complejas, incluidas las que utilizan los seres vivos para construir el ADN, el ARN y las proteínas, parecen sintetizarse con facilidad en el espacio y pueden llegar a nuestro planeta a bordo de granos de polvo o en meteoritos.

El fósforo es otro elemento imprescindible para la vida, ya que entra en la composición tanto del ADN como del ARN. Aunque es bastante abundante, buena parte de él habría sido inaccesible para los organismos primigenios, incorporado como estaba a rocas y minerales. Los primeros seres vivos habrían necesitado un acceso más sencillo a moléculas que contuvieran este ingrediente fundamental. Algunas de ellas pueden haber llegado a bordo de meteoritos, que aportaron agua y compuestos orgánicos a la joven Tierra, pero es posible que los rayos de las tormentas también desempeñaran un papel en su producción. La atmósfera existente en esa época debió verse azotada a menudo por descargas eléctricas y experimentos realizados en laboratorio demuestran que estas pudieron ayudar a liberar el fósforo, que habría sido inaccesible de otro modo. Así, este elemento habría estado disponible para los seres vivos en forma de sustancias llamadas fosfuros, fosfitos e hidrofosfitos. Sospecho que tanto los rayos como los meteoritos tuvieron algo que ver en este proceso. Sea como fuere, el caso es que este ingrediente crucial estaba presente en nuestro planeta, en una forma que los primeros organismos podían aprovechar.

Tus células presentan concentraciones elevadas de compuestos orgánicos complejos que contienen elementos como fósforo, carbono, oxígeno y nitrógeno. En este sentido, la química que tiene lugar en cualquier organismo vivo en la actualidad, tales como tú o como yo, una lombriz o incluso una bacteria, es muy diferente de la que ocurre fuera de ellos. Dentro de cada una de tus células se fabrican de manera continua moléculas grandes y complejas, tales como proteínas. En cambio, fuera del cuerpo, en el suelo o en la mesa, las reacciones son muy diferentes. La actividad que se produce a este respecto en un medio externo a un ser vivo es muchísimo más sencilla que la que tiene lugar en su interior y no involucra a estructuras orgánicas de gran tamaño en la misma medida.

Los científicos afirman que el medio externo inorgánico está en equilibrio. En cambio, las células se mantienen en un estado que permanece estable mientras dura la vida, pero que es muy diferente del que hay fuera del organismo. Esta diferencia se puede visualizar como una distancia, que sería mayor cuanto más grande fuese la disparidad entre la actividad celular y la que se da en el medio. En este sentido, la separación que se observa en la actualidad es mucho más amplia que la que había cuando surgieron los primeros seres vivos. Desde un punto de vista físico y químico, es imposible crear de manera instantánea una célula tan diferente de su entorno como las que hay en nuestro cuerpo, que no tienen nada que ver con las partes de nuestro planeta que no presentan la característica de estar vivas. En consecuencia, la vida primigenia debe haber surgido en el seno de un medio inorgánico rico en los compuestos que los organismos necesitaban. Estos, al ganar en eficacia con el paso del tiempo, se hicieron mejores a la hora de obtener estos recursos, lo que llevó a una diferencia todavía más pronunciada entre los procesos que ocurrían en su interior y los que se daban en el exterior. La distancia a la que aludíamos antes aumentó de manera progresiva. El siguiente reto al que nos enfrentamos a la hora de comprender cómo surgió la vida es entender la manera que los compuestos orgánicos, el agua y las moléculas de fósforo, a partir de los cuales surgieron los primeros organismos, llegaron a estar lo bastante concentrados como para que se pudiera formar una sola célula.

Hay varias hipótesis contrapuestas sobre la forma en que esto pudo suceder y los volcanes desempeñan un papel importante en al menos dos de ellas, las que la mayoría de los científicos apoya con mayor firmeza. Por un lado, hay quien cree que este fenómeno se pudo producir en fisuras volcánicas oceánicas. Por el otro, están los que privilegian los campos de fuentes hidrotermales de agua dulce, como los encontrados hoy en día en Yellowstone, Islandia y Japón. En las primeras, según la teoría, los compuestos orgánicos habrían aumentado su concentración en minúsculos orificios en rocas procedentes de las erupciones. Por el contrario, en los segundos, se cree que se formaron pequeñas lagunas adecuadas para la aparición de la vida mediante episodios cíclicos, en los que el agua de lluvia, rica en compuestos orgánicos, se acumulaba y se evaporaba, o bien mediante la acción de la Luna, que provocó unas mareas muy pronunciadas. En la actualidad, parece que ambos escenarios, entornos volcánicos submarinos o de agua dulce, pueden haber reunido las condiciones necesarias para que surgieran organismos primigenios y los científicos no han conseguido descartar ninguno de ellos. Es posible que los investigadores que estudian este campo sean capaces de concluir en el futuro que solo uno de los dos casos cumple con todos los requisitos para que pudiera darse este fenómeno, dado que cada vez se aprende más acerca de la química orgánica avanzada. Sea como fuere, independientemente del entorno en el que se produjera este suceso, el siguiente paso es el inicio de una compleja reacción que se denomina autocatalítica.

Este tipo de proceso implica una forma de replicación. Un ejemplo muy sencillo consiste en mezclar dos compuestos (llamémoslos A y B por simplicidad) en un matraz en proporciones similares. A continuación, se deja proceder la reacción y se observa solo la cantidad de la segunda sustancia que hay al final. En caso de que una molécula de B sea capaz de actuar sobre una de A y convertirla en la otra especie, se dice que B es un autocatalizador. Un catalizador a secas es un producto que hace posible un proceso químico. Al añadir el prefijo «auto» damos a entender que B hace copias de sí mismo en presencia de las materias primas adecuadas, en este caso las moléculas de A. Hemos partido de cantidades iguales de los dos compuestos y hemos acabado con el doble de uno de ellos, el segundo. Tal vez también haya algún producto secundario. La reacción puede liberar calor o requerir energía para ponerse en marcha, dependiendo de las propiedades químicas de las sustancias iniciales.

La vida es una forma muy compleja de proceso autocatalítico. Por ejemplo, se podría sustituir la variable A por una presa y la B por un depredador. Los leones devoran cebras y convierten la energía de su carne y huesos en cachorros de su misma especie. Lo seguirán haciendo así hasta que las cebras (u otros animales susceptibles de ser cazados) empiecen a escasear. No soy la primera persona que ha reparado en esta similitud: las ecuaciones empleadas en química para caracterizar un cierto tipo de reacción autocatalítica son idénticas a las que utilizamos los ecólogos para describir las interacciones entre presas y depredadores.

No sabemos cuál fue el proceso de este tipo que resultó fundamental en la aparición de la vida. Tal vez implicaba una serie de etapas cuyo resultado final eran copias de las bases nitrogenadas y de los aminoácidos, un poco como ocurre hoy en día con otras partes del código genético, pero de una manera más sencilla. Algunos científicos han afirmado que el ARN apareció antes que el ácido desoxirribonucleico y que participaba en una forma temprana de reacción autocatalítica. Esta hipótesis, conocida como el mundo de ARN, es atractiva, porque esta molécula puede codificar información del mismo modo que el ADN, pero es más reactiva y puede actuar como un catalizador de una manera mucho mejor que este, que es estable e inerte. Los argumentos en contra de esta teoría afirman que las moléculas aisladas de ácido ribonucleico son muy susceptibles de sufrir modificaciones y que los errores en su replicación habrían sido demasiado numerosos como para que la reacción autocatalítica pudiese mantenerse durante mucho tiempo. Independientemente de los detalles de este proceso primordial, lo que es seguro es que debió cumplir tres condiciones. La primera es que los productos químicos necesarios debían ser bastante abundantes en el ámbito local. La segunda, es que al menos una de estas sustancias debía poder participar bajo una variedad de formas y mutar entre ellas (la replicación no siempre sería perfecta). Por último, estas variedades debían competir entre sí y la más apta sería la ganadora.

Cualquier compuesto que haga copias de sí mismo puede proliferar con rapidez. Los procesos autocatalíticos doblan de manera repetida la cantidad de moléculas resultantes, siempre que las condiciones sean las adecuadas. Es decir, de una resultan dos, dos producen cuatro, estas ocho y así sucesivamente. Es difícil hacerse una idea de la potencia explosiva de este crecimiento exponencial, pero las consecuencias numéricas de multiplicar por dos las cifras en cada iteración vienen bien ejemplificadas en una antigua leyenda de la India.

Se cuenta que un rico rey de épocas pasadas era un hábil y entusiasta jugador de ajedrez. Nada le gustaba más que desafiar a los extraños que conocía durante sus viajes. Un día, se encontró con un sabio que había dedicado su vida a este juego. El rey le retó a una partida y para motivarle le ofreció un premio si ganaba. El anciano dijo que en caso de alzarse con la victoria no quería sino unos granos de arroz. Pidió que el monarca mandara colocar uno de ellos en una casilla en una esquina, dos en la siguiente, cuatro en la otra y así en todas ellas, de modo que su número duplicara a los que había en el recuadro anterior hasta completar los 64 que hay en el tablero. El rey aceptó y por supuesto perdió.

A la hora de pagar su apuesta, el soberano se dio cuenta enseguida de su error. Al llegar a la casilla número 21, ya había tenido que entregar más de un millón de granos. Para alcanzar la última habría necesitado más de 200.000 millones de toneladas del cereal, lo suficiente para cubrir toda la India con un manto de un metro de espesor. La fábula no explica para qué quería el sabio tanto arroz, pero demuestra la potencia del crecimiento exponencial. Apenas en diez iteraciones de una reacción autocatalítica, una molécula puede producir 512 copias de sí misma y en veinte repeticiones este número se eleva a más de un millón. Este apabullante crecimiento no puede continuar de manera indefinida, sino que cesa cuando alguna de las materias primas necesarias deja de estar disponible. En el caso que nos ocupa, algún componente químico imprescindible acabaría por agotarse.

El primer proceso de este tipo que se produjo en la Tierra y que fue precursor de la vida no reunió él mismo las condiciones para considerarlo vivo. Para ello, aún debía hacerse más complejo e involucrar membranas y otros compuestos. A su vez, para avanzar en esta dirección, era necesaria la replicación imperfecta. En efecto, la reacción no siempre daba lugar a copias idénticas de moléculas cruciales. En ocasiones, los duplicados resultantes eran versiones defectuosas de los originales. Algunos de ellos eran mejores autocatalizadores que sus predecesores: más eficaces a la hora de obtener los recursos necesarios para repetir el proceso, capaces de emplear un producto diferente o una fuente de energía novedosa, o bien eran más eficientes desde un punto de vista energético. Cada nueva versión que cumplía alguna de estas condiciones se replicaba con más velocidad que sus ancestros, menos aptos en este sentido, y ello le daba una ventaja competitiva que en última instancia llevaba a las sustancias originales a la extinción. La producción de variantes jamás antes vistas mediante replicaciones imperfectas, junto a la competencia por los recursos disponibles, constituyen los pilares básicos de la evolución. De hecho, este esquema sirve igual de bien para los autocatalizadores que para los seres vivos. También lo hace en el caso de los virus. Muchos científicos no consideran que estos estén vivos, pero son capaces de infectar células que sí lo están para hacer copias de sí mismos.

Durante la pandemia de COVID-19, todos nos familiarizamos con la replicación imperfecta, el crecimiento exponencial y la competencia por los recursos. Dejando a un lado las declaraciones de marcado tinte político de ciertos integrantes del gobierno de Estados Unidos y de algunos teóricos de la conspiración, es muy probable que el virus que causaba la enfermedad, el SARS-CoV-2, tuviera su origen en animales salvajes, con gran probabilidad en murciélagos. La primera variante que surgió en China se identificó con la letra l, que luego mutó y generó las s, v y g. Una mutación se produce cuando el código genético no se replica de manera adecuada, de modo que el genoma de la partícula vírica inicial, el virión, es diferente de la copia. La mayor parte de nosotros no hizo mucho caso a estas transformaciones, pero en septiembre de 2020 sí prestamos atención. En esa fecha, los científicos anunciaron que la variante alfa, originaria del Reino Unido, había empezado a extenderse rápidamente por todo el globo. Poco después aparecieron beta y gamma en Sudáfrica y Brasil respectivamente, pero tuvieron poco impacto. En 2021 surgió delta en la India y esta sí conquistó todo el planeta, sustituyendo a las otras. A su vez, delta fue reemplazada por ómicron.

Un virus consiste en un paquete de código genético envuelto en una cubierta de proteínas. En el caso del SARS-CoV-2, el genoma está escrito en ARN y la cápsula proteica incluye una corona que es fundamental a la hora de infectar nuestras células. Cuando un virión atraviesa la membrana de estas últimas, el ARN se sirve de la maquinaria celular para hacer copias del virus. A su vez, estas hacen duplicados de sí mismas y en el proceso la persona infectada enferma y en ocasiones muere. En el caso del SARS-CoV-2, los seres humanos nos convertimos en sus huéspedes (un recurso). Cada nueva variante surge a partir de las anteriores mediante replicaciones imperfectas. En ocasiones, se producen mutaciones del código genético viral, cuando la célula infectada no realiza copias idénticas del mismo. Algunas de estas modificaciones dieron como resultado la aparición de nuevas proteínas en la corona, la parte de la cápsula que sirve para atravesar la membrana celular, y unas cuantas de ellas tuvieron el efecto de facilitar la propagación de sus portadores. En cambio, otras los volvieron totalmente ineficaces, incapaces de atacar nuevos huéspedes. Estas variantes se extinguieron con rapidez y no sabemos nada de ellas.

Cada variante que se propagaba con éxito era sustituida por otra posterior y esta podía extenderse por todo el planeta gracias a que era mejor que la anterior a la hora de infectar a los seres humanos. Estos eran los recursos por los que competían las mutaciones. En este sentido, ómicron resultó ser la más apta de todas, en cuanto a la transmisión entre pacientes y a la producción de copias de sí misma. Esta, al igual que delta, beta y alfa antes que ella, se multiplicaba de forma exponencial. Sin embargo, lo hacía con más rapidez, ya que era más eficaz en lo que se refiere a infectar personas. Es decir, obtenía los recursos necesarios (nosotros) a mayor velocidad que sus antecesoras, menos aptas para esta competición. Los compuestos autocatalizadores de la Tierra primigenia debieron hacer algo muy similar con las sustancias que necesitaban para producir duplicados de sí mismos. Aquellos que empleaban las moléculas disponibles para su replicación a mayor velocidad desplazaron a otros menos eficaces en estas lides. De este modo, competencia y precisión iban de la mano, aunque las mutaciones ocasionales garantizaban que la versión más eficiente resultaba vencedora.

La mayor parte de la investigación en el terreno de la autocatálisis se centra en casos relativamente sencillos, que involucran solo a unos cuantos productos químicos en procesos cíclicos. No obstante, es muy probable que las reacciones que se iniciaron en el medio en el que surgió la vida fueran más complejas. Me imagino un caldo de cultivo con gran cantidad de moléculas orgánicas diferentes y de estructura muy intrincada, concentradas en un entorno marino o de agua dulce, en cuyo seno se establecieron redes de reacciones. Sobre todo, surgió un proceso autocatalítico en el que participaban un puñado de sustancias. Podemos concebirlo como un análogo de la replicación de la línea germinal en los seres vivos actuales. Por otro lado, productos secundarios resultantes de la reacción principal podrían facilitar esta última y desempeñar un papel similar al que tiene hoy en día el soma desechable. Si esta elucubración es correcta, la división entre la línea germinal y el soma puede haber sido una característica de los procesos precursores de la vida primitiva. Sin embargo, para que esta compleja red pudiera desarrollarse en torno a un núcleo autocatalítico y hacer surgir un organismo vivo, sería necesario que el conjunto estuviera encerrado en una membrana. ¿De dónde provienen estas?

Las membranas que emplean los seres vivos están hechas a partir de un tipo de moléculas denominadas lípidos, compuestas en parte por otras de menor tamaño llamadas ácidos grasos. A estas alturas, es probable que nadie se sorprenda de saber que estas sustancias se han encontrado en meteoritos, incluido el de Murchison. Al igual que otros compuestos esenciales para la vida, parece que estos no están limitados a la Tierra, sino que se pueden formar en otras partes del sistema solar.

Las moléculas de ácidos grasos son cadenas muy largas hechas a base de átomos de carbono, hidrógeno y oxígeno. En las membranas celulares, dos de ellas se unen a una tercera de un compuesto llamado glicerol y el conjunto así formado se enlaza a su vez con un fosfato. Los fosfolípidos, que es como se conocen las sustancias resultantes, tienen el aspecto de un renacuajo con dos colas. El lugar de la cabeza lo ocupa el fosfato, mientras que el resto del cuerpo corresponde a los ácidos grasos. Por otro lado, al entrar en contacto con el agua, estos compuestos forman de manera espontánea dos capas unidas entre sí, lo que se conoce como una bicapa lipídica. En esta, las cabezas se distribuyen en las caras externas, mientras que las colas se orientan hacia el interior, de modo que apuntan unas a otras. Esta disposición aparece porque los fosfolípidos no son solubles en el líquido. Además, diferentes partes de su estructura tienen cargas eléctricas de sentidos opuestos, lo que significa que interactúan con los dipolos en el agua y entre ellas mismas para formar la bicapa. Los iones de fósforo en el extremo de la cadena se ven atraídos por las partes de las moléculas de agua que tienen polaridad negativa. Por el contrario, las colas son hidrófobas, lo que quiere decir que se ven repelidas por el líquido. Estas propiedades, resultantes de la fuerza electromagnética, hacen que se formen bicapas con rapidez, siempre que se ponen fosfolípidos en contacto con el agua. Por otra parte, estos compuestos son fáciles de fabricar y construyen barreras de manera espontánea cada vez que se encuentran en las condiciones indicadas. De este modo, las bicapas lipídicas constituyen la base de las membranas celulares.

Una vez que se ha formado esta estructura, actúa como una barrera frente a iones, proteínas y otras sustancias, que no la pueden cruzar. Es decir, es como una valla que rodea un campo y mantiene encerradas a las ovejas en su interior, mientras que no permite el paso a los animales salvajes del exterior. Un reto que debieron afrontar los primeros organismos consistía en mover compuestos a través de la bicapa. Por ello, muchos investigadores abogan por membranas porosas. En la actualidad, los seres vivos resuelven esta dificultad mediante proteínas incluidas en las envolturas de las células, como en el ejemplo de las mitocondrias que se mencionó antes. La función de estas moléculas es actuar como las puertas del cercado en mi analogía de las ovejas en un prado.

La forma exacta en que las reacciones autocatalíticas fueron incorporadas al interior de las primeras células, o cómo estas se dividían, es algo que no está claro. Sea como fuere, el caso es que las moléculas necesarias para la aparición de la vida eran abundantes en la Tierra primigenia y que los procesos de este tipo tienden a multiplicarse una vez que se ponen en marcha. Las membranas se forman con facilidad, de modo que todos los componentes fundamentales de una criatura unicelular capaz de replicarse estaban disponibles. A partir de ahí, la química siguió su curso. Sin embargo, hay un aspecto que todavía no hemos tratado. ¿De dónde procedía la energía necesaria para sostener estas reacciones y cómo la empleaban los seres vivos? En este punto, la actividad volcánica adquiere un papel protagonista, ya que es un potencial motor del metabolismo al que habrían recurrido los organismos primitivos.

En la actualidad, el combustible de los procesos vitales es la energía del Sol o la contenida en moléculas muy reactivas, tales como el ácido sulfhídrico. En el caso de los animales, es el consumo de otras formas de vida a través del alimento. En este sentido, las reacciones implicadas en el metabolismo varían dependiendo de las fuentes que se utilicen, pero el resultado es siempre el mismo: la producción de moléculas de ATP. Ellas son el verdadero carburante de la vida. Se trata de una sustancia razonablemente estable y que no es explosiva, pero que puede ser obligada a liberar energía con bastante facilidad. No cabe duda de que se trata de un producto químico mucho más adecuado para alimentar las células de la línea germinal y del soma desechable que la azidoazida azida.

Los procesos vitales necesitan consumir energía, pero también la liberan en otras ocasiones. Este es el motivo por el que nuestra temperatura corporal sea superior a la del entorno. En todo caso, el esfuerzo que supone mantenerse con vida nos exige quemar energía. La luz es extremadamente abundante en la Tierra y en la vecindad de las estrellas, de modo que las cianobacterias que formaron los estromatolitos arcaicos la utilizaron como combustible de su metabolismo. No obstante, los científicos creen que los primeros seres vivos emplearon la quimiosíntesis como fuente de alimentación para sus procesos de replicación. Es decir, recurrieron a productos químicos reactivos, que se encuentran en abundancia en las fisuras volcánicas oceánicas o en tierra firme. En efecto, los volcanes generan grandes cantidades de compuestos que comparten, donan o reciben electrones con facilidad. En lugares como Yellowstone, las bacterias que viven en lagunas calientes con alto contenido de azufre emplean hidrógeno, ácido sulfhídrico y dióxido de carbono como carburante metabólico. De hecho, esta combinación de sustancias es una buena candidata para servir de alimento a las primeras células.

El uso de productos químicos reactivos por parte de organismos vivos para alimentar su metabolismo se conoce como quimiosíntesis. Las bacterias actuales utilizan una variedad de compuestos a tal fin, pero todas ellas producen azúcares a partir de moléculas que contienen carbono, tales como el dióxido de carbono o el metano. Algunos microorganismos quimiosintéticos utilizan el hidrógeno como fuente de energía de este proceso, mientras que otros prefieren el amoníaco o el ácido sulfhídrico. Sea como fuere, los seres vivos que consumen oxígeno como parte de su funcionamiento emplean un tipo diferente de metabolismo llamado ciclo de Krebs, o ciclo del ácido cítrico, que tal vez te suene del instituto. Este requiere muchas más reacciones que la mayoría de las formas de quimiosíntesis para llegar al producto final, pero sus componentes fundamentales aparecen de manera natural a partir de la combinación adecuada de sustancias químicas. Al igual que la formación de las membranas celulares, bajo las condiciones correctas se producen espontáneamente varias formas de metabolismo.

En el siguiente capítulo, conoceremos a un organismo primitivo muy antiguo llamado LUCA, del que descienden todas las criaturas vivas hoy en día en la Tierra. Aunque hace mucho que se extinguió, los científicos han intentado reconstruir su código genético y sus conclusiones parecen señalar a varios genes implicados en la quimiosíntesis del ácido sulfhídrico o de otros compuestos igual de reactivos. No sé si la primera célula utilizó ATP, pero es muy probable que LUCA lo hiciera, lo que significaría que el combustible actual de los procesos vitales fue adoptado muy pronto. Todavía no se ha encontrado ATP en meteoritos, pero sí que se han detectado adeninas y trifosfatos libres, que son sus componentes principales. Al igual que otras moléculas imprescindibles para la vida, sus elementos constituyentes pueden haberse fabricado en otras partes del sistema solar, antes de llegar a nuestro planeta. Los químicos que estudian estos fenómenos también han presentado argumentos concluyentes a favor de la importancia de las bombas celulares de protones en esa época remota, de modo que el ATP podría haberse adoptado con una rapidez sorprendente.

No se conocen con exactitud los detalles acerca de la forma y el lugar de la aparición de la vida y todavía queda mucho por descubrir a este respecto, a pesar de los grandes avances que han logrado los investigadores. Lo que sí sabemos es por qué se produjo este desarrollo: al igual que todas las reacciones, sucedió porque era la opción más económica desde el punto de vista energético. En presencia de la mezcla adecuada de productos químicos y con los aportes necesarios de energía, la vida es el resultado más probable. También tenemos una cierta idea de lo que tuvo que ocurrir para que se pudiera dar este proceso. Los científicos saben que unas reacciones autocatalíticas, alimentadas por un metabolismo basado en sustancias como el ácido sulfhídrico, se vieron encerradas en una membrana y que esto sucedió en el seno de una solución rica en compuestos orgánicos, tanto llegados del espacio como sintetizados en la propia Tierra. Estos microorganismos primigenios continuaron evolucionando mediante errores en la replicación y la química en el interior de la membrana se hizo progresivamente más compleja de lo que era en el medio exterior. También se sabe que estos primeros organismos se multiplicaron gracias al hecho de que el crecimiento exponencial de cualquier molécula es un factor muy potente. La competición hizo que la complejidad aumentase desde que apareció la primera protocélula, si bien los detalles de cada etapa se desconocen. Con el paso del tiempo, el ADN y el código genético adoptaron las formas que se emplean en la actualidad en los procesos de replicación. Ya no había marcha atrás. Existe una enorme diferencia entre la rudimentaria química realizada en los laboratorios y la de la más sencilla de las criaturas vivas. Sin embargo, disponemos de una hoja de ruta en la que figura lo que tuvo que suceder para llegar hasta el punto en que nos hallamos y sabemos que los productos necesarios estaban disponibles en la Tierra primigenia. Lo que todavía no conocemos son los detalles de estos pasos, ni la mezcla precisa de sustancias, ni cuánto pudo durar cada etapa. Por todo ello, el origen de la vida sigue envuelto en un velo de misterio, si bien este se retira de manera progresiva. Sospecho que en una o dos décadas comprenderemos mejor este fenómeno y tal vez incluso seamos capaces de replicarlo en el laboratorio.

Mi conclusión al respecto, después de leer copiosamente sobre este tema, es que se formaron lagunas ricas en aminoácidos, fosfatos, lípidos, bases nitrogenadas y otros ingredientes fundamentales para los procesos vitales, en entornos acuáticos junto a campos hidrotermales. Sin embargo, no puedo descartar que esto ocurriera en el fondo de los océanos. Las elevadas temperaturas del agua, junto con un suministro constante de compuestos generados por la actividad volcánica, dieron lugar a la formación de estructuras orgánicas perdurables y complejas, como el ADN, el ARN, los fosfolípidos, las proteínas y el ATP. Estas moléculas son grandes e intrincadas y se formaron porque eran más económicas desde el punto de vista energético, es decir, representaban el estado estable del sistema. Además, la configuración de algunas de ellas facilitaba el metabolismo y la replicación. El caso es que la vida surgió de manera autónoma y que sus capacidades autocatalíticas y su complicado funcionamiento se desarrollaron a partir de un medio rico en moléculas orgánicas, las cuales a su vez se formaron en lagunas con una alta concentración de sustancias químicas más sencillas, los elementos constituyentes de la vida, que fueron sintetizados en nuestro planeta o llegaron a él a bordo de meteoritos. El problema a la hora de comprobar esta hipótesis es que no sabemos bastante acerca del entorno en el que se produjo este proceso.

Si un grupo de científicos se dedicara en exclusiva a mezclar productos químicos al azar y a someterlos a las condiciones que se creía prevalecían en la Tierra primigenia, podrían pasar millones de años antes de que apareciera la vida en el laboratorio. Aunque es cierto que esta surgió en nuestro planeta con bastante rapidez después de su formación, esta velocidad solo es elevada en comparación con los 4.500 millones de años que tiene la Tierra. Puede que transcurrieran millones de años, o incluso cientos de millones, antes de que este acontecimiento tuviera lugar. Por suerte, los investigadores hacen mucho más que mezclar sustancias de forma aleatoria. Gracias al estudio de meteoroides y meteoritos han podido llegar a saber los constituyentes básicos que, con toda probabilidad, estaban presentes en ese momento. Las simulaciones informáticas del comportamiento de estos compuestos, hechas a partir de nuestro conocimiento de la fuerza electromagnética, desempeñan un papel cada vez más importante en la investigación en este campo. De hecho, tengo la impresión de que este problema puede ser resoluble gracias a los algoritmos más recientes de inteligencia artificial. La IA ya nos ha permitido hacer descubrimientos en lo que respecta a la manera en que las cadenas de aminoácidos se doblan para formar proteínas, una cuestión que durante mucho tiempo había sido imposible de abordar con los recursos disponibles. A su vez, estas herramientas pueden ser muy útiles para ayudarnos a entender complicadas reacciones químicas. No se me escapa la ironía encerrada en el hecho de utilizar inteligencia artificial inorgánica para ayudar a descubrir cómo surgió la vida. Sin duda, estos resultados serían dignos de titulares periodísticos en todo el globo.

Una vez que la evolución hubo dado forma al ADN y al código genético que se emplean en la actualidad en los procesos de replicación, las cosas se pusieron serias y la vida proliferó. Esta ha subsistido en la Tierra durante casi 4.000 millones de años y ha conseguido sobreponerse a todo lo que el universo ha hecho para acabar con ella, desde fulguraciones solares hasta impactos de meteoritos o temperaturas gélidas. No solo ha sobrevivido, sino que ha prosperado y en la actualidad ocupa todos los rincones de nuestro planeta, desde los fondos oceánicos más profundos a los cielos sobre las montañas más altas. La siguiente etapa en nuestro recorrido se centra en la proliferación de los seres vivos y en su desarrollo desde sus humildes orígenes, para superar algunos retos muy significativos.

6

La vida lo conquista todo

En el capítulo anterior, detallé la forma en que la competición entre moléculas autocatalíticas dio como resultado la evolución de sistemas capaces de hacer copias de sí mismos en el medio en que surgió la vida, así como los motivos por los que se produjo este desarrollo. Dudo que haya muchos lectores consternados por esta descripción. En cambio, cuando se considera la selección natural con respecto a formas de vida superiores, sobre todo en el caso de los seres humanos, no faltan quienes ponen en duda la primacía de estos factores a la hora de determinar nuestra existencia. Sin embargo, los procesos evolutivos que dieron lugar a la aparición de los primeros seres vivos son los mismos que llevaron hasta *Homo sapiens*, casi 4.000 millones de años más tarde. La evolución es tan cierta como la gravedad, el electromagnetismo y las fuerzas nucleares débil y fuerte. Sin ella, no podríamos existir. Los biólogos han logrado una comprensión de este fenómeno parecida a la que tienen los físicos acerca de las cuatro interacciones fundamentales de la naturaleza y los químicos de la atracción electromagnética. Saben el cómo y el porqué de la aparición de nuevas especies. Quienes estudian estos desarrollos, como lo hago yo, disponen de una serie de definiciones muy precisas al respecto e incluso pueden cuantificar los factores relevantes. Entendemos cómo surgen las diferencias genéticas y la manera en que funciona la selección natural sobre estas variaciones, para la creación de nuevas formas de vida. Comprendemos las vías por las que un medioambiente cambiante puede dar pie a la evolución y en algunos casos los biólogos somos capaces de predecir cómo se van a ver alteradas la flora y la fauna por la selección natural. Si aceptamos que la ciencia es una manera de descubrir el funcionamiento del universo y los motivos por los que este se comporta de una forma determinada, deberíamos hacer lo mismo con la conclusión de que los fenómenos de este tipo son tan reales como las cuatro fuerzas fundamentales de la naturaleza que se discutieron antes.

Hay dos razones principales por las que este tema puede resultar controvertido. La primera es que hay quien niega la evolución porque le parece difícil aceptar que los seres humanos provenimos de formas de vida más sencillas, tales como bacterias unicelulares o, en etapas posteriores, simios. Sin embargo, una comparativa de los genomas de especies tan diversas como los microorganismos que causan las enfermedades, los plátanos, los pepinos de mar, las lombrices, las moscas de la fruta, los perros, los gorilas y los seres humanos arrojan pruebas irrefutables de que todas las formas de vida sobre la Tierra están emparentadas entre sí. Los procesos evolutivos necesitaron miles de millones de años para dar lugar a esta asombrosa diversidad biológica. Durante ese período crearon cosas como la muerte y el sexo, unas diminutas estructuras celulares llamadas mitocondrias y cloroplastos, o miles de moléculas nunca vistas, incluidas varias formas de carbohidratos, proteínas y lípidos, junto con numerosos tipos de células y organismos pluricelulares, tales como los abedules, Woofler y tú mismo. Este capítulo trata de lo que tuvo que suceder para que las especies de animales, plantas y hongos crecieran en complejidad. Hoy en día, se estima que puede haber hasta 8,7 millones de especies vegetales y animales en la Tierra, junto con un número sin precisar de tipos de hongos y cientos de millones de clases de microorganismos unicelulares. La evolución creó muchas maneras diferentes de que la vida pudiese salir adelante. Tendremos la oportunidad de conocer algunas de ellas cuando consideremos lo que tuvo que ocurrir para que surgiesen los primeros mamíferos.

La segunda razón por la que la evolución puede ser controvertida es que se trata de un concepto complicado de entender. Hay quien puede encontrarlo más difícil de comprender que el funcionamiento de las cuatro fuerzas fundamentales. La dificultad estriba en que hay varios desarrollos sucediendo al mismo tiempo. Por sí mismos, cada uno de ellos es fácil de asimilar, pero combinados pueden resultar más complejos. Intentaré presentar resúmenes comprensibles de todos ellos.

Todos los organismos necesitan recursos como alimento, agua y refugio. Además, las especies que se reproducen mediante el sexo, como los seres humanos, necesitan encontrar una pareja. No obstante, hay muchos factores en el entorno que pueden dificultar estas tareas, como depredadores, enfermedades o grandes números de competidores. Los mejores individuos a la hora de hallar, adquirir y emplear esos recursos, al mismo tiempo que evitan las amenazas que les impone el medio, tienden a tener una serie de atributos característicos, tales como la capacidad de evitar ser devorados o de presentar una respuesta inmune ante una infección. Estas habilidades vienen determinadas, por lo menos en parte, por el material genético, el código del ADN. Los ejemplares de una especie que consiguen realizar con éxito esas tareas suelen producir cantidades mayores de descendencia. Esto quiere decir que hay más miembros de la próxima generación con sus genes que los de aquellos progenitores carentes de dichos atributos. A su vez, es probable que este material genético dote a sus descendientes de las mismas características deseables que le permitieron tener éxito. La evolución avanza al mismo tiempo que aumenta en la población la frecuencia de los genes que otorgan estas ventajas competitivas. En períodos cortos, de unos cuantos ciclos reproductivos, esta actuación es muy lenta y no se observan cambios drásticos. En cambio, a lo largo de varios cientos, miles o incluso millones de generaciones, las poblaciones pueden divergir genéticamente de manera significativa, hasta el punto de que pueden llegar a surgir especies nuevas. En conclusión, la evolución es un proceso impulsado por la selección de los individuos que son mejores a la hora de sobrevivir y reproducirse. En el plazo de unas pocas generaciones, las variaciones en este sentido se cuantifican habitualmente mediante la observación de los cambios en la población con el paso del tiempo o a través de la comparación de diferencias genéticas entre grupos aislados de la misma especie. En escalas temporales más amplias, la evolución se mide mediante las disparidades que se puedan encontrar en el material genético de individuos de especies diferentes. Lo cierto es que hay muchas comparaciones posibles.

Cuando mis hijos eran pequeños, les pregunté cuáles eran sus seres vivos favoritos. Nombraron algunos, como el león, el delfín o el perro. Sin embargo, no conseguí convencerles del atractivo de *Candidatus Prometheoarchaeum syntrophicum* cepa MK-D1, un microorganismo unicelular que reside en las profundidades del océano. Este nace como un punto informe y crece mediante el desarrollo de unas protuberancias parecidas a tentáculos. Estas delgadísimas estructuras le sirven para buscar bacterias que se alimentan de moléculas de hidrógeno. Una vez que las ha encontrado, absorbe sus productos de desecho y estos le proporcionan la energía necesaria para hacer funcionar su metabolismo. En este sentido, MK-D1 vive de los desperdicios de una especie bacteriana que no utiliza el oxígeno, un gas que solemos considerar imprescindible para los procesos vitales.

No cabe duda de que se trata de un ser vivo con el que muy poca gente está familiarizada. Los biólogos clasifican todas las formas de vida sobre la Tierra en tres dominios: bacterias, arqueas y eucariotas o eucariontes. Los dos primeros constan de organismos unicelulares relativamente simples. En cambio, las criaturas en el último grupo cuentan con células más complejas, separadas en partes por membranas internas. Algunas especies en esta categoría son unicelulares, como las levaduras, pero otras son pluricelulares, tales como las algas, los hongos, los árboles y los animales. A su vez, estas tres grandes agrupaciones se pueden subdividir en muchos niveles, lo que da lugar a una organización jerárquica. De este modo, se obtienen los reinos, filos o divisiones, clases, órdenes, familias, géneros y especies, hasta abarcar todos los seres vivos. Una regla mnemotécnica para no olvidar este sistema es la frase «el **R**ey es un **F**ilósofo de mucha **C**lase que **O**rdena para su **F**amilia **G**éneros de la mejor **E**specie», en la que solo falta la **D** para representar el dominio. Así, la taxonomía completa de *Homo sapiens*, que es como se nos denomina en esta clasificación, corresponde al género *Homo*, familia homínidos, orden primates, clase mamíferos, filo cordados, reino animal y, por último, dominio de las eucariotas. Por el contrario, la especie microbiana denominada *Escherichia coli*, responsable de algunas enfermedades, tiene la siguiente nomenclatura: género *Escherichia*, familia enterobacterias, orden *Enterobacterales*, clase *Gammaproteobacteria*, filo *Pseudomonadota* y dominio bacterias. Me ahorraré la retahíla completa de MK-D1 y no diré sino que forma parte de las arqueas, un conjunto de organismos unicelulares que anteriormente se agrupaban con las bacterias. Sin embargo, más recientemente esto ha demostrado ser incorrecto, ya que los integrantes de este dominio se encuentran emparentados de forma más estrecha con los animales, las plantas y los hongos.

Los miembros de un mismo género son parientes muy cercanos y lo normal es que tengan algún antepasado común en los últimos millones de años. Los seres humanos y los chimpancés no compartimos clasificación a este nivel, pero deberíamos hacerlo, ya que tenemos un antecesor conjunto, que debió vivir hace unos 6 o 10 millones de años. Conforme se progresa en este sistema taxonómico y se pasa por la familia, el orden, la clase, el filo, el reino y el dominio se puede comprobar que las especies que integran estas divisiones guardan un parentesco cada vez más lejano entre sí. MK-D1 y los seres humanos estamos en dominios diferentes y nuestro ancestro compartido se remonta a los 3.000 millones de años.

La razón por la que me gusta en particular este microorganismo no es solo porque lleve una vida muy poco corriente, sino porque lo hace de forma muy pausada. Sus células tardan hasta un mes en crecer y dividirse. Se puede pensar que esto no es demasiado tiempo, pero en el ámbito de los seres unicelulares es una eternidad. Por ejemplo, la *E. coli* se multiplica cada veinte minutos. Es decir, en el plazo en que un individuo de MK-D1 produce otro, esta bacteria, suponiendo que tuviese un acceso ilimitado al alimento, generaría una colonia de dos elevado a 2.190 ejemplares, una cantidad tan astronómica que mi ordenador se niega a procesarla y responde que es infinita cuando le pido que lo haga. He aquí otro ejemplo de la potencia del crecimiento exponencial.

Por otro lado, MK-D1 es mucho más interesante desde un punto de vista biológico que un león, un delfín o un perro. Para empezar, tiene genes que, hasta su descubrimiento, se pensaba que solo estaban presentes en los eucariontes. Este hecho llevó a los científicos a plantearse que esta pequeña criatura podía arrojar luz sobre la evolución de las complejas células características de ese dominio, al que pertenecemos tú y yo, a partir de las arqueas, que son mucho más sencillas. Como ejemplo de esta complejidad, baste decir que los organismos unicelulares eucariotas son capaces de realizar un proceso llamado endocitosis, que está fuera del alcance de las bacterias. Se trata del mecanismo que utilizan estas especies para rodear objetos pequeños, tales como partículas, virus y en ocasiones células de menor tamaño, y hacerlos pasar a través de la membrana. De este modo, contribuye a la introducción de nutrientes en su interior. Para conseguir esto, la bicapa lipídica se curva y forma una vesícula en torno al cuerpo que ingerir, antes de separar esta envoltura del resto de la barrera y crear una esfera en el fluido intracelular que contiene al objeto en cuestión. Es el equivalente a este nivel de tragar un pedazo de alimento. MK-D1 produce una proteína llamada actina que es necesaria en la endocitosis y que se puede encontrar en todas las eucariotas, pero no en las bacterias. De este modo, esta arquea aporta pistas acerca del ancestro común entre los dos dominios capaces de fabricar esta molécula, al proporcionar una serie de evidencias respecto al momento en el que los organismos vivos dieron un salto importante en lo que a complejidad se refiere. Los biólogos también creen que podría ayudarnos a entender la evolución de este mecanismo. No obstante, llegar a estos descubrimientos no fue nada fácil, ya que es muy complicado mantener vivo a MK-D1 en cultivos fuera de su hábitat submarino. Solo en los últimos años, un grupo de investigadores de Japón ha tenido éxito en esta tarea. En comparación, los leones, los perros y los delfines son mucho más fáciles de cuidar en cautividad, pero no podrían existir si esta diminuta arquea no hubiera desarrollado los genes para la producción de actina, un componente fundamental de todas las formas complejas de vida.

MK-D1, *E. coli* y nosotros empleamos el mismo código genético. Siempre se utilizan veinte aminoácidos para construir las proteínas y estos vienen codificados por tripletes de bases nitrogenadas idénticos en todos los casos. Así, la serie timina-timina-timina representa a la fenilalanina, no solo en los ejemplos anteriormente señalados, sino en todas las formas de vida en la Tierra. Es decir, la codificación empleada es universal para los seres vivos de nuestro planeta. No obstante, aunque todas las especies emplean las mismas combinaciones en este sentido, sus secuencias son diferentes, lo que les permite fabricar proteínas distintas. Los biólogos pueden comparar este material genético y determinar las similitudes que hay entre dos ramas del árbol de la vida, de manera que pueden estimar su parentesco. Dado que los seres humanos y los chimpancés tuvimos un ancestro común hace tan solo unos pocos millones de años, nuestras semejanzas en este aspecto son mucho mayores que las que pueda haber entre personas y MK-D1.

A pesar de esta ubicuidad del código genético, los organismos primigenios no lo empleaban. Sin embargo, no transcurrió mucho tiempo antes de su adopción generalizada. Es difícil saber con exactitud lo que ocurrió hace 4.000 millones de años y en qué momento preciso se produjo cada acontecimiento. No obstante, es probable que el material genético que los seres vivos utilizan en la actualidad estuviese disponible apenas unos cientos de millones de años, o tal vez incluso decenas, después de la aparición de la vida en la Tierra. No sabemos exactamente cuánto hace que se produjo este acontecimiento, pero sí el nombre del primer organismo que empleó este material: LUCA, que son las siglas en inglés de Último Antepasado Común Universal, un término que los científicos usan desde la década de 1990. Tú, yo, los árboles en el parque, los pájaros que anidan en sus copas, las bacterias que residen en los intestinos de las aves, los parásitos invertebrados que se esconden entre sus plumas y los hongos microscópicos que causan sus enfermedades, todos descendemos de LUCA. Hay una línea directa que va de este organismo primigenio a MK-D1, a *E. coli* y a ti. Puede que haya quien se sienta afortunado de tener un linaje tan antiguo, pero lo cierto es que lo comparte con todas las criaturas vivas en nuestro planeta en la actualidad, ya sean cucarachas, perros o personas. En efecto, la descendencia de este antepasado común es muy diversa y numerosa. En este capítulo, voy a considerar la manera en que evolucionaron los animales superiores, como los seres humanos, y las razones por las que lo hicieron. ¿Por qué somos tan diferentes de los perros, de la *E. coli* y del MK-D1? ¿Qué tuvo que ocurrir, en los cerca de 4.000 millones de años que han transcurrido desde que apareció el código genético, para que surgieran nuestros manuales de autoensamblaje? La evolución es el proceso que ha dado forma a la vida en la Tierra y para comprenderla es necesario centrar nuestra atención en el funcionamiento del ADN, en los rasgos fenotípicos y en las selecciones natural y sexual. Todos estos términos se definirán en las páginas siguientes.

El árbol de la vida empieza con LUCA y detalla la aparición de nuevas ramas a partir de otras existentes con anterioridad. No está completo y presenta muchos huecos, sobre todo cuanto más atrás en el tiempo nos remontemos. Esto es así porque los organismos de estas épocas tan remotas ya se han extinguido y en muchos casos no se han encontrado registros fósiles que permitan su caracterización. No obstante, incluso a partir de esta descripción incompleta, resulta evidente que las diferentes especies extintas tuvieron destinos muy diferentes. Algunas inauguraron múltiples linajes que siguen vivos en la actualidad, mientras que otras no lo hicieron. Por ejemplo, *Anchiornis huxleyi* fue uno de los primeros dinosaurios con aspecto de ave y apareció hace unos 160 millones de años. Hace mucho tiempo que se extinguió. Sin embargo, se cree que los cerca de 10.000 tipos de pájaro que existen hoy en día provienen todos de esta pequeña criatura. Al otro lado del espectro encontramos a *Tyrannosaurus rex*, del que no desciende ningún ser vivo actual, ya que su linaje concluyó con el impacto del meteorito que acabó con la era cretácica, hace 66 millones de años.

Compartimos con chimpancés y bonobos casi toda la línea evolutiva que hay entre LUCA y nosotros, así como gran parte de las secuencias genéticas respectivas. En efecto, el ancestro común de nuestra especie y de estos dos grandes simios habitó la Tierra hace entre 6 y 10 millones de años. Si aceptamos la estimación según la cual han transcurrido 3.900 millones de años desde la existencia de LUCA, entonces los seres humanos, los chimpancés y los bonobos hemos compartido linaje el 99,8 % del tiempo que los seres vivos han tenido un código genético. Es más, durante el 90 % de todo este período, las personas y los peces hemos seguido idénticos senderos, mientras que nuestra línea ha sido la misma que la de los plátanos, el arroz y los tulipanes un 75 % de ese intervalo. Durante el primer 15 o 20 % incluso lo hicimos con las bacterias, como la *E. coli.* Cuanto más atrás en el tiempo haya que remontarse para encontrar un antepasado común con otra especie, menor es el porcentaje de material genético compartido. Por consiguiente, nuestro ADN es más parecido al de los peces que al de las plantas. Lo que pone al descubierto el árbol de la vida es que los organismos se han diversificado y proliferado desde épocas remotas. En este sentido, no solo descendemos de los simios, sino también de los peces, de criaturas marinas parecidas a medusas, de arqueas como MK-D1 y de las bacterias.

El árbol de la vida que han trazado los biólogos es notable en muchos aspectos. Puedo pasarme horas mirándolo y buscando especies cuya existencia ni siquiera sospechaba. En muchos casos, son criaturas que nadie ha estudiado. Al progresar en el tiempo a partir de LUCA, encontramos primero a las bacterias, de las que surge una nueva bifurcación, correspondiente a las arqueas. Estas se dividen a su vez para inaugurar el dominio de los eucariontes. A continuación, se produce una cantidad innumerable de particiones, en las que encontramos las levaduras, las plantas y los animales, hasta que en última instancia aparece *Homo sapiens*, al final de una de las ramas. Junto a nosotros, en los extremos de sus líneas correspondientes, hallamos a los chimpancés y a los bonobos.

Parece poco probable que los biólogos hallen un nuevo dominio, de modo que no espero que estos grupos principales sufran modificaciones importantes. Sin embargo, continuamente se identifican especies, tanto extintas como existentes, en estas tres divisiones troncales y es de prever que este proceso no cese mientras se cataloga la sorprendente diversidad de los seres vivos. A pesar de que el árbol de la vida sigue sin estar completo al momento de escribir estas líneas, ya cuenta con más de 2,2 millones de especies, la mayoría de las cuales son unicelulares. No sabemos con certeza cuántas quedan todavía por descubrir, pero podemos tener la seguridad de que encajarán en alguna parte en este sistema.

Las secuencias genéticas no son lo único que distingue a los diferentes tipos de criaturas vivas en la actualidad, sino que sus habilidades son muy diversas. MK-D1 es capaz de alimentarse de los productos de desecho de bacterias que devoran hidrógeno. En cambio, yo no. Por el contrario, puedo correr cerca de kilómetro y medio, mientras que este microorganismo submarino no. La forma de mi cuerpo no se parece en nada a la de Woofler o a la del pájaro que canta en el abedul que hay frente a la casa. Nuestras estructuras corporales definen en buena medida lo que somos capaces de hacer. Yo puedo conversar, trepar a los árboles y pelar plátanos. Woofler caza palomas y ardillas de manera muy eficaz, a pesar de todos mis intentos por detenerlo, y acaba con ellas de maneras que a mí me están vedadas. En cambio, ni él ni yo podemos libar el néctar de las flores, ni migrar anualmente 4.500 kilómetros, de Alaska a México y vuelta. Sin embargo, el colibrí rufo, de apenas 3,5 gramos de peso, logra esta proeza en cada uno de los tres a cinco años que dura su existencia. Cada especie es diferente y está adaptada a su estilo de vida particular.

Woofler es eficaz a la hora de capturar presas pequeñas, yo de pelar plátanos y mantener conversaciones y el colibrí rufo de recorrer el continente norteamericano de punta a punta. Esto es así porque tenemos una serie de peculiaridades que nos permiten hacer estas cosas. Yo tengo manos con pulgares oponibles, laringe y un gran cerebro. Woofler está dotado de dientes afilados, buena vista e instinto cazador. Por su parte, el colibrí rufo tiene un largo pico, que le permite alimentarse del nutritivo néctar que se esconde en el interior de las flores, y alas, para volar y migrar. Cada especie disfruta de unas características que le permiten realizar tareas concretas, destinadas a conseguir comida, sobrevivir y reproducirse. Los biólogos denominan rasgos fenotípicos a estas particularidades y los definen como los atributos que se pueden medir en un organismo. Esta categoría abarca desde las moléculas que producen algunos individuos hasta su peso corporal o ciertos aspectos de su personalidad.

El caso es que estos rasgos varían mucho de una especie a otra. Las diferencias en este sentido son las responsables de que el aspecto de los perros no tenga nada que ver con el de los seres humanos. A su vez, distintos ejemplares de un mismo organismo pueden presentar variaciones en los valores de un rasgo fenotípico concreto. Por ejemplo, unas personas son más altas que otras, o más tímidas, o el color de sus ojos es diferente. Estas disimilitudes, tanto grupales como individuales, son el resultado de disparidades genéticas. Si nuestros tipos de sangre no son los mismos, ello se debe a que hay varios alelos en uno o más de nuestros genes que no son idénticos. Cuando las desigualdades individuales dan como resultado una alteración en las probabilidades que tiene ese ejemplar en particular de sobrevivir y reproducirse, debido a variaciones en su habilidad a la hora de encontrar, adquirir y utilizar recursos, tales como la comida, se produce una selección natural o sexual. Esta puede dar lugar a modificaciones en la frecuencia de alelos concretos en sucesivas generaciones. La evolución no es otra cosa que estos cambios en el material genético a lo largo de varias generaciones.

La secuencia genética de un individuo de una forma de vida cualquiera contiene el código para fabricar las proteínas que dirigen su desarrollo al crecer y especifican los rasgos fenotípicos que expresa. Estos son importantes porque condicionan lo que un organismo de una especie concreta puede hacer. A su vez, ellos mismos están determinados por el ADN del ejemplar. La investigación de estas cuestiones ha sido el tema central de buena parte de mi carrera postdoctoral. Dado que mis estudios previos en el Imperial College de Londres habían girado en torno al impacto de ciertas especies animales en la distribución de árboles, al consumir y dispersar sus semillas y plantones, puede parecer sorprendente este cambio y que empezara a investigar la evolución y los rasgos fenotípicos al hacerme mayor. No obstante, me alegro de haberlo hecho, aunque no es algo que tuviera planeado de antemano.

Taxonomía de Woofler

DOMINIO	*Eukarya*
REINO	*Animalia*
FILO	*Chordata*
CLASE	*Mammalia*
ORDEN	*Carnivora*
FAMILIA	*Canidae*
GÉNERO	*Canis*
ESPECIE	*Canis familiaris*

Al acercarme al final de mi doctorado, me di cuenta de repente de que debía conseguir un trabajo y empecé a plantearme los pasos que iba a dar a continuación. Sabía que me encantaba la ciencia y que quería comprender los motivos de mi existencia, pero no tenía ninguna seguridad de cuál era la mejor manera de lograrlo. ¿Acaso debía empezar una carrera académica y especializarme en una parte pequeña del problema, al mismo tiempo que leía sobre otros aspectos relevantes? ¿O era mejor buscarme un empleo diferente que me permitiera la flexibilidad necesaria para hacer todas las lecturas que pretendía? No lo sabía en realidad. El primer puesto que solicité era una posición postdoctoral en el Instituto de Zoología, la rama del zoológico de Londres dedicada a la investigación. Este tipo de colocaciones son el paso inicial en una carrera académica, después de acabar con éxito el doctorado. Es habitual que en ellas se firmen contratos de entre uno y cinco años de duración y que las tareas que realizar se refieran a un reto científico en concreto que se intenta resolver. Lo normal es que sea un miembro del departamento correspondiente en una universidad quien publique la vacante, tras conseguir la financiación necesaria a través de una beca ministerial o de una fundación, después de un competitivo proceso de evaluación. Al mismo tiempo, presenté solicitudes para ser el hombre del tiempo en la BBC y para el programa prioritario de acceso a la administración pública, en el que se forma a doctorandos para trabajar como asesores científicos en departamentos gubernamentales. La información detallada del primer empleo me hizo darme cuenta de que tenía que estar más interesado en el clima de lo que estaba en realidad, mientras que el proceso de solicitud en el segundo era tan largo y tedioso que nunca conseguí reunir la motivación suficiente como para empezar a rellenar los formularios. De modo que en realidad el único puesto al que me presenté fue el postdoctorado en el Instituto de Zoología. La entrevista fue un desastre, así que me vi gratamente sorprendido cuando me ofrecieron la vacante.

Dos de mis compañeras de piso, Ana y Jane, se enteraron de que tenía una entrevista de trabajo e insistieron en llevarme de compras para conseguir un traje nuevo. Era una propuesta razonable, ya que mi ropa había encogido y ya no me quedaba bien. En esa época, no prestaba mucha atención a las tareas domésticas, de modo que a la hora de hacer la colada me limitaba a poner la lavadora en el primer programa que aparecía en el dial. Resultó que este era particularmente largo y caliente. Solo me di cuenta de mi error cuando Ana preguntó quién había lavado su ropa, porque había encogido. De repente comprendí por qué mis prendas me quedaban tan ajustadas. Bajo la mirada atenta de Ana y Jane me compré un traje elegante, una camisa y una corbata y de esta guisa me dirigí a mi entrevista a la mañana siguiente. Tenía que ir de Sunningdale, en Berkshire, en la periferia oeste de Londres, hasta el norte de la ciudad en plena hora punta, lo que significaba que tenía que ir de pie en el tren casi todo el trayecto. Al llegar a una parada en Twickenham, otro pasajero que se encontraba junto a mí derramó su café sobre mi camisa y mi corbata nuevas. ¡Bonita forma de empezar el día! Poco después, me di cuenta de que no había salido con tiempo suficiente, ya que un retraso inesperado en el metro me obligó a correr el kilómetro y medio que había entre la estación de Camden y el Instituto de Zoología. Para colmo de males, era una de las mañanas más calurosas del verano. Llegué empapado en sudor, con manchas de café y un olor que era un cruce entre un Starbucks y un gimnasio.

Me entrevistaron Steve Albon y Josephine Pemberton, que tuvieron la amabilidad de concederme unos minutos para recuperar el aliento antes de empezar. No obstante, estaba rojo por el esfuerzo y no dejaba de sudar de manera abundante, hasta el punto en que uno de ellos me ofreció una toalla para secar las gotas de mi frente cuando apenas había respondido al primer par de preguntas. A pesar de ello, debo haberles impresionado, porque al día siguiente me ofrecieron el empleo. Había conseguido un puesto de tres años en el Instituto de Zoología para estudiar la genética y la ecología de los ciervos de la isla de Rum, en las Hébridas Interiores, y de una raza de ovejas que vivían en estado salvaje en Hirta, en el archipiélago de San Kilda, uno de los lugares más remotos de Gran Bretaña. Entonces no podía saberlo, pero mis investigaciones en estos dos sistemas se prolongaron durante los siguientes 18 años. En este tiempo, me hice amigo de Steve y Josephine, al igual que de muchas otras personas que colaboraron con el proyecto. Solo abandoné este trabajo cuando diferencias científicas sobre el enfoque que debíamos adoptar pusieron en jaque estas relaciones personales. Me complace decir que todos mantuvimos la amistad y que mi decisión de dedicarme a investigar otros sistemas demostró ser la correcta. Desde entonces, he trabajado en proyectos entre los que se incluyen los lobos de Yellowstone, unos peces llamados guppy o pez millón que habitan en los riachuelos de Trinidad y una pequeña especie de pájaro verde que se encuentra en unas islas frente a la costa australiana y que se conoce con el nombre de anteojitos dorsigrís, ave a la que mi esposa Sonya ha dedicado más de 25 años de esfuerzos.

Todo el tiempo que pasé dedicado a la investigación de los ciervos de Rum y de las ovejas de Hirta me sirvió para ganar una considerable habilidad a la hora de manejar datos del método conocido como marcar y recuperar, algo que todavía conservo. Para obtener la información, se capturan individuos que vivan en libertad, a menudo poco después de su nacimiento, sin causales daño y se les coloca algún distintivo exclusivo. En el caso de las ovejas, era una etiqueta numerada prendida en la oreja. En cambio, con los ciervos se usaba un collar flexible con un patrón individualizado, con los lobos un indicador de radiofrecuencia que enviaba una señal única a ese ejemplar y que nos permitía saber dónde se encontraba y con los peces se empleaba un pequeño tatuaje. Una vez marcados, los animales son puestos en libertad en la misma ubicación en que se les ha encontrado. Posteriormente, siempre que son vistos e identificados de nuevo se anota su localización. En el momento de la captura inicial también se recogen datos adicionales, entre los que se incluyen análisis de sangre, que permiten trazar árboles genealógicos para cada individuo, y los rasgos fenotípicos referidos a atributos tales como el tamaño del cuerpo, la posición en la jerarquía social, evidencias de parásitos, el estado de su dentadura y otros. Esta información, más la obtenida mediante el método antes indicado, permite analizar cuestiones tan variadas como los efectos del cambio climático en las poblaciones de fauna salvaje, o la manera y el motivo de la evolución de las características que presenta la especie.

Enseguida me di cuenta de que la razón por la que me pareció tan satisfactoria mi decisión de trabajar con peces tropicales, lobos y aves australianas era que mi conocimiento del mundo natural se había visto sesgado de manera importante por el comportamiento de ciervos y ovejas. Al empezar a colaborar con expertos que habían dedicado toda su vida a elaborar estudios increíblemente valiosos y basados en ejemplares individuales de otras especies, pude apreciar que cada animal es en verdad único, no solo por su código genético, sino también por la manera en que vive. De haberme limitado a mis proyectos en Rum y Hirta, nunca habría comprendido el funcionamiento de la naturaleza con tanto detalle como lo hago en la actualidad. Mis investigaciones anteriores tuvieron un valor incalculable en mis años formativos y siempre estaré agradecido por la oportunidad de pasar tanto tiempo trabajando en estos sistemas. Sin embargo, fueron los peces, los lobos y los pajarillos los que me ayudaron a desarrollarme. Las horas que pasé conversando con mis colegas en el Parque Nacional de Yellowstone y con Sonya en paseos que dimos con Woofler por los alrededores de Oxford o en Australia me ayudaron a liberarme de mi limitado punto de vista basado en los herbívoros.

Lo que empecé a percibir al trabajar con cada una de estas especies, tan diferentes entre sí, es que los individuos de las poblaciones respectivas fallecían por causas muy diversas y que estos motivos eran relevantes. Los lobos solían morir en peleas con otros miembros de la manada o a raíz de enfermedades. En cambio, los guppys que nadaban junto a otros peces depredadores de mayor tamaño acababan de manera inevitable en sus fauces, mientras que aquellos que vivían más alejados morían de hambre por falta de alimento. Por su parte, los pajarillos de Sonya perecían a menudo durante tormentas invernales o por brotes de plagas y de vez en cuando por enfrentamientos con otras aves o por causas desconocidas, al llegar a una edad avanzada. Igual de importantes eran las razones por las que algunos ejemplares no llegaban a reproducirse. En algunos casos, esto se debía a que no habían acumulado bastante grasa como para producir descendencia, pero también podía ser porque no habían encontrado pareja o territorio de cría, o porque los individuos dominantes de la manada acababan con las camadas de los que ocupaban posiciones subalternas en la jerarquía, como ocurre entre los lobos. Dentro de cada población, las causas predominantes de muerte e incapacidad de procrear tienden a favorecer los rasgos fenotípicos que reducen estos riesgos. Al entender los motivos de estos fenómenos y la forma en que se ven afectados por las diferentes características individuales, podía extraer conclusiones generales para otros sistemas de estudio muy variados, con solo unir su evolución y su ecología. Con respecto a la selección natural, no hay más que comprender la manera en que los diferentes rasgos fenotípicos ayudan a los individuos a evitar las cosas que pueden acabar con ellos, mientras que la selección sexual se refiere a otros atributos que aumentan las oportunidades de tener descendencia. Los ejemplares de una especie con secuencias de ADN (genes) que codifican el desarrollo de estas características dejan tras de sí una progenie más numerosa. A su vez, esto quiere decir que hay más copias del material genético que produce estas cualidades ventajosas, por lo que su frecuencia aumenta de una generación a la siguiente. Este proceso determina una evolución que no ha cesado de producirse desde que aparecieron los primeros organismos.

A lo largo de los 3.900 millones de años que median entre LUCA y nosotros, nuestros ancestros se han enfrentado a innumerables causas de muerte y a incontables obstáculos a su reproducción que les habrían impedido legar sus genes a la siguiente generación. Sin embargo, cada uno de estos antepasados vivió lo suficiente como para tener descendencia, hasta que en última instancia aparecieron los seres humanos por efecto de la evolución. Lo mismo es cierto de todas las criaturas de todos los tipos vivas en la actualidad. Para lograr esta monumental tarea, nuestros antecesores tuvieron que afrontar y superar numerosos retos. A este fin, los procesos evolutivos generaron un montón de soluciones muy ingeniosas que reducían al mínimo la miríada de riesgos que enfrentaban los seres vivos que nos precedieron. Conforme crecía y se diversificaba el árbol de la vida, la evolución moldeó una cantidad interminable de rasgos fenotípicos nuevos, que ayudaban a los individuos de cada especie a superar las causas de fallecimiento e incapacidad reproductiva que se interpusieran en su camino. Las características así producidas quedaban codificadas en el ADN, que es el ácido más importante en los organismos vivos. Su estudio ha ayudado a los biólogos a reconstruir no solo el árbol de la vida, sino buena parte de su pasado.

Hay muchos genes en los que los dos alelos son idénticos en todos los miembros de una población. Sin embargo, en otros no es ese el caso. Por ejemplo, los que controlan el desarrollo de nuestros dos brazos y nuestras dos piernas son siempre iguales en todos los seres humanos, pero los que determinan el color del pelo pueden ser distintos. Los genes que tienen más de un tipo de alelo son los que nos hacen diferentes. De este modo, cuanto más cercano sea el parentesco entre dos personas, más similitudes habrá entre sus genomas.

Por el contrario, cuanto más distantes se encuentren dos organismos en el árbol de la vida, mayores serán las disparidades en su material genético. El paso del tiempo ha hecho que este último diverja desde un ancestro común compartido. No obstante, no todas sus partes se diferencian al mismo ritmo al remontarnos en la línea evolutiva hacia LUCA. Lo cierto es que algunos genes han cambiado muy poco. Por ejemplo, los asociados con la conversión del código del ADN en proteínas se conservan en gran medida y apenas se han modificado en los últimos 4.000 millones de años. En cambio, otras diferencias pueden ser sustanciales incluso entre especies muy cercanas. Por ejemplo, la heterocromatina es un gen importante a la hora de poner fin a la expresión de otras partes del material genético y varía mucho incluso entre tipos de moscas de la fruta muy cercanos entre sí.

El caso es que surgieron nuevos alelos, nuevos genes y nuevas proteínas a raíz de mutaciones en el genoma. Estas variaciones se producen porque se cometen imperfecciones en la replicación de cadenas de ADN durante la división celular. En este sentido, son errores de copiado. Este es el mecanismo por el que el virus SARS-Cov-2 produjo variantes nunca vistas.

Además, las mutaciones ocurren de manera aleatoria y muchas repercuten en la forma en que se desarrolla un organismo. Estos efectos pueden ser leves y dar lugar a problemas como mi visión limitada, debida a que mi retina no se formó adecuadamente. En cambio, en otras ocasiones sus consecuencias pueden ser mucho más devastadoras y causar ceguera, sordera, envejecimiento prematuro, muerte súbita, dolor crónico, síndrome de Down y algunos tipos de desórdenes de la personalidad. Por consiguiente, las mutaciones deletéreas impiden que el desarrollo se complete como debería. No obstante, una pequeña proporción de ellas tiene resultados ventajosos. Conducen a la expresión de rasgos fenotípicos que permiten a los individuos ser mejores a la hora de evitar la muerte o la incapacidad reproductiva. Son estas modificaciones beneficiosas las que han hecho posible que los seres vivos prosperaran, que aumentara la complejidad de algunas ramas del árbol de la vida y que los organismos conquistaran todos los rincones del planeta. Sin ellas, nunca habrían evolucionado otras especies a partir de LUCA. No obstante, el coste de estos avances son las mutaciones deletéreas. Son las innumerables muertes prematuras, el sufrimiento y el fracaso a la hora de salir adelante de una prodigiosa cantidad de seres vivos, dotados de manuales de autoensamblaje defectuosos, que no les permitieron dejar descendencia. Las modificaciones del código genético y la selección son los motores que hacen funcionar la evolución, pero dado que se pueden producir alteraciones en cualquier parte del genoma, hay individuos que pierden esta lotería vital, mientras que unos pocos la ganan.

El tipo de mutación más sencillo que hay es el puntual, que se produce cuando una base nitrogenada, ya sea la citosina, la timina, la adenina o la guanina, no se copia correctamente. Una variación de este estilo en uno de mis ancestros es el responsable de mi defectuosa visión (algo que se comentará con más detalle más adelante). Un ejemplo de un caso así podría hacer que una citosina se duplicase de manera accidental como una adenina, en algún fragmento del cromosoma 14. El nuevo alelo resultante podría cambiar un único aminoácido en la cadena producida por el gen en cuestión, lo que a su vez podría implicar que la proteína fabricada fuese de una forma ligeramente diferente. El cambio en la estructura de esta molécula puede alterar levemente el desarrollo de un rasgo fenotípico, al hacer que una reacción se produzca con mayor lentitud que si no hubiera sucedido la modificación. Si la nueva característica otorga a los individuos portadores una ventaja en cuanto a la supervivencia o a la reproducción, el alelo modificado empezará a extenderse entre la población. Sin embargo, la mayor parte de las mutaciones son deletéreas y desaparecen muy rápido.

Mutaciones puntuales como esta, en las que una base nitrogenada es sustituida por otra, no son más que uno de los varios tipos que puede haber. Otros implican cambios más sustanciales. Tal vez los más intrigantes de todos sean las alteraciones que tienen lugar en el llamado «ADN basura». Este consiste en fragmentos de material genético que no intervienen en la fabricación de proteínas, pero que empiezan a hacerlo tras una de estas modificaciones. Para que un gen comience a producir cadenas de aminoácidos, las moléculas en la célula que leen la secuencia de ADN y ejecutan estas instrucciones deben localizar el codón que pone en marcha el proceso. Hay varios tripletes de bases nitrogenadas que cumplen esta función, pero uno bastante habitual es ATG. También hay otros que están encargados de detener la maquinaria celular. Cada cierto tiempo, puede ocurrir una mutación puntual que genere un nuevo codón inicial en un tramo de ADN basura, que no se utilizaba antes en la fabricación de proteínas. Cuando esto ocurre, puede aparecer una molécula de este tipo totalmente nueva. En la mayoría de los casos, no desempeñará ninguna función de utilidad, pero muy ocasionalmente sí puede hacerlo. Las mutaciones de esta clase no son habituales. Sin embargo, pueden dar pie a rasgos fenotípicos desconocidos por completo, nunca vistos en los seres vivos.

Solemos pensar que los virus son siempre perjudiciales, pero lo cierto es que en ocasiones pueden aportar genes nuevos y útiles. Los virus, como los causantes de la COVID, del sarampión o de la rabia, no son capaces de reproducirse por sí mismos. Necesitan emplear para ello la maquinaria celular de su huésped, algo que consiguen mediante una infección. Una vez en el interior de la membrana, se hacen con el control y producen copias de su código genético y de las proteínas que forman su cubierta externa, antes de ensamblarse como nuevas partículas víricas. La mayoría de las células atacadas fallecen, pero esto no ocurre siempre. De hecho, el material genético de algunos virus puede acabar incorporado de manera permanente al ADN de la infectada. Si esto ocurre en las células madre a partir de las cuales se producen los espermatozoides y los óvulos (la línea germinal), entonces los genes adicionales pueden ser heredados por la descendencia del sujeto y pueden emplearse para la fabricación de nuevas proteínas y la aparición de nuevos rasgos fenotípicos. La mayor parte de las veces estas sustancias novedosas no tienen utilidad alguna, pero en ocasiones sí, y se tiene constancia de que los genes víricos incorporados al ADN del huésped desempeñaron un papel importante en la aparición de la placenta en los mamíferos primigenios.

Hay más tipos de mutaciones, incluidas las que se conocen como supresiones, inserciones e inversiones. Fragmentos de material genético pueden copiarse de una parte de la cadena y ser insertadas en otra diferente o las secuencias pueden darse la vuelta y aparecer en orden inverso. En ocasiones, dos cromosomas pueden unirse entre sí para formar uno nuevo y de mayor tamaño, mientras que otros pueden partirse por la mitad. Incluso el genoma completo puede ser duplicado, lo que implica que se dobla el número de genes al hacer copias adicionales de todos ellos. Investigaciones recientes han descubierto que algunos genes pueden pasar de los parásitos a sus huéspedes. Sea como fuere, el ADN es dinámico y está sometido a cambios.

El historial de mutaciones en las ramas del árbol de la vida implica que cada especie tiene unos genes diferentes a los de las demás. Por otro lado, en algunos de los que son similares, los alelos pueden cambiar, del mismo modo que varía el tamaño de su genoma. Por ejemplo, *Paris japonica* es una planta que crece en las montañas de Japón y cuyo ADN cuenta con 149.000 millones de bases nitrogenadas. Esta cantidad es cincuenta veces mayor que los misérrimos 3.000 millones, aproximadamente, correspondientes al material genético de los seres humanos. Aun así, este número es inmenso si se compara con la bacteria *Nasuia deltocephalinicola*, que vive en el interior de los insectos y que solo tiene 112.000 letras en su ADN, cerca de seis órdenes de magnitud menos que *P. japonica*. Parece ser que algunas especies necesitan más material genético que otras para realizar sus procesos vitales. Lo que tal vez resulte sorprendente es que un genoma mayor no implica necesariamente que el número de genes sea superior. La planta *Arabidopsis thaliana* tiene 27.416 de ellos, con un total de 135 millones de bases nitrogenadas, mientras que el árbol llamado picea común tiene una cantidad parecida de genes y 19.000 millones de letras.

La manera en que está organizado el ADN también difiere de una especie a otra. La mariposa azul del Atlas es el animal con el mayor número de cromosomas, con 450 dispuestos en 225 parejas. Por el contrario, las hembras de la hormiga saltadora de Australia solo tienen un par. Los machos de este insecto, como ocurre con todas las hormigas, presentan una copia de cada cromosoma, en vez de tenerlos duplicados. Los biólogos se refieren a los seres vivos con esta característica como haploides, en lugar de diploides. Cabe destacar que algunas plantas tienen en cambio tres o más copias, una cantidad que puede llegar hasta la decena en el caso de los helechos de lengua de serpiente. No obstante, incluso el humilde plátano es triploide, lo que quiere decir que contiene tres juegos completos de sus cromosomas. El tamaño del genoma, el número de cromosomas y la cantidad de copias que hay de cada uno de ellos son todos rasgos fenotípicos, que pueden evolucionar tanto como cualquier otro.

Mediante comparaciones del material genético entre especies, los biólogos pueden determinar cuáles están emparentadas y cuáles no. Sin embargo, cuando un organismo muere su ADN se degrada con rapidez, excepto en circunstancias muy poco habituales. En la película *Jurassic Park (Parque Jurásico)* se extrae genoma de dinosaurios a partir de insectos conservados en ámbar. No obstante, ni siquiera en esta resina fosilizada podrían sobrevivir tanto tiempo las cadenas de bases nitrogenadas. Por lo menos, no los 66 millones de años transcurridos desde el impacto del meteorito que puso fin a la era cretácica hasta nuestros días, el intervalo necesario para que pudiésemos secuenciarlo. El ADN más antiguo encontrado hasta la fecha fue recuperado bajo los glaciares de Groenlandia y tiene cerca de 2 millones de años. Dado que la mayor parte de estas complejas moléculas se degradan con gran rapidez después de la muerte, solo podemos especular acerca del tamaño, la estructura y la composición del genoma de *Tyrannosaurus rex*, de los primeros mamíferos y del ancestro común que compartimos con MK-D1, hace miles de millones de años. Podemos afirmar, con una certeza razonable, que una criatura extinta tenía un gen determinado si hay especies actuales, descendientes de un antepasado compartido con ese ser vivo, que presentan ese fragmento de material genético en concreto, pero eso es todo lo lejos que podemos llegar.

El ADN ha permitido a los biólogos recomponer el árbol de la vida con un nivel de detalle asombroso. Sin embargo, es menos útil a la hora de determinar el aspecto de las especies extintas. Incluso si asumimos que estas tenían un gen determinado, eso no quiere decir que sepamos a ciencia cierta el impacto que tenía este en su desarrollo o en sus rasgos fenotípicos. A menudo, un mismo fragmento de material genético puede servir para varias funciones distintas. Por ejemplo, la proteína GroEL se encuentra en muchas bacterias y cumple una función primordial a la hora de garantizar que las cadenas de aminoácidos se pliegan de manera correcta. No obstante, esta misma sustancia, producida exactamente por el mismo gen, la utilizan las hormigas león como una potente toxina.

Las larvas de un tipo de neurópteros, unos insectos parecidos a libélulas en su fase adulta, reciben el apelativo de hormigas león. Estas criaturas excavan trampas en la arena con forma de embudo y ellas se entierran en el extremo inferior. Otros confiados insectos, sobre todo hormigas, pero en ocasiones escarabajos, pierden el equilibrio en el borde de la trampa y caen hasta la base, donde la larva les inyecta una toxina paralizante antes de devorar sus partes blandas y descartar el exoesqueleto, que no es comestible. La sustancia en cuestión es producida por bacterias residentes en las glándulas salivales de la hormiga león y es la misma proteína que emplean ellas para plegar las cadenas de aminoácidos. Muchos genes, tal vez la mayoría, fabrican proteínas que se pueden destinar a más de un uso. Eso hace que sea difícil saber si una especie extinta utilizaba un fragmento concreto de ADN de una forma determinada o los rasgos fenotípicos a que este podía dar lugar.

A su vez, las diferentes especies expresan los genes durante períodos de tiempo variables de su desarrollo embrionario. Los peces con aletas más grandes activan ciertos fragmentos de su material genético durante un plazo más prolongado que los de apéndices más pequeños. Muchas de las diferencias que hay entre ratones, simios, humanos y otros mamíferos en cuanto a forma corporal y tamaño de los órganos se deben a que cada tipo de criatura enciende y apaga partes específicas de su ADN en momentos distintos de su desarrollo y no tanto a que esté empleando diferentes genes. Por consiguiente, la presencia de uno de estos últimos asociado al crecimiento cerebral puede no revelar mucho acerca del tamaño del cerebro que pudo haber tenido un organismo extinto. Para conocer las formas de vida pasadas es necesario recurrir a fósiles.

Se ha tenido constancia de la existencia de estos desde hace al menos dos milenios y medio. En la Grecia antigua ya se sabía que las conchas fosilizadas habían pertenecido a moluscos vivos. Cuando Jenófanes de Colofón descubrió estos restos, supuso de manera correcta que la roca en que los encontró debía estar antes bajo el mar. Muchas culturas de regiones tan distantes como China y Oriente Medio conocían los fósiles y se dieron cuenta de que eran pruebas de la existencia de organismos extintos mucho tiempo atrás. Sin embargo, el interés por estas cuestiones no se generalizó entre el público hasta la década de 1840, cuando Richard Owen, el fundador del Museo de Historia Natural de Londres, acuñó el término «dinosaurio». En retrospectiva, resulta evidente que los seres humanos deben haber encontrado fósiles de estas enormes bestias durante milenios. Sin embargo, los atribuían a criaturas míticas, como gigantes. La principal contribución de Owen en este sentido fue analizar los huesos de tres especies diferentes de dinosaurios y darse cuenta de que todas ellas pertenecían a un mismo grupo extinto de reptiles que podían alcanzar tamaños descomunales. La traducción al castellano del término que acuñó para referirse a ellas es «lagarto terrible» y una vez que el público empezó a darse cuenta de que era cierto que estas criaturas habían recorrido la Tierra, se desató su fascinación por ellas.

Lo cierto es que sus fósiles son bastante comunes, aunque la inmensa mayoría de los cadáveres de estos gigantescos reptiles se descompusieron sin dejar rastro. La ubicuidad de sus restos fosilizados se debe al increíble éxito que lograron, hasta el punto de dominar el planeta durante 165 millones de años, y a que algunas especies de este grupo debieron tener poblaciones muy abundantes. Por otro lado, los más grandes tenían huesos y dientes enormes y las partes duras de plantas y animales son las más susceptibles de conservarse. Por el contrario, las células individuales y los tejidos blandos, tales como los músculos, el cerebro y las flores, rara vez lo hacen, aunque se han preservado en algunas ocasiones. Sea como fuere, el caso es que ha habido muchísimas criaturas vivas en nuestro planeta a lo largo de los últimos 4.000 millones de años y en general sabemos muy poco acerca de ellas, a pesar de que los paleontólogos han alcanzado un nivel muy alto de precisión a la hora de buscar fósiles de eras geológicas pasadas.

No siempre es fácil determinar si un ejemplar es un adulto de una especie pequeña o una cría de una más grande. Con el crecimiento, la forma del cuerpo puede cambiar de manera drástica y, cuando solo se dispone de unos cuántos huesos o dientes fosilizados, interpretarlos puede ser todo un reto. Por otro lado, una misma especie puede presentar diferencias sustanciales tanto en forma como en tamaño desde el momento de nacer hasta su madurez. Los polluelos de emú rompen el cascarón con menos de trece centímetros de altura, más o menos el tamaño del ave no voladora más pequeña del mundo, y son adorables y positivamente encantadores. Sin embargo, crecen hasta alcanzar el metro setenta de altura y de mayores son muy feos y no se parecen en nada a sus pequeños.

Hace unos cuantos años, estábamos de visita en la granja de mi suegro en Queensland y nos trajeron un polluelo de emú que había nacido el día anterior y que había perdido a su padre. Estos pájaros, al igual que el resto de su grupo taxonómico, tales como el avestruz, son peculiares entre las aves porque son los machos los que cuidan a las crías. En la mayoría de las especies, estas nacen sin plumas, de modo que no son tan llamativas como los ejemplares adultos. En cambio, emús, pollos y patos son diferentes, porque sus pequeños sí tienen plumón. En este sentido, la cría de emú que nos dieron era encantadora y habría muerto de no haberla cuidado nosotros.

En un primer momento le llamé Emma, pero luego pensé que a lo mejor no era hembra, de modo que decidimos que nos hacía falta un apelativo neutro desde el punto de vista de género. Mi suegro optó por Emma-Steve y lo crio en su granja. Durante meses fue una mascota adorable que resultó ser capaz de comer de todo. Sobre todo, le gustaban las llaves del tractor y los trozos de filete. La mayoría de sus congéneres tienen una dieta mucho más pobre en proteínas, pero dado que el ganado abundaba en la granja, la carne no escaseaba. Cuando Emma-Steve alcanzó la adolescencia, un año después, se volvió muy irascible. Además, era el emú más grande que habíamos visto, con más de un metro ochenta de altura. De no haber sabido el aspecto que tenían los polluelos de esta especie, nos habríamos llevado una desagradable sorpresa.

En efecto, Emma-Steve era un macho y creció desde la cría extraordinariamente encantadora que era hasta convertirse en una bestia agresiva con un irrefrenable deseo de ocupar el primer puesto en el escalafón jerárquico. Después de un incidente en el que persiguió a mi hija Sophie hasta la casa, tras varios ataques contra mi suegro y disuadir en general a todas las visitas, llegó el momento de tomar decisiones drásticas. Sufrió lo que los biólogos llaman una «suelta blanda», lo que en este caso quiso decir que dejamos abierta la cancela de la valla y la cerramos tras él, en cuanto salió del cercado. Sin embargo, le veíamos por la zona de manera habitual. Su gran tamaño no le supuso ninguna dificultad y en una ocasión nos alegró mucho verle con una camada de ocho polluelos.

Mi suegro había criado en su granja todo tipo de animales huérfanos, desde walabís hasta perros abandonados. Sin embargo, ha jurado que nunca volverá a hacerse cargo de un emú. El bondadoso aspecto inicial de Emma-Steve nos engañó. Aunque sabíamos que se convertiría en un monstruo, pretendimos olvidarlo ante nuestro deseo de salvar la vida del polluelo. Sea como fuere, el caso es que las crías y los ejemplares adultos de una misma especie pueden ser muy diferentes. Sin embargo, a pesar de las dificultades que este crecimiento pueda suponer para los paleontólogos, su cuidadoso estudio del registro fósil, junto con los descubrimientos que han logrado los genetistas mediante el análisis del ADN, han permitido reconstruir la historia de la vida en la Tierra.

LUCA no era más que una bacteria que usaba el mismo código genético del que dependemos en la actualidad. En todos los demás aspectos era muy diferente de los seres humanos. Los intentos de reconstruir su genoma sugieren que probablemente tenía un metabolismo basado en el ácido sulfhídrico de los volcanes, más que en un alimento extraído de plantas, hongos o animales. El oxígeno le habría resultado mortal. En cambio, las personas perecemos cuando nos falta. Su material genético habría sido minúsculo comparado con el nuestro y el sexo le era por completo desconocido. Por el contrario, nosotros lo necesitamos para reproducirnos. Para que tú y yo hayamos podido evolucionar a partir de este microorganismo hicieron falta muchas mutaciones, algunas de las cuales redundaron en la aparición de rasgos fenotípicos novedosos, que ayudaron a nuestros ancestros a sobrevivir y multiplicarse. Todos estos cambios se dieron a lo largo de casi 4.000 millones de años. La reconstrucción del árbol de la vida mediante el análisis del ADN y de los fósiles, junto con algunos acontecimientos fundamentales en la historia geológica de nuestro planeta, tales como impactos de meteoritos y períodos de actividad volcánica muy intensa, han permitido a los biólogos deducir lo que fue necesario que ocurriera para que LUCA pudiera evolucionar hasta llegar a los seres humanos. Aún quedan bastantes cosas por descubrir, pero ya sabemos muchas. El efecto de las mutaciones sobre el desarrollo, junto con la selección natural y sexual, que actúan sobre los rasgos fenotípicos resultantes, son los factores que llevan hasta nosotros. Los mecanismos moleculares implicados son a menudo muy complejos y están más allá de lo que se puede abordar en este libro. No obstante, a continuación mencionaré algunas de las innovaciones evolutivas más importantes que jalonan la ruta que lleva de LUCA a los seres humanos.

Al mismo tiempo que la vida arraigaba en nuestro planeta, empezó a utilizar una variedad de fuentes de energía más amplia que el ácido sulfhídrico del que con toda probabilidad dependía LUCA. Hace al menos 2.700 millones de años, tal vez hasta 3.500 millones, los seres vivos descubrieron la manera de hacer funcionar su metabolismo con luz. Los primeros organismos que lo lograron fueron las cianobacterias, del tipo de las que producen los estromatolitos que se pueden encontrar en la bahía Shark, en

Australia Occidental, y en las Bahamas. Para ello emplean la fotosíntesis, un mecanismo del que dependen hoy en día todas las plantas, las algas y muchas bacterias.

Este proceso utiliza la energía de los fotones para romper las moléculas de dióxido de carbono y agua, antes de emplear los átomos resultantes de carbono e hidrógeno en la construcción de los aminoácidos necesarios para la fabricación de proteínas. Al hacerlo así, se genera oxígeno como producto secundario. Aunque la cantidad de este gas emitida por cada cianobacteria individual es muy pequeña, si hay miles de millones de ellas entregadas a esta tarea durante varios millones de años, el volumen liberado en el medio es suficiente para oxidar todos los elementos de la corteza y de la atmósfera terrestres susceptibles de serlo. A partir de este punto, la concentración de este gas en el aire empezó a aumentar. El oxígeno libre apareció por primera vez en la Tierra hace 2.330 millones de años y durante las etapas siguientes aumentó su abundancia de manera continua, hasta llegar a suponer entre un 3 y un 4 % de la atmósfera. Sin embargo, esto es solo una pequeña parte del 21 % que representa en la actualidad.

En este sentido, las cianobacterias fueron las primeras emisoras globales de contaminación. Lo cierto es que, aunque los seres vivos posteriores supieron dar buen uso al oxígeno producido, este gas era venenoso para la mayoría de los organismos primigenios. Miles de millones de bacterias perecieron por esta causa. No obstante, el veneno de una especie es el alimento de otra y la vida encontró una manera de utilizar este producto de deshecho. De este modo, las interminables exhalaciones de innumerables cianobacterias hace miles de millones de años allanaron el camino para la aparición de los seres humanos. Lo que se conoce como la «gran oxidación», el suceso por el que el oxígeno libre aumentó su concentración hasta llegar a ser entre el 3 y el 4 % de la atmósfera terrestre, fue un requisito previo para nuestra evolución, aunque en modo alguno permitía preverla.

Este acontecimiento permitió que surgiera un nuevo tipo de metabolismo y muchas células se adaptaron para emplear la naturaleza reactiva del oxígeno y servirse de ella para obtener energía de la glucosa, un tipo de azúcar empleado por muchas formas de vida diferentes. Como ha demostrado la evolución una vez tras otra, cuando un recurso se vuelve abundante, los seres vivos encuentran alguna manera de utilizarlo. Una vez que consiguieron dominar el mecanismo por el que el oxígeno rompe la glucosa, el mundo cambió para siempre. Este avance abrió las puertas a la aparición de nuevas criaturas y de los organismos pluricelulares.

Todos los animales existentes en la actualidad tienen un metabolismo basado en la glucosa, obtenida a partir de la ruptura de moléculas más grandes llamadas carbohidratos. Los seres vivos utilizan estos compuestos para almacenar energía y utilizarla más tarde, así como para construir algunos productos orgánicos de gran tamaño. Todas las células contienen estas sustancias, de modo que la capacidad de hacer funcionar el metabolismo y la replicación del ADN con la glucosa como combustible ofreció a la vida la oportunidad de prosperar a base de alimentarse de otros seres, vivos o recientemente fallecidos. Estas nuevas formas de vida empezaron con microorganismos unicelulares que ingerían a otros, en un principio a través de procesos de endocitosis, pero acabaron por llevar a la depredación, al consumo de plantas o de carroña y al parasitismo. En este sentido, el oxígeno tuvo un efecto doble. No solo era venenoso para muchas bacterias, sino que inauguró un mundo nuevo y más peligroso, en el que había una forma de morir que antes no existía: devorado por otros organismos.

Sea como fuere, al aumentar los niveles de oxígeno atmosférico, las células desarrollaron tamaños mayores, ya que había más cantidad de este gas disponible para difundirse a más profundidad en su interior. Este volumen superior exigía un número adicional de estructuras organizativas, más elevado que en el caso de bacterias y arqueas, para un funcionamiento celular eficaz. De este modo, surgieron membranas internas para contribuir a la orientación y transporte de productos químicos dentro de la célula. Estas primeras eucariotas podían ser miles de veces más grandes que los microorganismos precedentes. Se sigue investigando de manera activa la aparición de este tercer grupo troncal del árbol de la vida y hay muchas hipótesis propuestas acerca de la formación de sus características estructuras internas. En la actualidad, no estamos del todo seguros acerca de la manera en que tuvo lugar la evolución de las arqueas hasta llegar a constituir un dominio separado, pero hay un suceso crucial a este respecto que merece la pena mencionar. En algún momento, poco después de la aparición de las eucariotas, hace aproximadamente 1.500 millones de años, se produjo un intento fallido de depredación, cuando un organismo primigenio de este tipo se propuso devorar a una bacteria. No obstante, esta sobrevivió y acabó por residir en el interior de su depredadora, donde se dividió y tuvo descendencia. Con el paso del tiempo, ambas desarrollaron una simbiosis muy eficaz. En esta, la eucariota inicial proporcionaba seguridad y glucosa a la bacteria, mientras que esta gestionaba el metabolismo de la primera, es decir, producía adenosín trifosfato, o ATP, que es el producto final del proceso metabólico y el combustible utilizado para hacer funcionar la maquinaria celular.

Las descendientes de esta bacteria se encuentran en todas las células eucariotas y se denominan mitocondrias: orgánulos con sus propias membranas y material genético. Estas ya no pueden sobrevivir fuera de sus huéspedes, que a su vez morirían sin ellas. En efecto, fallecemos cuando estas estructuras dejan de funcionar. Lo normal es que antes nos mate otra cosa, pero una de las principales razones por las que envejecemos es el desgaste de las mitocondrias en el interior de nuestras células. A veces, su ADN sufre una mutación, que hace que estos orgánulos no funcionen de manera adecuada. Cuando esto ocurre, el resultado suele ser una muerte prematura. Todos los eucariontes, incluso las plantas y los hongos, cuentan con estos elementos. Además, las células vegetales son huéspedes de los descendientes de otro procarionte simbiótico. Estos se denominan cloroplastos y es en ellos en los que se produce la fotosíntesis, el proceso que utiliza luz para producir la glucosa necesaria para el metabolismo de la planta. Toda la vida compleja presente en la actualidad en la Tierra debe su existencia a la simbiosis entre bacterias y eucariotas primigenias, las cuales tenían un parentesco muy cercano con MK-D1.

Algunos eucariontes, incluidos los seres humanos, utilizan el sexo para su reproducción. Este mecanismo surgió bastante pronto en la evolución de este dominio y apareció en organismos unicelulares similares a las levaduras. Sin embargo, no todos los miembros del grupo lo utilizan. En algunos de ellos, las hembras producen clones de sí mismas, idénticos desde el punto de vista genético. De este modo, los machos son redundantes, lo que plantea una paradoja. Cada vez que uno de estos ejemplares se divide, realiza un duplicado exacto de su ADN. Es más, cada hija puede generar copias sucesivas por clonación. En cambio, la mitad de las veces que una hembra se reproduce sexualmente, por término medio, tendrá descendencia femenina, que podrá dar a luz a su vez a nuevos vástagos; la otra mitad de las ocasiones tendrá machos, que no pueden parir. Además, su progenie en ambos casos solo tiene un 50 % de su genoma, ya que ella aporta un cromosoma en cada pareja. En igualdad de condiciones, los genes de la estrategia clonal, con una reproducción asexual, se propagarían por la población al doble de velocidad que los de la alternativa. En este sentido, aquella tendría una ventaja competitiva frente a esta última, que se extinguiría. En consecuencia, el sexo es muy costoso desde un punto de vista evolutivo, por lo que debe tener otras ventajas para que haya surgido.

Los biólogos han identificado algunas de ellas. Por ejemplo, la reproducción sexual permite que la evolución reorganice el genoma con más rapidez, lo que ayuda a las poblaciones a adaptarse a la aparición de nuevos virus y bacterias. Por otro lado, este mecanismo también puede contribuir a la eliminación de mutaciones deletéreas. Ventajas como estas debieron compensar los costes de esta estrategia desde un momento muy temprano en la evolución de los eucariontes porque, aunque no se trata de algo ubicuo, sí que es la forma en que se reproducen la mayoría de los animales y de las plantas. Tras surgir en miembros unicelulares del dominio, el sexo fue adoptado por especies más complejas, tras aparecer los organismos pluricelulares.

Estos surgieron en algún momento hace entre 600 y 1.600 millones de años. La mayoría de las formas de vida, incluidas todas las bacterias y arqueas, consisten en una sola célula, que puede sobrevivir y reproducirse sin depender de otras como ella. En cambio, los organismos pluricelulares, como los hongos, las plantas y los animales, se componen de muchas de estas unidades que trabajan juntas, ninguna de las cuales podría subsistir sola. En estos seres, todas las células del cuerpo tienen el mismo genoma, pero a partir de él se desarrollan los diferentes tipos celulares, cada uno de los cuales realiza sus funciones características. Por ejemplo, las que hay en la piel no se parecen en nada a las neuronas, que a su vez son distintas de las que forman los músculos. Sin embargo, todas contienen la misma secuencia de ADN, enrollada dentro de una membrana llamada núcleo.

La aparición de seres vivos con estas características diferenciadas exigía resolver dos problemas. Para empezar, era necesario que una criatura inicial unicelular evolucionase hasta dar lugar a organismos pluricelulares. Después, una vez que estos hubieran alcanzado la madurez, debían producir descendientes, que fueran capaces de crecer de nuevo a partir de una primera célula aislada. En la reproducción sexual, este punto de partida es un óvulo fecundado. La mayoría de los animales resuelven esta dificultad mediante la producción de gametos que solo tienen una copia de cada cromosoma, es decir, que son haploides. En el momento de la fecundación, un óvulo y un espermatozoide se fusionan para formar una nueva célula diploide, que luego hace un duplicado de sí misma. Las dos resultantes se dividen a su vez en otras cuatro y así sucesivamente. El proceso se repite hasta que se forma una esfera de unas 64 integrantes, llamada blástula. Esta comienza a diferenciarse en distintos tipos celulares, empezando por los que darán lugar a la placenta y los que se convertirán en el embrión. Este desarrollo viene determinado por la concentración de ciertas sustancias segregadas por las células colindantes. Una componente de la blástula que se encuentre en su exterior tendrá menos vecinas y en consecuencia la abundancia de estos productos químicos será menor, lo que hace que algunos genes se activen y otros no. Por el contrario, este efecto será el inverso en las regiones internas de la blástula, por lo que el conjunto de genes expresado es distintito. Esto hace que la diferenciación celular proceda de otra manera.

Una vez completada esta primera etapa, los dos tipos resultantes producen sustancias que a menudo son exclusivas de una clase de células determinada. Estas moléculas forman gradientes en torno a su fuente, de manera que son más abundantes cerca del origen y menos a medida que aumenta la distancia. Este factor, aplicable a muchos productos diferentes en diversas regiones de la esfera de células en desarrollo, sirve para proporcionar la información de los genes que estas deben expresar en cada momento. A su vez, estos determinan los tipos celulares resultantes, cuyo número aumenta progresivamente. A lo largo de todo el proceso, estos indicadores químicos dan lugar a los músculos, los riñones, los ojos, los oídos, el corazón o las uñas. En este sentido, todos los tejidos y órganos de los que estamos hechos surgen del mismo genoma. En una serie de notables demostraciones de la importancia de los gradientes en el desarrollo, los biólogos han manipulado estos en el laboratorio en moscas de la fruta y en otros animales, mediante la activación o desactivación de genes específicos en distintas etapas del crecimiento, y han obtenido moscas descomunales.

Estamos compuestos por cerca de 30 billones de células, repartidas en unos 220 tipos distintos. A su vez, cada uno de ellos admite diferenciaciones adicionales y hay científicos que sostienen que deberíamos emplear una clasificación más detallada. Sea como fuere, lo cierto es que las diferentes clases se agrupan entre sí durante el desarrollo, para dar lugar a los órganos y tejidos que constituyen nuestro cuerpo. Sin embargo, el genoma responsable de estas diferencias tan marcadas y de que los genes adecuados se expresen en momentos distintos del crecimiento, durante períodos variables, es el mismo en todos los casos. Si se activan unos fragmentos de ADN para fabricar unas proteínas específicas, el resultado es un cono, de los que se usan en la visión. Si el conjunto fuese otro, la resultante sería un adipocito, empleado para almacenar energía en forma de grasa. El manual de autoensamblaje en nuestro material genético contiene las instrucciones que detallan los fragmentos concretos que se deben encender y apagar en cada momento en el desarrollo, lo cual crea gradientes de concentración de moléculas, que a su vez indican a otros genes de otras células que se expresen o que dejen de hacerlo.

Los animales son maestros en el arte de la diferenciación celular, pero las plantas, los hongos y algunas especies de algas, como las que se encuentran en mares y océanos, también lo practican. No obstante, los seres vivos de estos grupos cuentan solo con un puñado de tipos diferentes de células, resultantes de su material genético, y tienen muchos menos órganos que los animales. La reconstrucción del árbol de la vida ha puesto de relieve que los organismos pluricelulares eucariontes evolucionaron de forma independiente al menos diez veces. ¿Cómo lo hicieron?

Durante miles de millones de años, solo existieron seres unicelulares. En este período, las mutaciones y la selección produjeron un número cada vez mayor de genes útiles. Las bacterias desarrollaron varias formas ingeniosas de compartir su ADN, un mecanismo gracias al cual algunas especies de células aisladas consiguieron dominar múltiples procesos vitales. Según el medio en el que se encontrasen, activaban un conjunto de genes u otro. Por ejemplo, si había oxígeno disponible para hacer funcionar su metabolismo, eran capaces de utilizar la glucosa como fuente de energía. Si, por el contrario, este gas estaba ausente, podían obtener átomos de carbono de alguna otra fuente. No cabe duda de que esta flexibilidad a la hora de utilizar diferentes fragmentos de material genético en distintos entornos hizo mucho para abrir las puertas a la aparición de organismos pluricelulares. Sin embargo, este solo fue un primer paso de los muchos necesarios en este recorrido.

Una de las principales dificultades en este desarrollo fue agrupar las diferentes integrantes del organismo pluricelular. Lo más probable es que esto sucediese mediante una separación incompleta en la división del antecesor. De este modo, se podría formar una esfera de células, idénticas desde el punto de vista genético. Sin embargo, esa no es la única manera de llegar a este resultado. Otra hipótesis es que grupos de seres unicelulares de diversos linajes genéticos empezaran a cooperar entre sí. A través de un mecanismo aún por identificar, los participantes habrían fusionado su ADN en un único genoma. Procesos similares de colaboración se pueden observar en la actualidad, de modo que parte de esta propuesta cuenta con cierto soporte empírico. Sin embargo, hasta que no se documente la fusión de genomas, carecerá de pruebas sólidas que la respalden. Una tercera idea es que un mismo ser unicelular produjo múltiples núcleos, cada uno con una copia del material genético. Después, estos serían separados por membranas, al igual que los orgánulos cercanos, lo que habría dado lugar a un conjunto diferenciado de células. Este comportamiento se ha observado en algunas especies actuales, pero es relativamente infrecuente. El registro fósil no conserva evidencias de este tipo de procesos, por lo que tal vez nunca sepamos con certeza cómo surgieron los organismos pluricelulares. De hecho, es posible que la evolución haya usado los tres métodos, uno en cada una de las diez o más instancias independientes en que sucedió esta transición.

Es probable que los primeros animales pluricelulares fueran poco más que una esfera de células, con escasa diferenciación entre ellas. No obstante, la selección natural favoreció estas sencillas configuraciones. Tal vez los organismos primigenios de este tipo fueran capaces de consumir a sus competidoras, menos desarrolladas. También es posible que estuvieran protegidos frente a grandes depredadoras unicelulares y que tuvieran una ventaja en cuanto a la movilidad. Puede que las especies fotosintéticas capturaran la luz mejor que su competencia de una sola célula y que crecieran por encima de ellas. Sin embargo, esta transición también habría tenido sus costes. Por ejemplo, recursos como los azúcares y el oxígeno tenían que ser transportados hasta el interior del cuerpo, para que llegaran a todas sus integrantes. No obstante, las ventajas debieron ser más numerosas, porque los organismos pluricelulares llegaron para quedarse.

Otros costes en este sentido son, por ejemplo, los retrasos en la reproducción mientras el organismo en cuestión se desarrolla. Esto quiere decir que los seres unicelulares pueden hacer réplicas de sí mismos a mayor velocidad. En igualdad de condiciones, dado que las especies de una sola célula se multiplican más rápido que los animales avanzados, deberían superar a sus competidores de mayor tamaño. Por otro lado, las criaturas pluricelulares mueren inevitablemente. Aunque esto no es una desventaja evolutiva, sí que es una característica indeseable de tener un cuerpo complejo, dividido en línea germinal y en soma desechable. Si esta primera componente ha cumplido con su cometido adecuadamente, estará presente en la descendencia. Mientras tanto, el resto del organismo solo existe para aumentar al máximo las probabilidades de que esto ocurra y de que la progenie herede la mitad del genoma. Cabe destacar que todo nuestro cuerpo, desde las extremidades hasta el cerebro, de los ojos a los dedos de los pies, es soma desechable.

Las ventajas de contar con varios tipos de células diferenciadas deben haber superado los costes evolutivos en el caso de animales, plantas y hongos. Sin embargo, hay otros eucariontes, como levaduras y amebas, que no adoptaron esta solución. Lo cierto es que la mayor parte de los seres vivos de la Tierra siguen siendo unicelulares. Se trata de formas de vida que son muy eficaces y que han subsistido durante miles de millones de años, mucho más de lo que llevan presentes los organismos pluricelulares. Tendemos a pensar que estos son superiores desde un punto de vista evolutivo, pero eso no es cierto. Tan solo son una de las maneras que ha encontrado la vida para transmitir genes de una generación a la siguiente. Pero ¿cómo evolucionó una simple masa de células hasta convertirse en criaturas complejas como tú y como yo?

Los fósiles revelan que, en el seno de un linaje pluricelular, unas sencillas agrupaciones celulares esféricas evolucionaron hasta convertirse en diminutas criaturas con apariencia de cuenco. Este curioso perfil puede haber sido una trampa rudimentaria para capturar seres unicelulares, que luego eran digeridos por las sustancias segregadas por estos animales primitivos. A su vez, los antepasados de las plantas desarrollaron una variedad de formas diferentes con estructuras ramificadas, lo que aumentaba al máximo la superficie empleada para capturar la luz y para la fotosíntesis. Estos nuevos seres vivos empezaron a diversificarse, de un modo parecido a como lo habían hecho antes los que solo contaban con una célula, mediante el empleo de todos los recursos disponibles. Se había dado un paso decisivo en el sendero que transcurre entre LUCA y los humanos.

A lo largo de los siguientes 500 millones de años surgieron especies cada vez más avanzadas. En un primer momento, se produjo un espectacular estallido en lo que se refiere a la aparición de animales complejos, que duró entre 13 y 25 millones de años. La explosión cámbrica, así llamada por el período geológico que comenzó hace 539 millones de años y duró más de 53, fue el momento en el que nuestros antepasados, y de hecho los de todas las criaturas con columna vertebral, hicieron acto de presencia por primera vez en el registro fósil. Imágenes de alta resolución de dieciséis restos fosilizados de *Pikaia gracilens* pusieron de relieve que esta especie contaba con un cordón nervioso dorsal que, a lo largo de varios millones de años, se convirtió en la columna vertebral que tienen hoy en día todos los vertebrados. Al igual que muchos de nuestros parientes lejanos, *Pikaia gracilens* no habría sido un invitado interesante para una cena o una fiesta, aunque sin duda habría destacado del resto. Medía unos cinco centímetros y tenía el aspecto de una anguila primitiva con tentáculos en la cabeza. En la actualidad, existe un grupo de animales parecidos a ella, llamados peces lanceta. Viven en mares poco profundos, desde los trópicos hasta el norte de Escandinavia, y se alimentan por filtración, es decir, extraen bacterias, algas y pequeños organismos del medio acuático. *Pikaia gracilens* inauguró esta manera de capturar la comida, la cual se ha perpetuado durante más de 500 millones de años.

No son solo nuestros ancestros los que aparecieron por primera vez en el registro fósil durante la explosión cámbrica. Algunos de los organismos que surgieron en esa ocasión se siguieron desarrollando hasta convertirse en mejillones, esponjas, pulpos y langostas. Llegados a este punto, los seres vivos ya dominaban la diferenciación y la agrupación celular, así como el uso de gradientes químicos, y durante ese período la evolución produjo los antepasados de todos los animales vivos hoy en día. Además, también experimentó con formas de vida que no lograron superar el filtro de la selección natural. Una que me habría gustado que lo hubiera hecho es *Tamisiocratis borealis*. Esta especie de langostino de casi un metro de longitud estaba estrechamente emparentada con *Anomalocaris*, un temible depredador, antecesor de las gambas y los cangrejos actuales. Sin embargo, *Tamisiocratis borealis* era una bestia mucho más amable, que no habría desentonado en los mares de Pandora, en la película de James Cameron *Avatar: El sentido del agua*. Se alimentaba de bacterias y algas, que atrapaba gracias a las delicadas cerdas de sus extremidades delanteras, o patas, o como quiera que se las llame. De seguir con vida en la actualidad, sería un maravilloso complemento para cualquier acuario marino de importancia.

Esta época fue también cuando se formó la cabeza de los animales actuales. En efecto, la evolución había hecho aparecer células fotosensibles, que con el paso del tiempo dieron lugar a órganos especializados. Lo mismo ocurrió con los campos eléctricos, el tacto y las ondas sonoras y probablemente el gusto y el olfato. A la par que estos rudimentarios órganos sensoriales, surgieron unos primitivos cerebros. Durante la explosión cámbrica, los ojos, las orejas y las narices migraron a la misma parte del cuerpo, que se convirtió en una cabeza que contenía un cerebro. Aunque había criaturas de aspecto peculiar, como el propio *T. borealis*, muchos de los organismos de este período no estarían totalmente fuera de lugar en los mares actuales, ya que en esta etapa aparecieron por primera vez muchas de las características de los animales de hoy en día. Sin embargo, tuvieron que transcurrir casi 500 millones de años más para que los individuos de una especie descendiente de *Pikaia gracilens* estudiaran sus fósiles con asombro.

Hacia el final de la explosión cámbrica, los animales se diversificaron a toda velocidad en los océanos y prepararon el terreno para la aparición de los vertebrados. Mientras tanto, las plantas empezaron a adentrarse en tierra firme. Las pruebas más tempranas de las que disponemos a este respecto sugieren que las primeras especies vegetales arraigaron (nunca mejor dicho) en ese entorno hace unos 500 millones de años. Las bacterias ya llevaban varios cientos de millones de años presentes en lagos de agua dulce y en mares poco profundos, mientras que las algas unicelulares colonizaron esos mismos hábitats una vez que aparecieron. Sin embargo, las plantas pluricelulares llegaron más tarde, cuando algunas de ellas echaron raíces en los sedimentos bajo los pantanos. Al poco tiempo, empezaron a desarrollar estructuras que les permitían crecer por encima de la superficie del agua para captar más luz, de forma similar a como lo hacen en la actualidad los manglares. A continuación, estas especies vegetales primigenias se adaptaron a los lagos estacionales, antes de extenderse a zonas que se inundaban con menor frecuencia. A medida que esto sucedía, la materia orgánica se acumuló en el suelo, hasta el punto en que la tierra suelta y el barro se volvieron habituales hace unos 400 millones de años.

Por su parte, los insectos surgieron hace algo menos de 500 millones de años, poco después de que las plantas se adentraran en tierra firme, y fueron los primeros animales que salieron de los mares. En ese momento, se parecían un poco a los pececillos de plata actuales y aún no habían desarrollado el vuelo, que según el registro fósil no apareció hasta hace 400 millones de años. Esta habilidad se adoptó como una manera de explorar nuevos territorios y de escapar de los depredadores, como los vertebrados, que para entonces ya estaban bien asentados fuera de los océanos, tras abandonarlos hace 450 millones de años. Lo cierto es que plantas e insectos en tierra firme debieron representar un recurso al que era difícil resistirse. Unas pocas especies de peces ya habían desarrollado pulmones rudimentarios, para tragar aire a bocanadas y complementar así el oxígeno que extraían de las aguas pobres en gases disueltos en que vivían. Es posible que estas criaturas utilizasen también la orilla como refugio frente a los depredadores, o incluso que pudiesen desplazarse distancias cortas por el suelo, entre lagos estacionales o pozas de marea. Algunos peces actuales todavía se comportan así. El almirante gigante salta fuera del agua para evadir la captura y se traslada entre arroyos sobre el follaje caído del bosque tropical en Sudamérica. No cabe duda de que rasgos fenotípicos como estos habrían otorgado a nuestros antepasados pisciformes un punto de partida ventajoso a la hora de colonizar los continentes. Con el paso del tiempo, las aletas se convirtieron en extremidades y las branquias desaparecieron por completo.

A medida que las plantas se extendían por el territorio, empezaron a competir por la luz solar. En este sentido, la altura les resultaba muy ventajosa. Para crecer mucho y mantenerse erguidas, desarrollaron una proteína rígida llamada lignina, con la que podían desafiar la gravedad y elevarse sobre el suelo. Se trata de una molécula muy resistente. Cuando los árboles actuales mueren y caen en el bosque, son descompuestos por bacterias y hongos. Sin embargo, las partes del tronco y las ramas que contienen esta sustancia, junto con otros tejidos duros, pueden tardar mucho tiempo en sufrir este proceso. Hace 300 millones de años, las especies vegetales aprendieron a utilizar la lignina de una manera muy eficaz y los continentes se vieron cubiertos por enormes selvas. El clima era cálido y húmedo y los niveles de oxígeno eran superiores a los actuales. Libélulas gigantescas y otros insectos de hasta un metro de longitud volaban entre el follaje. El suelo bajo los troncos era a menudo pantanoso y cuando las plantas morían no eran descompuestas como lo son hoy en día. Algunos científicos han afirmado que esto se debía a que bacterias y hongos aún no habían desarrollado las enzimas necesarias para romper la lignina, pero esta hipótesis es discutible. Independientemente de que este fuera el caso o no, lo cierto es que estas enzimas habrían valido para poco en el ambiente húmedo del entorno. En efecto, en los pantanos de la época los árboles muertos no habrían desaparecido, sino que se habrían acumulado unos sobre otros. Con el paso del tiempo, el peso de los troncos apilados compactó estos residuos, a lo que se añadieron capas de arena y tierra suelta. Después de varios millones de años, la materia orgánica se convirtió en carbón. Nuestras centrales eléctricas, nuestros coches y aviones funcionan mediante la combustión de los restos de antiguas plantas que las formas de vida anteriores no pudieron digerir. La mayoría de los animales aún no han encontrado una manera de aprovechar la lignina, pero los seres humanos sí lo hemos hecho. Hemos aprendido a explotar el carbón (y el petróleo, que se formó a partir de antiguas algas y bacterias en mares poco profundos) y al hacerlo estamos alterando el equilibrio de nuestro planeta. Las cantidades de dióxido de carbono en la atmósfera han aumentado hasta niveles que no se veían en la Tierra desde hace millones de años, mientras que la energía procedente de árboles muertos hace mucho tiempo se utiliza para hacer funcionar las máquinas con las que se talan los bosques vivos en la actualidad.

Nuestra adicción a los combustibles fósiles está cambiando el mundo y es un factor concomitante en el gran número de especies que se han extinguido en los últimos 300 años. No obstante, sin el carbón y el petróleo que se formaron en el Carbonífero, la civilización moderna no existiría. No habríamos acumulado la enorme cantidad de conocimientos que tenemos del universo, ni habríamos inventado los ordenadores, los coches o los hornos eléctricos. En este sentido, estos recursos minerales son una espada de doble filo.

La humanidad está provocando la que se conoce como la sexta gran extinción, aunque es posible que nuestro planeta haya sufrido un número mayor de acontecimientos de este tipo. El más famoso de todos se produjo hace 66 millones de años, cuando un meteorito acabó con los dinosaurios, pero otros de los que tenemos constancia ocurrieron hace 440, 360, 250 y 210 millones de años. Los científicos pueden comprobar en el registro fósil el devastador efecto de estos episodios, ya que cada uno de ellos causó la desaparición de una fracción significativa de los seres vivos que habitaban la Tierra. El más importante de todos ellos fue el ocurrido hace 250 millones de años, que marcó el final del Pérmico. Se conoce comúnmente como la «Gran Mortandad». Acabó con más del 80 % de las especies en los océanos y del 70 % de los vertebrados en tierra firme. Fue desencadenado por la enorme cantidad de dióxido de carbono emitida a la atmósfera durante la formación de las escaleras siberianas, a las que ya nos hemos referido con anterioridad.

Lo más habitual es que las extinciones masivas eliminen a las especies dominantes y abran las puertas a la expansión de nuevos grupos. En este sentido, la Gran Mortandad no fue una excepción. A finales del Pérmico, los llamados sinápsidos, de los que descendemos, dominaban la Tierra. Los antecesores de los dinosaurios, los saurópsidos, eran a la vez más escasos y de menor tamaño. Muchos sinápsidos se extinguieron en esta ocasión, pero no todos. Entre los que desaparecieron se encontraba *Tapinocephalus*, un herbívoro de dos toneladas que era el animal más grande de su época. Lo mismo ocurrió con varios tipos de saurópsidos. Sin embargo, los supervivientes de este grupo conquistaron el nuevo mundo y lo dominaron durante los siguientes 185 millones de años, en tanto que precursores de los dinosaurios. Mientras tanto, nuestros antepasados quedaron relegados a una existencia marginal.

Los sinápsidos dominaron la Tierra durante más de 100 millones de años y, al igual que todos los seres vivos, evolucionaron a partir de un ancestro común. La extinción masiva anterior a la Gran Mortandad tuvo lugar 110 millones de años antes que esta y brindó la oportunidad a un grupo de vertebrados, llamados amniotas, de convertirse en la fauna dominante dotada de esqueleto interno. Estos surgieron a partir de los peces y los anfibios hace 330 millones de años. Tenían la ventaja de depender menos del agua que sus antepasados, lo que les ayudaba a adaptarse a climas cálidos y secos. Su nombre proviene de su capacidad para producir embriones rodeados de un amnios o saco amniótico, una membrana que mantiene la humedad en torno al feto en desarrollo. Reptiles, aves y mamíferos pertenecen todos a este grupo, aunque algunos pongan huevos y otros den a luz. Unos cuantos millones de años después de la aparición de los primeros individuos con esta característica, su rama del árbol de la vida se dividió de nuevo. De este modo, surgieron los sinápsidos y los saurópsidos. Los primeros se bifurcaron una vez más y formaron un linaje del que provienen los mamíferos y otro que no siguió este camino y que se extinguió con posterioridad. En cambio, del otro gran grupo en que se dividieron los amniotas proceden los dinosaurios, los reptiles y las aves.

Algunas de las especies extintas tenían un cierto parecido con los carnívoros actuales y de hecho compartían muchos rasgos con los mamíferos modernos. Por ejemplo, eran de sangre caliente y tenían glándulas mamarias primitivas para alimentar a sus crías, aunque ponían huevos. Sus mandíbulas contenían molares, caninos e incisivos y algunos de estos animales parecen haber tenido pelaje. Los de mayor tamaño, incluido *Tapinocephalus*, desaparecieron después de la Gran Mortandad, pero algunos más pequeños sobrevivieron. Finalmente, hace unos 160 millones de años, aparecieron los primeros mamíferos. Sin embargo, estos organismos primigenios no evolucionaron inmediatamente para dar lugar a sus descendientes actuales, como rinocerontes, hipopótamos y humanos. Por razones que no comprendemos bien todavía, tras la extinción masiva de aquella época los saurópsidos supervivientes ganaron la carrera inesperadamente a los sinápsidos y se convirtieron en el grupo dominante.

De ellos provienen los dinosaurios, que empezaron a recorrer la Tierra hace unos 240 millones de años. Al igual que el famoso descendiente de estas criaturas iniciales, *T. rex*, las primeras especies de este grupo caminaban sobre sus dos patas traseras. Al poco tiempo de su aparición, ya ocupaban los puestos dominantes en todos los nichos y se mantuvieron en ellos hasta hace 66 millones de años. Muchos de estos animales fueron muy voluminosos y tuvieron un gran éxito adaptativo, lo que impidió que los mamíferos crecieran hasta alcanzar tamaños elevados, como los que tienen en la actualidad. Lo cierto es que no podían competir eficazmente con tiranosaurios, saurópodos, tricerátops y otras criaturas de gran envergadura. Curiosamente, no hubo dinosaurios pequeños. Es posible que los diminutos mamíferos de la época bloquearan el camino al desarrollo de especies de menor tamaño, mientras que los gigantescos reptiles habrían hecho lo propio con las grandes dimensiones.

Lo cierto es que los vertebrados tienen relativamente pocas maneras de mantenerse con vida. Solo pueden conseguirlo a base de devorar a otros seres vivos, ya sea vegetación, como hojas, semillas y frutos, u otros animales, en la forma de presas o de carroña. En el caso de los murciélagos vampiros y ocasionalmente del pinzón chupasangre de las Galápagos, también de la sangre de criaturas vivas. Sin embargo, ninguno de ellos es capaz de sobrevivir consumiendo materia vegetal en descomposición, como hacen los organismos denominados detritívoros. En cambio, muchos son omnívoros, con una dieta variada. Por ejemplo, los osos grises norteamericanos comen frutas, plantas, insectos, peces y carne. Independientemente de cuál sea la comida favorita de una especie concreta, el desarrollo evolutivo ha propiciado la aparición de una gran variedad de formas que permiten a las diferentes criaturas encontrar, conseguir y utilizar su alimento.

El primer paso en este proceso es detectar la comida. Para ello, los animales se valen de varios sentidos, desde la vista, el olfato y el tacto, con los que estamos muy familiarizados, hasta la ecolocalización que utilizan algunos murciélagos. Cada uno de ellos requiere un órgano especializado (ojos para ver, oídos para oír, nariz para oler, etc.), además de un área del cerebro que interprete la información recibida. Algunos tipos de alimento son más fáciles de conseguir que otros. Por ejemplo, un bisonte que come hierba tiene una tarea más sencilla que un pájaro carpintero que busca insectos bajo la corteza de los árboles. Cuando los recursos son difíciles de encontrar, la selección natural afina los órganos sensoriales y las áreas cerebrales, de modo que logran una sensibilidad exquisita. Por ejemplo, los elefantes pueden oler el agua a 20 kilómetros de distancia, mientras que los guepardos pueden ver sus presas a casi 5.

La ecolocalización requiere algo más que la mera recepción de ondas sonoras. También exige que los murciélagos que la utilizan emitan las señales que van a rebotar en los objetos físicos que detectar. Gracias al sonido reflejado, sus cerebros producen un mapa mental, que les sirve para localizar los insectos que constituyen su presa. Este mecanismo es relativamente inusual en el reino animal, pero no es exclusivo de estas criaturas voladoras. El aye-aye es un tipo de lémur que solo se encuentra en Madagascar. Este primate se alimenta de las larvas que extrae de los troncos de los árboles. Para encontrarlas, golpea la corteza con un dedo especialmente adaptado y escucha el eco con sus orejas sobredimensionadas, hasta que identifica una cavidad en la que puede ocultarse el sabroso bocado.

Una vez detectada la comida, hay que ingerirla. Algunos herbívoros lo tienen fácil: el bisonte solo tiene que bajar la cabeza y pastar. Por el contrario, los lobos deben perseguir a su presa y matarla, mientras que los orangutanes tienen que encontrar árboles frutales, arrancar la fruta y, en ocasiones, pelarla antes de consumirla. Dar muerte a otro animal puede ser una tarea peligrosa. A veces, los búfalos y las jirafas acaban con la vida de los leones que quieren cazarlos, mientras que los bisontes pueden herir mortalmente a los lobos. Todos los organismos presentan una serie de adaptaciones que les ayudan a conseguir su alimento. Tras localizar la cavidad en la que se esconde la larva, el aye-aye utiliza sus incisivos, que apuntan hacia delante, para perforar el tronco y extraer el insecto del escondite con su dedo corazón, significativamente alargado. Tanto el ángulo de los dientes como la inusual forma de sus manos son características exclusivas de esta peculiar criatura y no se encuentran en ninguna otra. Son rasgos fenotípicos que se desarrollaron para que sus portadores pudiesen subsistir con más facilidad. Los antepasados del aye-aye con estas adaptaciones tuvieron más éxito a la hora de evitar la muerte y el fracaso reproductivo, gracias a que eran mejores en la detección, ingestión y aprovechamiento de los alimentos. En consecuencia, estos rasgos fenotípicos y los genes que los determinan se propagaron por la población de este tipo de lémur.

Conseguir comida puede ser relativamente sencillo, pero hay que hacerlo sin convertirse en el bocado de otro organismo. La gacela de la sabana africana tiene que estar siempre ojo avizor en caso de que aparezcan guepardos, leones o perros salvajes, mientras que el ratón que busca semillas, frutos e insectos entre la hojarasca debe evitar a las rapaces. La impresionante velocidad punta de 100 kilómetros por hora del antílope americano, los cambios de color del camaleón y la resistencia del erizo al veneno de las serpientes son adaptaciones para reducir el riesgo de ser devorado durante la búsqueda de alimento. La evolución ha sido muy creativa en este sentido y se ha librado una verdadera carrera armamentista entre depredadores y presas, lo que ha dado lugar a la aparición de camuflajes extraordinarios, velocidades imposibles y olfatos capaces de detectar el más leve olor.

Una vez conseguido el alimento, hay que aprovecharlo. En este caso, las cosas pueden complicarse para herbívoros como el bisonte, que necesitan rumiar. Es decir, tragan en un principio la vegetación que consumen, pero luego la regurgitan y vuelven a masticarla. Al hacerlo así, segregan una saliva alcalina que contrarresta el ácido de su primer estómago, el rumen. A continuación, ingieren de nuevo la comida, mascada dos veces, que puede ser digerida con más facilidad por las sustancias químicas y las bacterias que hay en su intestino. Un bisonte puede pasar hasta ocho horas al día rumiando. No cabe duda de que la energía que aporta la hierba se gana a pulso. No obstante, los koalas lo tienen aún peor. Estas criaturas subsisten con una dieta de hojas de eucalipto, que contienen muchos productos químicos, para protegerse y mantener a raya a los insectos. Esto hace que sean extremadamente difíciles de digerir. Para facilitar este proceso, los koalas tienen un intestino más largo que otros animales de su tamaño. Cuanto más tiempo tarda el alimento masticado en recorrer esta longitud, más oportunidades hay de absorber sus nutrientes. A pesar de esta adaptación, los koalas duermen hasta veinte horas al día, durante las cuales no hacen otra cosa que digerir su comida.

Una vez conseguido esto, debe distribuirse la energía y repartirse entre las múltiples tareas que tiene que realizar el organismo. Así, una parte de ella se dedicará a la reproducción, otra a combatir enfermedades, otra a encontrar y obtener alimento y otra simplemente a mantener el metabolismo en marcha. Algunas especies de animales la emplean con moderación y la racionan durante largos períodos, mientras que otras la consumen a toda velocidad y parecen regirse por el lema de «vive deprisa y muere joven».

Los guppys de Trinidad, donde yo trabajo, nadan junto a sus depredadores en los arroyos de las llanuras que se extienden ante la cordillera del Norte. En este sentido, es inevitable que sean devorados y no viven mucho tiempo. Por eso, sus poblaciones se mantienen pequeñas y eso quiere decir que hay abundante alimento de alta calidad para los supervivientes, en forma de nutritivos invertebrados acuáticos. El caso es que estos pececillos están bien adaptados a su entorno. Alcanzan la madurez sexual a una edad temprana y cuando se reproducen liberan grandes cantidades de crías diminutas. Además, los adultos tienen una tasa metabólica muy alta, son capaces de nadar con rapidez y están muy atentos a la presencia de depredadores. Sus bocas están adaptadas a extraer sus presas del medio acuático y sus intestinos son relativamente cortos, lo que les permite digerir eficazmente su nutritivo alimento.

Si se sigue el curso de los arroyos hacia las montañas, enseguida se encuentran saltos de agua. Nunca hay peces grandes más allá de estas cascadas, pero a veces sí hay guppys, aunque no son iguales que sus parientes de la parte baja de los riachuelos. Como no hay depredadores, las poblaciones aumentan hasta que la comida disponible es insuficiente para todos sus miembros. En lugar de morir devorados, aquí mueren de hambre. Su gran número hace que sea difícil encontrar alimento de alta calidad y modifican su dieta para incluir algas y bacterias. Este entorno, libre de depredadores, pero en el que impera la escasez, selecciona rasgos fenotípicos diferentes a los anteriormente mencionados. La forma de la mandíbula es distinta en este caso y está adaptada a raspar algas y bacterias de las rocas. Del mismo modo, la tasa metabólica es inferior, para utilizar la energía de forma más eficiente, y el intestino es más largo, lo que permite una mejor absorción de nutrientes de una dieta menos grasa. Por otro lado, ya no es necesario que estos pececillos naden a gran velocidad para huir de los que intentan devorarlos, por lo que son menos rápidos. Al mismo tiempo, crecen más despacio que sus primos de la parte baja del arroyo. Alcanzan la madurez sexual más tarde y producen menos crías, aunque el tamaño de estas es mayor. Por lo general, también son más longevos. Al carecer de depredadores, los machos adquieren colores más llamativos y compiten con más ahínco por atraer a las hembras. Numerosos rasgos fenotípicos son distintos, aunque no cabe duda de que se sigue tratando de la misma especie. No obstante, las disparidades observadas entre los que viven en la parte alta y baja de los riachuelos son considerables.

Estas modificaciones se deben a que diferentes genes se han activado y desactivado en momentos distintos del desarrollo. Las selecciones natural y sexual han moldeado a estos pececillos de modo que se han adaptado a entornos en los que las causas de muerte y fracaso reproductivo son muy dispares. Para ello, han favorecido los conjuntos de rasgos fenotípicos que mejor ayudaban a sus portadores en cada caso, a la hora de evitar un fallecimiento prematuro y sin descendencia. A medida que estas características fueron evolucionando, se seleccionaron alelos concretos en cromosomas específicos y las poblaciones de ambas partes del arroyo empezaron a divergir genéticamente. Con el paso del tiempo, quizá surja una nueva rama del árbol de la vida. Los guppys son un microcosmos de la manera en que la evolución ha esculpido a los seres vivos en los últimos 4.000 millones de años.

En este capítulo he explicado cómo la competencia por los recursos es el motor de la evolución y cómo esta ha producido, en nuestra rama del árbol de la vida, organismos pluricelulares complejos que se reproducen mediante el sexo. También he resumido a grandes rasgos la aparición y el desarrollo del reino animal hasta que los mamíferos heredaron la Tierra. Al mismo tiempo, he proporcionado una panorámica de la potencia de los procesos evolutivos, que han creado a MK-D1, a *E. coli*, al aye-aye, a los guppys, a los lobos y a ti y a mí. Cada especie es la historia de un triunfo, de su capacidad de sobrevivir en un mundo en el que la muerte prematura o el fracaso reproductivo siempre son una posibilidad. Los antepasados de cada criatura existente en la actualidad superaron períodos de escasez de alimentos o de gran abundancia de depredadores, así como climas fríos y cálidos. Habitaron en el agua y en la tierra firme y sobrevivieron a erupciones volcánicas y a impactos de meteoritos. Encontraron muchas maneras de salir adelante, en ocasiones como maravillas unicelulares, en otras como animales complejos formados por billones de células. Animales complejos como tú y como yo, con sentidos afinados para detectar, conseguir y utilizar eficazmente una amplia gama de alimentos y con los rasgos fenotípicos adecuados para permitir la reproducción sexual.

Para que pudieran existir los mamíferos tuvieron que aparecer los organismos pluricelulares, el sexo y toda una serie de atributos que no he mencionado. Estas características surgieron en respuesta a los entornos en que debían desarrollarse las especies ancestrales de nuestra rama del árbol de la vida. Las criaturas de este tipo existentes hoy en día son el producto de miles de millones de años de evolución y de lucha por los recursos en entornos fríos y cálidos, o húmedos y secos, en ambientes donde la competencia era en ocasiones intensa y a veces un poco menos enconada. En otros momentos, este periplo se vio jalonado por volcanes, terremotos y colisiones de asteroides y meteoritos, por depredadores, enfermedades y períodos de escasez. Hace 66 millones de años, los mamíferos pasaron a ser la especie animal dominante en tierra firme, antes de extenderse y diversificarse. La manera en que llegaron a convertirse en humanos es el siguiente paso de nuestro viaje. Pero antes de hablar de eso, hay un rasgo fenotípico importante que aún no he mencionado: la consciencia. Ese es el tema del siguiente capítulo.

7

Consciencia

Si alguien se encontrara con un extraterrestre inteligente, este podría preguntarle qué se siente siendo un humano. Sospecho que cuestiones de este jaez serían mucho más probables que el examen de cavidades corporales del que hablan muchos de los que afirman haber sido abducidos por hombrecillos verdes. ¿Acaso nuestra primera acción al entrar en contacto con una especie de otro planeta sería meter el dedo en sus orificios? Probablemente no. En todo caso, ¿qué se puede responder ante tamaño interrogante? Se podría hablar de un cuerpo habitado por una mente, que es la parte que razona y piensa, y afirmar que ella es la que nos hace ser quienes somos. No sería descabellado dar una contestación como esta, dado que la experiencia consciente es especial y única. De hecho, para algunas personas se trata de algo demasiado extraordinario como para ser perecedero y creen en la vida después de la muerte. La evidencia nos obliga a aceptar el hecho de que al fallecer nuestros cuerpos no cumplen ya función alguna y se descomponen. Sin embargo, admitir la simultánea y completa desaparición de la personalidad puede ser más difícil. Podemos intentar frenar los inevitables estragos de la edad en el plano físico mediante una alimentación sana, ejercicio diario y la abstinencia de los placeres dañinos que según los médicos son perjudiciales para nosotros. No obstante, en ocasiones parece inconcebible que nuestras mentes puedan desvanecerse y desaparecer del todo, a pesar de que eso es lo que demuestran males como la enfermedad de Alzheimer y la demencia. Estas confirman que también es posible sufrir una degradación en este aspecto, como en el resto del soma desechable, y que, de hecho, a veces tristemente ocurre. Sin embargo, esto no impide que muchas personas crean en la vida después de la muerte. No cabe duda de que la mente se experimenta como algo especial y separado en cierto modo del cuerpo.

Una razón que la hace singular en este sentido es que no ha sido posible ubicarla como se ha hecho con el corazón o el bazo. A diferencia del riñón, el hígado o el pulmón, no existe un órgano llamado mente que podamos diseccionar y estudiar aparte del resto del cuerpo. No es posible trasplantarla a otro organismo y, aunque los escritores de ciencia ficción describen un futuro en el que sus contenidos podrán grabarse en una memoria USB y cargarse en un ordenador, no se trata de algo que vaya a ocurrir pronto. Dado que no podemos localizarla, ¿cómo podría descomponerse, junto con el cerebro, la piel y los músculos? Por mucho cuidado que se ponga en la disección de un cadáver humano, no es posible encontrarla en parte alguna, de modo que tal vez sea cierto que puede escapar a la muerte. Personalmente, no comparto esta opinión. Mi mente reside en mi cerebro, el órgano (o más exactamente, conjunto de órganos) que se encuentra en mi cráneo y que dejará de existir tras mi fallecimiento. Tanto uno como la otra forman parte de mi soma desechable y este no sobrevive a la muerte. Al fallecer se apagan las luces. Por supuesto, esto me entristece, pero más que nada me plantea otro interrogante: ¿por qué tenemos mente, por qué somos conscientes de nuestros pensamientos y de nuestra existencia? ¿Es simplemente la forma que tiene el universo de maravillarse de su propia magnificencia, o solo es un accidente de la naturaleza? ¿Podemos estudiar la evolución de los contenidos psicológicos del mismo modo que lo hacemos con cualquier otro rasgo fenotípico?

El problema difícil de la consciencia, un término acuñado por David Chalmers en 1995, se refiere a los motivos por los que experimentamos algo en absoluto y ha sido un interrogante central en los debates en torno a estas cuestiones de las últimas décadas. El nombre tiene un cierto deje irónico, porque todos los aspectos del estudio de estos temas son muy complicados. No hay parte fácil. No obstante, esta en particular se consideró especialmente ardua. Para plantearlo de otro modo, ¿sería posible que un zombi sin consciencia se comportase como una persona normal e hiciera todo lo que hace esta, pero sin experimentar nada? El problema difícil es difícil porque supone que, incluso si llegáramos a comprender por completo el funcionamiento del cerebro humano y fuéramos capaces de construir una réplica informática exacta, seguiríamos sin poder responder a la cuestión de por qué experimentamos la vida de una cierta manera.

Esto que se siente siendo humano es relevante y quizá sea la parte más importante de nuestra existencia. No es de extrañar que una multitud de investigadores se haya afanado en comprender las razones por las que tenemos esta experiencia de ser una persona. Una pregunta obvia a este respecto es qué se siente al ser un murciélago, un gato o una rata. Sabemos que la estructura cerebral de cada especie es la clave para responder a este interrogante y también que ser conscientes es el proceso que nos permite tener un sentido del propio yo. Entender el funcionamiento de nuestro cerebro a este respecto y sus diferencias con los de otros animales ha ayudado a los científicos a empezar a entender la consciencia y por qué tenemos mente.

Un influyente artículo sobre este tema fue un texto del filósofo Thomas Nagel que lleva el explícito título de «¿Qué se siente al ser un murciélago?». El autor parte de la base de que la mayoría de los animales tienen algún grado de consciencia y defiende que esta no se puede entender con solo descomponerla en procesos físicos, tales como las interacciones entre las neuronas del sistema nervioso central o el funcionamiento de los genes. Llega a la conclusión de que es imposible responder a la pregunta que da título al ensayo. Sin embargo, puesto que estas criaturas son conscientes, deben experimentar su existencia de alguna manera. El artículo se publicó en 1974 y desde entonces se han hecho muchos descubrimientos. Los psicólogos están convencidos de que estos animales tienen consciencia hasta cierto punto y los investigadores han logrado una comprensión razonable del funcionamiento de su cerebro. No obstante, aún no saben qué se siente al ser un murciélago. Es probable que se sufran altibajos, que se tengan buenos y malos momentos y que en ocasiones se experimente placer y en otras, dolor. Dudo que les atormente la angustia ante el destino de los insectos que devoran, ni que sopesen argumentos a favor y en contra del vegetarianismo (doy por hecho que no son frugívoros ni vampiros). Seguramente tampoco sean conscientes de que les espera la muerte, lo que no les impide hacer todo lo que está en su mano para evitar a los depredadores. No cabe duda de que se comunican entre ellos en cierta medida, pero no se dan la cantinela unos a otros sobre los maravillosos logros de los murciélagos del pasado.

Explicar estas cuestiones es uno de los retos más complicados de la ciencia. Llevar a cabo experimentos en este terreno es laborioso y la mayoría de los realizados hasta la fecha no arrojan mucha luz sobre el problema difícil de la consciencia. No obstante, hay una serie de opiniones sobre los motivos por los que surge este fenómeno. En buena medida, los participantes en este debate son filósofos, más que investigadores empíricos. Al abordar esta literatura, tuve que usar a fondo mi mente para intentar comprender la existencia de la misma. En todo caso, me esforcé en todo momento por contraponer las pruebas disponibles a la mera especulación. La conclusión a la que llegué fue que disponemos de evidencias suficientes para determinar que la mayoría de los animales son conscientes en cierta medida. Una mosca o una gamba no experimentan el mundo que les rodea con la misma complejidad que los seres humanos, pero aun así tienen una serie de experiencias que constituyen una forma de consciencia. Esta puede ser muy distinta de la que tenemos las personas. Los pulpos, por ejemplo, «ven» su entorno a través de su piel. Muchas especies de esta criatura pueden modificar su color y sus patrones en respuesta a cambios de luz o del tono y textura del medio. Averiguar lo que experimentan otros organismos y cómo lo hacen es extremadamente difícil y quizá imposible. Tampoco la genética nos ayuda mucho a este respecto. No hay pruebas de que haya un único gen que active o desactive la consciencia, ni en pulpos, ni en calamares, gambas, moscas o seres humanos. A la industria cinematográfica de terror le encantan los zombis asesinos y sin sensaciones. Sin embargo, nunca se ha observado un mutante que viviera su vida como una persona normal, pero sin experimentar nada. Puede que la consciencia no tenga una causa simple y unívoca, pero hay medicamentos que se emplean para apagarla y volverla a encender.

No estoy convencido de que el problema difícil sea de hecho una dificultad, aunque hay muchos investigadores que considerarían polémica esta afirmación. La consciencia surge de manera inevitable del funcionamiento del cerebro. Sospecho que sería imposible que este órgano recibiera y procesara estímulos de los ojos, los oídos, la nariz y la piel, que combinara esta información con los recuerdos almacenados y tomara una decisión sobre la actuación más adecuada, todo ello sin experimentarlo de alguna forma concreta. Dado que somos conscientes y que no hemos sido capaces de encontrar lo que nos hace serlo, la conclusión lógica es que esta cualidad debe surgir del funcionamiento del cerebro. Por supuesto, algunas tareas se realizan inconscientemente, pero esto no significa que todo pueda hacerse sin experimentarlo de algún modo. El punto de partida del problema difícil es la asunción de que todo podría hacerse de manera subconsciente y en este sentido es erróneo. Los zombis que se comportan igual que las personas normales no existen porque es imposible que lo hagan. Un número creciente de psicólogos ha llegado a la conclusión de que la consciencia es una consecuencia inevitable de un cerebro complejo y de que si logramos entender sus operaciones seremos capaces de desvelar el origen de este fenómeno.

La ciencia ha hecho grandes avances en la comprensión de la mente, muchos de los cuales se han logrado gracias a un mejor conocimiento de la manera en que funciona el cerebro. Quizá con el tiempo surjan pruebas que demuestren que la capacidad de moverse en respuesta a un acontecimiento percibido en el mundo exterior requiere una experiencia asociada. Esto sustentaría la existencia de la consciencia. Sin embargo, aún no hemos llegado a ese punto. Sospecho que no solo fracasaremos a la hora de descubrir humanos zombis, sino que también lo haremos con pollos, gambas y perros zombis. Hay muchas publicaciones sobre insectos de este tipo, pero se trata de animales cuyos sistemas nerviosos han sido infectados por *Ophiocordyceps unilateralis*. Este es el patógeno que controla a las personas y destruye sus mentes en la serie de televisión *The Last of Us*. En la vida real, el hongo mata a las hormigas, moscas y arañas que invade y altera su comportamiento para que antes de morir busquen un lugar expuesto, que eleve al máximo las posibilidades de que el parásito pueda infectar a otras víctimas. Se desconoce si este proceso altera la consciencia de los insectos, si es que de hecho tienen una. Lo cierto es que esta propiedad es una característica inevitable de los cerebros de algunos animales, incluidos los seres humanos, que emerge debido a la forma en que funcionan estos órganos. Se cree que el nivel de consciencia de una criatura varía según el grado de complejidad de ciertas estructuras de su sistema nervioso superior. Aún queda mucho por investigar a este respecto en todas las ramas del árbol de la vida en el reino animal.

El interrogante de Nagel sobre las experiencias del murciélago me hizo pensar sobre lo que siento al ser yo mismo. Es algo sorprendentemente difícil de responder, en parte porque no soy capaz de compararlo con nada que no sea otra vez yo, pero más joven. Sin embargo, creo que en conjunto ser yo no está del todo mal. Los sentidos que utilizo para percibir el mundo (vista, oído, tacto, gusto y olfato) funcionan todos. Mis ojos nunca han sido particularmente buenos y con la edad he tenido que ponerme gafas para leer. No obstante, esto no me ha impedido ser testigo de muchas cosas extraordinarias. Del mismo modo, mi audición no es tan buena como antes, pero en general no he dejado de ser capaz de captar el mundo a mi alrededor. Disfruto con la contemplación de la naturaleza, con la música, con el contacto humano y con la buena comida y la mejor bebida. Los órganos de los que dispongo para experimentar la realidad funcionan adecuadamente.

Mi memoria, que es una parte fundamental de la consciencia, también me sirve razonablemente bien. Soy capaz de recordar hechos concretos, sobre todo los relacionados con la biología, y cuando me reúno con amigos y familiares puedo rememorar acontecimientos pasados tan bien como ellos, aunque a veces me gustaría olvidar las tonterías que he hecho. Mis habilidades de reconocimiento facial son harina de otro costal, pero siempre ha sido así. Cuando algún conocido me saludaba por la calle y nos parábamos unos minutos a charlar, Sonya solía preguntarme por qué no la había presentado. La respuesta era siempre la misma: no tenía ni idea de quién era esa persona. La cosa ha llegado a tal punto que mi esposa ya no me plantea nunca la cuestión. Simplemente se limita a constatar el hecho de que yo no sabía con quién había estado conversando. Lo mismo me ocurre con las caras de los famosos. Para disgusto de mis hijos, no me di cuenta de que había estado en una recepción a la que también había asistido la cantante Katy Perry hasta que alguien me lo dijo. Lo bueno es que ella tampoco supo que había estado en el mismo evento que yo.

Decidir cómo actuar ante una situación dada también forma parte de la consciencia. En este sentido, al reflexionar sobre qué se siente al ser yo, pensé en cómo tomo decisiones. Es un proceso que se me da bien, aunque en ocasiones los resultados acaben siendo malos. Siempre intento basarme en la información disponible en ese momento y una vez que llego a una conclusión no me preocupa que esta no sea perfecta. Si más adelante me pregunto si podría haber hecho una elección mejor, intento aprender de mis errores y darme cuenta de aquello en que me equivoqué. Sin embargo, no es algo que me cause angustia. No suelo entrar en pánico y rara vez me estresan las situaciones difíciles. Poco después de mi episodio juvenil de malaria, estuve bastante afligido por la idea de mi propia mortalidad, pero al final me di cuenta de que no tenía sentido seguir dándole vueltas al asunto. Desarrollé una estrategia según la cual divido los problemas en tres grandes grupos: los que puedo controlar (mis decisiones), en los que tal vez podría influir (las decisiones de los demás) y por último aquellos en los que no tengo posibilidad de actuación. No me preocupo por las dos últimas categorías, porque no merece la pena, y respecto a la primera, es algo que puedo gestionar. No obstante, analizo detenidamente cómo puedo aportar a las elecciones de los demás. Descubro lo que desean obtener en una situación dada, la manera en que nuestros intereses pueden converger, qué capacidad de influencia tengo y qué podría resultarles convincente. Este tipo de reflexiones forma parte de nuestra experiencia como humanos y es algo que hacemos todas las personas.

Además de pasar tiempo siendo yo mismo, también he dedicado muchos momentos a averiguar cómo sería ser Woofler. Está claro que nuestras experiencias son muy distintas. Él está bien dotado para percibir su entorno, con una visión, un oído y un olfato excelentes. También tiene una memoria muy eficaz, sobre todo para recordar los lugares donde ha cazado ardillas y conejos con éxito. No solo eso, sino que también reconoce a otros perros y personas y algunos de sus recuerdos son muy duraderos. A menudo, sus decisiones no cuentan con mi aprobación, pero no creo que todas sus acciones sean instintivas. Por ejemplo, no coge la comida de la mesa si hay alguien más en el cuarto, pero lo hace en cuanto se queda solo. Sin embargo, no tiene dotes como para entender que mediante un sencillo proceso de eliminación llegaremos a la conclusión de que ha sido él quien se ha zampado el queso. Tiene prohibido subirse a nuestra cama y no lo hará mientras estemos en casa. No obstante, sabemos que se buscará un hueco entre las almohadas nada más irnos y que al volver oiremos el sonido que hace al bajar de un salto al suelo. Me observa a menudo, quizá intentando evaluar mi posible reacción, antes de decidir si hace algo que sabe que le puede conllevar un regaño. Por lo general, esto ocurre cuando se quiere acercar a otros perros de mayor tamaño, que podrían darle una paliza, o cuando se propone restregarse en excrementos de zorro. Hay veces que pasa de largo y otras, más frecuentes, en las que parece decidir que merece la pena afrontar las consecuencias. Por supuesto, estoy antropomorfizando su comportamiento, pero si fuésemos capaces de medir la consciencia, estoy seguro de que llegaríamos a la conclusión de que la tiene en cierto grado.

Ahora bien, resulta que sí podemos cuantificar la consciencia. Los médicos lo hacen a menudo mediante escáneres que registran la actividad cerebral. Estas herramientas les permiten percibir los campos eléctricos producidos por grandes conjuntos de neuronas en diferentes partes del cerebro. Los científicos han identificado patrones en estas señales y han ideado formas de caracterizarlos. Esto les permite situarlos en una escala que va desde los puramente aleatorios hasta los que tienen una estructura muy reconocible y que son totalmente predecibles. Los de un sujeto despierto y consciente, que piensa en los problemas de la vida cotidiana, se sitúan entre estos dos extremos. Si se me pudiera hacer un electroencefalograma mientras escribo estas líneas, se verían ondas que comienzan en una región del cerebro y se desplazan a otras, antes de desvanecerse. En este sentido, la actividad observada no es aleatoria y las neuronas no se encienden y se apagan de manera caótica. Por otro lado, no es fácil predecir los patrones eléctricos. No es posible asegurar con certeza que unas células se van a activar a continuación, solo porque otras contiguas ya lo están. En cambio, las señales se propagan en un lugar concreto y se desplazan como una onda, pero no de una forma que se pueda anticipar con exactitud en todos los casos. Las ondas cerebrales de una persona normal en estado de vigilia, según las detecta el escáner del hospital, están dotadas de una cierta organización, aunque esta no sea rígida.

La actividad eléctrica cambia cuando se realizan tareas diferentes. Al poco de irse a la cama, el nivel de consciencia cambia y las ondas cerebrales se vuelven más predecibles y localizadas. Estas se hacen todavía más lentas cuando el sujeto cae en un sueño profundo, antes de acelerarse de nuevo más tarde. Esto sucede al empezar la fase llamada de Movimiento Ocular Rápido, o REM por sus siglas en inglés. Algunas sustancias que alteran la mente, como el LSD, también modifican el estado de consciencia y hacen que los patrones cerebrales sean más caóticos. El escáner de una persona anestesiada muestra una aleatoriedad aún mayor que los de quienes ingieren estas drogas, hasta el punto en que la consciencia desaparece por completo. En este sentido, esta experiencia es muy diferente del sueño, porque después de haber dormido se tiene la certeza del paso del tiempo. En cambio, bajo los efectos de la anestesia, la administración de la misma y el despertar se experimentan como momentos inmediatamente sucesivos. Por otro lado, en ese intervalo la actividad eléctrica es desorganizada y aleatoria. Es como estar en un coma inducido.

Una de mis hijas lo experimentó cuando tenía veinte años. Contrajo una neumonía bacteriana, que con posterioridad derivó en una septicemia. Estuvo en coma inducido durante dos semanas y media, mientras el fabuloso personal del servicio de salud público británico se esforzaba por salvarle la vida. Nos informaron de que, cuando volviera en sí, no sabría cuánto tiempo había estado inconsciente. Los médicos tenían razón: ella no podía creer que hubieran pasado tantos días y todo el episodio le resultó muy desconcertante. Me complace decir que se recuperó por completo. En ese momento, su edad era casi la misma que la mía cuando padecí malaria. En mi caso, tuve la suerte de perder solo unos pocos minutos de mi vida, mientras que mi hija no recuerda diecisiete días enteros de la suya. De haber monitorizado sus ondas cerebrales durante el coma, estas habrían sido aleatorias. Nuestros niveles de consciencia varían dependiendo de muchos factores, entre ellos la tarea que estemos realizando en ese instante, y cada estado produce un patrón diferente. El del pensamiento consciente es característico, al igual que el de los procesos subconscientes, que es distinto. La identificación de estos patrones es un área que se investiga de forma activa. Una de las razones por las que los psicólogos creen que algunas especies animales tienen consciencia es que sus ondas cerebrales tampoco son aleatorias por completo ni perfectamente uniformes. Por ejemplo, en 2023 un equipo internacional de científicos informó de que habían utilizado pequeños implantes para monitorizar la actividad eléctrica de tres pulpos que vivían en libertad. Resultó que los patrones observados al aprender nuevas tareas eran muy parecidos a los de los mamíferos, incluidos los seres humanos, en similares circunstancias. En cambio, otros comportamientos generaban señales estructuradas de una manera que no se había visto antes en ningún otro animal. Investigaciones como esta en una amplia gama de criaturas revelan que algunos tipos de patrones son bastante similares en todas las circunstancias, incluso entre especies con un parentesco muy lejano.

Algunos neurocientíficos han llegado a afirmar que la consciencia es idéntica a la actividad eléctrica cerebral, aunque la mayoría no comparten esta opinión. No cabe duda de que observar estas señales es el mejor método disponible en la actualidad para cuantificar esta variable en personas o animales. Sin embargo, no es suficiente para explicar este fenómeno. Los patrones detectados surgen por la forma en que funciona el cerebro y biólogos, neurocientíficos y psicólogos han hecho grandes progresos a este respecto. Algunos de ellos sostienen que las ondas detectadas en otras especies, como las moscas y las gambas, dan a entender que todos los animales tienen cierto grado de consciencia. No obstante, seguimos sin saber qué se siente al ser una mosca, un murciélago o Woofler.

Las estructuras cerebrales donde reside la consciencia están en el interior de un sistema de caja negra, en el cráneo. No detectan la luz, los olores, los sonidos, el tacto ni el gusto, sino que convierten en experiencias las señales eléctricas recibidas de las células de los órganos sensoriales, que sí perciben estos estímulos. De este modo, reciben impulsos de ojos, oídos, nariz, boca, piel, tejidos y otras partes del cuerpo en forma de señales químicas o de corrientes eléctricas. Las interpretan y procesan, antes de enviar respuestas del mismo tipo a los músculos y otros órganos, para indicarles lo que deben hacer. Algunas de estas instrucciones se emiten de manera inconsciente, mientras que otras son el resultado de un proceso deliberativo de toma de decisiones. Todo esto puede ocurrir con una rapidez pasmosa, si es necesario, aunque en otras ocasiones requiere una eternidad. Sonya puede tardar varios minutos en elegir entre el bombón de avellanas y el de naranja en un surtido. Independientemente de por cuál se decante, suele escoger la opción incorrecta y acaba por dármelo a medio comer, para a continuación optar con mucha más rapidez por la otra variedad. De este modo, pretende corregir su error inicial.

Nuestros órganos sensoriales contienen receptores que pueden percibir ciertos aspectos del entorno. Así, la retina, situada en la parte posterior del ojo, cuenta con cerca de 97 millones de células, capaces de detectar luz de diferentes colores e intensidades. Estas producen una proteína que genera una carga eléctrica cada vez que recibe el impacto de un fotón, una información que el cerebro puede utilizar. De un modo parecido, las integrantes de un tejido de la nariz cuentan con unas sustancias del mismo tipo que se unen a distintas moléculas, lo que les permite captar olores. Cuando se prepara pan, la acción de la levadura en la masa emite los llamados ésteres etílicos. Estos pueden unirse a ciertas proteínas de algunas células nasales, las cuales envían una señal eléctrica a través del nervio olfativo cuando esto sucede. Entonces la persona decide qué hacer a continuación. En mi caso y en este escenario, suele ser ir a la nevera a por mantequilla. Los demás órganos sensoriales funcionan de forma similar, pero en lugar de ser sensibles a la luz o a los olores, lo son al sonido, al tacto o a la textura y cuando los detectan envían impulsos al cerebro.

Este, en el interior del cráneo, recibe todas estas corrientes y construye con ellas una representación del mundo que le rodea. Supongamos que alguien huela un panecillo recién horneado, lo vea en la cocina y lo toque para comprobar que aún está caliente. En este caso, su cerebro crea una simulación de la experiencia de encontrar un pan que acaba de salir del horno y a continuación decide lo que hacer con esa información.

Esta recreación del entorno puede ser exacta o no, pero es lo suficientemente precisa como para que el sujeto sobreviva y prospere. No obstante, las reconstrucciones en cada cerebro individual no son idénticas. Por ejemplo, mi percepción del verde, el amarillo o el rojo puede ser diferente de la de otra persona (este es de nuevo el problema difícil de la consciencia). Estas disparidades son poco relevantes siempre que ambos estemos de acuerdo en que un objeto es de un color determinado. Lo importante es que la simulación del mundo exterior que experimentamos contenga suficiente información como para que podamos tomar decisiones sensatas y emprender acciones adecuadas. Para la mayoría de los animales, estas implican la detección, adquisición y utilización de recursos como comida, agua, un territorio o una pareja, sin ser víctimas de algo que pueda matarlos. En el caso de los seres humanos, estas actividades son mucho más numerosas y pueden consistir en completar un crucigrama, sacar al perro a pasear o decidir el tono de la pintura del dormitorio.

Construir una simulación del entorno y determinar la respuesta que se debe dar ante cada situación es una tarea complicada. En este sentido, nuestro cerebro es el objeto más complejo del universo conocido. Es asombroso y debemos cuidarlo. Es el centro de mando del cuerpo y su cometido principal es mantenernos vivos. Algunas de las funciones que realiza ocurren sin que nos demos cuenta. Modifica la temperatura corporal, regula el ritmo cardiaco y provoca muchos comportamientos instintivos. Todo esto tiene lugar en el subconsciente, aunque con concentración podemos controlar conscientemente algunos de estos procesos, tales como nuestras pulsaciones. Al mismo tiempo, almacena recuerdos, que desempeñan un papel importante a la hora de decidir cómo actuar en una situación determinada.

El encéfalo de los seres humanos comprende muchas regiones, pero en el nivel más básico se puede dividir en tres zonas diferenciadas: el tronco encefálico, el cerebelo y el cerebro propiamente dicho. La primera de todas ellas es la más antigua desde el punto de vista evolutivo y regula la mayoría de los procesos subconscientes necesarios para mantenernos con vida. Así, determina los latidos del corazón, la respiración de los pulmones y el funcionamiento de muchos otros órganos. Se encuentra en la base del cráneo, junto al extremo superior de la médula espinal. La segunda se ubica en la parte posterior del conjunto y se llama cerebelo. Es el centro de mando del movimiento y del control voluntario de nuestros músculos. Mientras escribo este párrafo, es el responsable de indicar a mis dedos a dónde dirigirse en el teclado y cuándo pulsar las teclas. En este sentido, es el encargado del control motor fino y si se dañara, yo no podría teclear. Pero eso no es todo:

también desempeña un papel, junto con la amígdala, que se encuentra en el cerebro, en la regulación de las respuestas al miedo y al placer. La tercera área del encéfalo es la más grande y es la responsable del olfato, el habla, el pensamiento, las emociones y el aprendizaje. En los seres humanos, su componente más voluminoso es el neocórtex, que representa por sí solo más de la mitad del tamaño del cerebro. Es aquí donde reside nuestra inteligencia y, con mucha probabilidad, nuestro elevado nivel de consciencia.

Estas regiones pueden dividirse a su vez, normalmente en función de las tareas que desempeñan sus diferentes zonas. Cada una de estas tiene un nombre específico y se necesita una buena memoria para poder seguirles la pista, recordar su cometido concreto y sus conexiones a los órganos sensoriales y a otras partes del encéfalo. La intrincada manera en que se elaboran y combinan las señales recibidas para crear una simulación del mundo es compleja y fascinante. Sin embargo, los detalles de este proceso quedan fuera del alcance de este libro. Un aspecto fundamental del cerebro son las redes de comunicaciones que se forman entre sus células, llamadas neuronas. El funcionamiento de estas estructuras es ligeramente diferente dependiendo de la zona encefálica considerada, pero también hay grandes similitudes en este sentido.

Hay entre 80.000 y 100.000 millones de neuronas en el cerebro y al menos el mismo número de células gliales, si no varias veces más, que cuidan de ellas. En el siglo XIX, los científicos pensaron que sin este tejido se desharía el sistema nervioso, por lo que eligieron un término que hace referencia a la palabra griega *glía*, que significa cola o pegamento. Sin embargo, esa no es su función. Más bien, son como los equipos de mecánicos que se aseguran de que los coches de carreras funcionen correctamente. La proporción entre estos dos componentes del sistema nervioso depende mucho de la región cerebral de que se trate y se han dado estimaciones muy variables de sus cantidades absolutas. Contar cada una de las integrantes individuales de un encéfalo humano sería una tarea ardua y tediosa, por lo que nos basamos en extrapolaciones, obtenidas a partir de recuentos realizados sobre pequeñas muestras. Independientemente de su número exacto, las células gliales son fundamentales para el funcionamiento del cerebro. Sin embargo, por lo que sabemos hasta la fecha, su papel no es decisivo para comprender la consciencia y por esa razón no volveré a hablar de ellas.

Hay muchos tipos diferentes de neuronas, pero todas cuentan con el mismo conjunto básico de componentes, que han evolucionado para permitirles conectarse unas con otras y formar así grandes redes. Siempre tienen un cuerpo celular principal, llamado soma, donde se encuentran el núcleo y varios orgánulos. A veces, la terminología de las ciencias de la vida puede ser desesperante. «Soma» es un vocablo que procede del griego y que significa «cuerpo». En la neurona, esta palabra sirve para nombrar su parte principal, mientras que la expresión «soma desechable» se refiere a nuestro organismo, excepto los gametos. Sea como fuere, el caso es que de uno de los extremos de este componente suele salir un tubo largo y delgado llamado axón. Está recubierto de un tipo particular de proteína denominada mielina, que constituye una vaina a su alrededor y que le permite transmitir señales eléctricas con rapidez. En un lado de la célula, normalmente más cerca del soma, hay una compleja red de receptores conocidos como dendritas. Estas se parecen un poco a las ramas de un árbol, en el sentido de que tienen muchas más terminaciones que puntos de partida. Además, están cubiertas de estructuras sinápticas, de las que puede haber muchos miles en una sola neurona y que sirven a esta para comunicarse y formar enlaces. Lo más habitual es que estos se establezcan con otras células similares, pero también se puede hacer con otras de otro tipo, como las que detectan la luz en la retina. El axón también se subdivide y al final de cada rama hay algo llamado terminal axónico. Estos forman enlaces con las dendritas de otras neuronas mediante uniones sinápticas, establecidas entre los terminales de una y los receptores de otra. De este modo, cada una de ellas puede estar en contacto con miles de sus compañeras. El gran número de este tipo de nexos permite la creación de una tupida red interconectada, con más de 600 billones de sinapsis en el cerebro. Esta malla es fundamental para nuestro funcionamiento, así como para la consciencia.

Estructura de una neurona

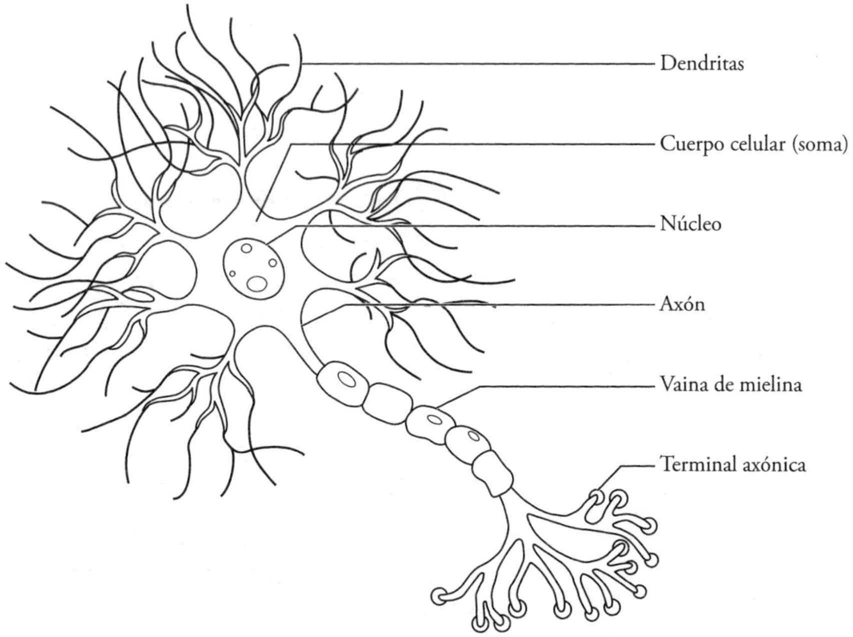

Estamos familiarizados con este tipo de conceptos gracias a plataformas como Facebook y X. Cada usuario de una red social crea un conjunto de conexiones con sus amigos, conocidos o personas que le interesan. A su vez, todas ellas habrán establecido sus propios contactos. En términos científicos, cada cuenta es un nodo y cada vínculo es una arista. En el cerebro, estos papeles corresponden a las neuronas y a las uniones sinápticas, respectivamente. Las redes sociales se han extendido por todo el planeta y se suele decir que, si se trazase un diagrama de toda la población humana, nunca habría más de seis grados de separación entre dos usuarios cualesquiera. En otras palabras, tú y yo podríamos estar conectados a través de cinco personas relacionadas entre sí. Yo conocería a una de ellas, tú a otra y las tres restantes completarían la cadena. No cabe duda de que habrá algunas excepciones, como las tribus aisladas de ciertas islas en el archipiélago de las Andamán, pero es muy probable que esta regla sea cierta en el caso de los lectores de este libro. La red neuronal es aún más densa. Se estima que no hay más de tres o cuatro grados de separación entre sus integrantes, lo que debería darnos una idea de su densidad. Además, su tamaño es extraordinario, ya que hay unas quince veces más neuronas en el cerebro que personas en el globo.

Este tipo de analogías son útiles para comprender el funcionamiento del sistema. Supongamos que hay seis cuentas de Instagram dedicadas a describir lo que llevo puesto y lo que hago en cada momento. La primera de ellas analiza en exclusiva los zapatos que calzo cada mañana, la segunda los pantalones que me pongo, la tercera mi camisa, la cuarta el lugar en que me encuentro, la quinta lo que hago y la sexta y última lo que digo. Este contenido sería tan aburrido que nadie podría seguir todas estas cuentas sin quedarse dormido. No obstante, supongamos que cada uno de mis tres hijos se suscribe a dos de ellas. Luke es un devoto de mi calzado y de mis pantalones, Georgia se interesa por mi camisa y por mi ubicación, mientras que Sophie quiere conocer mis acciones y mis palabras. Como no se me da muy bien compartir esta información con Sonya, ella los sigue a su vez. En las raras ocasiones en que yo luciera una indumentaria nueva y chillona, estrenara unas botas vaqueras relucientes y estuviera haciendo algo interesante o pronunciando frases grandilocuentes, Sophie, Luke y Georgia compartirían mis actualizaciones y Sonya las vería. De este modo, recibiría datos relevantes de todos los miembros de la red y podría tomar decisiones al respecto y actuar en consecuencia. Por ejemplo, señalar que mis prendas no combinan con las botas.

La información se propaga a través de la vasta red que hay en el cerebro de una forma parecida a la del ejemplo. Para entender cómo se desarrolla este proceso, es útil saber más sobre el funcionamiento de las neuronas. Cada una de ellas recibe señales a través de las conexiones sinápticas, que luego se desplazan como impulsos eléctricos a lo largo de las dendritas y hasta el soma. Dependiendo del número de receptores activados y de la intensidad de la corriente recibida, el cuerpo celular puede enviar una señal eléctrica a lo largo del axón. En la mayoría de los casos, cuando este potencial de acción, como lo denominan los neurocientíficos, llega a los terminales axónicos provoca la liberación de unas sustancias conocidas como neurotransmisores. Estas moléculas se combinan con los receptores químicos que hay en las dendritas de la célula que forma el otro extremo de la sinapsis. Si se trata de otra neurona, este estímulo puede hacer que se envíe un nuevo impulso hasta su soma. Si es una fibra muscular, puede provocar su contracción o su relajación. En algunos casos, en lugar de neurotransmisores, lo que se intercambia son iones. Sin embargo, el resultado es el mismo: la transmisión de una señal entre células. De hecho, las conexiones sinápticas que utilizan este mecanismo son más rápidas que las que dependen únicamente de moléculas porque las corrientes eléctricas se desplazan a mayor velocidad. En cambio, el tipo de información que se puede transmitir es más limitado y se reduce a «sí» o «no», mientras que los neurotransmisores son capaces de comunicar diferentes grados de «tal vez».

Los fotorreceptores de los ojos están conectados a varias neuronas llamadas células ganglionares de la retina. Cada una de ellas está en contacto con un centenar de terminales fotosensibles, pero lo hacen con configuraciones muy diferentes. Algunas se comunican con detectores dispersos por toda la retina, mientras que otras hacen lo propio en una región muy pequeña de la misma y otras más se conectan a estructuras en columna o en fila. Por el otro extremo, forman uniones sinápticas con un gran número de neuronas, que reciben la información sobre patrones de intensidad luminosa y de color, así como sobre los bordes y las formas de los objetos. A su vez, estas transmiten esos datos a muchas otras como ellas. Cada enlace genera una imagen más precisa de lo que se ve en ese momento. En última instancia, se activan partes más profundas de la red, cuyas integrantes son las responsables de hacerle saber al sujeto que está mirando a una persona, un animal, un árbol, un lago o lo que sea. En un estudio, los investigadores identificaron una neurona en un paciente que se activaban cada vez que este veía una fotografía de Jennifer Aniston. Cualquiera que conozca el aspecto de la actriz puede tener una neurona Jennifer Aniston. De hecho, podrían ser varias, que se activarían en presencia de cualquier cara u objeto familiar.

Red neuronal

Posteriormente, las redes neuronales del cerebro procesan estas señales y cada capa de la malla construye una representación más detallada de lo que experimenta el sujeto. También se pueden combinar datos procedentes de varios sentidos y hay enlaces entre circuitos para averiguar lo que se toca, huele, mira y oye. A la par que se realiza este proceso, el sistema también filtra la información redundante. Para que una célula nerviosa se active y envíe una corriente eléctrica por su axón y un impulso a sus compañeras, es necesario que haya un número suficiente de uniones sinápticas. Es decir, si no hay bastantes indicios como para concluir que lo que se ve es una fotografía de Jennifer Aniston, las neuronas Jennifer Aniston no se activarán.

Las tareas de las componentes de estas estructuras se superponen en buena medida. Varias neuronas de una parte del cerebro llamada hipocampo podrían activarse ante una fotografía de Jennifer Aniston, al igual que podrían hacerlo otras en diferentes regiones, asociadas de algún modo a la imagen de la actriz. Por ejemplo, si hubiera una vinculada a Courteney Cox, coprotagonista de la serie *Friends*. Esto sugiere que algunas neuronas podrían codificar el concepto abstracto «*Friends*», en lugar de solo el rostro de una de las intérpretes. Ahora bien, ¿cómo proceder cuando se activan a la vez células nerviosas que codifican información diferente? Este dilema se ha estudiado en detalle en referencia a otra parte del cerebro, el neocórtex.

Este se encarga de buena parte de la ardua tarea de identificar patrones. Presenta circunvoluciones profundas de formas complejas y suele tener un grosor de entre 2 y 3 milímetros. Si se extrajera tras la muerte y se extendiera sobre una superficie plana, ocuparía un cuadrado de unos 45 centímetros de lado. Gracias a cuidadosas mediciones con microscopios muy potentes de última generación, los investigadores han podido estimar que una muestra del neocórtex del tamaño de un grano de arroz contiene 100.000 neuronas, unidas entre sí por 500 millones de conexiones sinápticas. Las células nerviosas que lo integran se hallan dispuestas en 1 a 2 millones de estructuras verticales conocidas como microcolumnas corticales. En los seres humanos, cada una de ellas contiene poco más de 100 neuronas, organizadas en seis capas.

La mayoría de las neuronas del neocórtex están dispuestas en un plano que va del cráneo hacia el centro del cerebro. En cambio, otras se orientan en perpendicular a esta dirección. Estas transmiten información entre distintas partes del neocórtex y, de alguna manera, parecen capaces de llegar a un consenso sobre lo que experimenta el sujeto en ese momento. Por ejemplo, si se le presenta una fotografía de Jennifer Aniston y se activan veinte neuronas Jennifer Aniston, mientras que solo ocurre lo mismo con tres de Courteney Cox, la opinión prevalente y el acuerdo alcanzado será que se trata de una imagen de la primera. Aún no se comprenden bien los detalles de este proceso, pero los avances de la neurociencia son tan rápidos que no tardaremos en entenderlo mejor.

Otro campo de investigación activa se refiere a la manera en que almacenamos los recuerdos. Para ser capaces de reconocer lo que se ve es necesario haberlo visto antes. No sabemos de forma instintiva qué aspecto tiene algo, cómo huele o sabe. Tenemos que aprenderlo. Esto se consigue a medida que se experimentan las cosas. Por ejemplo, la mayoría de nosotros no conocemos en persona a Jennifer Aniston, sino que nos hemos enterado de quién es ella después de verla actuar en películas o en series de televisión. Algo parecido ocurre con las caras de nuestros amigos, conocidos y compañeros de trabajo. Cuando nos los presentan y hablamos con ellos, se forman uniones sinápticas que nos permiten reconocerlos. Aunque los científicos aún no han descubierto los detalles de la formación y conservación de recuerdos recientes, mientras que se olvidan otros de mayor antigüedad, lo que es evidente es que buena parte de esta tarea se realiza durante el sueño. No cabe duda de que dormir bien por la noche nos ayuda a recordar.

Hasta ahora he descrito el proceso mediante el que se identifican imágenes o aromas, en lugar de series cambiantes de acontecimientos, como una película o un olor que empeora. He explicado cómo se interpreta una fotografía de Jennifer Aniston, pero no su papel en el largometraje *Una pareja de tres*. El caso es que nuestro sistema nervioso es muy bueno a la hora de reconocer imágenes estáticas, pero puede hacer mucho más. De hecho, para sobrevivir en el mundo real, no es suficiente con captar una serie de instantáneas. La simulación del entorno que se genere debe ser dinámica. En este sentido, se parecerá más a un videojuego que a una postal. Además, tiene que permitir realizar predicciones sobre sucesos futuros. Para conseguir esto, el cerebro debe percibir objetos en movimiento, ya sea mediante la vista, el oído, el tacto o el olfato, y ser capaz de adelantarse a sus estados sucesivos. La manera de lograrlo se parece en cierta forma a la función de seguimiento del enfoque automático en las cámaras actuales, que mantiene los objetos enfocados a medida que se desplazan frente al objetivo. Sin embargo, en lugar de seguir un solo sujeto o situación, el cerebro puede hacerlo con muchos simultáneamente, estimar sus distancias relativas y predecir las consecuencias de rotaciones tridimensionales.

La forma en que el neocórtex realiza estos procesos viene descrita por la denominada teoría de los sistemas de referencia. Estos son conjuntos de coordenadas que describen la ubicación y el movimiento de los objetos. Su funcionamiento se entiende de manera más intuitiva en el caso de la visión, aunque la misma lógica subyacente puede aplicarse al oído, al tacto e incluso al lenguaje y al pensamiento abstracto. Un sistema de referencia describe el origen y la orientación de un cuerpo cualquiera, así como las distancias relativas que hay entre varios de ellos y la tasa de cambio de estos parámetros con el tiempo. Se parte de la determinación de un punto central, que en el caso que nos ocupa es el propio observador. La orientación se refiere a la rotación de unos objetos con respecto a otros. Por ejemplo, si nos situamos de pie frente a un reloj y miramos la manecilla más corta, esta nos aparecerá vertical y apuntando hacia arriba cuando sea mediodía, hacia abajo a las seis de la tarde y horizontal hacia la derecha o la izquierda cuando sean las tres y las nueve, respectivamente. Si se gira el reloj en cualquier dirección, cambia la orientación. Nuestro cerebro es excelente para seguir este tipo de modificaciones.

A su vez, la distancia entre dos objetos permite al cerebro evaluar su proximidad o lejanía relativas. Lo más habitual es que pensemos en este parámetro como una medida que se realiza entre el observador y un cuerpo externo. Sin embargo, un sistema de referencia permite hacer cálculos con dos objetos cualesquiera, independientemente de que uno de ellos se encuentre en el origen o no. Por ejemplo, se puede saber que dos coches van a estrellarse y predecir cuándo ocurrirá el impacto. Para ello, no hay más que seguir la evolución de la distancia a cada vehículo y de estos entre sí, además de constatar el hecho de que sus direcciones los llevan irremediablemente a chocar.

Un sistema de referencia describe el movimiento relativo de los objetos y de estos con respecto al observador. En este sentido, el cerebro controla los cambios de orientación y distancia con el paso del tiempo. El neocórtex es extraordinario, ya que puede establecer de forma simultánea sistemas de referencia para los múltiples cuerpos que pueda haber en el campo de recepción sensorial. Para ello, recurre a la activación de un gran número de conexiones sinápticas, que son estimuladas por la presencia de un patrón determinado. Además, traza un mapa del mundo que nos rodea, a partir de las llamadas células de red y neuronas de lugar. Con toda esta información, nuestro asombroso cerebro es capaz de construir una simulación del entorno y predecir lo que va a suceder a continuación.

Una vez que se ha hecho esto, se utiliza esta reconstrucción para anticipar lo que puede ocurrir en un momento posterior (por ejemplo, el movimiento previsto de los objetos en un sistema de referencia). Si las informaciones posteriores procedentes de los órganos sensoriales coinciden con las predicciones, las nuevas señales no se transmiten a la red, sino que se extinguen. No las experimentamos. Por el contrario, si lo percibido no coincide con lo pronosticado, es necesario actualizar la simulación. Para ello, a menudo se recurre a datos de neuronas y microcolumnas corticales que no hayan participado recientemente en la elaboración de esta reproducción del entorno.

La comparación entre predicciones y realidad se lleva a cabo de una manera muy astuta. Para que una neurona envíe una corriente a lo largo de su axón, hacia otras partes de la red, es necesario que le lleguen varias conexiones sinápticas y que sus vecinas en la microcolumna cortical se encuentren en el estado adecuado. Es decir, su soma debe recibir suficientes señales eléctricas como para superar un cierto umbral. Si este no se alcanza, la neurona permanece a la espera durante un breve período de tiempo, lista para activarse si percibe más impulsos. Las adyacentes a ella pueden detectar este estado excitado y eso impide que se activen ellas mismas, un fenómeno que los neurocientíficos denominan inhibición lateral. Una consecuencia de todo ello es que múltiples integrantes de una microcolumna cortical solo emiten corrientes por sus axones cuando lo hacen simultáneamente, enviando señales por todo el cerebro. A su vez, esto solo ocurre cuando todas reciben gran cantidad de conexiones sinápticas al mismo tiempo. Esto podría suceder si no coincidiera la simulación con las nuevas observaciones, es decir, si la reproducción del entorno fuese inexacta.

Una vez que se ha creado una representación del mundo en nuestro interior, puede ser necesario dar instrucciones al cuerpo para que responda ante ciertos acontecimientos, evite el peligro y adquiera los recursos necesarios. En ocasiones, la respuesta es totalmente instintiva, de modo que un suceso determinado siempre da lugar a una acción específica. Un ejemplo de un caso así podría ser la detección de cierto olor en el entorno, que hace que nos alejemos de inmediato. Otra posibilidad es servirse de experiencias pasadas para decidir cómo reaccionar ante un incidente en particular en la simulación.

La región cerebral que reúne nuestras vivencias anteriores con la recreación del entorno es el hipocampo. Como muchos términos científicos, esta palabra proviene del griego. Si se mira de reojo un dibujo del encéfalo, es posible ver esta zona con forma de caballito de mar, que es el animal que le da nombre. Las neuronas responsables de la memoria también pueden procesar la simulación que se desarrolla en nuestro interior. Al mismo tiempo, están asociadas a redes que ayudan al sujeto a tomar decisiones sobre su comportamiento. Al igual que ocurre con tantas otras cosas en neurociencia, aún no se comprenden todos los detalles del modo en que esto tiene lugar, pero lo cierto es que los circuitos neuronales de la memoria y de la simulación contribuyen a la toma de decisiones. Una vez alcanzada una resolución, se actúa en consecuencia y se envían señales a los músculos sobre los movimientos que deben realizar o las frases que deben pronunciar.

Los investigadores de la consciencia han desglosado en una serie de pasos el proceso que media entre la percepción de un cuerpo externo, gracias a los sentidos, y la producción de una respuesta. Estas etapas serían: percepción, atención, evaluación, integración, toma de decisiones y acción. Desde que nos percatamos de la pelota que alguien nos ha lanzado hasta que movemos las manos para atraparla, todo sucede con mucha rapidez. Puede que el cerebro humano sea extraordinariamente complicado, pero también es notablemente eficaz. Sin embargo, ¿las decisiones que toma son las adecuadas? ¿Cómo podríamos saberlo?

Existe todo un campo de investigación dedicado a los procesos de toma de decisiones. Los científicos que se dedican a él no estudian solo a los seres humanos, sino también a otros animales e incluso a las inteligencias artificiales. Algunos de los logros alcanzados en este terreno pueden resultar sorprendentes. Por ejemplo, está el llamado problema del matrimonio, que se interroga por la mejor estrategia posible para elegir una persona con la que casarse. Esta cuestión se ha abordado mediante simulaciones informáticas, pero, como suele ocurrir en estos casos, son necesarias algunas simplificaciones para plantear el interrogante en términos que un ordenador pueda ayudar a resolver. Este problema parte de la base de que alguien busca pareja y tiene citas con posibles cónyuges de forma aleatoria pero secuencial, sin repetir nunca un encuentro. Se hace una clasificación con todas las personas que han acudido a la convocatoria y no se admiten empates: por ejemplo, el segundo puesto no puede ser compartido por dos aspirantes. Sin embargo, quien realiza esta pesquisa no conoce ese orden de antemano. Además, las decisiones son irreversibles, es decir, una vez alcanzada la resolución de casarse o seguir con las candidaturas, la persona despechada estará tan dolida que nunca aceptará conceder una segunda oportunidad. Por último, se asume que cualquier petición de mano será aceptada. Teniendo en cuenta estas reglas, ¿cuándo se alcanza el punto en el que habría que dejar de buscar y conformarse con alguien? ¿Se debería contraer matrimonio con la primera cita que cumpla las expectativas mínimas, o seguir buscando por si acaso surge una mejor opción? ¿Cuál es la estrategia óptima para escoger a quien ocupe el primer puesto en la clasificación?

Resulta que la respuesta es más complicada de lo que parece. Lo cierto es que depende del número de posibles opciones, algo que por supuesto no se puede saber por adelantado en la vida real. Además, la solución se expresa en términos probabilísticos. No se puede afirmar algo como «siempre se debe elegir la tercera cita». Más bien, se indica la probabilidad de elegir la candidatura mejor clasificada para una cantidad concreta de encuentros y habiendo rechazado ya un cierto número de aspirantes. Por ejemplo, si hay seis posibilidades y se escoge la tercera, hay un 42,8 % de probabilidades de haber acertado. Se dice, aunque lo más seguro es que no sea cierto, que ha habido investigadores en el campo de la toma de decisiones que han utilizado algoritmos como este para seleccionar a su media naranja. Sin embargo, no es así como me decidí a pedirle matrimonio a Sonya y ella me ha asegurado que tampoco utilizó este método para decidirse a aceptar. Si nos casamos fue porque nos hacemos felices el uno al otro.

Cuando estas consideraciones teóricas se aplican a los animales, se utilizan para responder a preguntas del tipo de «¿cuándo debe un individuo desplazarse de un lugar a otro?». Se supone que el sujeto busca maximizar algo tangible, como la cantidad de comida que puede ingerir en un sitio determinado. Cuando los beneficios de permanecer en un territorio dado son menores que los de gastar la energía necesaria para trasladarse a otra ubicación, la criatura en cuestión debería mudarse. El problema se puede complicar aún más si se incluyen grupos sociales, o los diferentes grados de conocimiento que se pueden tener respecto a la disponibilidad de alimento en otras regiones, o las posibilidades de ser devorado en ellas. La aplicación de la teoría de la toma de decisiones al comportamiento animal ha aportado datos interesantes sobre cómo debería ser este para alcanzar un nivel óptimo. En muchas ocasiones, se ha comprobado que parecen seguir la estrategia más indicada en este sentido. Sin embargo, averiguar cuál es la motivación de un ser vivo no siempre es sencillo. No todas las criaturas dedican todo su tiempo a buscar comida. Otros factores que considerar a este respecto pueden ser la obtención de una pareja, de agua, refugio, calor, seguridad o incluso de conocimiento de su entorno (por ejemplo, dónde puede haber competidores). Además, estas variables cambian con la edad, la estación y el clima. A pesar de esta complejidad, muchas decisiones animales parecen óptimas y lo cierto es que en muchos casos son, al menos, muy buenas.

Los seres humanos somos también animales, así que no es de extrañar que esta misma teoría se haya utilizado ampliamente para comprender y predecir nuestro comportamiento. Sin embargo, la diferencia a este respecto es que nosotros somos capaces de pensar en nuestro futuro a largo plazo y que, cuando lo planificamos, intentamos tomar decisiones que creemos que nos harán más felices. ¿Acaso nuestro cerebro intenta maximizar la felicidad? Este puede ser un objetivo difícil de alcanzar. Dentro de una misma población, existen desigualdades importantes en el grado en que sus integrantes logran cumplir esta meta. Alrededor de un tercio de ellas puede atribuirse a la genética. Es cierto que algunas personas nacen más propensas a la alegría que otras. Sin embargo, hasta dos terceras partes podrían deberse a nuestras circunstancias y a la manera en que cada cual vive su vida. No cabe duda de que la seguridad económica ayuda en este sentido. Quienes se encuentran por debajo del umbral de la pobreza tienden a ser menos dichosos que las personas que superan este nivel. No obstante, ser millonario tampoco es ninguna garantía a este respecto. Las encuestas sobre la felicidad realizadas entre quienes integran las listas de los más ricos, cuestionarios que preguntaban a los participantes por su bienestar, han revelado que la probabilidad de sentirse satisfecho es solo ligeramente superior entre este segmento de la población que entre el público en general.

El problema del dinero es que cuanto más se tiene, más se quiere. En consecuencia, un aumento de sueldo a menudo solo produce satisfacción a corto plazo, porque el salario adicional se gasta en ropa más elegante, mejor comida o vacaciones más exóticas, lo que genera la ansiedad de no poder mantener este estilo de vida más caro. No cabe duda de que ganar el gordo de la lotería, un aumento de sueldo o una herencia inesperada de un pariente lejano provocan una gran dicha, pero no durante tanto tiempo como cabría esperar. La felicidad es mucho más que dinero. Los individuos parecen tener un nivel básico de satisfacción al que regresan siempre. En este sentido, un aumento o una disminución súbita de alegría (excluida la depresión) tiende a ser efímera. Los psicólogos se refieren a nuestra tendencia a volver al nivel básico de felicidad con una gran frase: la rueda hedónica.

Muchas personas tienden a compararse con sus amigos y colegas. Este comportamiento puede llegar a ser obsesivo, en cuyo caso provoca una disminución de la felicidad. Este es uno de los motivos por los que las redes sociales pueden ser perniciosas en ciertos casos: el desfile constante de aparente éxito del que se hace gala en Facebook, Instagram o X reduce la satisfacción al provocar una sensación de inadecuación. Yo eliminé mis cuentas de estas plataformas hace varios años. Durante unos días tuve síndrome de abstinencia, pero lo cierto es que luego no las eché de menos en absoluto. Es probable que tenga que darme de alta de nuevo para promocionar este libro, pero la idea no me entusiasma. Ni siquiera a sabiendas de que los ingresos adicionales que se pueden derivar de ello me proporcionarán un par de semanas de dicha.

Al contrario que las comparaciones con compañeros y colegas, tener un amplio círculo de amistades es saludable y puede aumentar la felicidad. Los seres humanos somos una especie gregaria y los vínculos sociales fuertes son imprescindibles para obtener una sensación de satisfacción. Es algo que empieza en casa. Las personas cuya pareja es también su mejor amigo o amiga tienden a ser las más felices. Me siento representado por esta afirmación. Sonya es mi mejor amiga y eso me hace muy dichoso. La echo de menos si está de viaje y no estoy tan contento como cuando estamos los dos en Oxford. Sin embargo, las relaciones con otras amistades también son importantes. Parece que su número absoluto no es tan relevante como la cercanía del contacto. En este sentido, tener uno o dos amigos íntimos puede resultar en una felicidad mayor que contar con muchas decenas de conocidos.

No cabe duda de que los amigos son fundamentales para la felicidad, al contrario que compararse con ellos. Estas observaciones parecen respaldar un hábito que ayuda a mejorar la sensación de bienestar: llevar un diario de gratitud. Anotar las cosas por las que se está agradecido puede contribuir a atenuar las emociones negativas provocadas por la angustia de no alcanzar el éxito de conocidos y compañeros. Los pensamientos positivos aumentan la felicidad. Ahora bien, si alguien decide llevar un diario de este tipo, le recomiendo que no escriba en él con demasiada frecuencia. Acudir a sus páginas más de dos o tres veces por semana puede provocar estrés por no tener suficientes motivos para estar agradecido.

Un último factor que tener en cuenta en este sentido es la realización laboral. La felicidad aumenta cuando el trabajo no es una carga. Es algo con lo que comulgo, sobre todo a partir de una serie de acontecimientos inesperados que me ocurrieron en la universidad desde que me mudé a Oxford en 2013. Sorprendentemente, estos sucesos me llenaron de satisfacción.

Una cláusula en mi contrato en la facultad estipulaba que, si me lo pedían, tendría que asumir el decanato. Cuando negocié las condiciones de mi incorporación al puesto, me aseguraron que eso no ocurriría hasta pasados muchos años. Sin embargo, en 2016 se me empezó a considerar como un posible candidato a dirigir el departamento de Zoología. El otro era Ben Sheldon, un gran amigo mío y un excelente colega. Ninguno de los dos queríamos el cargo, pero alguno tendría que desempeñarlo. El asunto quedó en manos del profesorado. Ben y yo hicimos campaña para perder la votación. Su estrategia consistió en no hacer nada en absoluto, mientras que la mía fue pedir el voto para él. Así, me alegré mucho cuando salió elegido y fue nombrado decano, conmigo como segundo al cargo. No obstante, sabía que la próxima vez no tendría escapatoria y que me quedaban cinco años para escribir este libro. O eso creía.

Cinco meses más tarde, el edificio que albergaba tanto mi departamento, el de Zoología, como el de Psicología Experimental fue cerrado con veinticuatro horas de preaviso debido a que los niveles de amianto en el aire superaban el umbral considerado aceptable de acuerdo con las regulaciones de seguridad e higiene. El riesgo para los usuarios era mínimo, pero la clausura supuso una crisis para los afectados y para el conjunto de la universidad. El edificio Tinbergen había sido el mayor centro de investigación y enseñanza de Oxford y a él acudían más de 1.650 personas con regularidad. No cabe duda de que su cierre supuso un auténtico quebradero de cabeza. Ben y yo nos dimos cuenta enseguida de que tendríamos que dedicar nuestras vidas a lidiar con las repercusiones de esta decisión durante meses, si no años.

La universidad convocó a menudo al gabinete de crisis para decidir qué hacer. Lo presidía el director de los servicios administrativos y asistían unas veinte personas, en su mayoría altos cargos de la administración. Me di cuenta muy pronto de que querían encontrar la solución más sencilla posible al problema de los dos departamentos que nos habíamos quedado sin sede y, a poder ser, sin gastar una fortuna. No se me escapaba que lo más probable es que propusiesen un apaño para alojarnos cuanto antes en algún lado. Sin embargo, hallar un remedio a largo plazo sería mucho más difícil. La realidad era que no había edificios adecuados disponibles. Esto suponía un peligro muy grave, a la vez que una inmensa oportunidad para el departamento. Ben me preguntó si yo estaría dispuesto a liderar una estrategia para evitar el primero y aprovechar la segunda.

Me atrajo el reto que esto representaba. Nunca me había convencido mucho la idea de pausar mis investigaciones, pero en esta ocasión descubrí que hacerme cargo de un aspecto más estratégico de mi trabajo también podía ser gratificante. Tenía la sensación de conseguir algo con todo ello. Con la ayuda de muchas personas, desarrollé un proyecto a largo plazo y una justificación económica para la presencia de las ciencias de la vida en Oxford. Esto pasaba por impartir un novedoso y fascinante curso de licenciatura, que ya habíamos empezado a planear; fusionar el departamento de Zoología con el de Botánica, para crear una Facultad de Biología, cuyos recursos debían aumentar un 25 %; y convencer a la universidad de construir un nuevo edificio para albergarla, junto con el departamento de Psicología Experimental. Ben y yo carecíamos de experiencia en estas lides y en buena medida suplíamos este déficit con improvisaciones que hacíamos sobre la marcha. A pesar de ello, fuimos capaces de vender la idea a algunas personas cruciales, que nos animaron a desarrollarla más. Me di cuenta de que era necesario convencer a los órganos decisorios de la universidad, si es que queríamos que el proyecto se hiciera realidad. Esto me llevó a presentarme a las elecciones a su Consejo de Administración. Las gané y pasé a ser miembro de esta entidad, equivalente a la Junta Directiva.

La propuesta fue aceptada, se aprobó la construcción de la nueva sede, el currículum renovado se puso en marcha, se fijó el 1 de agosto de 2022 como fecha para la fusión de los departamentos y la facultad empezó a crecer. Sin embargo, entrar en el Consejo de Administración tuvo un coste inesperado. Pasé a formar parte y presidir varios comités, lo cual significaba que no tenía tiempo que dedicar a la investigación. A pesar de ello, sentía que mi trabajo servía a un propósito. Estaba ocupado hasta niveles extraordinarios, pero me sentía sorprendentemente feliz. También me ayudó mucho todo el apoyo que recibí de Sonya.

Por su parte, Ben estaba sobrecargado con todo el papeleo derivado de nuestro proyecto. Tenemos habilidades complementarias en muchos sentidos y, una vez que comenzó la fase de planificación de los detalles de las nuevas instalaciones, él se encargó de comprobar que satisfacían las necesidades de los departamentos. Yo di un paso atrás, dejé de participar en la recaudación de fondos para la construcción y pasé a codirigir la nueva facultad, función que compartía con Ben. En última instancia, fue él quien dejó el decanato y yo tomé las riendas. Ocupé este puesto durante la pandemia y pasé muchas horas al día en reuniones virtuales. No obstante, a principios de 2021, llegó el momento de votar para elegir de manera formal al próximo titular del cargo. Me sentí muy halagado cuando el profesorado se pronunció a favor de que yo continuara en mis funciones hasta el traslado al nuevo edificio. Sin embargo, esta decisión me resultó también exasperante. El problema era que ya no disfrutaba con mi trabajo. Nuestro proyecto me había otorgado un propósito, pero ya lo habíamos hecho realidad y la gestión cotidiana de la facultad no era nada gratificante. Sin duda, es una tarea que hay que realizar, pero a mí no me satisfacía. A pesar de todo, acepté seguir en el puesto con la condición de tomar después un año sabático en Australia. Necesitaba un tiempo para retomar mis investigaciones y para escribir este libro.

La felicidad es algo extraño. En muchas ocasiones puede ser difícil de alcanzar, a pesar de que siempre intentamos tomar las decisiones adecuadas para maximizarla. Uno de los inconvenientes que tiene nuestro elevado nivel de consciencia es que a menudo nos damos cuenta de que buscamos ser felices. Sin embargo, a veces nos fijamos los objetivos equivocados. Es probable que tener el mismo nivel de éxito que los vecinos de al lado y amasar una gran riqueza no contribuya a lograr este fin, pero solemos esforzarnos en conseguirlo. Tal vez la consciencia no sea siempre tan maravillosa como pensamos.

Las plantas y los hongos no son conscientes. No tienen cerebro ni ningún órgano equivalente que les permita experimentar el mundo que les rodea. Ni siquiera generan ondas eléctricas simples. No obstante, aunque no son sensibles, pueden responder a las señales del entorno, erguirse hacia la luz o echar raíces hacia abajo, procesos que no requieren una toma de decisiones. El desarrollo de determinadas partes de un vegetal o de una seta se produce en función de un estímulo concreto, sea este la radiación solar, la gravedad o el agua. Para ello, se sirven de rudimentarias células receptoras, que no necesitan conectarse a neuronas para interpretar sus impulsos.

Los organismos unicelulares tampoco son conscientes y también pueden responder a los estímulos. Esto lo hacen mediante unos orgánulos especializados llamados cilios, que les permiten desplazarse por el entorno hacia productos químicos útiles y alejarse de los perjudiciales. Este tipo de criaturas es capaz de detectar las sustancias en el medio y, a medida que las moléculas portadoras de estas señales se combinan con las proteínas de la membrana, pueden dar una respuesta y moverse hacia la fuente o en dirección contraria. Sea como fuere, los cerebros son exclusivos del reino animal, aunque no todos sus integrantes tienen uno. Por ejemplo, las esponjas adultas carecen de forma alguna de sistema nervioso. En cambio, las larvas juveniles de ciertas especies de este grupo presentan cerebros rudimentarios, que utilizan para trasladarse y encontrar un lugar al que fijarse. Una vez que han identificado una parcela adecuada, se instalan en su nuevo hogar y comienzan la transformación para convertirse en ejemplares adultos. En el proceso, digieren su cerebro, que ya no les resulta útil. Otras criaturas sedentarias, como los mejillones y las ostras, carecen de este órgano. Las pocas especies animales que no son ambulatorias y que están dotadas de un cerebro suelen tener una forma muy simplificada del mismo. Parece ser que la capacidad de moverse fue el motor evolutivo del desarrollo del sistema nervioso.

¿Por qué la capacidad ambulatoria de los animales pluricelulares impulsó este proceso? El desarrollo de los músculos hizo posible el movimiento, que es la facultad de oponerse, al menos durante un tiempo, a las fuerzas de la gravedad y del electromagnetismo. Es imposible que una piedra o una esponja adulta lo hagan. Sin embargo, cada vez que alguien camina, utiliza energía para vencer la atracción gravitatoria, levantar un pie y colocarlo en una nueva posición. Al mismo tiempo, se desplaza a través del aire que le rodea y contrarresta la resistencia creada por la fuerza electromagnética. A su vez, esta habilidad permite la toma de decisiones: ¿voy hacia un lado o me quedo donde estoy? La aparición del movimiento hizo posibles la libre determinación y la consciencia, aunque en modo alguno las convirtió en una necesidad. El caso es que los organismos capaces de trasladarse disponen de una serie de opciones y que la evolución ha producido cerebros complejos, y presumiblemente conscientes, para ayudar a estos seres a tomar las mejores decisiones posibles. Las bacterias y arqueas que nadan en el agua pueden desplazarse. Según este argumento, podrían tener libertad de determinación, pero en su interior no hay orgánulos que desempeñen las funciones de un cerebro ni que permitan alcanzar resolución alguna.

Moverse permite a los organismos escapar de entornos nocivos, pero para ello necesitan percibirlos como tales. A este respecto, incluso los animales más simples parecen ser capaces de sentir placer y dolor. Las moscas modifican su comportamiento tras sufrir una lesión, aunque no está claro si experimentan este sufrimiento de la misma manera que los seres humanos. No obstante, el hecho de que algunas criaturas tengan un sistema nervioso que les permite transmitir señales de los órganos sensoriales al cerebro y de este a los músculos, para actuar en respuesta a lo percibido, sugiere que la sensación de dolor es una característica que apareció en torno a la misma época en que las primeras especies de animales ambulatorios poblaron las ramas del árbol de la vida. Es probable que los primeros indicios de libre determinación surgieran con la capacidad de realizar movimientos conscientes. En este sentido, el dolor es una manera muy eficaz de decirle a una criatura que actúe y que lo haga rápidamente.

Existe una terrible afección en los seres humanos llamada analgesia congénita que, por suerte, es extremadamente rara. Quienes la padecen no pueden sentir dolor. La enfermedad está causada por mutaciones en los genes que impiden que algunos tipos de neuronas se comuniquen de manera eficaz, al impedir el flujo de iones a través de las membranas de las células que forman las conexiones sinápticas. De este modo, los impulsos no se propagan por la red nerviosa de la forma habitual. Este mal es muy peligroso, ya que los pacientes se lesionan con frecuencia, al no responder a estímulos nocivos. De hecho, los enfermos suelen morir jóvenes a causa de accidentes. Percibir el dolor es una parte irrenunciable de la experiencia de ser un animal y por eso las moscas de la fruta, las gambas, los peces y las serpientes tienen esa capacidad, aunque no siempre la ejerzan del mismo modo que nosotros.

Uno de los principales retos de la ciencia en el estudio de la consciencia es averiguar qué es exactamente lo que experimentan los distintos animales. ¿Hasta qué punto está extendido este fenómeno y cómo varía su nivel de una especie a otra? En las últimas décadas, un número creciente de investigadores ha llegado a la conclusión de que incluso las criaturas más simples, invertebrados como gambas, langostas y pulpos, pueden sentir dolor y, probablemente, otras sensaciones, equivalentes al placer. Sin embargo, no creen que estas percepciones sean idénticas en todos los casos y aún no se sabe exactamente qué significan estos sentimientos para un cangrejo o una lamprea. Todavía no hemos averiguado lo que se siente al ser un murciélago, una rata o un gato. Sin embargo, la capacidad de sentir dolor es un rasgo muy antiguo y es probable que se trate del primer sentimiento que tuvo un animal. También se cree que los niveles superiores de consciencia, quizá incluso el pensamiento abstracto, evolucionaron a partir de este aspecto. Cuando un ser vivo siente dolor, independientemente del tipo de que se trate, experimenta una sensación desagradable. Esto quiere decir que debemos replantearnos la forma en que tratamos a criaturas como los cangrejos de río, las langostas, los pulpos, los pollos, los cerdos y las vacas.

Los científicos han comparado las estructuras cerebrales de seres en todas las ramas del árbol de la vida. Esto les ha permitido reconstruir el proceso de aparición del cerebro y, en menor medida, de la consciencia. En los casos más simples, este órgano está formado por un pequeño número de neuronas, todas con un aspecto similar. En los más complejos, como el nuestro, hay células de muchos tipos distintos, conectadas entre sí en una gran variedad de configuraciones. Las diferentes clases de neuronas que se encuentran en las regiones del encéfalo son muy variadas en forma y número, así como en la cantidad de conexiones sinápticas que pueden integrar. Sin embargo, todas ellas tienen partes que siempre están presentes, como el axón y las dendritas.

Los cerebros evolucionaron, se hicieron más complejos, aumentaron el número de sus neuronas y se diversificaron las formas de estas y de sus conexiones. A medida que se progresa en el árbol de la vida, desde los primeros animales hasta nosotros, somos testigos de la creciente complejidad de estos órganos, que añaden regiones adicionales sobre las ya existentes. En efecto, la evolución ha mostrado una tendencia a incorporar secciones a medida que los cerebros se hacían más intrincados, como un albañil que amplía un edificio cuando una nueva función proporciona una ventaja competitiva. Los mamíferos desarrollaron el neocórtex, una estructura que no se encuentra en otros animales y que los humanos hemos llevado a su máxima expresión. Durante el crecimiento embrionario, añadimos muchísimas neuronas a esta región del encéfalo, en mucha mayor medida que la mayoría de las demás criaturas. En cambio, Woofler desarrolló una nariz larga y profunda con numerosas células capaces de detectar olores y una parte del cerebro relativamente más grande dedicada a esta tarea. Todo ello le permite percibir cosas a través del olfato mucho mejor de lo que podemos hacerlo los humanos. Puede conocer lo que ha ocurrido hace poco en un terreno gracias a estas herramientas, de una manera que a nosotros nos está vedada. Eso le ayuda a localizar sus presas durante la caza. La evolución también puede reducir áreas del cerebro. Algunos de nuestros antepasados tenían mejor vista, oído y olfato que nosotros, pero no podían resolver crucigramas, ni sudokus ni dominar el fuego. En nuestra rama del árbol de la vida, los órganos de este tipo han aumentado de tamaño, pero el volumen relativo de las distintas regiones que lo componen ha fluctuado a lo largo de los últimos cientos de millones de años. Nos encontramos en un punto en el que es beneficioso tener un neocórtex grande. Sin embargo, conforme la inteligencia artificial se vuelva más parecida a la humana, perderemos la necesidad de tener un órgano así. Tal vez nuestros descendientes vuelvan a los árboles y prescindan de la capacidad de hablar, mientras la IA se encarga de hacer todas las tareas difíciles. Predecir el futuro está fuera del alcance de este libro, pero comprender el pasado no. Nos encontramos en un punto de nuestro recorrido en el que los mamíferos han aparecido y en el que los animales son conscientes. Sin embargo, aún no he hablado del modo en que los humanos llegaron a dominar el planeta. Ese es el tema del próximo capítulo. ¿Por qué existen los humanos?

8

Humanos

En este punto de nuestro recorrido ya han aparecido los mamíferos con sus cerebros, que les dotan de un cierto nivel de consciencia. Estos órganos constan de un gran número de neuronas entrelazadas, que han permitido al menos a una especie de este grupo (nosotros) comprender ciertos aspectos del mundo y recordar acontecimientos pasados. El escenario está dispuesto para la aparición de los seres humanos y su conquista del globo. En este sentido, somos animales importantes, pero no somos más que una de las variedades de ese reino. Una más de los cientos de millones que habitan o han habitado la Tierra.

En ocasiones aparece una especie (o un grupo de ellas) que cambia la faz del planeta. El ser humano es una de estas, pero en absoluto es la primera ni probablemente sea la última. Las cianobacterias lo hicieron hace miles de millones de años, al oxigenar la atmósfera. Los eucariontes primigenios inauguraron una era de organismos complejos. El primer depredador creó una forma de mantenerse con vida que nunca se había visto hasta entonces y las primeras plantas terrestres fueron pioneras en la colonización de los continentes. Desde ese punto de vista, somos una criatura más en la lista de las que han alterado la Tierra. Somos inusuales porque lo hemos hecho a gran velocidad, pero somos un producto de la naturaleza como cualquier otro. La bióloga evolutiva Olivia Judson tiene una bonita manera de referirse a las etapas por las que pasaron los seres vivos, a partir de las fuentes que utilizaron en cada momento para hacer funcionar su metabolismo: «energía geoquímica, luz solar, oxígeno, carne y fuego». El ser humano es una de las especies pioneras en la utilización del fuego para este fin, aunque probablemente no sea la primera. En este capítulo me centraré en ella porque este es un libro acerca de los motivos de nuestra existencia. Somos especiales porque tenemos atributos poco comunes, pero no tanto como para pensar que estamos de alguna manera separados de la naturaleza o por encima de ella. No es así.

El siguiente paso en nuestro recorrido desde el Big Bang hasta nosotros consiste en comprender el modo en que surgieron los humanos actuales y la manera en que estos cambiaron el mundo. Ya sabemos cómo funciona la evolución, así que el siguiente paso es ver el proceso por el que esta fuerza moldeó a esta especie. Los mamíferos tuvieron que pasar de ser pequeñas bestias solitarias a primates y, después, a nosotros. Esto requirió la aparición de varios rasgos y la capacidad de desarrollar una tecnología cada vez más compleja, que es el tema central de este capítulo. Pero antes de empezar, consideremos el producto final: los seres humanos modernos.

Una de las actividades singulares que llevamos a cabo como especie consiste en crear formas de complicarnos la existencia cotidiana mediante una burocracia desesperante. Las facultades están llenas de personas que supuestamente son inteligentes, así que se podría pensar que encontrarían alguna manera de hacerlas funcionar como la seda. Error. La Universidad de Oxford, donde trabajo, es una institución muy enrevesada desde el punto de vista administrativo y con suficiente papeleo como para poner de los nervios incluso al burócrata más gris, como estoy seguro de que sería el caso de cualquier organización con más de ochocientos años de historia. En octubre del año pasado, el ordenador de una colega desapareció durante una mudanza. Nunca se encontró y en consecuencia ella solicitó que fuera sustituido lo antes posible. La respuesta fue que podía pedir uno nuevo, pero que debía hacerlo a través de una empresa específica. Resultó que este proveedor no tenía ninguno igual en el almacén. Le dijeron que no sabían cuándo podrían suministrárselo, pero que probablemente tardarían unos meses. En cambio, un negocio local podía entregar el modelo deseado por el mismo precio en veinticuatro horas. Sin embargo, mi colega no recibió autorización para comprarlo porque no se trataba de un distribuidor registrado. Por lo que sé, el proceso de homologación de un nuevo proveedor puede durar varios meses, el resultado no está garantizado y parece totalmente aleatorio. Igual de sorprendente es el hecho de que al menos seis personas diferentes tengan que aprobar cualquier solicitud de reembolso de gastos que yo presente. No tengo ni idea de por qué es necesario este nivel de escrutinio, pero no me extrañaría que se remontase a un protocolo establecido por Ralph de Maidstone, que fue rector en 1231.

El rector se encuentra al frente de la Universidad de Oxford, aunque en la actualidad desempeña un papel principalmente honorífico y ceremonial. Su segunda al mando es la vicerrectora, la encargada del funcionamiento cotidiano de la institución. Preside la Junta, una parte de la cual es elegida por votación. Las funciones de este organismo son aprobar, o no, las propuestas de reforma que se le presentan. Por otro lado, la vicerrectora cuenta con un grupo de ayudantes que le rinden cuentas. Los que tienen cartera responden por áreas como investigación, educación, personal, instalaciones o finanzas. La docencia se lleva a cabo en facultades como Historia, Biología o Economía. Dentro de ellas hay profesores de varios niveles, que son los que imparten las clases y dirigen las investigaciones, y están encabezadas por los respectivos decanos, como yo. Estos son los responsables en última instancia de ajustarse al presupuesto, de que el programa de estudios se siga de manera adecuada, de la observación de las medidas de salud e higiene y de otros aspectos administrativos. A su vez, las facultades se agrupan en cuatro grandes áreas, denominadas Humanidades, Ciencias Sociales, Ciencias Médicas y Ciencias Matemáticas, Físicas y de la Vida. Este nivel de la organización es el que distribuye el presupuesto y fija la estrategia que seguir en cada una de estas grandes divisiones. Por otra parte, hay 39 colegios universitarios independientes, algunos extremadamente antiguos y ricos, en cuyos cursos se matriculan los estudiantes. Muchos profesores tienen contratos secundarios en ellos, para impartir tutorías de apoyo a las materias en que están inscritos sus miembros. A su vez, el personal de la universidad puede unirse al claustro, conocido como Congregación, que es el órgano soberano. Este puede revocar las decisiones aprobadas por la Junta o por la vicerrectora y su equipo. No obstante, esto solo ocurre muy de vez en cuando. Ninguna otra institución de educación superior del mundo está organizada de esta manera. Oxford ha contado con académicos de primera fila durante más de ocho siglos, pero estoy seguro de que ninguno de ellos habría defendido una estructura de gobierno así. Una cuestión que me ha intrigado desde hace mucho es el modo en que la evolución nos ha conducido desde unos mamíferos solitarios con un pequeño cerebro hasta los seres inteligentes que somos en la actualidad, dotados de un alto nivel de consciencia, participantes en las organizaciones más enrevesadas y miembros de sociedades tan diversas y complejas que no entendemos realmente su funcionamiento.

En este sentido, somos la única especie que ha constituido estados nacionales y estructuras administrativas tan intrincadas como la Universidad de Oxford. Hemos sido capaces de hacerlo gracias a nuestra habilidad para pensar y comunicar ideas abstractas a través del lenguaje, junto con la aceptación generalizada por parte de la mayoría de la población de un país determinado de la legislación estatal vigente en su territorio, por muy disparatada que esta sea. En este capítulo, procedo a explorar el surgimiento de esta asombrosa complejidad social y organizativa.

Los homínidos primigenios, pertenecientes a la misma familia evolutiva que los humanos, empezaron a caminar sobre el planeta hace unos 6,5 millones de años, mientras que las primeras ciudades se fundaron unos 9.500 años atrás. El intervalo entre esas fechas es el asunto de este capítulo. Una vez que surgieron estos asentamientos, el arte y la escritura, el resto es historia (literalmente). Hay muchos libros excelentes que tratan estos temas y ni siquiera voy a intentar resumir la historia universal de los últimos nueve milenios. En cambio, analizaré la senda que va de la aparición de los homínidos a la de las ciudades. Los huesos, dientes y artefactos antiguos han desempeñado un papel crucial en la reconstrucción científica de los acontecimientos que mediaron entre estos hitos. Paleontólogos y arqueólogos han contribuido a este empeño mediante el estudio de los objetos de este tipo y de la genética, de modo que, aunque nuevos hallazgos podrían obligar a replantear este relato, en la actualidad disponemos de una narración razonable del trayecto recorrido desde un primate frugívoro hasta un simio de la era espacial.

Hay una serie de rasgos fenotípicos cruciales cuya aparición fue necesaria para que los seres humanos pudiéramos construir organizaciones complejas, ciudades y estados nacionales. Uno de ellos es la capacidad de comunicarse por medio del lenguaje. De no haber sido por nuestra habilidad para transmitir ideas abstractas, explicar las razones por las que emprendemos determinadas acciones o comprender y expresar las motivaciones de los demás, no habríamos podido formar sociedades avanzadas. Woofler no puede saber lo que su rival perruno de la casa de al lado ha hecho recientemente mediante una charla con él. Sin embargo, a mí me basta con tener una conversación con el propietario de Bilbo para enterarme.

El establecimiento de estructuras sociales también requiere la capacidad de aceptar a los demás y de convivir con vecinos a los que no nos unen lazos de sangre. A esto se añade nuestra disposición para formar y aceptar jerarquías. Si todas las personas sintieran el impulso de liderar o estar al mando, no podrían haber surgido sociedades estables y, de haberlo hecho, estas no habrían persistido. También somos capaces de repartir tareas especializadas entre los miembros de un grupo de formas poco frecuentes en el reino animal. No es necesario que todos los individuos de un colectivo salgan de caza, construyan casas, recolecten alimentos o los preparen. No hace falta que cada uno de sus integrantes sea capaz de desempeñar todas las funciones posibles. Sin embargo, sí puede aprovechar sus habilidades, al tiempo que permite que el resto haga lo mismo. Cierta redundancia en este sentido es útil, ya que tener dos o tres personas que sepan cazar o cocinar en un grupo puede ser conveniente en caso de que una de ellas esté enferma o herida. Un tercer rasgo fenotípico se refiere a nuestra capacidad para hacer gala de un comportamiento y de alcanzar unas decisiones que no aportan recompensas inmediatas, sino en un momento futuro. Por ejemplo, compramos acciones y bonos para recoger los posibles beneficios más tarde.

Aunque estas características son la clave de nuestro éxito, no siempre dan lugar a la aparición de las mismas estructuras sociales, instituciones o civilizaciones. Los seres humanos somos muy flexibles a este respecto e incluso grupos relativamente pequeños de individuos que colaboren entre sí pueden organizarse de maneras muy diversas. El equipo de investigación del que formaba parte en mi proyecto sobre las ovejas y los ciervos tendía a ser jerárquico, sus integrantes solían tener opiniones bastante firmes sobre el tipo de ciencia que debía hacerse y había poco margen de maniobra. En cambio, con el que colaboré para el estudio de los peces tropicales era de naturaleza mucho menos vertical, más flexible y abierto a nuevas ideas. A su vez, la situación en torno a los lobos era mucho más delicada, en parte porque la presencia de estos animales en Montana, Idaho y Wyoming era polémica. De este modo, aunque el equipo era receptivo a nuevas propuestas, había una preocupación constante por las consecuencias políticas. Todos estos esfuerzos colectivos lograron sus objetivos y está claro que no hay una forma correcta o incorrecta de organizar las colaboraciones científicas. ¿Quién sabe? Tal vez los diferentes enfoques surgieron porque los investigadores terminamos por parecernos a las criaturas que estudiamos. Las ovejas y los ciervos establecen órdenes jerárquicos y pueden ser bastante testarudos, los guppys son poco estructurados, desde un punto de vista social, y muy adaptables, mientras que los lobos son muy sociables y mantienen un equilibrio entre las dinámicas internas y externas de la manada. Por lo que a mí respecta, estoy seguro de haber cambiado al pasar de un proyecto a otro.

No solo el estilo de las colaboraciones científicas puede diferir, sino que también lo hacen los estados nacionales. Cada país tiene una estructura social, política y económica distinta. Unos son más abiertos y otros más dictatoriales. Algunas culturas se rigen por doctrinas religiosas, otras son tolerantes en este sentido. Hay muchas formas de organizarse y de tener éxito. Esta adaptabilidad se debe a nuestra inteligencia, al hecho de que somos gregarios y a nuestra capacidad de pensar en abstracto.

Determinar en qué momento de la evolución humana surgieron estas características no es nada fácil. La facultad de tomar decisiones, por citar solo una, no se fosiliza. Incluso las pruebas anatómicas pueden ser difíciles de interpretar: la presencia de una estructura corporal que permite la vocalización de ciertos sonidos no constituye una evidencia de la existencia del lenguaje. Por ejemplo, muchas aves son excelentes imitadoras y algunas de ellas son capaces de repetir palabras y frases con una precisión asombrosa. Sin embargo, esto no significa que posean la aptitud de comunicarse de forma articulada al nivel en que lo hacemos nosotros. A partir de fósiles de especies que bien podrían haber sido nuestros antepasados, los paleontólogos han descubierto que la capacidad anatómica de emitir una amplia gama de sonidos existe desde hace al menos 25 millones de años. No obstante, han formulado la hipótesis de que el lenguaje complejo apareció hace menos de dos millones de años. La cuestión del nivel de sofisticación necesario en este sentido para formar una sociedad avanzada está relacionada con este tema. ¿Es imprescindible que haya tiempos verbales para indicar el pasado, el presente y el futuro, así como argumentos condicionales? Parece ser que no, ya que algunas lenguas modernas no tienen todos estos elementos. Me pregunto si este libro se traducirá a alguna de ellas. ¿Necesitan los individuos un vocabulario de 10, 100, 1.000 o 10.000 palabras? Es de suponer que la cantidad necesaria es menor que el número promedio de vocablos que utilizamos hoy en día. Se estima que un hablante típico de castellano domina unos 25.000 términos, aunque su léxico activo es aproximadamente la mitad de esa cifra. ¿Acaso los habitantes de las primeras ciudades, hace 9.500 años, conocían tantas palabras?

A pesar de las dificultades a la hora de dilucidar estos aspectos, paleontólogos y antropólogos han conseguido grandes avances en la identificación de algunos acontecimientos fundamentales y se ha llegado a un cierto consenso al respecto. La aparición del arte rupestre, de ciertos tipos de herramientas, de joyas y adornos, de enterramientos intencionales y del uso del fuego aportan pistas sobre el desarrollo de las habilidades de nuestros ancestros. Otras evidencias son más difíciles de interpretar. *Homo erectus* fue una especie de homínido ancestral que tuvo un gran éxito y que se propagó desde África hacia Europa y Asia. Estableció poblaciones en islas como Flores y Java, en Indonesia, que solo podían colonizarse tras cruzar importantes extensiones de mar. Algunos científicos sostienen que esto demuestra que eran capaces de navegar, para lo que habrían necesitado algún tipo de lenguaje. En cambio, otros afirman que su llegada a estos territorios habría sido más bien accidental, mediante individuos que se vieron transportados en balsas de vegetación arrastradas al mar tras algún tsunami prehistórico. Según este último punto de vista, *Homo erectus* habría sido un homínido con una anatomía parecida a la nuestra, pero carente de los atributos que nos hacen humanos. Sin pruebas adicionales, el debate no puede resolverse con certeza. Sin embargo, yo tengo mi propia opinión, que compartiré más adelante. En lo que sí hay consenso es en el hecho de que muchos esqueletos encontrados en Flores pertenecían a seres de la altura de un hobbit. Muchas especies de grandes mamíferos, como elefantes, ciervos, rinocerontes e hipopótamos, evolucionan hacia tamaños más pequeños en zonas insulares y es posible que *Homo erectus* también lo hiciera. No obstante, los paleontólogos no se ponen de acuerdo al respecto, ya que algunos de ellos sostienen que los fósiles podrían proceder de miembros de grupos endogámicos y que su estatura diminuta sería atribuible a anomalías en el crecimiento, más que a la evolución. Lo cierto es que los biólogos evolutivos tampoco han alcanzado un consenso sobre los motivos de este fenómeno en los animales de las islas, pero han formulado la hipótesis de que la ausencia de depredadores, de competidores o la presencia de climas insulares más benignos pueden ser factores concomitantes a este desarrollo.

Es muy difícil reconstruir el proceso por el que los seres humanos desarrollaron los atributos necesarios para constituir sociedades complejas y describir su posterior utilización de estas capacidades. Sobre todo, porque las investigaciones en este campo avanzan con gran rapidez. Cada nuevo hallazgo fósil puede obligar a reevaluar aspectos significativos de la secuencia de acontecimientos. Dos autores, David Graeber y David Wengrow, publicaron hace poco un libro notablemente bien documentado, titulado *El amanecer de todo: una nueva historia de la humanidad*. Esta obra supuso una profunda revisión de lo que anteriormente se daba por sabido acerca del origen de la humanidad. Cabe destacar que sus propuestas no recibieron una aprobación generalizada en la prensa ni en los ámbitos académicos de la arqueología y la antropología. No obstante, este suele ser el caso de todos los intentos de replantear la historia. A mí me han parecido convincentes sus argumentos. El debate suscitado a raíz de la aparición del libro se debe en buena medida a que existen relativamente pocos datos de nuestro pasado remoto e interpretarlos es como intentar describir la fotografía en un rompecabezas cuando solo se dispone de una pequeña fracción de las piezas.

Lo que refiero a continuación es mi propia interpretación de la evidencia disponible hoy en día. Mi conclusión es que *Homo erectus*, uno de nuestros antepasados más recientes, era inteligente, pero no tanto como los seres humanos. En cambio, los neandertales y los primeros *Homo sapiens* debían tener capacidades cognitivas muy similares a las nuestras. Estas últimas especies no eran los toscos cavernícolas que tan a menudo aparecen caricaturizados en algunos libros y documentales de amplia difusión. La civilización tardó en surgir porque, para que esto pudiera suceder, eran imprescindibles ciertas tecnologías. Sin embargo, estas solo fueron útiles y convenientes en momentos muy concretos de nuestra historia. No hubo necesidad de inventarlas antes. Estos hitos históricos vinieron determinados por la disponibilidad de alimentos, el clima y la competencia entre los distintos grupos de cazadores y recolectores. El relato de la aparición de sociedades avanzadas es una narración del modo en que el desarrollo tecnológico ancestral nos impuso cambios de comportamiento. Somos un producto de nuestras tecnologías y probablemente lo seremos también en el futuro.

Los seres humanos modernos somos una especie de primate, un gran grupo de mamíferos que comprende a los lémures de Madagascar, a los monos y a los simios. Todos tienen ojos que miran al frente, la mayoría son ágiles y se sienten a gusto en las ramas de los árboles. Sus manos son similares a sus pies desde un punto de vista anatómico y están dotadas de una gran destreza. Estas extremidades superiores e inferiores evolucionaron para permitirles trepar por el bosque, sujetar y manipular frutas y hojas y atrapar insectos. Además, esta pericia manual fue la que hizo posible que nuestros ancestros desarrollaran las herramientas y los métodos descritos en este capítulo. Existe una buena evidencia fósil que demuestra que los pioneros de este linaje habitaron las selvas de hace 55 millones de años. Sin embargo, algunos paleontólogos han afirmado, con base en pruebas menos convincentes, que el grupo podría remontarse al Cretácico, el período geológico que empezó hace 145 millones de años y terminó con el impacto de Chicxulub, que provocó la extinción de los dinosaurios hace 66 millones de años.

Nuestros antepasados vivos más cercanos son los chimpancés y sus parientes inmediatos, los bonobos. El ancestro común más reciente que compartimos con estas criaturas existió hace entre 5 y 10 millones de años y muchos de ellos debieron subsistir hasta hace 4,2 millones de años. Sin embargo, no se han encontrado evidencias fósiles en este sentido que cuenten con un consenso generalizado. Algunos paleontólogos afirman que el candidato más probable a este honor es el género europeo *Graecopithecus*, mientras que otros se inclinan por la especie africana *Sahelanthropus tchadensis*. Estas desavenencias continuarán hasta que se desentierren nuevos restos del linaje de nuestros antecesores.

De lo que no hay duda es de que nuestros antepasados empezaron a pasar menos tiempo en las ramas y más en el suelo, con un estilo de vida que tal vez fuera parecido al de los babuinos actuales. Este cambio pudo deberse a la disminución de la cubierta fo-

Evolución de la humanidad

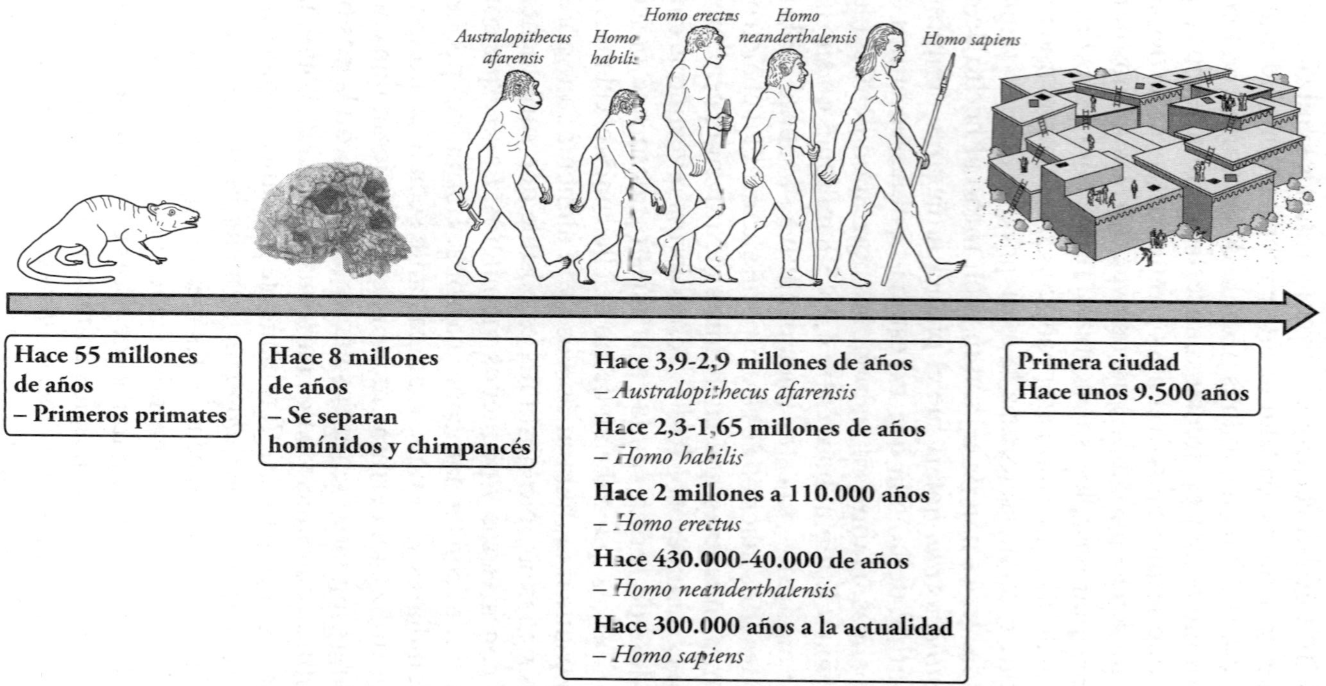

restal en algunas zonas de África, lo que les habría obligado a recorrer por tierra los tramos entre árboles, a medida que las selvas se convertían en sabanas. Con la desaparición de los bosques y el cambio climático, nuestros ancestros también modificaron su dieta, que se amplió y diversificó. Esta existencia terrícola favoreció la marcha erguida, lo que a su vez dejó las manos libres, cuya destreza pudo emplearse en otras tareas. No obstante, la evolución tardó algún tiempo en producir estas transformaciones, que no ocurrieron de la noche a la mañana.

Cada vez es mayor el consenso en torno al hecho de que *Australopithecus anamensis* fue el primer integrante de nuestra rama en el árbol de la vida que no estaba también en el tronco de los chimpancés. Habitó en las regiones correspondientes a las actuales Kenia y Etiopía, hace entre 4,2 y 3,8 millones de años. A partir de ese momento, nuestra línea evolutiva se separó de la de otros primates. Los machos de esta especie alcanzaban el metro y medio de altura, mientras que las hembras eran veinte centímetros más bajas. Los numerosos fósiles descubiertos revelan que caminaban erguidos, de forma similar a la nuestra, pero que poseían unos brazos largos que habrían hecho de ellos unos excelentes trepadores. Vivían en un hábitat boscoso y se alimentaban sobre todo de frutas y plantas. No obstante, es posible que suplementaran esta dieta con insectos y pequeños mamíferos y aves, que conseguían cazar o que consumían como carroña. Formaban pequeños grupos familiares y, aunque eran bastante sociables, no hay indicios de que utilizaran herramientas ni de que tuvieran una cultura. Sin embargo, algunos científicos han especulado con la posibilidad de que utilizaran ramas y palos para buscar comida, como hacen hoy en día los chimpancés. El tamaño de su cráneo sugiere que las especies del género *Australopithecus*, incluida esta, no eran tan inteligentes como sus descendientes, pero es probable que lo fuesen al menos tanto como los grandes simios no humanos existentes en la actualidad: los orangutanes de Borneo y Sumatra, los gorilas orientales y occidentales, los chimpancés y los bonobos.

Además de *Australopithecus anamensis* se han descubierto otras especies del género, algunas a partir de un único fósil. Los restos encontrados permiten deducir que este estilo de vida tuvo bastante éxito y en este sentido se han hallado evidencias de la presencia de sus descendientes en África central, oriental y meridional. No obstante, el ejemplar fosilizado más famoso procede de Etiopía. Se trata del esqueleto casi completo de una hembra de *Australopithecus afarensis* que se conoce como Lucy. El caso es que la canción de los Beatles «Lucy in the Sky with Diamonds» sonó en repetidas ocasiones durante la expedición que desenterró los huesos y esta fue la causa por la que un individuo de una especie extinta hace mucho tiempo recibió un nombre moderno. Sea como fuere, Lucy vivió hace 3,2 millones de años, en el apogeo de su linaje, apenas un millón de años después de la aparición de este y 1,8 millones de años antes de su extinción. No se conoce el motivo de este acontecimiento, pero los paleontólogos han especulado con la posibilidad de que fuera un efecto del cambio climático o de la competencia de una nueva especie, que habría evolucionado a partir de un antepasado común.

En ocasiones, el desarrollo evolutivo produce un nuevo estilo de vida, una forma corporal nunca vista o un comportamiento inédito. Cuando esto ocurre, los individuos que portan estos atributos aumentan en número y su área de distribución se extiende, conforme sus descendientes se alejan de sus progenitores en busca de nuevos territorios. Sin embargo, el globo no es homogéneo y algunos ejemplares pueden acabar en entornos muy diferentes a los de sus ancestros. Con el paso del tiempo, los linajes en esta situación empiezan a adaptarse a las condiciones locales y a divergir respecto a sus antepasados. Este fenómeno es especialmente pronunciado si no hay cruces entre las distintas poblaciones, o si estos son muy ocasionales. Conforme los grupos en cada zona se amoldan de maneras muy diversas al medio en el que viven, se produce una evolución. Los integrantes del género *Australopithecus* se extendieron por gran parte de África y se aclimataron a hábitats predominantemente selváticos o de sabana. Modificaron sus formas anatómicas, dietas y comportamientos en consonancia, de modo que después de un tiempo surgieron especies separadas, un auténtico mosaico de criaturas del mismo linaje que habitaban distintos entornos. En algún momento de este proceso, surgió una rama capaz de prosperar en un medio más seco, fresco y ralo del que ocupaban sus parientes. Es posible que al principio esta criatura tuviese un aspecto un tanto peculiar y que fuese el primo raro en una familia de apariencia muy similar, que vivía en las afueras, en un vecindario que sus allegados evitaban.

Como se ha visto, la excentricidad de la órbita terrestre, el desplazamiento paulatino de las placas tectónicas y la actividad volcánica pueden provocar cambios en el clima. Es posible que la Tierra parezca estable e inmutable durante siglos o milenios, pero en escalas de tiempo más largas estas alteraciones son inevitables, la temperatura del entorno aumenta o disminuye de manera gradual y la naturaleza se adapta a las modificaciones. Cuando África empezó a enfriarse, el medio predilecto de los australopitecos comenzó a desaparecer y estos a extinguirse. Sin embargo, lo que para unos es una desventaja, para otros es una oportunidad. En efecto, el enfriamiento del planeta y la expansión de las sabanas jugaron a favor del primo raro de la familia. En este sentido, los fósiles dan testimonio de la desaparición del género *Australopithecus* y del surgimiento de los primeros *Homo*, la rama del árbol de la vida que incluye a varias especies estrechamente emparentadas y a la que pertenecemos. Si el registro fósil fuera más completo, podríamos establecer el vínculo entre los recién llegados y el peculiar primo australopiteco que los precedió. Sin embargo, hasta la fecha los científicos no han sido capaces de hacerlo. Lo que sí sabemos con seguridad es que hace 2,3 millones de años surgió una nueva especie, *Homo habilis*, cuyo nombre se deriva de la expresión latina para «habilidoso». 900.000 años después de la desaparición de los australopitecos del registro fósil, los *Homo*, que habían evolucionado a partir de los primeros, pasaron a ser los simios dominantes en el globo.

La naturaleza gradual de la evolución ha hecho que algunos autores hayan propuesto clasificar a *Homo habilis* como una especie de australopiteco. Sin embargo, en la actualidad se le considera el primer integrante de un género diferenciado, el mismo al que pertenecemos los *Homo sapiens*. Sea como fuere, el caso es que esta criatura evolucionó a partir de los homínidos anteriores y desarrolló características tales como un mayor consumo de carne, estancias más prolongadas en el suelo y más breves en los árboles, una mejor adaptación al entorno de la sabana y el uso de herramientas líticas. Estos instrumentos eran poco más que rocas talladas de forma tosca, el resultado de hacer chocar dos piedras entre sí para obtener fragmentos más pequeños y afilados, que luego se utilizaban para matar animales. En este sentido, la primera tecnología de uso generalizado fueron las hachas de mano, fabricadas a partir de este tipo de utensilios. Estos constituyeron el punto de partida del desarrollo tecnológico de los homínidos, un proceso que 2,3 millones de años más tarde produjo el LHC, una máquina capaz de estudiar el comportamiento de los constituyentes fundamentales de la materia.

Se cree que *Homo habilis* formaba grupos más numerosos que sus antepasados, algunos de hasta 80 individuos, y que esto habría dado pie al desarrollo de una inteligencia superior a la de sus ancestros. Los científicos han identificado una estrecha vinculación entre el tamaño del neocórtex y el de los clanes familiares, en el seno de una misma especie. Cuantos más ejemplares haya con los que interactuar, más capacidad cerebral se necesita para gestionar las complejas relaciones sociales en las que interviene el sujeto de manera continua. En este sentido, las dimensiones de nuestro neocórtex sugieren que podemos abarcar un conjunto de 150 contactos, que es aproximadamente la extensión media de nuestras redes sociales. Esta cantidad se denomina número de Dunbar, en honor a Robin Dunbar, el antropólogo británico que estimó este factor por primera vez. Si *Homo habilis* vivía en bandas tan numerosas, no cabe duda de que las especies que inauguraron el género ya eran bastante inteligentes. No obstante, aunque esta criatura se pareciera más a nosotros que sus predecesores, seguían existiendo diferencias fundamentales en varios aspectos. Para empezar, los machos eran considerablemente más grandes que las hembras y cooperaban para proteger al clan de los depredadores y para robar a estos la carne de sus presas. Aunque este tipo de alimentos representaba una proporción mayor de su dieta que en el caso de los australopitecos, el examen de dientes fosilizados ha demostrado que las frutas y las plantas eran los constituyentes principales de la mayoría de sus comidas.

Algunas descripciones de la forma de vida que llevaba esta especie la comparan con los babuinos actuales y con los chimpancés de la sabana. En todos estos casos, el tamaño de los machos es muy superior al de las hembras y los apareamientos están monopolizados por un único individuo dominante o por un reducido número de ellos. Los sistemas de este tipo se llaman poligínicos y en ellos los machos no contribuyen a la crianza de los pequeños. Se suele dar por hecho que los hábitos de *Homo habilis* eran de esta clase. No obstante, esto es muy especulativo, ya que los patrones reproductivos de los diferentes ejemplares no se fosilizan. Tal vez las hembras cuidaban de su descendencia colectivamente, si bien algunas pruebas sugieren que la infancia de esta especie era bastante corta. Eso quiere decir que eran menos dependientes de sus progenitores de lo que lo somos nosotros y que alcanzaban la madurez a una edad mucho más temprana.

Independientemente de sus hábitos reproductivos, lo cierto es que *Homo habilis* tuvo bastante éxito. Al igual que sus predecesores australopitecos, ellos, o criaturas muy similares a ellos, parecen haberse extendido por muchas partes de África, cuyas sabanas colonizaron a medida que los bosques se batían en retirada. Del mismo modo y como hicieron también antes sus ancestros, se adaptaron a todos los entornos que ocuparon. Se han encontrado algunos cráneos que presentan una característica anatómica conocida como área de Broca (la región del cerebro asociada a los movimientos de la vocalización), que es imprescindible para el lenguaje. Hay científicos que han interpretado este hecho como una prueba de que algunas poblaciones de esta especie podrían haber desarrollado un habla rudimentaria. Sin embargo, es muy probable que demostrarlo de forma concluyente sea todo un reto.

Parece poco probable que ya estuvieran presentes todos los atributos necesarios para la construcción de estados nacionales y organizaciones complejas, pero es posible que sí se dieran algunos de ellos. Los individuos de esta especie podían vivir en grandes grupos sociales y cooperar con los demás de un modo que le estaba vedado a sus predecesores, menos avanzados. También pudieron tener una forma primitiva de habla y habrían sido capaces de fabricar herramientas sencillas. Estas capacidades parecen sugerir los primeros atisbos de un pensamiento abstracto. No obstante, el uso de utensilios era muy rudimentario y no hay pruebas de que se llegara a producir arte, dominar el fuego o enterrar a los muertos. En cambio, sus descendientes sí mostraron estos comportamientos. A continuación, pasaremos a hablar de uno de ellos, un antepasado nuestro que tuvo mucho éxito: *Homo erectus*, u hombre erguido.

Cualquiera que viera de lejos un ejemplar de esta especie podría pensar que se trataba de un humano moderno. Desde el punto de vista anatómico, eran muy similares a nosotros. Para empezar, eran más altos que sus predecesores, con una altura que variaba entre los 145 y los 185 centímetros, y llegaba a pesar hasta 70 kilogramos. Además de su gran tamaño, tenían cráneos con una capacidad mayor que la de sus antepasados, aunque todavía era menor que la nuestra. En este sentido, el volumen medio del cerebro humano es de 1.350 centímetros cúbicos, mientras que el de *Homo erectus* era algo inferior a 1.000. Este paso adelante en el camino que desemboca en nuestra existencia aparece por primera vez en el registro fósil hace dos millones de años, 400.000 años antes de la desaparición del último *Homo habilis*.

Estas dos especies eran diferentes en el sentido en que los recién llegados eran unos superdepredadores, es decir, que al igual que nosotros ocupaban la cúspide de la cadena alimentaria. El género *Homo* había pasado de buscar carroña e intentar arrebatar las presas de otros carnívoros a matar las suyas propias. En efecto, grupos de *Homo erectus* cazaban animales de gran tamaño, como herbívoros salvajes y elefantes. Sin embargo, no desdeñaban capturas más pequeñas y seguían suplementando su dieta cárnica con algo de fruta y plantas. Los homínidos anteriores habían colonizado de manera efectiva muchos entornos de lo que hoy es el África subsahariana (el desierto del Sáhara no se formó hasta hace 11.000 años), pero no se han descubierto fósiles suyos fuera de este continente. En cambio, se han desenterrado restos de *Homo erectus* por toda Asia y Europa.

Es difícil saber con certeza hasta qué punto esta criatura compartía los atributos del ser humano moderno. Su anatomía variaba mucho de una población a otra y fue el origen de muchas ramas del árbol de la vida. Como les había ocurrido a los australopitecos antes que a ellos, cada grupo se adaptó al entorno que habitaba. De hecho, hay pruebas concluyentes de que llegaron a colonizar la isla de Flores, antes de dar lugar al minúsculo *Homo floresiensis*, también llamado hombre hobbit. Este territorio siempre ha estado aislado del continente, de modo que su llegada les exigió cruzar el mar. Todavía se debate si esto ocurrió de manera accidental, con un pequeño número de individuos que sobrevivieron a la travesía aferrados a troncos o cúmulos de vegetación, o fue algo intencional, con canoas fabricadas ex profeso u otras formas de embarcación. La respuesta es importante, porque si esta especie era capaz de navegar debía poseer también la habilidad de comunicar ideas complejas y de dar instrucciones precisas, por ejemplo, cuándo remar para mantener un rumbo concreto. Por desgracia, la probabilidad de que un bote pueda conservarse durante cientos de miles de años en las aguas que rodean Flores es extremadamente remota, por lo que tal vez nunca sepamos si *Homo erectus* llegó hasta allí por casualidad o por una decisión consciente.

Una característica ubicua en las poblaciones de esta especie es el uso de herramientas. Sus utensilios eran más sofisticados que los de sus predecesores y tenían bordes afilados tallados por varios lados, que se unían para formar puntas. Las hachas de mano de diversos tamaños eran muy comunes y servían para cortar carne, madera y vegetación. La fabricación de estos instrumentos supuso un importante paso adelante tecnológico en el camino que discurre desde la aparición de los primates hasta nosotros.

Homo erectus recorrió la Tierra durante casi 2 millones de años y desapareció del registro fósil hace unos 110.000 años en la isla de Java. Durante ese tiempo, sus individuos se transformaron y desarrollaron. Algunas poblaciones crearon formas primigenias de arte, que grabaron en conchas. Otras, dominaron el fuego o construyeron refugios. Teniendo en cuenta todas estas habilidades, no se puede descartar que algunos miembros de algún grupo fabricaran embarcaciones capaces de surcar los mares. En el transcurso de estos 2 millones de años de existencia, el cerebro de *Homo erectus* evolucionó de manera progresiva. Es probable que su neocórtex aumentara de tamaño, lo que les habría proporcionado facultades cognitivas más parecidas a las de los humanos modernos que las que pudieron tener sus predecesores. Otras características actuales también habrían aparecido en esa época, incluida la monogamia.

Los biólogos pueden deducir el modelo reproductivo de un mamífero extinto mediante la observación del dimorfismo sexual entre ejemplares adultos. En los animales poligínicos, como los ciervos, un individuo dominante compite con sus rivales y los supera para aparearse con varias hembras, aunque luego no interviene en el cuidado de las crías. En estos casos, los machos tienden a ser mucho más grandes que sus compañeras. Por el contrario, en un sistema monogámico, se forman vínculos más duraderos y ambos progenitores participan en la crianza. Aquí, los ejemplares de ambos sexos son de dimensiones más parecidas. En *Homo erectus*, las alturas de machos y hembras eran similares, lo que parece sugerir que eran monógamos y que ambos integrantes de la pareja tomaban parte en mayor o menor medida en el cuidado de las crías. De ser así, su comportamiento reproductivo era diferente al de sus predecesores. Sin embargo, parece ser que en algunas poblaciones de esta especie el cerebro infantil no se desarrollaba mucho más allá del nacimiento. Esto permite deducir que, al igual que sucedía con *Homo habilis*, los pequeños no necesitarían atenciones parentales tan prolongadas como los seres humanos modernos. Sea como fuere, es probable que ambos progenitores se encargaran de esta tarea si la especie era, en efecto, monógama, ya que este comportamiento se observa en la mayoría de los mamíferos actuales de este tipo, aunque la duración de la infancia fuera relativamente breve.

Por otro lado, *Homo erectus* vivía en grupos, aunque sabemos poco sobre su tamaño. El análisis de casi un centenar de huellas fosilizadas en un yacimiento de Kenia revela que una banda de veinte miembros recorrió el lugar hace 1,5 millones de años. Hay cuatro emplazamientos en los que se conservan marcas de este tipo, uno de ellos atribuible a una partida de machos adultos. ¿Se trataba de una expedición comunal de caza? Algunos científicos creen que sí y han interpretado esta evidencia como una prueba de la diferenciación de tareas por colectivos demográficos. De ser así, es posible que este fuera el primer homínido en atribuir regularmente tareas especializadas a los individuos, o conjuntos de individuos, más allá de defender al clan de los depredadores.

Como hemos visto en casos anteriores, el éxito conduce a la diversificación y lo mismo ocurrió ahora. Surgieron muchos descendientes de esta especie, aparte de *Homo floresiensis*, entre los que se cuentan los neandertales, los denisovanos y nosotros mismos. *Homo erectus* conquistó África, Europa y Asia y la evolución llevó a cada población a adaptarse a su entorno. Así, los neandertales se aclimataron al terreno boscoso y a menudo frío de Europa, los denisovanos poblaron Asia y *Homo sapiens* apareció en África. Los restos fósiles de los segundos son escasos, por lo que sabemos poco sobre ellos. En cambio, los primeros y los humanos actuales compartimos muchas similitudes. Ambos desarrollamos el arte, el lenguaje, sociedades complejas y la costumbre de enterrar a los fallecidos. También llevamos las capacidades cognitivas de nuestros antecesores a niveles inauditos.

En los apartados anteriores he simplificado mucho los acontecimientos. Se puede trazar una línea continua entre los primeros primates, pasando por todos los eslabones intermedios, hasta llegar a *Homo sapiens*. No obstante, en este recorrido se produjeron numerosas ramificaciones. Las poblaciones se separaron genéticamente, aunque en ocasiones sus integrantes cruzaban sus caminos y se reproducían de manera efectiva. Sabemos que esto ocurrió al menos entre los humanos actuales y los neandertales cuando los primeros abandonaron África. Es raro que la evolución trace un curso directo como el que parece sugerir el árbol de la vida. Los individuos pueden divergir y luego cruzarse de nuevo cuando entran en contacto otra vez, o bien parejas de diferentes especies pueden tener descendencia mixta. Si criaturas de este tipo se reproducen preferentemente entre sí, es posible que surja una nueva variedad dentro del género. Estos procesos debieron tener lugar entre todos los homínidos coexistentes y en consecuencia nuestro genoma es una mezcla de aportaciones que surgieron en diferentes lugares. El registro fósil da testimonio de estos acontecimientos y se pueden encontrar muchas clases de homínidos por todo el globo. Los paleontólogos han identificado numerosos integrantes del género *Homo*, como *H. rudolfensis*, *H. ergaster*, *H. georgicus*, *H. antecessor*, *H. cepranensis*, *H. rhodesiensis*, *H. neanderthalensis*, *H. floresiensis* y *H. heidelbergensis*. No obstante, no se ponen de acuerdo sobre cuáles de ellos deberían clasificarse como especies, subespecies o poblaciones divergentes. Yo me inclino por la segunda opción. Sea como fuere, el gran número de variantes es una prueba del notable éxito de estas criaturas a la hora de adaptarse a nuevos entornos.

Uno que los especímenes más intrigantes es *Homo naledi*, que vivió en Sudáfrica hace entre 335.000 y 235.000 años. La datación de quince individuos los sitúa en un pasado relativamente reciente y es algo inesperado, dadas sus características anatómicas. Se trata de ejemplares pequeños, con una estatura promedio de unos 140 centímetros y un peso de 40 kilogramos. El tamaño de sus cerebros es reducido en proporción a sus dimensiones corporales, pero la forma de sus cráneos sugiere una estructura encefálica avanzada. Sus huesos se han desenterrado en un único yacimiento de la cueva Rising Star, en la provincia de Gauteng. Lo sorprendente es que no se han encontrado esqueletos de otros animales en la cámara donde se descubrieron los restos y que el acceso a esta ubicación no debía ser sencillo hace un cuarto de millón de años. Además, los fósiles no habían sido arrastrados hasta allí por el agua, sino que pertenecían a cadáveres que tal vez hubieran sido depositados en este emplazamiento a propósito. Esto podría sugerir que se trata de un enterramiento deliberado. *Homo naledi* presenta una mezcla de características de australopitecos y de *H. erectus*, aunque convivió con seres humanos modernos. Queda por descubrir la naturaleza exacta del vínculo que une a esta peculiar especie con el resto de los homínidos primitivos.

De lo que no cabe duda es de que en África vivieron muchos tipos diferentes de homínidos. Los biólogos denominan radiación al fenómeno según el cual muchas subespecies diferentes estrechamente emparentadas habitan unas cerca de otras. Parece que los miembros de esta familia primigenia se adaptaban bien a los diferentes entornos de este continente y de otras partes del planeta. Especies como *Homo habilis* y *Homo erectus* demostraron ser especialmente capaces en este sentido. A lo largo de unos cuatro millones de años, nuestros antepasados desarrollaron muchas de las características fundamentales que nos hacen humanos y que nos permiten vivir en sociedades complejas.

Lo expuesto en los párrafos anteriores resume brevemente la evolución de los primeros homínidos, pero no explica el motivo por los que desarrollaron las características que acabaron por dar lugar a los seres humanos. Es poco probable que lleguemos a saberlo con certeza. Sin embargo, como ya se ha mencionado, algunos australopitecos empezaron a pasar menos tiempo en los árboles y más en el suelo, a medida que el clima se hacía cada vez más seco y sus hogares selváticos desaparecían. Hasta ese momento, los individuos podían escapar de los depredadores terrestres subiéndose por los troncos del bosque, pero algunos de ellos comenzaron a visitar con más frecuencia la sabana, que era un hábitat más despejado y ralo. Los linajes que tuvieron un mayor éxito en este empeño desarrollaron estrategias y comportamientos para proteger a sus grupos de los grandes felinos, osos y lobos que compartían ese entorno. Estas tácticas defensivas pueden haber consistido en lanzar piedras, blandir palos y colaborar para ahuyentar o incluso matar a los atacantes. Es posible que estas dinámicas favorecieran a los ejemplares de mayor tamaño, pues su velocidad y fuerza superiores les habrían conferido una ventaja competitiva a la hora de sobrevivir. A medida que surgieron estos hábitos contra los depredadores, un beneficio inesperado fue el aumento de la capacidad de hacerse con las presas de otros carnívoros y, en última instancia, de cazar sus propios animales ellos mismos. Esto se vio facilitado por la fabricación de herramientas más sofisticadas y por la cooperación social en las partidas cinegéticas colectivas. Los grupos con mayor aptitud para trabajar juntos de manera efectiva y producir los instrumentos más útiles superaron a otros peor equipados o menos organizados. Por último, la adopción del fuego y la construcción de refugios fueron adaptaciones que ayudaron aún más a su supervivencia.

Todas estas novedades requerían un cerebro más voluminoso y en consecuencia su tamaño en los homínidos fue en aumento con el paso del tiempo y los avances evolutivos, con la extraña excepción de algunas especies como *Homo naledi*, que pareció salir adelante brevemente con un encéfalo relativamente pequeño. El caso es que un cerebro grande tiene muchas ventajas. Para empezar, permite mejorar la comunicación, la resolución de problemas y el pensamiento abstracto. No obstante, estos órganos también son difíciles de alimentar y representan una dificultad considerable a la hora de dar a luz. En un ser humano moderno de tamaño promedio, la masa encefálica representa en torno al 2 % del peso corporal. Sin embargo, consume el 20 % de su energía. A pesar del coste, es evidente que las ventajas superaban a los inconvenientes en el caso de nuestros antepasados.

Al menos dos linajes de esta familia, los neandertales y los humanos actuales, desarrollaron cerebros de gran tamaño. Ambas especies parecen haber dominado el fuego, cocinado sus alimentos, utilizado vestidos, inventado el lenguaje, creado arte, fabricado joyas, construido instrumentos musicales, empleado plantas medicinales y cuidado de sus enfermos y lesionados. Los neandertales habitaron las zonas boscosas de Eurasia hace entre 430.00 y 40.000 años y estaban bien adaptados a los gélidos inviernos de las regiones en las que vivían. Eran más corpulentos que *Homo sapiens*, una característica que puede haberles ayudado a conservar el calor corporal durante la temporada fría y que también les permitía correr a toda velocidad cuando cazaban. Ocupaban la cúspide de la cadena alimentaria y eran capaces de capturar con éxito presas como mamuts, bisontes y otros grandes herbívoros. No obstante, también comían animales más pequeños, plantas, frutas y frutos secos. Al menos algunos individuos tenían cerebros más grandes que los que tenemos hoy en día, pero es posible que esto también ocurriera con los primeros humanos. Tal vez ya no seamos tan inteligentes como antes o puede que nuestras redes neuronales hayan ganado en eficacia.

Es habitual ver representados a los neandertales como cavernícolas primitivos y toscos, superados en inteligencia por nuestros antepasados. Sin embargo, el examen minucioso de los yacimientos de esta especie ha permitido vislumbrar una imagen bien distinta. A medida que los paleontólogos han estudiado sus herramientas, sus joyas hechas con conchas, una flauta, las cenizas de los hogares en las cuevas en que se refugiaban y su disposición anatómica, ha quedado claro que ha habido más de una ocasión en que han aparecido simios inteligentes. La densidad de su población era bastante reducida y es posible que su tamaño total nunca superara unas pocas decenas de miles de individuos. No obstante, estas cantidades tan bajas no son inusuales para los superdepredadores carnívoros. La carne era un componente fundamental de su dieta y la disponibilidad de presas puede haber sido un factor determinante que les impidiese alcanzar números más elevados. De hecho, los animales con estos hábitos alimenticios tienden a vivir en poblaciones menos densas que los herbívoros. A pesar de ello, es probable que los distintos grupos se reunieran en ocasiones determinadas e intercambiaran objetos, alimentos, innovaciones e ideas. La creación de obras de arte, joyas y música revela lo que los psicólogos denominan pensamiento simbólico, que es la capacidad de utilizar palabras e imágenes para representar objetos o acontecimientos que no se están produciendo en ese mismo momento. Está claro que los neandertales no eran nada tontos.

Además de ser capaces de desarrollar un pensamiento abstracto, los individuos de esta especie modificaron su entorno y es posible que crearan huertas rudimentarias. En un yacimiento cercano a Leipzig, Alemania, los arqueólogos han descubierto más de 20 hectáreas de terreno que los neandertales mantuvieron deliberadamente despejadas de vegetación agreste durante más de dos milenios, hace aproximadamente 125.000 años. No está claro si el lugar fue desbrozado intencionadamente o si fue el resultado de un fenómeno natural. De lo que no cabe duda es de que las plantas identificadas en el registro incluyen especies que solo crecen en zonas abiertas. Por lo demás, el lugar es importante desde un punto de vista arqueológico porque el área circundante está repleta de evidencias de la actividad neandertal durante dos milenios. La región era boscosa, y de no haberse mantenido esta parcela despejada de forma intencionada, habría vuelto a su estado natural tras unas pocas décadas. No sabemos el motivo de esta acción, pero fue algo deliberado que se prolongó en el tiempo durante veinte siglos, así que debió ser importante para ellos.

También fueron ellos los que produjeron el primer arte rupestre, algo en lo que se adelantaron a los seres humanos modernos en unos 20.000 años. Las pinturas, de 65.000 años de antigüedad, se encuentran cerca de Santander, en el norte de España. Están hechas con pigmentos rojos y negros y consisten en huellas y negativos de manos, representaciones de animales y otras líneas y formas más difíciles de interpretar. A modo de comparación, baste decir que la imagen más antigua que se conoce producida por *Homo sapiens* es un cerdo de tamaño natural pintado en Indonesia hace 45.000 años.

A lo largo dc la historia de la humanidad, hemos mostrado una tendencia a considerarnos el meollo de todo lo existente y a pensar que nuestro nivel de desarrollo es superior al de otras formas de vida. Así, hemos dado por sentado que la Tierra era el centro del universo y que todo giraba a su alrededor. Sin embargo, resultó que esto era erróneo, ya que nuestro planeta orbita en torno al Sol. Por ello, pusimos a esta estrella en el medio del cosmos, pero también eso estaba equivocado. Ahora sabemos que nos encontramos en un cuerpo esférico que da vueltas a un astro regular, en el borde de una galaxia normal, que puede contener hasta un billón de objetos similares. A pesar de ello, a menudo prevalece la opinión según la cual somos el punto álgido de la evolución, sin que ningún otro ser vivo haya desarrollado el lenguaje o la inteligencia, ni en la Tierra ni quizá en ningún rincón del universo. Pues resulta que este bastión irreductible de nuestra singularidad también se desmorona a ojos vistas. Dos tipos de simios inteligentes evolucionaron en nuestro planeta, aunque tuvieron a *Homo erectus* como antepasado común.

Si los neandertales eran tan inteligentes, ¿por qué se extinguieron? Su desaparición se produjo poco después de la llegada a Europa de los seres humanos modernos, de modo que parece que podríamos haber tenido algo que ver en este acontecimiento. Sin embargo, como ocurre a menudo, la realidad es un poco más compleja. *Homo sapiens* salió de África por primera vez hace entre 177.000 y 210.000 años. Se han encontrado fósiles de esta época en Grecia e Israel. No obstante, no arraigó en estos territorios y en consecuencia se extinguió, posiblemente por no poder competir con las poblaciones neandertales locales. Un segundo intento tuvo más éxito, 60.000 o 70.000 años atrás. Unos grupos cruzaron a lo que hoy es Oriente Medio y prosiguieron su avance por la costa de Asia hasta Oceanía. En esta ocasión, el progreso fue rápido y los primeros humanos modernos llegaron a Australia hace al menos 40.000 años, tal vez incluso hace 60.000. No obstante, no se establecieron de forma efectiva en Europa hasta hace cuarenta milenios. ¿Acaso no sabían que estaba ahí? ¿No les gustaron las vistas? ¿O tal vez fracasaron sus intentos de asentarse en este continente hace entre 40.000 y 60.000 años?

El registro fósil que han desenterrado los paleontólogos no puede responder a estos interrogantes. Lo que yo sospecho es que algo impidió que los humanos modernos colonizaran Europa antes y que bien pudiera ser que los neandertales estuvieran mejor adaptados que ellos a este territorio. Los primeros grupos que lo intentaron no pudieron arraigar porque tenían que competir con la población local y en este sentido encontraron una resistencia similar a la de la primera oleada de *Homo sapiens* que salió de África. Sin embargo, algo cambió en última instancia que permitió a los recién llegados adentrarse en este nuevo continente. Ese algo fue el clima.

Una especie estaba bien adaptada a los entornos cálidos de África, que a veces eran más secos, mientras que la otra estaba especializada en la vida en los bosques europeos. Uno era un simio tropical inteligente y el otro era su primo espabilado de climas más frescos. Sin embargo, hace entre 45.000 y 40.000 años, el cambio climático desencadenó en Europa un período con menos precipitaciones. Esto alteró el medioambiente e inclinó la balanza a favor de los recién llegados frente a los habitantes locales. A medida que los humanos modernos se extendieron por el continente, los neandertales desaparecieron de manera paulatina. Se desconoce la causa exacta de este fenómeno, pero se han aducido enfermedades, la competencia de los nuevos grupos, el colapso de las poblaciones de animales de caza mayor de los que dependían e incluso la endogamia. Aunque el último neandertal murió hace cuarenta milenios, sus genes perduran, porque cuando nuestros antepasados se extendieron por Europa tuvieron crías con individuos de la otra especie. Es posible que este material genético les aportara alguna ventaja, ya que ha permanecido en las poblaciones humanas hasta nuestros días.

El hecho de que hubiera parejas mixtas y tuvieran descendencia desvela que los miembros de una especie veían a los de la otra como candidatos viables al apareamiento. No sabemos si este era consensuado o forzado, ni si humanos y neandertales formaban vínculos estables. Lo que es seguro es que no debían hablar el mismo idioma, ya que sus linajes habían permanecido separados durante miles de años. Sin embargo, dado que ambos progenitores tenían la capacidad de aprender otras lenguas, no es inverosímil que cuidaran juntos a sus pequeños. A menos que se encuentren restos de alguna familia mixta, nunca lo sabremos. Lo que sí está claro es que las crías nacidas de uniones de este tipo tuvieron descendientes a su vez. De no haber sido así, no habría genes neandertales en los genomas de las personas actuales. La empresa 23 & Me, especializada en análisis del material genético humano, me informa de que tengo más componente neandertal que el 80 % de las personas que han recurrido a sus servicios. Me encantaría saber cómo habría salido yo sin esas aportaciones.

Este tipo de apareamientos no se produjo solo en Europa. A medida que los humanos modernos se extendían por Asia también se cruzaron con los denisovanos. De hecho, los genes de este misterioso homínido están presentes en varias poblaciones actuales asiáticas y de Oceanía. Sin embargo, la evidencia fósil de este grupo es muy escasa. Casi todo lo que sabemos al respecto procede de estudios genéticos, como el descrito con anterioridad en el libro. No obstante, los restos descubiertos revelan que los individuos de esta especie eran parecidos a los neandertales, pero con dientes ligeramente diferentes y otras divergencias anatómicas.

Tras completar con éxito su migración a partir de África y la colonización de Asia, Oceanía y Europa, los seres humanos modernos cruzaron un corredor terrestre abierto unos 26.000 años atrás entre las actuales Rusia y Alaska y se extendieron por todo el continente americano. Hace cuatro milenios se establecieron en Polinesia, con lo que, a excepción hecha de la Antártida, ya podían decir que se hallaban presentes en todas las regiones de la Tierra, desde los trópicos hasta el Ártico. No obstante, si el cambio climático se hubiese producido a la inversa hace muchos milenios, ¿habrían sido los neandertales los que se habrían instalado en África y desplazado a *Homo sapiens*? Nunca lo sabremos, pero en un universo alternativo quizá serían los humanos los que aparecerían caricaturizados como toscos cavernícolas, mientras sus primos espabilados enviaban cohetes al espacio. Sin embargo, no fue así como sucedieron las cosas y en consecuencia este libro trata de los seres humanos. ¿Qué sucedió después? Hemos llegado a un punto de nuestra historia en el que somos el único homínido que queda en el planeta, momento a partir del cual empezamos a construir civilizaciones.

Cuando *Homo sapiens* partió de África, tenía unas capacidades intelectuales y de razonamiento similares a las nuestras. Del simio inteligente erguido con una tecnología rudimentaria al mundo en que vivimos hoy en día, el progreso ha sido muy lento. ¿Cómo se dio este proceso? ¿Cómo hizo la evolución para que aparecieran los hombres modernos a partir de los cavernícolas? Los primeros edificios del yacimiento de Çatalhöyük se construyeron hace unos 9.500 años en la actual Anatolia, al sur de Turquía. Medio milenio más tarde, se convirtió en la primera ciudad. El asentamiento existió durante casi 1.500 años y en su apogeo tuvo una población de 10.000 personas. Entre ese momento y la anterior migración de África de nuestros antepasados habían transcurrido más de treinta milenios, un período en el que tuvieron que pasar muchas cosas. Nuestra narración abandona ahora la evolución biológica para centrarse en el desarrollo tecnológico. Hace 40.000 años, nuestros ancestros ya tenían unas facultades cognitivas similares a las nuestras. Sin embargo, lo que no tenían era la tecnología. Comencemos el recorrido que va desde el hacha de mano lítica al teléfono inteligente, un periplo en el que nuestras diestras manos y nuestros grandes cerebros demostraron ser fundamentales.

Tras la migración desde África, nuestros antepasados cazadores y recolectores se extendieron por una amplia variedad de entornos e incluyeron en su dieta a criaturas tan diversas como elefantes, elefantes marinos y la ahora extinta ave elefante de Madagascar. Surgieron numerosas culturas diferentes en el seno de estos grupos y la evidencia disponible en la actualidad a partir de tribus existentes hoy en día que practican este estilo de vida sugiere que muchos de ellos compartían los recursos y otras posesiones de forma equitativa entre todos los integrantes del clan. Del mismo modo, mujeres y hombres debían tener los mismos derechos. Con el paso del tiempo, estas bandas se desarrollaron y adoptaron nuevas técnicas que les ayudaban a obtener del medio los recursos que necesitaban de manera más eficaz. Los implementos que resultaban más útiles en esta tarea se extendieron por todo el mundo prehistórico, a medida que unos individuos los copiaban de otros. Parece ser que la tendencia a envidiar el éxito en los demás no es algo nuevo.

En las sociedades modernas, al menos en la occidental, la palabra tecnología tiende a asociarse con electrónica. No cabe duda de que la invención y adopción generalizada de lavavajillas, frigoríficos inteligentes y ordenadores han tenido un enorme impacto en las últimas décadas. Sin embargo, no es la primera vez que este tipo de fenómenos altera nuestra existencia. La vida de nuestros antepasados cazadores y recolectores mejoró gracias a avances en la fabricación de herramientas de madera, piedra, hueso y metal, a la producción de hilos, cuerdas y maromas, a la innovación que representó la alfarería, a la pericia para encender y controlar el fuego, a la construcción de viviendas y a la irrupción de los alimentos cocinados. Hoy en día, damos por sentado estos logros. No obstante, cada uno de ellos exigió una aguda capacidad de observación, una notable habilidad para el pensamiento abstracto y numerosos intentos de prueba y error. Imaginemos que formamos parte del primer grupo que consiguió prender una hoguera. Nuestros vecinos nos mirarían con asombro. Suponiendo, claro está, que nuestros experimentos con las llamas no le hubiesen causado quemaduras graves a nadie.

La pesca es otro ejemplo importante en este sentido. El análisis de los restos de un habitante de Asia oriental de hace 40.000 años reveló que consumía peces de agua dulce con frecuencia. No obstante, se desconoce el método que empleaba para atraparlos. Los grupos de cazadores y recolectores de las islas de Andamán y Nicobar son excelentes pescadores con arpones, arcos y flechas, tecnologías en buena parte disponibles desde hace mucho tiempo. Parece probable que nuestros antepasados utilizaran estas técnicas para sus capturas. Las primeras lanzas de madera datan de hace 400.000 años y fueron fabricadas por los neandertales o por sus antecesores *Homo erectus*. Estos utensilios se hallan entre los ejemplos más antiguos de instrumentos fabricados en este material y se cree que las que se han encontrado se usaban para matar animales grandes, como caballos. En todo caso, el mismo principio se podría haber aplicado fácilmente en estas circunstancias.

Las primeras evidencias del empleo de arco y flechas son más recientes, se remontan a hace entre 60.000 y 72.000 años y proceden de la cueva de Sibudu, en Sudáfrica. Estos utensilios se extendieron con rapidez y cuando nuestros antepasados abandonaron África ya los llevaban consigo. Se tiene constancia de ello porque se han encontrado puntas de flecha en la gruta Fa Hien de Sri Lanka junto a restos fosilizados de *Homo sapiens*. Era conveniente disponer de estos instrumentos porque permiten herir y dar muerte a las presas a mayor distancia. En este sentido, utilizarlos para estas lides era menos peligroso que sus alternativas. No se sabe con certeza cuándo se emplearon por primera vez para pescar, pero al igual que ocurrió con las lanzas, es probable que su adopción para este fin ocurriese poco después de su invención.

A estas siguieron otras innovaciones en este frente. Las evidencias más tempranas de la aplicación de veneno en puntas de flecha se remontan a 24.000 años atrás. Es posible que estas sustancias se empleasen para aturdir o matar peces en lagos y ríos, aunque encontrar pruebas concluyentes en este sentido es prácticamente imposible. A su vez, la red de pesca más antigua conocida tiene 8.300 años, estaba hecha de fibras de sauce y fue descubierta en Finlandia en 1913. No obstante, el hallazgo de plomadas de piedra en Corea sugiere que ya se utilizaba esta técnica hace 27.000 años. Curiosamente, la invención de los arpones (lanzas con puntas de hueso y púas a los lados) es más reciente y solo aparece registrada en grabados rupestres de Francia hace poco más de 6.000 años. No obstante, su uso se extendió con rapidez por todo el mundo antiguo y se utilizaron para cazar focas, otros mamíferos marinos y peces.

Es probable que cambien las fechas exactas de estos avances, ya que cada nuevo hallazgo obliga a remontar más atrás en el tiempo el momento del primer uso de un tipo concreto de herramienta. A menudo nos sorprende que unos instrumentos o métodos bastante complejos se utilizaran ya en un pasado tan remoto. Sin embargo, nada de esto debería extrañarnos. Nuestros ancestros eran tan inteligentes como nosotros, si no más. Así, hay cronologías propuestas y documentadas para el desarrollo de la cerámica, que permite almacenar agua y alimentos, para la utilización de todo tipo de artefactos líticos, de madera y hueso y para el dominio del fuego. En todos los casos se constata la misma historia. *Homo sapiens* y los neandertales, tal vez junto con otros homínidos descendientes de *Homo erectus*, tales como los denisovanos, eran inteligentes e innovadores. Estas cualidades permitieron a nuestros antepasados extenderse y arraigar en entornos que van del Ártico a los trópicos, de los desiertos a los bosques y de las islas a ras del nivel del mar a la meseta tibetana, un paraje inhóspito a muchos días de viaje de la costa.

En todos estos medios aumentaron su capacidad inicial de obtener recursos, tanto en el sentido de capturar un mayor número de presas como en el de ampliar el espectro de objetos consumidos. Muchas culturas prehistóricas aprendieron a moler, poner en remojo, fermentar o hervir productos incomestibles, para eliminar las partes que no podían digerir. La harina de bellota es un ejemplo de ello. Las semillas de las encinas son nutritivas y ricas en aceites y fécula. No obstante, son amargas y difíciles de asimilar, debido a unas sustancias químicas llamadas taninos. Eliminarlos no es una tarea sencilla, pero sin ellos este fruto es más alimentico y sabroso.

Para conseguirlo hay que moler las bellotas y dejarlas en remojo. Algunos tutoriales en línea, en páginas web que facilitan recursos para cazadores y recolectores, detallan el proceso necesario. Este pasa por moler los frutos y dejarlos en remojo una semana, cambiando el agua a diario. Lo mejor es quitarles la cáscara, pelarlos y secarlos antes de la molienda. Cocerlos también acelera la eliminación de los taninos. El resultado es una harina sabrosa y nutritiva, que los grupos de cazadores y recolectores consumían siempre que encontraban encinas en abundancia. Los seres humanos llevan produciendo harinas de bellotas y otros frutos secos y semillas desde hace más de 30.000 años, aunque el pan más antiguo que se ha encontrado hasta la fecha tiene solo diez milenios de antigüedad.

Este proceso no solo eliminaba los taninos, también protegía los dientes. En efecto, nuestras dentaduras no son especialmente fuertes e intentar masticar alimentos duros podría dañarlas. Dado que no había dentistas disponibles, la caries y la pérdida de piezas dentales eran problemas graves, lo que limitaba la cantidad y los tipos de comida que se podían consumir. Moler semillas, frutos secos y huesos de animales fue, por lo tanto, una innovación importante, que habría otorgado a los grupos que la practicaban una ventaja competitiva frente a los que no lo hacían. En consecuencia, este comportamiento se extendió y redundó en que los clanes locales que lo adoptaron dejasen más descendientes.

Toda población tiene una fecundidad de reemplazo, que es el número promedio de descendientes que debe tener una mujer para que la cantidad total de habitantes se mantenga estable de un año para otro. Supongamos que una pareja tiene dos hijos y que ambos sobreviven hasta la edad adulta. En ese caso, los progenitores se habrían reemplazado a sí mismos en el cómputo global. Supongamos ahora que estos dos descendientes consiguen a su vez reproducirse y que tienen cada uno otros dos vástagos que alcanzan la madurez. Habría vuelto a ocurrir lo mismo y los padres se habrían sustituido en el conjunto. De este modo, la pareja inicial habría tenido cuatro nietos adultos. Si esto sucede en todos los casos, el tamaño de la población será el mismo en el futuro. Sin embargo, no todos los individuos sobreviven desde el nacimiento hasta la edad adulta, lo que significa que la fecundidad de reemplazo en poblaciones humanas con una buena asistencia sanitaria es de poco más de dos hijos por mujer. En las ocasiones en que la mortalidad en el período indicado sea mayor, esta cifra también lo será. En grupos de cazadores y recolectores puede ser necesario que cada familia tenga entre cuatro y seis pequeños. No obstante, este límite debió superarse con creces, ya que las bandas de cazadores y recolectores se extendieron por todo el globo. Esto significa que su tasa reproductiva era superior a este nivel de reemplazo.

Un grupo cuyo tamaño se mantiene estable continuamente tiene algún factor que mantiene el número de sus integrantes dentro de unos límites y se dice que existe un elemento «limitante». Las poblaciones de animales salvajes suelen verse controladas por la actuación de los depredadores, la disponibilidad de alimento, las enfermedades, los lugares adecuados para la reproducción o incluso la capacidad de encontrar pareja. Al principio de nuestra historia, puede ser que *Homo sapiens* permaneciera confinado los primeros 70.000 años después de su aparición en una pequeña y exuberante región de Botsuana, en torno a lo que ahora se conoce como lago Makgadikgadi. Sus números se habrían mantenido inalterados durante milenios y solo habrían empezado a aumentar a raíz del cambio climático. Hay que decir que no todos los científicos aceptan esta interpretación de los datos disponibles, pero no sería sorprendente que en algún momento del pasado la población de nuestros ancestros hubiera estado limitada por la presencia de depredadores, la disponibilidad de alimento o las enfermedades

Los avances tecnológicos hicieron posible que se alcanzara una fecundidad muy superior a la de reemplazo. El aumento de la capacidad de obtener recursos y el descenso de la mortalidad debida a depredadores conllevaron la multiplicación de la población local. Al mismo tiempo que se producía este fenómeno, disminuía la cantidad de alimento disponible en el medio y la vida se hizo más difícil. Los grupos empezaron a dispersarse y de este modo los seres humanos modernos llegaron a estar presentes en la mayor parte del globo. Cada logro tecnológico permitía a nuestros antepasados conseguir más comida y tener más crías. Sin embargo, más bocas que alimentar exigen más recursos, lo que a su vez habría disminuido la cantidad de estos disponible. Sin la invención inmediata de nuevas herramientas o métodos, más de una familia habría cogido sus bártulos y partido en busca de nuevos territorios.

Los seres humanos somos heterótrofos, lo que significa que obtenemos nuestra energía alimentándonos de otras formas de vida. El éxito de un individuo de este tipo se produce siempre a costa de otro ser vivo. Para los herbívoros, es la hierba que devoran, en el caso de los ramoneadores son árboles y arbustos, mientras que los carnívoros comen otros animales. Nosotros no somos diferentes y ese es el motivo principal por el que tenemos un impacto negativo sobre el medioambiente de nuestro planeta. Podría pensarse que este fenómeno es reciente, pero no lo es. Hemos alterado la naturaleza desde el principio y lo seguiremos haciendo en el futuro.

Por otro lado, no se nos da bien compartir el territorio con otros animales de gran tamaño, a menos que estén domesticados. Gentes de todo el globo han desatado una persecución implacable contra lobos, leones y osos y estamos a punto de empujar a la extinción a rinocerontes y elefantes. Ni siquiera se salvan los grandes organismos marinos, como ballenas, focas y tiburones, que apenas representan un peligro para nosotros. En ocasiones se da muerte a estas criaturas porque las tememos, otras para servir de alimento, fabricar baratijas o satisfacer la errónea creencia de que podemos ser investidos de cierta propiedad atribuida a alguno de sus órganos. No obstante, esta aversión a la fauna de mayores dimensiones no es un fenómeno nuevo. A medida que los seres humanos colonizaban nuevas partes del planeta, provocaban la extinción de las especies más grandes. Algunos investigadores evitan culpar de la carnicería a nuestros ancestros porque a menudo estas desapariciones coincidían con alteraciones en el clima. De ese modo, se puede argumentar que este factor también desempeñó un papel en los acontecimientos. Sin embargo, este argumento presenta una serie de problemas. En primer lugar, el cambio climático permitió a los humanos conquistar nuevos territorios. Después, muchas de las criaturas que se extinguieron en ese período habían sobrevivido con anterioridad a situaciones similares sin desaparecer. Parece ser que nunca se nos ha dado bien convivir con animales grandes y es probable que nunca lo logremos.

Otra prueba de este impacto negativo en la naturaleza proviene del análisis de la distribución del volumen corporal de la fauna en los respectivos continentes, antes y después de la llegada de nuestros ancestros. Este tipo de examen, realizado sobre los animales que vivían en cada territorio hace 125.000 años, sugiere que las especies de mayor tamaño fueron eliminadas del medio muy pronto en nuestra historia.

Esta distribución parece estar relacionada con la superficie de la masa de tierra considerada, de modo que las zonas más extensas suelen tener animales con pesos corporales promedio más elevados. África es uno de los continentes más grandes del mundo, por lo que cabría esperar que tuviera muchas especies muy voluminosas. Sin embargo, hace 125.000 años, para la época en que apareció *Homo sapiens*, este ya no era el caso y la fauna de gran tamaño era mucho menos numerosa de lo que habría sido de suponer en función de su extensión. En buena medida, las bestias más grandes ya habían desaparecido. A medida que los humanos modernos se extendieron por el planeta, continuaron con esta matanza. Criaturas como el pájaro elefante de Madagascar, el megaterio de Sudamérica, el león marsupial de Australia, los osos cavernarios del norte de Eurasia y los mamuts lanudos fueron todas empujadas a la extinción. Su desaparición fue testimonio del éxito de nuestros antepasados. No obstante, llegó un punto en que ya no había nuevos territorios que conquistar y para poder sostener el aumento de población se hizo necesaria una nueva tecnología.

A medida que se producía este incremento, empezó a ser más habitual que los miembros de grupos colindantes se encontraran unos con otros. Esto supuso nuevas oportunidades para el intercambio y para la guerra. En algunas partes del mundo, diferentes clanes, procedentes de entornos distintos, comenzaron a reunirse de manera estacional para comerciar y tal vez encontrar pareja.

Surgieron estructuras novedosas, como túmulos y construcciones primitivas, en lugares como Lepenski Vir, en Serbia, que los cazadores y recolectores utilizaban como lugares de encuentro en fechas determinadas. El siguiente paso consistió en vivir en la misma morada todo el año, al que pisó los talones otra innovación fundamental: la agricultura.

Las evidencias más antiguas de esta práctica proceden de las orillas del mar de Galilea y tienen 23.000 años de antigüedad. En esta región, el pueblo denominado Ohalo II cultivaba pequeñas cantidades de vegetales comestibles. A pesar de su evidente capacidad en este sentido, la adopción generalizada de la agricultura en la zona tardó otros 11.500 años. Para ese entonces, ya se cosechaban legumbres, como lentejas, guisantes y garbanzos, y gramíneas, como el trigo, el centeno y la cebada. Puede ser que el cambio climático contribuyera a un descenso en el número de animales salvajes y de las presas en general. También es probable que estas alteraciones afectaran a la distribución de árboles frutales y de frutos secos en el área, de modo que los cultivos se convirtieron en una necesidad.

Aunque las innovaciones en este frente se copiaron entre grupos, de forma similar a como había ocurrido con otras técnicas, la agricultura se desarrolló de forma independiente al menos once veces en todo el planeta. Diferentes culturas cultivaban plantas distintas: el arroz se adoptó en China, la yuca amarga en la cuenca del Amazonas y las judías y las calabazas en los Andes. No obstante, los vegetales no fueron lo único que se domesticó para servir de alimento. Así, se empezaron a criar cerdos hace 11.000 años, mientras que las ovejas y el ganado vacuno les siguieron de cerca. Los pollos se introdujeron unos 3.500 años atrás en el sudeste asiático, aunque algunos científicos sostienen que este acontecimiento se pudo producir hasta 4.500 años antes.

Otros animales fueron domesticados para el transporte de objetos grandes y pesados, o para otros fines. Así, los caballos fueron adoptados en las estepas de Asia Central hace 5.500 años. Los perros experimentaron este proceso al menos dos veces, una de ellas tal vez hace la friolera de 35.000 años, aunque no todos los investigadores aceptan esta fecha tan temprana. Por último, la piscicultura se desarrolló en China tres milenios atrás.

Todo esto pone en evidencia que nuestros antepasados comprendieron que las plantas y los animales podían cultivarse y criarse como comida y que esta era una forma útil de complementar la recolección de alimentos en el entorno. No obstante, estas nuevas tareas requerían mucho tiempo, exigían un trabajo agotador y no siempre se adaptaban bien al estilo de vida nómada que llevaban los cazadores y recolectores. Además, la agricultura requería disponer de semillas de sobra y en épocas de escasez podía tener más sentido consumirlas que sembrarlas. Es posible que los cultivos primitivos no fueran tanto una necesidad como un plan de emergencia en caso de futuras hambrunas. Prueba de ello es la siembra oportunista en el limo depositado en las llanuras aluviales tras el retroceso de las aguas. Aprovechar este tipo de sucesos evitaba tener que desbrozar la tierra. Las cosechas se abandonaban y se volvía a recogerlas más tarde, en lugar de atender las plantas de manera continua y protegerlas de los animales salvajes.

A medida que aumentaba la cantidad de herramientas y técnicas disponibles, los seres humanos mejoraron en la caza, la pesca, el cultivo, la eliminación de las partes no digeribles de los alimentos, la construcción de viviendas, la confección de ropa, el cuidado de animales domésticos, la curación de enfermedades y la fabricación de cerámica, joyas y otros artículos. La población creció como consecuencia de todo esto, pero llegó un punto en que los individuos eran incapaces de poseer todos los conocimientos necesarios para dominar estos procesos, o de mantener o transportar todas las herramientas requeridas. Surgieron expertos en determinadas tecnologías, sobre todo cuando producían excedentes de alimentos. Comenzó el comercio y los grupos se volvieron más sedentarios, en parte porque los especialistas en el uso de algunas técnicas derivaban varias ventajas del hecho de que se les pudiese localizar con facilidad. En este sentido, a principios del Neolítico aparecieron las primeras aldeas, hace 10.000 años, al mismo tiempo que se profundizaba la especialización.

De este modo, esta característica social aumentó a la vez que se multiplicaba la población y que nuestros antepasados se volvían más sedentarios. Sin embargo, estos procesos coincidieron con el declive de los números de animales salvajes y con el cambio climático. En consecuencia, los grupos de cazadores y recolectores se hicieron más dependientes de la agricultura. Esto a su vez les vinculó aún más a lugares fijos y la cantidad de aldeas y pueblos empezó a incrementarse.

Por razones que veremos un poco más adelante, los arqueólogos tienen razones para creer que la estructura social en la primera ciudad, Çatalhöyük, era igualitaria. El enclave estaba dividido por un barranco que lo atravesaba por la mitad y que pudo haber separado a dos o más pueblos que decidieron convivir como vecinos. Los antropólogos sostienen que este asentamiento se encontraba en los límites de tres ecosistemas distintos, cada uno de los cuales albergaba grupos de cazadores y recolectores que explotaban diferentes recursos. Por lo tanto, es posible que en un principio el emplazamiento sirviera como punto de encuentro de estos clanes, antes de que sus miembros empezaran a residir allí de forma permanente, conforme el comercio y la especialización adquirían importancia. La ciudad en sí estaba formada por residencias privadas, cada una de ellas con tres o cuatro habitaciones, a las que se accedía a través de un agujero en el techo que servía de chimenea para el humo del hogar. Al parecer, gran parte de la actividad se desarrollaba en las azoteas, incluida la fabricación de artefactos, baratijas y estatuillas, las cuales sugieren con firmeza la existencia de un sistema de creencias religiosas. No se han encontrado edificios públicos ni templos y todas las casas tienen una factura similar. Esto ha llevado a los investigadores a pensar que se trataba de una colectividad igualitaria. Los alimentos conseguidos mediante la caza y la recolección constituían una parte importante de la dieta y parece ser que Çatalhöyük era una sociedad de cazadores y recolectores, pero más numerosa. Esto daría a entender que la adopción de la agricultura no fue el motor principal del desarrollo de ciudades y aldeas permanentes.

Aunque las estructuras sociales de algunas de las primeras ciudades, como Çatalhöyük, eran igualitarias, en muchos asentamientos posteriores se dieron sistemas más jerarquizados. Muchos de estos enclaves se construyeron en terrenos elevados, en los recodos de los ríos o en lugares a los que solo se podía acceder desde una dirección, lo que facilitaba su defensa. Las incursiones de otros habitantes de la región o de los pueblos nómadas constituían una amenaza evidente, por lo que un factor determinante para nuestros antepasados a la hora de decidir el lugar de residencia fue que este dispusiera de alguna manera de mitigar estos riesgos.

Algunas de las primeras ciudades de Mesopotamia fueron testimonio de prósperas sociedades jerárquicas. En el corazón de cada una de ellas se alzaban templos lujosos e imponentes, con decoraciones muy elaboradas. Tales edificios dan a entender que las religiones organizadas eran parte importante de la vida en estos asentamientos. Las primeras creencias religiosas eran animistas y se basaban en el culto a los espíritus de la naturaleza. La creencia en el más allá estaba muy extendida y a menudo se pensaba que los antepasados regresaban en forma de animales o seres místicos. Del mismo modo, se ayudaba a los muertos en su paso al inframundo mediante un enterramiento adecuado, a veces con los utensilios necesarios para el viaje. Asimismo, se creía que los chamanes y otras figuras sacras tenían la facultad de comunicarse con los espíritus y eran respetados por ello. Sin embargo, esto no les llevó a acumular riquezas significativas ni a utilizar sus capacidades sagradas para imponer ordenes jerárquicos en la sociedad. Todo eso cambió con la proliferación de aldeas, pueblos y ciudades, la construcción de santuarios y la organización del culto, así como la adopción de sistemas de pensamiento según los cuales el destino individual en la otra vida era el resultado de la conducta personal en esta. Surgieron élites teocéntricas y las primeras urbes mesopotámicas tenían un rey sacerdote rodeado de una aristocracia gobernante. Varios de estos monarcas tejieron fábulas en torno a sus hazañas y se autoproclamaron deidades. Las jerarquías religiosas que se establecieron entonces, junto al hecho de que el dominio de algunas técnicas se considerara más valioso que el de otras, dieron lugar a la aparición de estructuras verticales de arriba abajo. Se decretaron normas que determinaban qué comportamiento social era aceptable y cuál era punible y se obligó a la población de las ciudades a seguirlas a cambio de la salvación en la otra vida y de una mayor seguridad en esta. La mayoría de la gente aceptaba estas componendas mientras sus condiciones vitales no fuesen intolerables, pero si la élite se volvía demasiado tiránica, o el nivel de vida empeoraba porque los sacerdotes no conseguían aplacar a los dioses, podían producirse rebeliones y derrocamientos. Una fuerza armada garantizaba la seguridad y podía ser empleada para mantener el orden en tiempos de paz. Aquellos a quienes no les gustara este régimen se podían marchar, o si se mostraban demasiado vocales en su oposición podían ser desterrados, encarcelados, esclavizados o ejecutados.

El mantenimiento de un orden jerárquico necesita financiación constante. A cambio de los impuestos que imponían las élites, estas construían y mantenían templos y otros edificios e instalaciones públicas. Si el régimen impositivo era demasiado elevado en comparación a los servicios prestados, se producían revueltas y motines, a pesar de lo cual muchos monarcas y dirigentes llegaron a acumular cuantiosas riquezas.

Muchas sociedades tienen una estructura similar a esta, que ha permanecido prácticamente intacta desde la Antigüedad. Parece ser una disposición estable para la organización de los seres humanos. Los avances tecnológicos han permitido que el tamaño de las ciudades y de la población aumente exponencialmente. Ya somos 8.000 millones de personas en el planeta, con algunas megalópolis de más de 20 millones de habitantes. La degradación del medio ambiente que iniciaron los primeros *H. sapiens* ha continuado y en la actualidad nos ha llevado a alterar los ciclos globales del carbono y el nitrógeno y la composición de la atmósfera. Por ejemplo, la disponibilidad de nitrógeno en forma de compuestos utilizables por las plantas limitaba la productividad de la mayoría de los ecosistemas hasta la década de 1950. No obstante, todo eso cambió cuando Fritz Haber y Carl Bosch inventaron un proceso para la fabricación industrial de fertilizantes a base de ese elemento. Desde entonces, la humanidad ha utilizado pródigamente estos productos para aumentar el rendimiento de las cosechas, con más de

200 millones de toneladas rociadas sobre los cultivos en los últimos años. Al arrastrar la lluvia parte de estas sustancias hasta ríos, lagos y océanos, hemos alterado el funcionamiento de los ecosistemas no solo terrestres, sino también en entornos acuáticos de agua dulce y salada. Por otra parte, en la época de la primera civilización en Mesopotamia, la concentración de dióxido de carbono atmosférico era de 260 partes por millón, mientras que en la actualidad se sitúa en más de 400 partes por millón. Nuestra afición a quemar combustibles fósiles está cambiando la atmósfera y el clima.

Hay quien es más bien displicente en lo que se refiere a nuestro impacto sobre el medio ambiente, ya que nuestra civilización puede transmitir una sensación de seguridad. No son los primeros en pensar así. En su excelente libro *La Tierra transformada. El mundo desde el principio de los tiempos*, Peter Frankopan presenta las coincidencias que se pueden constatar entre cambios climáticos pasados y otros aspectos medioambientales con el auge y la caída de civilizaciones pretéritas. Resulta que no se necesita tanto para hacer añicos cualquier pretensión de consistencia. Basta con interrumpir las cadenas de suministro necesarias para mantener abastecidas a las grandes poblaciones para que los individuos luchen por sobrevivir y se desmoronen las estructuras fundamentales para la existencia. Cuando se han producido sucesos de este tipo en ocasiones anteriores, han ocurrido a gran velocidad y a menudo con pérdidas cuantiosas de vidas humanas. Muchas civilizaciones venerables y longevas desaparecieron por completo y dejaron muy pocos rastros para la posteridad. Si la historia nos enseña algo, es que debemos estar agradecidos por los períodos de estabilidad medioambiental, ya que han sido positivos para la humanidad. Si alteramos el clima y el equilibrio de los ecosistemas globales, lo hacemos bajo nuestra propia responsabilidad.

Los habitantes de las primeras ciudades eran idénticos a nosotros desde un punto de vista anatómico y tenían la misma capacidad intelectual. La historia de las civilizaciones es fascinante y la ciencia ha desempeñado un papel crucial en su reconstrucción, al hacer posible el escaneo no invasivo de yacimientos arqueológicos y de artefactos antiguos. También ha permitido el empleo de herramientas como la datación por radiocarbono para estimar la edad de los objetos. Sin embargo, esta historia, aunque interesantísima, no es fundamental para comprender nuestra existencia. Muchas culturas anteriores descubrieron diferentes verdades acerca de nuestro universo a medida que generaban nuevas tecnologías, en gran medida por el método de prueba y error. Es posible que los imperios griego y romano no fueran imprescindibles en nuestra aparición, pero demostraron que las sociedades podían organizarse de formas nunca vistas. Las civilizaciones han surgido y han pasado y lo verdaderamente crucial respecto a ellas es que los seres humanos somos capaces de edificarlas. La aparición de la ciencia necesitó de varias de ellas, sin las cuales no habríamos podido reconstruir gran parte del relato de nuestra existencia. Los pormenores de estos acontecimientos se han contado ya muchas veces y están fuera del alcance de este libro, de modo que aquí solo los mencionaré brevemente.

Entre los muchos ejemplos de colapso que se pueden citar se encuentran los micénicos, los hititas, el Imperio romano de Occidente, los mayas, las culturas maurya y gupta de la India, la angkor de Camboya y las dinastías Han y Tang de China. A menudo, su desaparición fue provocada por el cambio climático y la escasez de recursos, los cuales desencadenaron disturbios civiles y guerras. Es más, estos acontecimientos parecen haber cogido por sorpresa a la mayoría de sus habitantes.

Las sociedades y las organizaciones complejas son frágiles. La combinación de un líder excesivamente autoritario con una catástrofe natural puede llevar a la caída de un imperio. Sin embargo, en ocasiones, otros dirigentes más empáticos han unido a los pueblos y los han llevado a superar períodos de penuria. ¿A qué se deben estas diferencias en la forma de mandar? ¿Qué es lo que hace que los individuos sean diferentes? Este es el tema del próximo capítulo. ¿Por qué somos como somos?

9

Tú y yo

Hasta el momento, he descrito el nacimiento del universo, de la Vía Láctea, del sistema solar y de la Tierra. He investigado la física, la química y la biología, la aparición y la propagación de la vida, la formación de la consciencia y el ascenso de la humanidad. He recorrido 13.770 millones de años y me acerco a la época actual y al final de este periplo extraordinario. Cuando llegue a este punto, estaré en situación de dar respuesta al interrogante que me planteé al principio de la obra: ¿acaso tú y yo éramos inevitables desde el comienzo del cosmos, o simplemente hemos tenido una suerte increíble? A medida que se ha desarrollado este relato, nos hemos centrado cada vez más en el ámbito local y hemos pasado de considerar la evolución de todo el universo al surgimiento de las primeras civilizaciones en una pequeña parcela de nuestro planeta. El último paso incide aún más en esta dirección y consiste en explorar por qué tú y yo somos como somos.

Hay dos retos principales a la hora de sortear los vericuetos de esta parte del viaje. En primer lugar, no te conozco. Una de las razones por las que he mencionado algunos retazos de mi vida es la de permitir que te hagas una idea del tipo de persona que soy. Me he centrado en mí mismo porque no puedo responder cuestiones acerca de tu altura, de tu optimismo, o falta de él, de tu timidez o tu naturaleza extrovertida, de los motivos por los que te da miedo bucear, pero te encantaría tirarte en paracaídas, o de que no te hayas casado nunca o, por el contrario, vayas por tu quinto matrimonio. En segundo lugar, es difícil identificar la causa de determinadas características de un sujeto concreto. A nivel individual, a la ciencia le cuesta explicar las razones por las que alguien tiende a mostrarse ansioso o relajado. Poder responder a estos interrogantes exige conocer las minucias de los mecanismos genéticos y del desarrollo que han hecho de ti una persona tímida o extrovertida, retraída o rimbombante. Algo que hasta la fecha no se ha conseguido entender del todo, a pesar de los importantes avances obtenidos en este terreno. Así, los científicos han logrado saber que nuestros genes, nuestras experiencias pasadas y el azar contribuyen a formar el carácter. Este capítulo se centra en estos tres factores.

Como no te conozco, a lo largo de este libro me he puesto a mí mismo, y ocasionalmente a mi esposa Sonya, bajo el microscopio. Antes de abordar el tema de este capítulo, resumiré brevemente algunos aspectos cruciales de mi trayectoria vital. Mi infancia fue feliz y tuve unos padres que me apoyaron en todo. Sin embargo, no me gustó demasiado la escuela. A pesar de ello, en casa había mucho material de lectura con el que satisfacer mi curiosidad, por lo que aprendí mucho fuera de clase. Una estancia en África en mi juventud cambió el curso de mi vida y atizó mi deseo de comprender mi propia existencia. Como no tenía mucha idea de qué profesión escoger, hice un doctorado y emprendí una carrera académica que sigue activa. Todavía estudio la ecología y la evolución de los animales. El puesto implica publicar artículos científicos, aunque entre 2017 y 2024 desempeñé funciones directivas en la Universidad de Oxford. Esto significa que he sacrificado mis investigaciones para dedicarme a construir un legado para los biólogos actuales y futuros de Oxford. Siento un enorme amor por Sonya, mis hijos y Woofler y ellos constituyen una fuente incesante de felicidad. Este es mi primer libro y lo escribí sin tener pensado qué hacer una vez que hubiese acabado el borrador de la obra. Sin embargo, conseguí una maravillosa agente y una casa editorial, que son las principales razones de que este volumen haya llegado a tus manos. Espero que los motivos por los que he contado esta historia tan personal empiecen a quedar claros: quiero que conozcas algunos de estos detalles para que sirvan de ejemplo del modo en que las experiencias pasadas, los genes y el azar pueden influir en todos nosotros.

Se pueden realizar muchas mediciones diferentes en individuos, como la estatura de una persona adulta, lo extrovertida que es, su tendencia a la ansiedad, su inteligencia, su peso al nacer y la velocidad máxima a la que puede correr a los veinte años. Por ejemplo, es posible que estas dos últimas sean 2,7 kilogramos y 25 kilómetros por hora respectivamente. Esto es lo que se denominan valores de los rasgos fenotípicos.

Estas cantidades varían entre los miembros de una población. Es muy probable que tú fueses más rápido que yo a los veinte años, pero es posible que mi altura sea superior a la tuya. Puedo afirmarlo con cierta seguridad porque mi capacidad atlética siempre ha estado por debajo de la media. En cambio, supero el promedio mundial de estatura. Para varones, este valor se sitúa entre 1,70 y 1,75 metros y yo mido 1,80.

Si los resultados obtenidos para los rasgos fenotípicos, como los indicados, la intensidad de la respuesta inmune ante una infección o el nivel de estrés, se representan en una gráfica frente a la frecuencia con la que se observan estas cantidades en la población, se obtiene una curva en forma de campana que se ajusta bien a los datos. Un diagrama con esta forma se denomina en ocasiones distribución normal o de Gauss, en honor a Carl Friedrich Gauss, que fue el matemático que la describió por primera vez. La razón de este perfil es que hay pocos individuos con valores muy pequeños o muy grandes, mientras que la mayoría de ellos ocupa el centro de la distribución. Si tomamos la velocidad máxima como eje X de nuestra representación, con los corredores más rápidos a la izquierda y los más lentos a la derecha, Usain Bolt estaría en el extremo izquierdo de la campana porque su rapidez es excepcional. En cambio, yo estaría más a la derecha, más allá del punto más elevado de la curva. Este representa el valor promedio, mientras que la anchura de la gráfica medida en un punto concreto se denomina varianza y representa una estimación del grado en que los miembros de la población difieren entre sí. Los científicos pueden entonces identificar los factores que podrían explicar algunas de estas divergencias. En el caso de los rasgos fenotípicos, estas causas se pueden dividir en tres clases: disparidades genéticas (naturaleza), en el entorno en el que hemos crecido (crianza) y algo denominado «ruido de desarrollo», que es impredecible en la actualidad y que se cree que se debe al azar.

Este análisis estadístico permite a los investigadores hacer aserciones como «fumar acorta la vida». Hay pruebas irrefutables de que esto es cierto porque, en promedio, dentro de una población dada, los fumadores habituales no viven tanto como quienes nunca han probado el tabaco. Sin embargo, esto no significa que el cigarrillo lleve a una muerte prematura a todo aquel que gaste un paquete al día. El fumador medio fallece antes que quien no tiene ese vicio, pero es imposible predecir con exactitud a qué edad morirá un individuo cualquiera, independientemente de sus hábitos a este respecto. Algunos fumadores viven hasta edades avanzadas y evitan las enfermedades relacionadas con el tabaco, que mientras tanto pueden matar a muchos otros sujetos del mismo colectivo. Por el contrario, hay quien nunca ha probado un cigarrillo, un puro ni una pipa y sin embargo desarrolla cáncer de pulmón y muere joven. Los científicos pueden hacer predicciones sobre lo que ocurrirá por término medio en un grupo de individuos, pero no es posible asegurar con certeza lo que le ocurrirá a un sujeto concreto. Del mismo modo, es plausible afirmar que los sucesos traumáticos en una etapa temprana de la vida dan lugar, en promedio, a adultos retraídos, pero no lo es garantizar que un niño que experimente un acontecimiento de este tipo necesariamente desarrollará una personalidad así. Solo aumentará la probabilidad de que lo haga. A menudo, es imposible aseverar con total seguridad que el valor que tiene una persona en un rasgo fenotípico cualquiera se debe a la crianza, a la naturaleza o al azar. Por consiguiente, no se puede dar una respuesta definitiva a la pregunta de por qué cada uno de nosotros es del modo en que es y lo único que cabe es identificar las causas potenciales en los genes y en el entorno y evaluar la contribución de cada uno de estos factores al valor observado.

Ya he descrito el genoma y resumido su funcionamiento, pero merece la pena recapitularlo brevemente. Un gen está compuesto por largas series de moléculas llamadas bases nitrogenadas de las que hay cuatro tipos: A, T, C y G. Leer el código genético sería una tarea que se volvería muy monótona con rapidez, ya que se trata de una interminable letanía de estas cuatro únicas letras. Estos caracteres se agrupan en tríos y cada triplete indica a la maquinaria celular que busque una clase concreta de aminoácido, unos compuestos formados por átomos de carbono, oxígeno y nitrógeno dispuestos en una configuración particular, que les permite formar cadenas.

Imaginemos que el primer triplete de un gen es CCC. Esta combinación indica que se tome un aminoácido llamado prolina de las sustancias que hay en la célula. La siguiente terna es GCA, que codifica la alanina. Entonces, se selecciona una molécula de alanina y se une a otra de prolina y este proceso continúa hasta que se encuentra una secuencia que indique el fin de la producción, como TGA, TAA o TAG. El mecanismo por el que el código genético se traduce en proteínas consta de muchos pasos en los que intervienen numerosos compuestos y no lo voy a describir aquí.

A continuación, la cadena de aminoácidos se pliega para crear una proteína. Estas sustancias hacen funcionar el metabolismo y se utilizan para construir el cuerpo. Algo tan sencillo como un cambio en una sola letra de la serie inicial puede alterar la capacidad del producto final de realizar las tareas que tenga encomendadas. Por ejemplo, si la secuencia de bases nitrogenadas en un gen se modifica, aunque sea levemente, la sucesión de aminoácidos puede verse alterada y esto puede afectar a la eficacia de la proteína. Si un triplete CCC se copia como CAC, se sustituirá una prolina por una histidina y la cadena podría dejar de plegarse como debería. Cuando se produce una modificación de este tipo, la molécula resultante puede dejar de realizar sus funciones por completo, llevarlas a cabo con mayor lentitud, o, en algunas ocasiones, ganar en efectividad. Cuando tiene lugar un fenómeno como este, se dice que se ha producido una mutación genética. Cada uno de nosotros las presenta de una variedad u otra (diferentes versiones del código genético humano) y estas divergencias pueden dar lugar a disparidades en rasgos fenotípicos tales como tener una naturaleza extrovertida, el peso al nacer, la estatura al llegar a la edad adulta o la capacidad para correr los cien metros a toda velocidad a los veinte años.

Soy consciente de tener una de ellas en concreto porque impide el correcto funcionamiento de un producto específico. En efecto, tengo una mutación en un gen llamado GPR143 que codifica una sustancia que recibe el pegadizo nombre de «receptor acoplado a proteína G 143». Este consiste en una cadena de 404 aminoácidos y en mi caso hay al menos uno de ellos que no es el que debería ser. No sé exactamente cómo, pero esta modificación altera el orden de los componentes en la secuencia codificada por el gen y la molécula resultante no funciona adecuadamente. En una base de datos con información sobre el genoma humano y el cometido de cada una de sus partes, se describe el GPR143 como «una proteína que se une a proteínas G heterotriméricas y que actúa sobre los melanosomas de las células pigmentarias. Se cree que interviene en los mecanismos de transducción de señal intracelulares. Las mutaciones en este gen causan el albinismo ocular de tipo I, también denominado síndrome de Nettleship-Falls, un trastorno visual grave». En un lenguaje más accesible y basado en descripciones del desarrollo ocular, esto significa que en condiciones normales la proteína añade color a un pequeño grupo de células en la parte posterior del ojo, en la región llamada fóvea. La mía carece de esta pigmentación, lo que provoca un trastorno genético conocido como albinismo ocular. Este puede parecer trivial dado lo relativamente insignificante de su motivo (unos cuantos receptores descoloridos), pero implica un movimiento involuntario del ojo y es la causa de mi mala visión. Esto sucede porque la pigmentación que la mayoría de la gente tiene en la fóvea ayuda a estabilizar su mirada y la mía no se mantiene en reposo como debería. La mutación que padezco significa que veo el 25 % de lo que percibe una persona normal y esto hace que no pueda leer más allá del tercer renglón en la tabla del oculista. Mis ojos siempre se han comportado de esta manera y siempre lo harán. No obstante, esta limitación no ha tenido demasiados efectos perjudiciales en mi vida, excepto por el hecho de que mi vista no es suficientemente buena como para conducir con seguridad. Por ello, tengo que vivir a una distancia de mi trabajo lo bastante corta como para poder recorrerla en bicicleta o a pie y siempre soy el bebedor designado cuando Sonya nos lleva en el coche a un evento.

Esta mutación constituye un error en mi código genético. Este es un manual de autoensamblaje con instrucciones para la construcción de una persona. En mi caso, las indicaciones para el montaje de los ojos contienen una equivocación. La mayoría de ellas son correctas, pero falta la parte que dice «ahora añade pigmento a estas células». Mi copia del texto tiene una errata en el gen GPR143 y eso hizo que mi fóvea no se desarrollara como debería. Para comprender el significado de todo esto, he de remitirme a la biología del desarrollo, la ciencia que describe el crecimiento embrionario y la formación de órganos como el corazón, los riñones y los globos oculares.

Los organismos pluricelulares complejos, como tú y como yo, parten de una sola célula que se divide. Estas divisiones se repiten hasta que se forma una pequeña esfera de unas decenas de integrantes, todas idénticas entre sí. A partir de ese momento, las distintas regiones de esta blástula comienzan a desarrollarse de maneras diferentes. La parte exterior construirá la piel, mientras que el centro dará origen a los órganos internos. Cada célula «sabe» en qué debe convertirse y cómo hacerlo gracias a una serie de señales químicas. La concentración de varias sustancias determina el encendido o el apagado de genes concretos en momentos determinados y esto a su vez decide el curso del desarrollo celular y la formación de un nervio, una fibra muscular, una neurona en el cerebro o un glóbulo en la sangre.

A medida que prosigue el crecimiento del embrión, las células empiezan a migrar hacia zonas concretas. Por ejemplo, las neuronas en el cerebro hacen avanzar sus extremos hacia su posición final y hacia las otras integrantes de la red, a las que se une, guiadas por los llamados conos de crecimiento neuronal. Estos son en cierta manera como tractores moleculares que siguen concentraciones de sustancias químicas específicas en el encéfalo en desarrollo. Estos productos actúan como señales que le indican que continúe adelante, que tuerza un poco a la derecha o a la izquierda, o que se detenga.

Al llegar al final del crecimiento, el cuerpo está integrado por más de un billón de células. Muchas de ellas han migrado durante el proceso hasta sus posiciones definitivas siguiendo gradientes de compuestos químicos. Estos son originados por los genes o por reacciones en las que intervienen las proteínas que ellos codifican. Sin embargo, el genoma no contiene un mapa de la ubicación final de las células en los órganos ni un diagrama de las relaciones que estas deben establecer entre sí. Lo que incluye es un conjunto de instrucciones sobre el momento en que debe producirse cada cadena de aminoácidos plegada de la forma correcta en cada caso y cuándo debe aumentar, disminuir o desactivarse la velocidad de esta producción. Esta información genera los gradientes de sustancias en el embrión en desarrollo y estos son los que permiten que el cuerpo se construya a sí mismo de una manera autónoma. Es decir, el material genético codifica una serie de comandos que dicen «actívate si tal o cual compuesto químico está por debajo de cierta concentración y desactívate en caso contrario».

Este es un proceso muy complicado y eso significa que la mayor parte de los rasgos fenotípicos no están determinados por un único gen. La estatura en la edad adulta está condicionada por la duración del período de crecimiento óseo y la rapidez con la que se efectuó el mismo. Los individuos altos han producido huesos más largos que los bajos porque las células en su esqueleto continuaron sus divisiones durante más tiempo o lo hicieron a mayor velocidad. Esta es una tarea compleja, en la que una serie de genes controlan la celeridad del desarrollo del hueso, su dirección, su duración y la forma que adopta. Por consiguiente, la estatura no depende de un único fragmento de ADN, sino de muchos que regulan todos estos aspectos. En este sentido, hay muchas maneras genéticas de ser alto o bajo, delgado o gordo, gracioso o serio.

Cuando los científicos descubrieron los genes, no disponían de este conocimiento acerca del control que ejercen sobre el crecimiento embrionario. Al principio de la revolución genética, cuando los investigadores aprendieron a leer secuencias de ADN, algunos biólogos pensaron que podrían identificar fragmentos aislados de esta cadena para casi todos los rasgos fenotípicos. Así, habría uno para la inteligencia, otro para la esperanza de vida y un tercero para la capacidad de jugar al críquet. Incluso hubo quien soñó con utilizar la ingeniería genética para hacer a las personas más inteligentes, más longevas o mejores bateadoras de críquet o béisbol. Si los genes funcionasen así, se podrían obtener muchos beneficios y tratar todo tipo de enfermedades. Tal vez un psicópata asesino podría convertirse en un tipo decente gracias a un tratamiento de esta clase. Sin embargo, no es así como funcionan estos procesos. A medida que hemos aprendido más sobre el comportamiento del ADN y el desarrollo de nuestros cuerpos, nos hemos dado cuenta de que el genoma es un manual de autoensamblaje que da las pautas para la construcción de un ser humano a partir de una única célula fertilizada. No hay ningún homúnculo cromosómico que determine de manera exacta la trayectoria del crecimiento embrionario desde la concepción. Los valores de la mayoría de los rasgos fenotípicos están controlados por muchos genes y mi enfermedad hereditaria, el albinismo ocular, es inusual porque puede atribuirse a uno solo de ellos. Debido a esta circunstancia, mi dolencia podría ser una candidata a la terapia genética. A pesar de todo ello, la mutación no actúa de forma totalmente independiente. Todos los varones que tenemos esta alteración en nuestros cromosomas sufrimos de una vista deficiente, pero no todos lo hacemos del mismo modo ni en el mismo grado.

Muchos miembros de mi familia extensa somos portadores de la mutación y varios hombres padecemos una vista defectuosa por esta causa. Dentro de este grupo, todos tenemos una visión peor que la media, pero en algunos casos es mejor que en otros. La alteración en el gen GPR143 hace que todos carezcamos de pigmentación en la fóvea y esto repercute en nuestra capacidad de ver bien. No obstante, otros genes que intervienen en el desarrollo del ojo hacen que los efectos de la mutación sean diferentes en cada caso. Estos fragmentos de material genético contienen instrucciones sobre los tipos de células que se deben fabricar y su colocación respectiva. Ningún gen funciona de forma independiente a la hora de construir un cuerpo o determinar un rasgo fenotípico como la estatura en la edad adulta. Esto significa que precisar la influencia de una parte concreta de la secuencia de ADN sobre una característica determinada suele ser muy difícil. La razón por la que los biólogos saben que el GPR143 influye en la visión es que todos los varones portadores de esta mutación tenemos una vista muy inferior al promedio de la distribución en campana y porque los estudios genéticos han desvelado la función de la proteína que produce el gen. Por otro lado, los investigadores han aprendido mucho sobre el funcionamiento del ojo y han demostrado lo importante que es la pigmentación de la fóvea para que este sea correcto.

El manual de instrucciones de autoensamblaje del cuerpo humano es tan complejo e implica tantos pasos y gradientes químicos que quizá no sea sorprendente que el resultado difiera ligeramente si se ejecuta el mismo código varias veces. Cualquier variación impredecible en las concentraciones de sustancias, debida a colisiones moleculares en el interior celular y entre componentes de los órganos, a medida que se desarrolla el embrión, implica que el mismo genoma puede producir cuerpos diferentes. En este sentido, el resultado no es nunca completamente idéntico, sino que se pueden obtener valores distintos de los rasgos fenotípicos. Los biólogos denominan ruido de desarrollo a estos factores aleatorios y han ideado una serie de métodos bastante ingeniosos para evaluar su impacto en la determinación de nuestras características. En el caso de órganos que se presentan en parejas, como los riñones o los pies, se pueden realizar comparaciones entre los especímenes correspondientes. Muchos de nosotros vemos mejor de un lado que del otro. Por ejemplo, mi ojo izquierdo es ligeramente menos malo que el derecho. El desarrollo de cada globo ocular se produce de la misma manera, utiliza el mismo genoma y cubre etapas idénticas. Esto quiere decir que cualquier disparidad se debe a acontecimientos impredecibles y que parecen ser aleatorios. También es posible utilizar las diferencias de rasgos fenotípicos entre gemelos idénticos desde un punto de vista genético para investigar el papel del ruido de desarrollo.

Los gemelos idénticos tienen genomas idénticos y suelen parecerse mucho. Sin embargo, hay diferencias entre ellos que sus padres suelen detectar con gran rapidez. Estas disimilitudes se deben al ruido de desarrollo causado en cada caso por pequeñas variaciones en los gradientes químicos. Estas divergencias en el crecimiento embrionario significan que, si alguien se clonara cien veces, las copias resultantes no serían completamente iguales. Cada una de ellas se desarrollaría de forma ligeramente distinta y habría pequeñas disparidades en altura, forma de la cara o estructura cerebral. Ciertos rasgos parecen ser más susceptibles al ruido de desarrollo que otros y algunos psicólogos afirman que los factores aleatorios pueden tener un gran impacto sobre partes de la personalidad. Cien clones idénticos podrían variar en su grado de extroversión y sus valores individuales a este respecto producirían una gráfica en forma de campana, con uno o dos extrovertidos, uno o dos tímidos y el resto en un punto intermedio.

He descrito la manera en que dos factores, las diferencias genéticas y el azar, pueden influir en la forma en que somos. Sin embargo, hay un tercer elemento que tener en cuenta: el entorno. Este término es muy amplio. Entre otras cosas, incluye el país, el mes y el año de nacimiento, la cultura a la que fue expuesto el pequeño mientras crecía, la altitud a la que transcurrió su juventud, la clase socioeconómica, la cantidad y el tipo de alimento durante la infancia, las personas que le rodearon y los acontecimientos vividos. No es fácil determinar los aspectos del medio que se deben cuantificar para realizar una investigación científica.

En la mayoría de los estudios, el entorno se caracteriza de forma bastante general, mediante variables como la clase social, la religión de la familia en la que se ha crecido, el número de hermanos que se tiene y la posición que ocupa el sujeto en este orden, la nutrición durante la infancia o el conjunto de individuos con los que se han pasado los años formativos. Un análisis típico buscaría establecer una correlación entre los valores de un rasgo fenotípico y aspectos como los mencionados. Por ejemplo, muchas investigaciones han constatado que el orden de nacimiento está relacionado con aspectos de la personalidad. En este caso, alguna medida del carácter, como el nivel de ansiedad, constituye una de las variables y la otra es el puesto que se ocupa entre los hermanos, que refleja un aspecto del entorno, ya que está relacionado con los cuidados parentales recibidos. El primogénito tiende a ser concienzudo y precavido, mientras que el benjamín es más amante de la diversión, busca atención y es manipulador. Los del medio son más rebeldes y tienden a contar con un círculo de amigos más amplio. Se cree que estas diferencias surgen porque el mayor, al ser el primero, recibe mucha atención de los padres. Cada hijo sucesivo recibe un poco menos y el último es el que tiene que competir más con sus hermanos mayores en este aspecto, pues ellos siguen exigiendo su parte del tiempo paterno. No cabe duda de que estos efectos son reales, pero no hay que darles demasiada importancia. Algunos primogénitos son rebeldes y manipuladores y algunos benjamines son concienzudos y precavidos. El orden de nacimiento solo explica algunas de las disparidades entre personas y los científicos hablan de que solo aclara una pequeña proporción de las variaciones en el carácter.

Una única faceta del entorno, como la cantidad de atención parental, explica solo una pequeña parte de la variación observada en los valores de los rasgos fenotípicos, como el nivel de ansiedad. Sin embargo, esto no significa que el medio carezca de importancia. Por el contrario, lo que estos resultados revelan es que ninguno de esos factores, como el orden de nacimiento, explica por sí solo muchas de las diferencias que hay entre los individuos. No obstante, cuando se incluyen en el análisis muchas variables parecidas a esta, como el tipo de colegio en que se ha estudiado, el número de vacaciones en el extranjero que se han disfrutado con los padres o la edad de estos, entonces aumenta mucho la influencia total del entorno en los valores de los rasgos fenotípicos. Este aspecto es endemoniadamente complicado de tratar y muy difícil de cuantificar, pero desempeña un papel crucial en el desarrollo de muchas características personales.

El código genético es largo y complejo, el crecimiento es enrevesado e involucra muchas etapas y el entorno, un entramado polifacético de muchos elementos diferentes. Por si estas causas de las divergencias entre individuos no fueran bastante complicación por sí solas, las cosas se ponen aún peor cuando la influencia de algún aspecto del medio sobre los valores de los rasgos fenotípicos depende del genoma. Los biólogos denominan a estos efectos interacciones gen-ambiente.

Fumar es malo para la salud y la exposición de los pulmones al humo del tabaco forma parte del entorno. Por término medio, los fumadores no viven tanto como quienes no han probado nunca el cigarrillo, en parte porque tienen más probabilidades de padecer diversos tipos de cáncer, incluido el de vejiga, además del más evidente de pulmón. Lo cierto es que quienes practican este vicio tienen al menos tres veces más posibilidades de desarrollar cáncer de vejiga que quienes no lo hacen. Sin embargo, no en todos los casos se corre el mismo riesgo de padecer un tumor de esta clase, ya que esto depende de los alelos que tenga el sujeto en un gen denominado NAT2. De este modo, los fumadores con alguna mutación en este fragmento del ADN tienen unas probabilidades tres veces más elevadas de sufrir esta enfermedad que los que tienen una copia normal del gen. En este aspecto, su código genético influye en la posibilidad de que los venenos del humo del tabaco provoquen un cambio en una célula de la vejiga y esta se convierta en cancerosa. Cuando ocurre algo así, se dice que el genoma interactúa con un factor del medio y multiplica las posibilidades de desarrollar una dolencia grave.

En este capítulo, me he centrado hasta el momento en las características físicas, como la vista o la velocidad de la carrera a una edad determinada, pero también se pueden considerar rasgos de la personalidad. Si tenemos que describimos a nosotros mismos, con frecuencia mencionaremos cosas como nuestra tendencia al estrés, nuestra actitud relajada ante los problemas o el miedo que nos causan las arañas. Estos aspectos del carácter son también rasgos fenotípicos y en cuanto tales pueden verse influidos por los genes, el entorno y el azar. A menudo, nos intrigan las razones por las que alguien es tímido y su hermano es extrovertido, o por qué nosotros somos ansiosos y nuestras parejas no. Esto se debe a la naturaleza, la crianza y la suerte, siendo la segunda una función del entorno que se ha experimentado. A pesar de la complejidad de estas características psíquicas, los psicólogos han avanzado mucho en la exploración del papel de los tres factores mencionados en nuestra forma de ser.

Estos aspectos del carácter proceden, en última instancia, de la estructura cerebral del sujeto y del modo en que sus neuronas se comunican unas con otras a través de las sinapsis. Ya hablé de este tipo de conexiones entre células nerviosas y de su participación en el funcionamiento del cerebro en el capítulo sobre la consciencia. Entonces, afirmé que este órgano es extremadamente complejo y que está formado por entre 80.000 y 100.000 millones de neuronas, unidas por más de 700 billones de enlaces sinápticos. Son estas uniones las que determinan la forma en que experimentamos el mundo, lo que recordamos, lo que pensamos y la personalidad que tenemos. Los psicólogos que estudian estos temas no disponen de una explicación causal de los motivos por los que las redes creadas por las sinapsis hacen que algunos individuos sean extrovertidos y otros tímidos, que haya quien les tenga miedo a las arañas y quien se muestre indiferente ante ellas, o cualquier otro aspecto de nuestro carácter. A pesar de ello, han sido capaces de deducir las partes del cerebro asociadas con algunas características concretas de la personalidad y de demostrar que los genes, el azar y el entorno influyen en ellas de la misma manera que en los rasgos fenotípicos físicos.

Algunos de los primeros avances en este campo se lograron mediante el análisis del daño causado en partes del cerebro por accidentes desafortunados y de la manera en que esas lesiones habían alterado la personalidad de quienes habían sufrido estos sucesos. Los artículos sobre estos casos suelen referirse a los sujetos de estudio mediante números para proteger sus verdaderas identidades. En uno de ellos, los investigadores informaron de que un hombre de treinta años, al que se referían como Paciente 2410, sufrió una hemorragia en sus lóbulos frontales durante una operación quirúrgica. Antes de la lesión, su esposa lo describía como una persona de mal genio, que a menudo estaba enfadado y malhumorado. La intervención le cambió. Después del incidente estaba mucho más relajado y pasaba más tiempo riendo y bromeando. Otro ejemplo de modificación positiva fue la experimentada por la Paciente 3534. A los setenta años, sufrió lesiones en una región similar al caso anterior al extirparle un tumor. Su marido, que llevaba décadas casado con ella, afirmaba antes de la operación que era seca, irritable y gruñona. No obstante, tras la cirugía era más alegre, extrovertida y charlatana. Por desgracia, las lesiones cerebrales no siempre dan lugar a un aumento de la felicidad. A menudo, convierten a personas anteriormente alegres en individuos atormentados y agresivos.

Las resonancias magnéticas, en que los pacientes permanecen inmóviles en grandes máquinas que crean modelos tridimensionales de su cerebro, han permitido a los psicólogos identificar las partes de este órgano que se activan cuando alguien piensa en un tema o acontecimiento concreto. Los estudios realizados sobre estas imágenes han sacado a la luz las relaciones entre grupos de neuronas de distintas regiones cerebrales. Además, han permitido vislumbrar sus asociaciones con sentimientos positivos y negativos, ansiedad, desesperación y felicidad. Estos escáneres también han revelado que existen muchas disparidades entre nuestras redes neuronales y que no hay dos iguales. Cada individuo tiene un cableado que le es particular y esta configuración se debe a diferencias genéticas, a distintas experiencias pasadas y al ruido de desarrollo.

Nuestros cerebros, y en cierta medida nuestras personalidades, cambian con la edad. Esto se debe a que el funcionamiento de nuestra red neuronal no es constante, ya que su configuración puede reajustarse. Muchos de nosotros hemos conocido a niños tímidos y reservados que se convirtieron en adultos desinhibidos. También es posible que hayamos tratado a individuos extrovertidos que se volvieron más reservados a raíz de un episodio traumático. Estas modificaciones se producen porque el papel de las mallas neuronales es un poco diferente cada año. Algunas conexiones sinápticas se refuerzan con la experiencia, mientras que otras se hacen más débiles si se usan poco y unas cuantas se reutilizan por completo. No se puede predecir la manera en que una configuración concreta afectará a un rasgo de la personalidad, pero sí se sabe que el cerebro es maleable y que la forma en que somos cambia mes a mes, ya que las conexiones de nuestras redes neuronales se modifican a medida que experimentamos el mundo que nos rodea.

Estas experiencias son una función del entorno. Como ya se ha dicho, en referencia a los rasgos fenotípicos físicos, el medio abarca muchos factores distintos. No solo la nutrición y la clase, sino también cualquier cosa que en el pasado nos haya hecho sentirnos nerviosos, asustados, felices o entusiasmados. Debido a que aprendemos de nuestras vivencias pasadas, hay muchos de estos elementos, que tuvieron un impacto en nuestros circuitos neuronales, que no son dejados al azar. En efecto, a medida que nos desarrollamos, retenemos en la memoria lo que nos hace sentir gozo, temor o incomodidad y con posterioridad tendemos a seleccionar entornos en los que nos sintamos cómodos. Si a alguien le dan miedo las alturas, es improbable que se haga alpinista. No me gustan las discotecas y por eso las evito. Mi experiencia en este aspecto es, en consecuencia, limitada y se puede decir que han aportado poco a mi forma de ser.

Los rasgos de la personalidad, como cualquier otra característica fenotípica, están determinados por los genes, el azar y el entorno. Sin embargo, son más difíciles de estudiar que sus contrapartidas físicas porque no entendemos el mecanismo que causa aspectos del carácter como la timidez o la extroversión. A diferencia de mi mala visión, de la que se conoce el error genético causante y la manera en que este se manifiesta, no tenemos un buen conocimiento de las estructuras cerebrales responsables de la extroversión o del humor. Sin una comprensión causal del nexo que hay entre la estructura de la red neuronal y la forma de ser, dependemos de las correlaciones estadísticas. No obstante, tampoco estas son evidentes, como demuestra mi siguiente ejemplo.

Sonya les tiene miedo a los tiburones y nunca se siente cómoda en el mar. Me ha contado que este temor surgió cuando dos amigos suyos nadaban en aguas poco profundas y ella divisó un gran escualo que se dirigía hacia ellos. Gritó y les hizo señas de advertencia, de modo que ellos se pusieron a salvo en la orilla y el animal regresó a las profundidades. No hay duda de que la experiencia fue aterradora. Durante unos segundos, no supo cómo acabaría. Sin embargo, si no hubiera ocurrido este suceso, ¿le daría igual sumergirse en el océano? ¿Acaso ya se ponía un poco nerviosa al meterse en el mar antes de este episodio? Nunca podremos saberlo con certeza porque no existe una versión de Sonya que no presenciara el encuentro con el tiburón, de modo que no podemos hacer esa comparación. Cada uno de nosotros es único, por lo que es imposible comparar versiones de nosotros mismos habiendo experimentado vivencias distintas en un caso y en otro.

Aunque mi esposa tuviera una gemela idéntica que no hubiera vivido el encuentro con el tiburón y que estuviera encantada de bañarse en el mar, yo no podría asegurar que ese episodio, aquel día en la playa en el que sus amigos podían haber resultado muertos o heridos, es el motivo del miedo de Sonya. Otras diferencias en sus experiencias vitales, o incluso la aparente aleatoriedad durante el desarrollo embrionario o en la primera infancia, podrían ser la razón de sus puntos de vista opuestos sobre la seguridad del océano.

De este modo, los científicos no pueden establecer unas relaciones de causa y efecto en un individuo concreto, en lo que se refiere a los motivos por los que tiene la personalidad de la que hace gala. En cambio, sí que pueden obtener pistas a este respecto mediante comparaciones entre poblaciones. Supongamos que identificamos a 1.000 sujetos que hayan visto a sus amigos sufrir un encuentro con un tiburón y a otros tantos que no tengan esa experiencia. A continuación, podríamos medir sus niveles de ansiedad al llevarlos al océano y pedirles que naden en él. Esto se podría hacer midiendo las variaciones de las concentraciones en sangre de adrenalina o cortisol, hormonas asociadas al estrés. Si no hay disparidades entre los dos colectivos en otros aspectos, podría llegar a la conclusión de que el temor que sienten los primeros al estar en el mar se debe a ver a un tiburón nadar hacia sus amigos. Solo podríamos hacer esta deducción si esos individuos fueran, de media, más reacios a entrar en el agua que los del grupo de control. Para llegar a este resultado es imprescindible que las dos poblaciones sean lo más parecidas que se pueda en todos los demás aspectos, en sus vivencias, biología y antecedentes, aparte de haber visto o no a un escualo cerca de sus amistades mientras nadaban. Si, por ejemplo, en la primera agrupación solo había mujeres, mientras que en el grupo de control todos eran hombres, no podríamos distinguir entre sexo y temor al océano provocado por el encuentro con el animal. Tal vez los varones sean más propensos a tener miedo al mar y esto podría explicar la diferencia entre los dos colectivos.

Incluso si estas dos poblaciones fueran indistinguibles entre sí en todos los demás aspectos, excepto por el hecho de haber tenido una determinada vivencia, seríamos incapaces de afirmar con total seguridad que esta es la causa del temor de un individuo concreto. A no ser, claro, que todas las personas que han sufrido un episodio así tengan miedo al océano y todas las que no lo sufrieron no lo tengan. Sin embargo, en la mayoría de las comparaciones como esta, no sucede que absolutamente todos los miembros de un colectivo compartan una característica y todos los del otro, la opuesta. Lo más probable es que algunos de los 1.000 sujetos sin la experiencia del tiburón tengan temor al agua y viceversa. Lo más que se puede afirmar es que, de una muestra equilibrada y aleatoria de 2.000 personas, las que habían tenido un encuentro con un escualo tenían más probabilidades de temer al océano que las que no. No se puede decir con certeza que temerán o no al mar, solo que es más probable que lo hagan. Sonya tuvo una vivencia de este tipo, así que es posible que esto haya causado o contribuido a su miedo al agua, pero ni ella ni yo podremos saberlo nunca, a pesar de su insistencia en que fue ese el motivo.

En este sentido, los científicos son incapaces de relacionar experiencias concretas con rasgos de la personalidad. No obstante, todos tenemos alguna vivencia que consideramos que ha moldeado nuestro carácter. Algunos individuos se remiten a sucesos pasados para explicar por qué son tímidos, ansiosos, divertidos o habladores, o tienen miedo de casi cualquier objeto que pueda imaginarse. Por ejemplo, una señora del oeste de Inglaterra no puede caminar por el pasillo de los congelados del supermercado porque tiene fobia a los guisantes. Como explica ella misma: «Me observan y se unen todos en mi contra». De pequeña esta señora no fue víctima de una terrorífica broma con guisantes, ni se vio envuelta en un accidente con un camión que transportaba estas verduras. Sin embargo, algo que le ocurrió cuando era más joven le provocó esta fobia. Sea como fuere, el miedo que siente es muy real y forma parte de su personalidad. Con algo tan complicado como el carácter, ¿cómo pueden los investigadores avanzar en la comprensión de los motivos por lo que somos como somos?

El primer paso es simplificar el problema. Para ello, los psicólogos suelen clasificar a los individuos en función de cinco factores de la personalidad: extraversión, neuroticismo (o inestabilidad emocional), cordialidad, responsabilidad y apertura a la experiencia. Esto es lo que se conoce como el modelo de los cinco grandes. Forma parte de un marco teórico desarrollado en la década de 1990 para repartir a los sujetos en categorías mediante un cuestionario. A los investigadores les encantan estos rasgos porque reflejan algunas de las diferencias entre personas y porque las puntuaciones son muy similares si el mismo individuo realiza la prueba en varias ocasiones en un intervalo de meses o incluso años. Si se pide a conocidos de un sujeto que respondan al cuestionario con respecto a él, también tiende a haber concordancia entre las clasificaciones obtenidas por el interesado y por sus amistades.

Mediante el análisis de resonancias magnéticas, de los aspectos del entorno en el que han vivido los sujetos y de las secuencias genéticas de estos, los psicólogos han podido demostrar que, como ocurre con muchos otros rasgos fenotípicos, los genes, el medio y el ruido de desarrollo contribuyen a determinar los cinco grandes factores de la personalidad. Las variables medioambientales, como la alimentación en la infancia, el nivel socioeconómico o el país de origen, tienden a explicar pocas de las disparidades entre individuos. Podría pensarse que esto significa que el entorno no es importante a la hora de determinar nuestro carácter, pero eso sería erróneo. Si todas las personas nacidas ricas fueran tímidas y todas las nacidas pobres no lo fueran, o si todos los franceses tendieran más a la ansiedad que los alemanes, el mundo sería un lugar muy extraño. La influencia del medio es determinante, pero es difícil demostrarla porque las vivencias individuales moldean nuestra forma de ser. Se ha demostrado que sucesos muy traumáticos, como los malos tratos en la infancia, influyen en la apertura a la experiencia. Por suerte, este nivel de abusos es poco habitual y la mayoría de las personas no sufren situaciones tan extremas. Sin embargo, eso no quiere decir que acontecimientos menos traumáticos no tengan efectos a la hora de dar forma al carácter. Sonya está convencida de que su miedo al mar se debe a una experiencia que duró menos de un minuto. Es cierto que antes de este episodio se dedicaba a estudiar a las tortugas, lo que le obligaba a pasar mucho tiempo en el océano. También es posible que tuviera una ansiedad subconsciente, que solo se manifestó

Cinco grandes factores de la personalidad

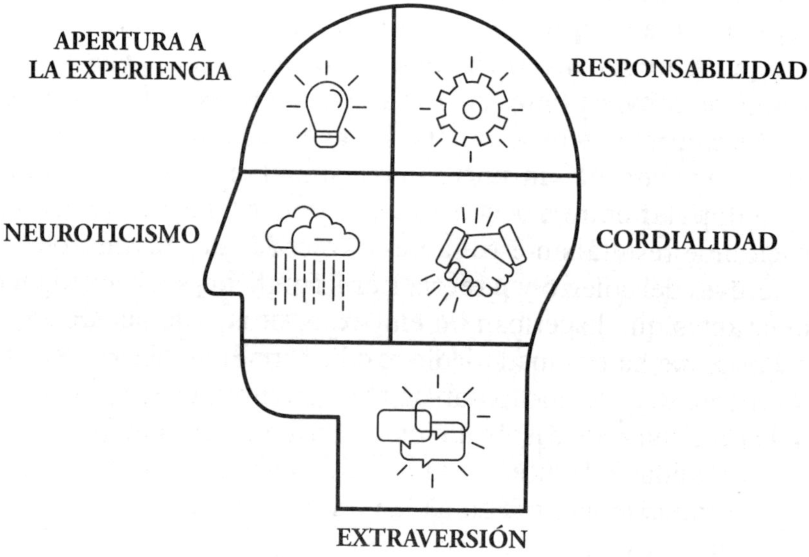

tras su encuentro con el tiburón. Sin embargo, los científicos no tienen modo alguno de demostrar algo así.

A pesar de las enormes dificultades que entraña el estudio de los rasgos de la personalidad, se tiene el convencimiento de que son como cualquier otra característica fenotípica, en el sentido de que los genes, el medioambiente y el azar determinan sus valores. Es solo que estos aspectos son más complicados de entender porque es difícil clasificar el entorno de un modo que sea adecuado para este tipo de análisis. Por otro lado, una sola experiencia puede cambiar el carácter, pero no el color de los ojos o la estatura. Sé que no puedo demostrarlo, pero creo que mis genes y algunos acontecimientos cruciales en mi vida me han otorgado esta forma de ser. Contar la historia de estos sucesos me resulta útil porque me permite volver sobre el papel de las narrativas personales a la hora de dar sentido al mundo y a lo que somos.

Disfruto de la vida y la mayor parte del tiempo no me resulta demasiado estresante. Realicé un cuestionario *online* para obtener mi puntuación según los cinco grandes factores de la personalidad. El resultado es que soy más extrovertido que la mayoría de la población, razonablemente estable desde un punto de vista emocional, más cordial que cuatro de cada cinco individuos, al menos medianamente responsable y estoy abierto a nuevas experiencias. Me han dicho que soy inteligente, pero quienes lo han hecho no me han visto nunca montando muebles del Ikea.

No siempre he tenido estos rasgos de la personalidad. De pequeño, rara vez me sentía seguro de mí mismo, no era especialmente popular entre mis compañeros y a menudo las situaciones sociales me resultaban estresantes. No era nada responsable con los deberes del colegio y prefería leer libros y revistas o ver la televisión antes que hacerlos. Sin embargo, desde que tengo uso de memoria, me ha fascinado la ciencia. ¿Cómo pasé de ser un poco friki, perezoso y tímido durante mi juventud a ser como soy ahora? Todo esto se debe a mis genes, al entorno en el que he vivido y a la casualidad. También creo, irracionalmente, que hay unas cuantas experiencias que cambiaron mi personalidad y mi visión de la vida.

La mutación en el gen GPR143 cambió el curso de mi existencia cuando era niño. Mi padre era farmacéutico antes de jubilarse a los sesenta años y le iba bien en el negocio. Eso quiere decir que había una razonable estabilidad financiera en casa durante mi infancia. Él había estudiado en el Perse School de Cambridge, el principal colegio privado de la ciudad, y pensó que sería una buena opción para mí. Cuando estaba a punto de cumplir los once años y se acercaba el momento de pasar de la escuela primaria a la secundaria, mis padres concertaron una cita con el director de este instituto. Al principio, la reunión fue bien. El director los animó a que solicitaran mi admisión, ya que con toda seguridad me otorgarían una plaza. Sin embargo, hacia el final de la entrevista, mi padre mencionó mi enfermedad hereditaria y mi mala visión. Dijo que no sería yo el mejor bateador en el equipo de críquet del instituto. Ante esto, el director declaró que, pensándolo bien, probablemente yo no encajaría en la escuela. Parece ser que quería que todos sus alumnos fueran excelentes jugadores de críquet. De modo que me apuntaron al Comberton Village College, un colegio público situado en un pueblo de la zona. Tengo la sospecha de que esta era la mejor opción para mí y que el director del Perse tenía razón, aunque fuese por los motivos equivocados. En este sentido, mi mutación provocó un cambio en mi entorno educativo, en mis amigos potenciales y en los profesores que hicieron todo lo posible por educarme.

Fui perezoso durante la enseñanza secundaria porque no me gustaba la rutina de las clases. Me atraía descubrir los hechos por mí mismo, mediante experimentos, pero no aprender contenidos de memoria. Mi aversión al aprendizaje memorístico me llevó a fracasar en francés, alemán y latín, porque me negaba a estudiar el vocabulario. Como la mayor parte del programa educativo consistía precisamente en eso, no me mostré interesado en absoluto. Las asignaturas que me gustaban eran matemáticas y ciencias. Esta última me atraía porque podía hacer experimentos. Ideé un proyecto escolar con mi padre en el que cultivaba habas en diferentes tipos y cantidades de tierra. Cada planta recibía la misma cantidad de luz y agua y yo las medía a diario para controlar sus progresos. Era divertido, porque descubría cosas por mí mismo y esto me dejaba en claro que el mundo tenía una serie de leyes. Disfruté descubriendo cuáles eran estas, en lugar de memorizar listas de datos, como las principales ciudades y pueblos de todos los condados de las Islas Británicas.

Las matemáticas se parecían un poco a las ciencias. Había reglas para combinar números o manipular ecuaciones. Si las entendía, no tenía que memorizar las tablas de multiplicar, sino que podía calcular fácilmente las respuestas a partir de unos primeros principios. Desde muy pequeño, quise saber por qué el mundo funcionaba como lo hacía, en lugar de aprender suficientes datos como para ayudarme a sortear las dificultades. Sin embargo, no todo fue coser y cantar. En secundaria me enseñaron cálculo mediante una serie de recetas para integrar y diferenciar funciones. No entendía de dónde venían esas reglas y eso me exasperaba. Hasta entonces se me habían dado bien las matemáticas. De hecho, estaba en una clase seleccionada para presentarse a un certificado a mitad del curso, que duraba dos años. Obtuve un 6 % en el control de prueba, posiblemente la calificación más baja de nuestro grupo. Sin embargo, la noche antes del examen, comprendí de repente lo que estaba haciendo. Volví a las fórmulas y pude entender de dónde venían y qué hacían la diferenciación y la integración. Al mismo tiempo, pude apreciar la increíble utilidad de estas herramientas. Al día siguiente hice el examen. No me había aprendido las fórmulas, pero comprendía el funcionamiento de las partes del cálculo que necesitaba. Quedé el cuarto de la clase y fui uno de los pocos estudiantes que consiguió un aprobado. ¡Ojalá nos hubieran explicado las razones por las que funcionaba el cálculo, en lugar de enseñarnos solo su aplicación!

A los diecisiete años, con los exámenes de bachillerato a la vuelta de la esquina, se suponía que tenía que decidir qué hacer con mi vida. Una formación en matemáticas parecía una apuesta segura para conseguir un trabajo razonable, así que solicité una plaza en esa licenciatura. Recibí varias ofertas, siempre y cuando obtuviera una calificación adecuada en selectividad. En torno a la misma época en que envié mi solicitud para la universidad, un antiguo alumno que se había tomado un año sabático nos dio una charla. Había pasado doce meses como profesor en una escuela de Honduras. Me gustaban los viajes y esto parecía divertido, así que me decidí y me inscribí en Project Trust, la organización que le había buscado destino.

Tras una entrevista y una serie de pruebas de selección en una remota isla escocesa, me comunicaron que me iban a mandar a una escuela llamada Chemanza, en la zona rural del centro de Zimbabue, junto con otros tres muchachos recién salidos del instituto. Justo antes de partir para África, recibí los resultados de selectividad. Tenía nota suficiente para entrar en la Facultad de Matemáticas, a la vuelta de mi año sabático. No cabe duda de que mi estancia en el extranjero fue muy formativa. Fue una experiencia extraordinaria y estaré eternamente agradecido a Project Trust. Por primera vez en mi vida trabajé duro en algo y me esforcé por hacerlo bien. Mis alumnos consiguieron al menos tan buenos resultados como los de otras clases. Crecí mucho como persona en ese tiempo y me volví mucho más extrovertido y seguro de mí mismo. Del mismo modo, espero haber animado a algunos de mis estudiantes a proseguir su itinerario educativo.

Durante mi año de docencia, me enamoré de Zimbabue y de la gente que conocí en el país. Decidí también que no quería ser matemático y cambié mi solicitud de ingreso a la Facultad de Biología, carrera que finalmente hice en la Universidad de York. Nada más pisar el suelo del Reino Unido me entraron unas ganas irrefrenables de regresar a África. La oportunidad de hacerlo surgió cuando tuve que elegir un proyecto de investigación para realizar al final de mi segundo año de licenciatura. Resultó que era posible diseñar nuestro propio proyecto con solo convencer a un miembro del claustro para que lo supervisara. Tuve la suerte de persuadir a un profesor de la facultad para que fuera mi tutor.

Un primo me consiguió los contactos necesarios para viajar a Kenia, al campamento de George Adamson en la sabana. Mi proyecto consistía en comparar el comportamiento de los cachorros de león criados en libertad con el de tres crías que vivían entre humanos. La madre de los pequeños había sido abatida de un disparo y George cuidaba de ellos hasta su eventual liberación. Pasé cerca de un mes en el campamento estudiando la conducta de los leones.

Hubo varias vivencias importantes durante este período que probablemente contribuyeron a hacer de mí quien soy en la actualidad, incluido el asesinato de George Adamson y dos de sus ayudantes a manos de bandidos somalíes dos días después de que yo abandonara el campamento. Era la primera persona que conocía que había tenido una muerte violenta. También fue en esa ocasión cuando contraje la malaria, lo que en última instancia me llevó a escribir este libro. Sin embargo, tuve otra experiencia formativa a resultas de ese viaje, aunque se desarrolló a mi regreso al Reino Unido.

Lo pasé muy bien en África, pero no había recogido mucha información para mi proyecto de licenciatura sobre el comportamiento de los leones. El problema era el siguiente. Una vez que introduje todos los datos en el ordenador al que tenía acceso en la universidad, realicé los análisis preliminares y dibujé las gráficas, pude comprobar que, en efecto, parecía haber algunas diferencias entre la conducta de los tres cachorros de león criados entre humanos y las observaciones de crías en libertad que había realizado en una manada cercana. Sin embargo, cuando efectué un examen formal, me di cuenta de que esas disparidades no eran estadísticamente significativas. Eso quería decir que era probable que las divergencias que había observado se debieran al azar. Empecé a preguntarme cuántas camadas de cachorros de león habrían sido necesarias para que estos resultados fuesen significativos.

Para responder a esta cuestión, escribí un pequeño programa informático que simulaba datos. En concreto, utilicé el ordenador para crear un conjunto de resultados mayor que el que había recogido, pero que tenía las mismas propiedades estadísticas que los valores reales. Cada columna inventada tenía el mismo promedio que las reales, el mismo grado de dispersión y entre ellas existían las mismas correlaciones que había comprobado en mis observaciones. A continuación, analicé los conjuntos añadidos y comprobé qué tamaño debían tener para que los resultados alcanzaran a ser significativos desde un punto de vista estadístico. Seguí añadiendo filas simuladas a mi tabla hasta que se alcanzó este umbral.

Mucho más tarde en mi carrera como investigador, me enteré de que había una forma mucho más sencilla de resolver este problema, un enfoque que los expertos en estas lides denominan análisis de potencia. Aunque podría haberme ahorrado un montón de tiempo si lo hubiera sabido antes, aprendí mucho sobre estadística con mi ejercicio de simulación. Por ejemplo, a escribir código en un lenguaje de programación llamado Fortran. También sobre distribuciones de datos y pruebas estadísticas. Al igual que en el instituto, estuve encantado de deducir cosas nuevas por mí mismo, mediante prueba y error. Esta experiencia me decidió a emprender una carrera científica. No he dejado de sentir un subidón de adrenalina cuando consigo resolver un problema o hacer un hallazgo nuevo. Me gusta la idea de que nadie más haya sabido nunca lo que yo acabo de descubrir, por trivial que sea. Estos avances son muy pequeños en el gran esquema de las cosas y nada de lo que he hecho ha tenido un gran impacto en el mundo, pero eso no disminuye mi emoción.

Simular datos me enseñó más sobre estadística que cualquiera de las clases a las que había asistido. Además, también me hizo darme cuenta de que mi proyecto de licenciatura presentaba graves deficiencias. De la misma manera que no puedo demostrar que una única experiencia modificó mi trayectoria vital de manera radical, no es posible estudiar tres cachorros de león criados entre humanos y un número similar de crías en libertad y obtener conclusiones significativas. Del mismo modo que no hay dos personas iguales, no hay dos cachorros idénticos. Para que mi investigación hubiera tenido éxito, habría sido necesario observar muchas camadas más en ambas situaciones. No obstante, esto no fue posible. Describí las limitaciones de mis datos en la parte de conclusiones, presenté mi informe y eso me bastó para aprobar la asignatura.

Soy muy consciente de las dificultades de la ciencia a la hora de atribuir los rasgos de la personalidad a determinados acontecimientos ocurridos en una etapa temprana de la vida de una persona o incluso a sus experiencias posteriores. Sin embargo, sigo creyendo, irracionalmente, en el relato que he expuesto en las páginas precedentes. Sé que no debería hacerlo, pero creo que la malaria me proporcionó la determinación necesaria para intentar comprender la existencia y que un proyecto de investigación mal planteado me convirtió en un científico más competente. ¿Puede ser realmente cierto todo esto? ¿Habría llegado a ser biólogo y autor de divulgación de no haber tenido una mutación en el gen GPR143 y haber asistido al instituto Perse, en lugar de ir a clase en el Comberton Village College? ¿Habría sido matemático en lugar de biólogo si no hubiera ido a África? ¿Habría decidido escribir este libro si no hubiera contraído la malaria y estado a punto de morir? ¿Acaso el hecho de hacer un proyecto de licenciatura mediocre fue realmente determinante en la trayectoria que me llevó a ocupar un puesto en la universidad? Nunca podré saberlo porque no puedo hacer los experimentos necesarios para poner a prueba las alternativas (necesitaría muchos clones de mí mismo). No obstante, sí que tengo la certeza de que todos los aspectos de mi propio ser están determinados por el genoma, el entorno o el azar, así que quizá he construido este relato de manera que incluya una pizca de cada factor.

En este sentido, es posible que haya decidido dar pábulo a esta narrativa para justificar el enfoque que aplico en mis investigaciones o porque buscaba una razón para escribir un libro sobre lo que puede decirnos la ciencia acerca del modo en que hemos llegado hasta aquí. Como humanos, tenemos una fuerte tendencia a buscar causas que expliquen los motivos de un suceso y lo hacemos así porque queremos vivir en un mundo que podamos comprender. A la mayoría de nosotros no nos gustan las alteraciones súbitas ni lo inesperado y tejer narrativas estructuradas nos ayuda a hacer que lo imprevisible sea inteligible y ordenado.

Este tipo de relatos cumple dos funciones. Para empezar, nos sirven para justificar nuestros comportamientos y los acontecimientos que hemos vivido. También para dar sentido al mundo que nos rodea. Las narraciones sobre nuestras trayectorias vitales pueden incluir actos gratuitos tremendamente dañinos cometidos por individuos que nos han impedido alcanzar nuestro verdadero potencial. Por ejemplo, si Fred Bloggs se hubiera comportado de manera más profesional con mi amigo Elmer, este sería mejor persona, habría ganado múltiples premios Nobel y tendría riqueza y poder superiores a sus sueños más desmedidos. Claro. A veces estos desaires pueden ser reales, pero en ocasiones son imaginarios. Hay muchos casos históricos bien documentados de sujetos que han actuado por venganza, para impedir que otros alcanzaran el éxito o recibieran el reconocimiento justo por sus acciones. Esto ocurre incluso en la ciencia y quizá por eso a veces culpamos a los demás de los fracasos en nuestra vida.

Isaac Newton es posiblemente el científico más destacado que ha existido. Sin embargo, no era una buena persona. Era paranoico y rencoroso, sobre todo en lo que se refiere a argumentos en torno a sus investigaciones. Se peleó con muchos otros sabios contemporáneos que trabajaban en la gravedad y el cálculo, incluida otra gran figura de la época, Robert Hooke. Antes de que este muriera en 1703, había recibido los elogios de la Royal Society y se había encargado un retrato suyo para ayudar a conservar su legado científico. Newton se convirtió en presidente de la Royal Society el mismo año de la muerte de Hooke y unos cuántos años después supervisó el traslado de la institución a unas nuevas instalaciones. Entre las pocas cosas que se perdieron durante la mudanza figuraban el retrato de Hooke y muchos de sus papeles. Los historiadores de la ciencia han sugerido en repetidas ocasiones que estas desapariciones no fueron accidentales, sino que fue el propio Newton quien se encargó de ellas. Estaba indignado, furioso por los logros que alcanzó su adversario durante su vida y le acusaba de robarle sus ideas. De este modo, hizo todo lo que pudo para que el nombre de Hooke pasara al olvido.

Por suerte, no todo el mundo se comporta con tanta mezquindad. Algunos relatos pueden contener actos de bondad que se perciben como una influencia transformadora en una trayectoria vital. Las personas que, en general, están contentas con su suerte y se sienten a gusto en su pellejo tienden a ser más propensas a presentar narrativas basadas en gestos bondadosos o en su propia capacidad para superar la adversidad. Por el contrario, quienes creen que deberían haber tenido más éxito del que tienen en realidad suelen ofrecer narraciones en que las malas artes de otros les han impedido desarrollar todo su potencial.

Durante casi toda mi edad adulta me he ceñido a los relatos que he descrito antes, sin modificaciones. No obstante, otros aspectos han cambiado a lo largo de mi trayectoria vital. En la actualidad, estoy contento con mi vida y satisfecho en buena medida con lo que soy. La razón es que creo que he conseguido más de lo que esperaba obtener en mi carrera profesional. Ocupo un alto cargo en una de las mejores universidades del mundo y muchos de mis colegas me respetan. Además, estoy enamorado y felizmente casado con una mujer que me acepta tal como soy y que se comporta bien conmigo. También creo que hoy por hoy todos mis hijos son felices.

Sin embargo, durante etapas anteriores de mi vida, cuando mis solicitudes de becas de investigación y puestos universitarios eran denegadas, cuando no lograba avances en las cuestiones científicas que me interesaban, o cuando mi primer matrimonio llegó a su fin, ciertos aspectos de mi relato eran diferentes. No asumí tanta responsabilidad por mis fracasos como debería haber hecho. En lugar de ello, tejí narrativas en las cuales algunos individuos concretos que yo consideraba que me habían menospreciado se habían propuesto deliberadamente obstaculizar mi progreso. Echando la vista atrás, lo cierto es que no habrían tenido ninguna razón para hacerlo, ni habrían contado con el poder y la influencia para lograrlo. Mi supuesto fracaso a la hora de alcanzar mis objetivos profesionales se debía a que mis solicitudes de subvenciones y empleos no estaban redactadas en términos lo bastante sólidos. Si los artículos que enviaba para su publicación eran rechazados, esto era porque sus conclusiones no eran tan convincentes a ojos de los revisores como lo eran para mí. La ciencia es una tarea competitiva y a mí no se me daba tan bien como creía o como a otros contra los que competía. El hecho de que algunas de las narraciones que conté en el pasado fueran falsas permite poner en duda las que todavía creo y repito. Puede que contraer la malaria y simular datos como parte de mi proyecto de licenciatura no influyeran después de todo en quién soy ni en mi trayectoria vital.

Sabemos que los relatos personales pueden ser erróneos. Cuando algunos individuos tienen mala suerte o están descontentos con su situación y no pueden culpar a nadie por ello, es posible que construyan narrativas fácilmente refutables. En ellas postulan la existencia de la Orden de los Iluminados, una secta de personajes turbios que dirigen los asuntos globales desde las sombras y que obstaculizan y reprimen activamente a los pocos elegidos que conocen la verdad. Una de las teorías conspiratorias más surrealistas en este sentido afirma que la familia real británica desciende de humanos que se aparearon con una poderosa raza de malvados reptiles extraterrestres y que así es como obtuvieron su poder. Una segunda teoría sostiene que el príncipe Harry y Meghan Markle se casaron como parte de un artero plan británico para recuperar el control de Estados Unidos. En concreto, un hijo del matrimonio podría convertirse a la vez en heredero al trono del Reino Unido y presidente del país norteamericano, lo que abriría las puertas a una nueva colonización de este por parte de Londres.

Las narrativas son una parte esencial de la experiencia humana y nos ayudan a sobrevivir en un mundo incierto. La ciencia ha desarrollado herramientas para poner a prueba muchos aspectos de los relatos que contamos. Para ello, el método científico determina la probabilidad de que una causa esté relacionada con un acontecimiento específico. Cuando se conoce bien el mecanismo de este vínculo, la relación se puede expresar con un alto grado de confianza. Sé que tengo una mutación en un gen concreto que afecta a mi visión y los investigadores han averiguado que esto significa que las células de la fóvea no producen pigmento, lo que hace que mis ojos se muevan de manera incontrolable. Esta causa tiene el mismo efecto en distintas personas siempre que está presente. En cambio, cuando este nexo no se ha podido establecer, los científicos no han alcanzado unos resultados tan buenos y han tenido que recurrir a correlaciones estadísticas. Estas no logran explicar los motivos de hechos aislados, como escribir este libro.

Lo cierto es que aún no se ha conseguido una buena explicación causal de la manera en que las experiencias influyen en la personalidad ni de cómo estas nos hacen ser como somos. Por ello, debemos basarnos en correlaciones estadísticas. No cabe duda de que las vivencias repercuten en el carácter, pero es imposible demostrar exactamente la forma en que un episodio concreto del pasado ha afectado a tu personalidad o a la mía.

Dado que la ciencia tiene cierta capacidad para deconstruir narrativas que a menudo están firmemente arraigadas, muchos individuos desconfían de ella. Las teorías de la conspiración son fácilmente refutables, pero no son pocos los que creen en ellas. A modo de ejemplo, una encuesta de 2019 demostró que uno de cada seis británicos piensa que la llegada a la Luna fue falsa, a pesar de que es evidente que ocurrió. Sin embargo, dada la facilidad con la que construimos y damos pábulo a relatos sin fundamento, no es de extrañar que el conocimiento científico sea a menudo desoído o recibido con escepticismo. Aunque la ciencia no tiene todas las respuestas, aporta explicaciones basadas en datos verificables que a menudo se pueden comprobar mediante experimentos.

Algunos aspectos de la narración científica que he contado en este libro vienen respaldados por más datos y demostraciones empíricas que otros. En este sentido, algunas disciplinas han alcanzado un punto de madurez más alto que otras. La comprensión causal del funcionamiento de las fuerzas fundamentales de la naturaleza es bastante completa, lo que quiere decir que los químicos y los físicos dependen menos de las correlaciones estadísticas que los biólogos y los psicólogos, que a menudo carecen de una explicación causal de los fenómenos que analizan. Como consecuencia, estos últimos tienden a pensar que el mundo natural es impredecible y más bien aleatorio, mientras que algunos físicos especulan con que el universo puede ser determinista y, con suficiente conocimiento y potencia de cálculo, perfectamente predecible. Es algo debatible que alguna vez podamos llegar a comprender de forma causal la compleja química de unos seres vivos como nosotros. Sea como fuere, en la actualidad ese objetivo está todavía muy distante. La ciencia no puede decirme por qué decidí escribir este libro, pero las estadísticas sí pueden confirmar que la mayoría de la gente quiere entender los motivos de su existencia.

Una vez contada la historia del universo y mi vida personal, puedo abordar el interrogante que motivó este libro en primer lugar: ¿acaso tú y yo éramos inevitables en el principio del cosmos o simplemente hemos tenido una suerte increíble? No es algo fácil de responder. Durante la investigación para redactar este texto, me he sentido a menudo asombrado ante la amplitud y diversidad del conocimiento humano. También me he dado cuenta de lo flexible que es el método científico y de la manera en que los investigadores de distintas disciplinas utilizan diferentes aspectos del mismo en contextos variables. También he aprendido que, aunque el desarrollo de esta herramienta es el mayor logro de la humanidad, no es un instrumento perfecto. Por ejemplo, aunque la ciencia puede determinar que las variaciones genéticas, el ruido de desarrollo y el entorno han desempeñado un papel a la hora de formar tu personalidad y que cada uno de estos factores ha contribuido en diferente medida a los valores de los rasgos fenotípicos, todavía no puede decirme por qué eres extrovertido, empático o responsable. Al mismo tiempo que intento responder al interrogante que motivó este libro, ahora también puedo considerar lo mucho que ha logrado la ciencia y todo lo que queda por descubrir.

10

¿Por qué existimos?

Cuando estaba en el hospital en 1989, para recuperarme de mi ataque de malaria, decidí que para cuando yaciera en mi lecho de muerte debía haber averiguado los motivos de mi existencia. Sin embargo, creo que no lo pensé detenidamente. El conocimiento científico es inabarcable, llena innumerables bibliotecas y se multiplica a cada día que pasa. La cantidad de trabajos de investigación publicados no deja de crecer. Entre 2020 y 2023 vieron la luz anualmente al menos cuatro millones y cuarto de artículos especializados en inglés. Debo confesar que no los he leído todos.

Durante los dos años inmediatamente posteriores a mi hospitalización, no logré avanzar en absoluto hacia mi objetivo vital. En última instancia, se me ocurrió un plan para abordar esta tarea, digna de Sísifo. Empecé por escribir una lista de aspectos cruciales o entidades esenciales: energía, campos de fuerza, cuarks y electrones, neutrones y protones, átomos, moléculas, estrellas y planetas, formas simples de vida, organismos pluricelulares más desarrollados, seres conscientes y tú y yo. Luego enumeré los procesos que relacionaban cada entrada de este inventario con la siguiente. Por ejemplo, la generación de estrellas a partir de nubes de hidrógeno molecular en nebulosas se conoce como formación estelar, mientras que el mecanismo que hizo aumentar la complejidad de las especies en nuestra rama del árbol de la vida es la evolución. Al hacerlo de este modo, me di cuenta de que podía describir en capítulos de dimensiones gestionables lo que la ciencia puede decirnos sobre la manera en que hemos llegado a existir tú y yo. Podía empezar con la conversión de la energía en partículas fundamentales y seguir con la formación de los átomos, las estrellas, las moléculas, la Tierra, la vida, la consciencia, la humanidad y tú y yo. Solo tendría que explicar el modo en que se pasó de una cosa a la siguiente. También me percaté de la importancia de las interacciones en nuestra existencia. Aprendí que los cuarks interactúan entre sí para formar neutrones y protones, que a su vez se combinan para dar lugar a los núcleos atómicos, los cuales se unen a los electrones para crear átomos, que producen sustancias y estas, planetas y luego (al menos en la Tierra) criaturas vivas. Todas estas etapas venían mediadas por campos de fuerza. Fueron relaciones de este tipo entre organismos competidores las que espolearon el aumento de la complejidad, que en última instancia dio lugar a los seres humanos. Me di cuenta también de que el resultado de cada nivel era algo un poco menos simple que la suma de sus partes constituyentes. Por ejemplo, las moléculas son más complejas que los átomos que las han constituido y los protones lo son más que los cuarks. Para cuando tuve hijos, ya tenía un plan para organizar mi libro. Sabía que esta estructura acarreaba el sacrificio de la descripción de muchos conocimientos científicos y, en particular, la omisión de numerosas explicaciones causales.

Al centrarme en los procesos, caí en la cuenta de que podía abordar el interrogante de nuestra existencia mediante la exposición de los acontecimientos necesarios en cada una de las etapas, a medida que una entidad de mi lista se transformaba en la siguiente. En cambio, los mecanismos detallan el modo en que se produjo cada transición y no los motivos por los que lo hizo. Una de las razones por las que decidí omitirlos en su mayor parte es que pueden llegar a ser endiabladamente complicados y difíciles de describir en términos no especializados. Por ejemplo, una explicación pormenorizada de la biología del crecimiento embrionario, un tema que traté en el capítulo anterior, exigiría hablar de la replicación del ADN, de su traducción en cadenas de aminoácidos, del plegamiento de las proteínas y del papel que juegan las diferentes moléculas en las reacciones químicas que intervienen de manera crucial en la construcción del cuerpo. El tema es fascinante, pero puede ser muy confuso. Del mismo modo, una exposición minuciosa del desarrollo de seres complejos a partir de una sola célula requeriría cientos de miles de palabras, muchas de ellas especializadas y con significados muy concretos. Si este libro ha despertado tu interés por algún aspecto de la ciencia que he resumido hasta el momento, en el último apartado enumero algunos textos que ofrecen más información sobre los mecanismos que yo he pasado por alto.

Cuando empecé a preparar esta obra, me gustaba mucho investigar y leer acerca de los procesos. De este modo, el reto que me había propuesto se hizo más fácil de gestionar. Empecé a comprender el modo en que un simple y diminuto punto energético, de una temperatura extraordinaria, pudo convertirse a lo largo de miles de millones de años en seres como tú y como yo, de una complejidad extraordinaria y compuestos por billones de células que trabajan al unísono. Sin embargo, todavía había que tomar una serie de decisiones acerca de qué incluir y qué dejar fuera. Una de las primeras dificultades que me surgieron a este respecto fue la de tratar o no los tres principios de la termodinámica. El primero afirma que la energía no puede ser creada ni destruida, pero que puede transformarse entre sus diferentes formas; el segundo, que los sistemas tienden a volverse más desorganizados con el paso del tiempo y a perder el equilibrio que pudieran tener; y el tercero, que el nivel de desorden acaba por estabilizarse en un valor específico (no voy a decir cuál es) a medida que el termómetro se acerca al cero absoluto, la temperatura más baja que puede alcanzar la materia, o -273,15 grados. El segundo es el más desconcertante de todos ellos, dado que es evidente que nosotros somos criaturas sumamente ordenadas y que hemos surgido a partir de una minúscula región de intensa energía tras un período de 13.770 millones de años. No estamos constituidos por un conjunto aleatorio de moléculas que se encuentran por casualidad en el mismo lugar al mismo tiempo, sin más. La historia de la Tierra, de ti y de mí parece contradecir este principio. Sin embargo, todos los científicos con un mínimo de reputación lo dan por bueno.

La aparente paradoja se debe a que es necesario considerar todo el universo para asegurar el cumplimiento de esta norma. En promedio, el desorden se apodera progresivamente del cosmos. Sin embargo, hay rincones del mismo, como la Tierra, que han ganado en organización con el paso del tiempo. Los análisis estadísticos son útiles en este sentido, pero no siempre explican lo que ocurre en una ubicación concreta. Nuestro planeta se ha vuelto más ordenado, con átomos que se han transformado en ti y en mí, mientras que otras partes del universo son ahora mucho más desorganizadas que la media. Estos trozos de espacio se habrán vuelto más fríos, contendrán muy poca materia, estarán mucho menos estructurados y serán más simples. Si fuera posible analizar el desarrollo de cada centímetro cúbico de la realidad en épocas pasadas, se constataría que, en promedio, son ahora menos ordenados. No obstante, hay una distribución del cambio en el nivel de organización y cada parte del cosmos tiene un pasado distinto a las demás.

El segundo principio de la termodinámica se cumple porque, de media, en el conjunto de lo existente, el grado de desorden, o entropía, para llamarlo por su nombre científico, aumenta sin cesar. A la hora de escribir este libro, me he centrado en la Tierra. Si hubiera elegido un punto en el espacio vacío, en algún lugar más allá de la heliosfera, pero antes de que comience otro sistema estelar, esta obra sería bastante menos emocionante. Básicamente, habría descrito el progresivo enfriamiento de esta región, la disminución de la densidad de energía y materia y poquísimos acontecimientos. No cabe duda de que el texto habría sido más fácil de redactar y mucho más corto, pero (espero) no tan interesante de leer.

Decidí no mencionar todos estos aspectos porque quería contar la historia de nuestro vecindario cósmico. En este sentido, preferí no entrar en debates sobre algunos de los enigmas con los que lidia la ciencia o en los que se trabaja en la actualidad. No obstante, al acercarme al final del libro y volver al interrogante sobre nuestra existencia y su necesidad, me veo obligado a tomar en consideración algunas de las cuestiones más arduas que intentan responder científicos y filósofos. Una de las preguntas que dieron origen a esta obra es si el desarrollo de nuestro universo estaba predeterminado desde su nacimiento, o si el azar ha tenido algo que ver en este proceso.

Si el cosmos es determinista, se desarrollará exactamente igual cada vez que se repita el experimento descrito al principio del volumen, siempre que las condiciones iniciales fueran idénticas. Cada caso empírico daría lugar a resultados totalmente indistinguibles. No obstante, si hubiera disparidades, por pequeñas que fueran, en el punto de partida en dos realizaciones consecutivas, el producto final sería diferente. Por consiguiente, seríamos inevitables en un universo determinista con las mismas condiciones iniciales que el nuestro. En una situación así, los científicos podrían, al menos en teoría, predecir con exactitud la evolución de cada partícula cósmica, desde su nacimiento hasta su desaparición. Tal hazaña es tecnológicamente imposible con los ordenadores actuales y probablemente esté más allá de las capacidades de cualquier civilización, por avanzada que sea.

Hay quien sostiene que la realidad es determinista en este sentido, porque es posible anticipar de forma precisa el comportamiento de muchas entidades, como las órbitas de los planetas. De hecho, esto es algo que cada vez se hace mejor, gracias a los avances científicos obtenidos. La ciencia progresa y, a medida que lo hace, también aumenta nuestra comprensión de los sistemas considerados. En este sentido, solo hay una dirección posible: predicciones cada vez más exactas. Por ejemplo, hace quinientos años había muchos acontecimientos celestes que no podíamos pronosticar de manera correcta. Sin embargo, en la actualidad, gracias a las ecuaciones descubiertas por Isaac Newton y Albert Einstein, los astrónomos pueden predecir con una puntualidad exquisita la presencia periódica de los cometas en el firmamento, que es posible calcular con décadas de antelación, las trayectorias de los vehículos espaciales y las órbitas de los planetas alrededor del Sol. Del mismo modo, los físicos pueden prever el movimiento de los objetos bajo la acción de un campo magnético y los químicos pueden anticipar el resultado de mezclar varias sustancias en un matraz. Todo esto se consigue a un nivel impensable hace uno o dos siglos. Muchos aspectos del mundo natural son ahora predecibles, lo que ha permitido a algunos científicos abrigar la esperanza de que el resto del universo también lo sea.

No obstante, hay muchas facetas de la realidad que escapan a esta capacidad de predicción. No puedo saber con exactitud cuándo se levantará mi hijo adolescente de la cama el fin de semana. Del mismo modo, solo podemos pronosticar, con un mínimo de certeza, el tiempo que hará en Oxford, la ciudad en que resido, con uno o dos días de antelación. Tampoco es posible anticipar las erupciones volcánicas o el momento preciso en que un terremoto sacudirá el suelo bajo nuestros pies. Dada esta ineptitud a la hora de prever tantos aspectos de lo existente, ¿por qué algunos científicos piensan que el universo podría ser determinista? Su argumento es que aún no hemos descubierto las expresiones matemáticas que nos permitirían predecir a la perfección lo que actualmente es imprevisible, pero que esas ecuaciones existen y es solo cuestión de tiempo que las conozcamos. Es cierto que ha mejorado nuestra habilidad en este sentido, desde la forma en que se pliegan las proteínas hasta la existencia de nuevas partículas fundamentales, como el bosón de Higgs. Cabe esperar que los científicos consigan aún más logros en esta dirección, pero eso no significa que todo lo existente sea determinista.

La ciencia denomina estocásticos a los sistemas que escapan a su capacidad de predicción, como el tiempo atmosférico. Los defensores del argumento anterior replicarían que no hay casos que sean estrictamente así, sino que su aparente naturaleza aleatoria se debería a que aún no hemos sido capaces de encontrar las ecuaciones que rigen con precisión estos sistemas. Podríamos pensar que la meteorología presenta ejemplos de este tipo, pero su aparente aleatoriedad se debería simplemente a que no somos muy buenos a la hora de pronosticar su comportamiento, más allá de uno o dos días vista. Cuando descubramos las expresiones matemáticas adecuadas, podremos predecir con exactitud que 4,2 milímetros de lluvia caerán en los Campos Elíseos entre las 9 y las 10 de la mañana del 7 de enero de 2081. Entonces podríamos considerar que el tiempo atmosférico es determinista.

Una consecuencia de un universo así, en el que todo fuera perfectamente predecible en teoría, es que nuestras acciones estarían decididas de antemano y no existiría la libre determinación. Las interacciones entre los átomos que forman nuestro cerebro serían inevitables, al igual que cada uno de nuestros actos. La libre voluntad sería una ilusión en una realidad determinista. Yo estaría predestinado a escribir este libro desde hace 13.770 millones de años, desde el nacimiento de todo lo existente, y nunca habría tomado en realidad la resolución de hacerlo. No habría forma de resistirme al impulso de redactar este texto, aun suponiendo que hubiera querido oponerme a ello. Por cierto, que tú también habrías estado destinado a comprarlo.

La idea de que la libre determinación no es más que una ilusión, es algo que la mayoría de los individuos no están dispuestos a aceptar. Personalmente, no me gusta. Las decisiones que tomo me parecen muy reales y creo que somos responsables de nuestros actos. No me convence la noción de que nuestras acciones puedan ser completamente predecibles. Sin embargo, esto no es más que una impresión subjetiva y reconozco que no es una postura científica. Que no me guste una hipótesis no significa que no sea cierta.

La mecánica cuántica describe con gran precisión el comportamiento en el ámbito de lo minúsculo y todas las pruebas indican que algunos aspectos en este sentido, referidas a los electrones, son aleatorios. En mi opinión, la navaja de Ockham, el argumento según el cual las explicaciones deben ser tan sencillas como sea posible, pero no más, apunta a un universo estocástico. Una vez más, mi punto de vista se basa más en el parecer personal que en la ciencia. Las impresiones de este tipo son, por supuesto, importantes, pero no científicas. Tú y yo estamos hechos de partículas, las cuales obedecen a las leyes de la física. De modo que, si su comportamiento es predecible, ¿significa eso que el nuestro también debe ser determinista? Para refutar este tipo de silogismos, es necesario ofrecer una alternativa que sea capaz de explicar el origen de la aleatoriedad.

La única fuente real de la que esta puede proceder, identificada hasta la fecha en el conjunto de todo lo existente, es la mecánica cuántica, a la que ya me referí al hablar del experimento de la doble rendija. Esta disciplina ofrece una descripción muy precisa, aunque probabilística, del comportamiento de electrones, protones, neutrones y átomos. Es uno de los mayores logros de la física y explica uno de los aspectos más peculiares de la realidad: que los corpúsculos son también ondas. La teoría describe las propiedades de las partículas como distribuciones de probabilidad. Por ejemplo, la posición de una de ellas se describe con una función de onda que indica los lugares en los que es más y menos probable que se encuentre. Observar la función de onda directamente es imposible, porque medirla obligaría al corpúsculo a entrelazarse con nuestro dispositivo de medición y esto la haría colapsar. Sin embargo, nada nos impide imaginar el aspecto que tendría si pudiéramos verla. Si aumentáramos las propiedades cuánticas de objetos como los electrones a la escala de nuestro sistema solar, la Luna (y el Sol y todos los cuerpos en el firmamento nocturno) aparecerían como una neblina difusa, con algunas de sus partes más intensas que otras. Estas serían las regiones en que los objetos celestes tendrían una mayor probabilidad de aparecer si se vieran obligados a interactuar con algo.

La mecánica cuántica es la teoría que más éxitos ha cosechado de toda la ciencia y describe con gran precisión el comportamiento de las partículas fundamentales. Sin embargo, a pesar de ello, algunos físicos discuten sobre su interpretación. Hay quien afirma que se acabará por el demostrar que el comportamiento aparentemente impredecible y aleatorio de los corpúsculos es en realidad determinista y que, cuando eso ocurra, la noción de libre voluntad quedará relegada a la papelera de los conceptos caducos. Un ejemplo de una hipótesis de este tipo, que reduce la aleatoriedad a variables predecibles, es la interpretación de los muchos mundos. En pocas palabras, y pasando por alto numerosos matices, afirma que solo podemos percibir un resultado concreto del colapso de la función de onda, pero que en verdad todas las alternativas posibles ocurren en realidades paralelas que no experimentamos. Es una manera muy astuta de hacer que todo lo estocástico sea determinista, mediante la afirmación de que se hacen efectivos todos los escenarios potenciales, aunque solo podamos percibir uno de ellos: nuestro mundo.

No mencioné con anterioridad en el libro esta hipótesis ni otras interpretaciones de la mecánica cuántica, al describir el experimento de la doble rendija, porque en la actualidad no hay manera de demostrarlas. No disponemos de pruebas de que existan realidades más allá de la nuestra y de momento es posible comprobar las predicciones a este respecto. La interpretación de los muchos mundos proporciona una forma de hacer que nuestro universo sea determinista y en ese sentido es llamativa. Sin embargo, muchos mitos cosmogónicos también lo son y no por ello son ciertos.

Los experimentos mentales no comprobables, como la interpretación de los muchos mundos, desempeñan un papel importante en la ciencia. Nos permiten pasar revista a una serie de propuestas factibles. Lo que no entiendo es el empeño de algunos físicos por demostrar que la realidad es determinista. Los datos disponibles sugieren que el comportamiento de las partículas fundamentales es estocástico, lo que hace que sean posibles un universo aleatorio y la libre voluntad. No obstante, esto plantea una nueva dificultad: ¿cómo se traduce la aleatoriedad de un corpúsculo diminuto en propiedades no deterministas de objetos mucho más grandes, como tú y como yo?

Cuando colapsa la función de onda de una partícula, como ocurre cuando un átomo colisiona con la pantalla en el experimento de la doble rendija, el corpúsculo se entrelaza con el instrumento de medición, que es un cuerpo macroscópico. Como tal, su longitud de onda es tan pequeña que se puede pasar por alto y el comportamiento observado es conforme a lo que estamos acostumbrados en la vida cotidiana. En el experimento, la pantalla está diseñada para detectar la partícula que interactúa con ella y a partir de ese momento ambas se convierten en un único objeto. Pasan a formar parte de un mismo cuerpo de gran tamaño compuesto por millones de átomos. En este sentido, se comporta de manera predecible, como todos los grandes entes inanimados. Si le damos un golpe, lo tiraremos del banco de laboratorio y caerá al suelo. Si le lanzamos una pelota, tanto él como la bola serán desplazados por el impacto. Es este comportamiento, previsible y familiar, el que hace que la noción de un universo determinista resulte atractiva para algunos científicos. No obstante, no todos los objetos sólidos se comportan así y tal vez la vida haya encontrado una forma de sacar partido a la aleatoriedad de las partículas para hacer posible la libre voluntad.

El campo de la biología cuántica está en pañales, pero ya empieza a producir algunos descubrimientos apasionantes. Por ejemplo, la fotosíntesis, el proceso por el que las algas, algunas bacterias y todas las plantas crean azúcares a partir de la luz solar, el agua y el dióxido de carbono, se basa en la mecánica cuántica para transformar los fotones en energía, que puede utilizarse para producir otras sustancias. Este mecanismo apareció muy pronto en la historia evolutiva de los seres vivos, quizá hace unos 3.500 millones de años. Esto sugiere que la vida descubrió una manera de sacar partido a estas propiedades desde muy temprano.

También se empieza a disponer de pruebas de que estas características intervienen en el funcionamiento de algunas enzimas y de los neurotransmisores en el cerebro. Hace poco, biofísicos de la Universidad de Surrey, en el Reino Unido, han encontrado datos y generado modelos que apuntan a que algunas mutaciones son debidas a oscilaciones cuánticas aleatorias. Las variaciones genéticas influyen en el crecimiento embrionario y son factores que hacen funcionar la evolución y la diversificación de la vida. Todo esto parece aportar algunas evidencias de que nuestra existencia se debe a procesos estocásticos. Según esto, ni tú ni yo éramos inevitables en el nacimiento del universo. Si el cosmos es estocástico y los procesos cuánticos afectan a la evolución, mi experimento de reproducción de la realidad no nos encontraría.

Algunas conclusiones de la biología cuántica son todavía polémicas. Aún hacen falta más pruebas para convencer a los escépticos. Muchas moléculas biológicas son demasiado grandes como para comportarse del mismo modo que los átomos individuales y algunos investigadores han afirmado que el entorno cálido y húmedo del interior celular impediría a los procesos vitales sacar partido de las propiedades cuánticas de lo diminuto. La biología ha logrado una buena comprensión de la forma en que las interacciones entre moléculas afectan a muchos mecanismos celulares. Por otro lado, estos efectos se producen a la misma escala que las oscilaciones cuánticas aleatorias. Por lo tanto, hay una vía potencial para que la aleatoriedad reduzca nuestra existencia a una ocurrencia azarosa. A su vez, otros científicos sostienen todo lo contrario que los anteriores. Para ellos, las condiciones del medio celular son ideales para ampliar los procesos cuánticos, de manera que puedan influir en la dinámica de todo el organismo. Sin embargo, esto no explica el modo en que las oscilaciones de este tipo podrían dar lugar a la consciencia y a la libre voluntad. Llegados a este punto, las evidencias disponibles son escasas y nos adentramos en el ámbito de la conjetura. Los defensores de la interpretación de los muchos mundos podrían encontrar en ello una excusa para acusarme de formular hipótesis no verificables. A lo que yo podría responder que mi teoría es más comprobable que la suya.

En el capítulo sobre la consciencia, describí el modo en que el neocórtex procesa la información. Esta es una parte del cerebro que presenta numerosas circunvoluciones, tiene un gran tamaño en los seres humanos y es la que nos hace inteligentes. Recibe impulsos de los órganos sensoriales (ojos, oídos, nariz, piel y lengua) y estos estímulos conducen a la propagación de señales a través de redes hasta que se activan las células nerviosas que nos permiten reconocer determinados objetos, como en el caso de la neurona Jennifer Aniston. Esta activación puede incluir a las integrantes de diferentes grupos del neocórtex, en cuyo caso las corrientes eléctricas procedentes de varias neuronas son procesadas antes de llegar a un consenso sobre lo que se está experimentando. A continuación, otras integrantes de la red proponen una respuesta y se toma una decisión al respecto.

Aún faltan muchos datos, pero varios psicólogos, matemáticos, filósofos y físicos han propuesto que la mecánica cuántica podría desempeñar un papel en la consciencia. Dado que esta parece surgir de la actividad de las neuronas, que se comunican a través de conexiones sinápticas, no cabe duda de que es posible que los procesos cuánticos aleatorios en el nivel de las interacciones moleculares contribuyan a la consciencia y, en última instancia, a la libre voluntad. La manera exacta en la que esto se podría producir es, hoy por hoy, terreno de la especulación. No obstante, no se puede descartar que la aleatoriedad cuántica desempeñe un papel en los cientos de miles de sinapsis que se activan cada segundo y que contribuyen a la toma de decisiones. Me he desviado de lo que la ciencia puede decirnos en la actualidad para adentrarme en conjeturas, así que volveré a una línea argumental un poco más concreta.

Muchos científicos y filósofos han establecido paralelismos entre los ordenadores y el cerebro humano. Suelen señalar la manera en que algunos aspectos del funcionamiento de los dispositivos informáticos imitan el de ciertas partes del encéfalo de las personas. Estas comparaciones son cada vez más frecuentes, a medida que la inteligencia artificial se integra en nuestra vida cotidiana. Muchos de los algoritmos que utilizan las máquinas para tomar decisiones cuando juegan al ajedrez, o para encontrar soluciones óptimas, o casi perfectas, a problemas actualmente inabordables desde el punto de vista analítico, se basan en números aleatorios. Por ejemplo, ChatGPT los utiliza cuando se le pide que realice una tarea y los informáticos los emplean para resolver todo tipo de cuestiones en su disciplina, que, al menos a día de hoy, son imposibles de tratar sin recurrir al azar. Este puede utilizarse para identificar soluciones a problemas y, si las mutaciones genéticas se deben a la casualidad, como parece probable, entonces le debemos nuestra existencia. Tal vez parezca contraintuitivo que la evolución se sirva de la aleatoriedad para hacer que los organismos sean más competitivos, o que los informáticos utilicen el azar en sus procesos, por lo que daré un breve ejemplo de la forma en que he empleado yo los números aleatorios en mi investigación.

Mi tesis doctoral versó sobre el impacto de herbívoros y depredadores de semillas en la reproducción forestal en los bosques de Estados Unidos y el Reino Unido. En retrospectiva, me doy cuenta de que no hice avanzar mucho el área de la investigación, pero por lo menos creo que tampoco la hice retroceder. Aprendí muchas cosas, como a utilizar un generador de números aleatorios en el ordenador para construir un modelo estadístico de depredación de simientes y brotes por parte de las ardillas. Había recogido bastantes datos de experimentos en los que repartía bellotas en distintas densidades por el suelo del bosque, algunas en recintos a prueba de ciervos, ardillas listadas o ardillas grises, otras no. Al cabo de un tiempo, volvía para ver cuántas habían sido devoradas. Después, cree un modelo matemático para describir el impacto que habían tenido los depredadores vertebrados en la probabilidad de germinación de las semillas en las diferentes ubicaciones. Mi siguiente tarea fue combinar la simulación matemática y las observaciones empíricas para identificar los valores de los parámetros que me permitieran encontrar el mejor ajuste a la variación en los datos.

Escribí un programa en un lenguaje informático llamado Turbo Pascal para obtener los valores más probables de cada parámetro en el modelo. El código implementaba el llamado algoritmo de Metropolis-Hastings, que utiliza números aleatorios para hallar la solución más probable. Su funcionamiento es parecido a la búsqueda de la cumbre más alta de una cadena montañosa, en medio de una niebla espesa y por la noche, utilizando un dispositivo de teletransporte y cifras elegidas al azar.

En un punto de esta analogía se mide la altitud. Una vez hecho esto, se selecciona de manera aleatoria una dirección en la que desplazarse y el observador se teletransporta una distancia fija previamente determinada. Una vez allí, calcula la altura en esta nueva ubicación y la compara con la antigua. Si el valor obtenido en esta localización es más elevado que en la anterior, se traslada a ella el 70 % de las veces. En cambio, si es menor, se queda en la posición original, también el 70 % de las veces. Este proceso se repite en múltiples ocasiones, hasta que se haya explorado toda la cordillera. Lo que se investiga en el algoritmo de Metropolis-Hastings es una superficie de probabilidad. Las coordenadas topográficas habituales de latitud y longitud se sustituyen por nombres de parámetros (quizá alfa y beta) y la altitud de la ubicación es reemplazada por una variable estadística llamada verosimilitud. Esta describe el ajuste del modelo a los datos observados para cada valor de alfa y beta. Su pico se denomina verosimilitud máxima y es análogo a la cima de la montaña más alta de un macizo. El algoritmo de Metropolis-Hastings es una forma de explorar la superficie de verosimilitud y encontrar la verosimilitud máxima.

Esta analogía deja de ser válida cuando hay más de dos parámetros. Por ejemplo, con cuatro, denominados alfa, beta, gamma y delta, habrá otras tantas dimensiones que explorar en lugar de dos, una para cada uno de ellos, y ya no será válida la comparación con las coordenadas de latitud y longitud. Estas, junto con la altitud, arrojan un total de tres dimensiones, mientras que en mi ejemplo hay cinco, cuatro parámetros y la verosimilitud. Nadie puede visualizar una superficie que tenga más de tres dimensiones, pero existen objetos así desde un punto de vista matemático. Por mi parte, me resulta mucho más fácil imaginar un macizo montañoso y por eso utilizo la anterior analogía. El algoritmo de Metropolis-Hastings se puede usar para cualquier cantidad de dimensiones, lo que permite a los científicos encontrar los valores de todos los parámetros de un modelo que hacen máxima su verosimilitud.

Hay dos trucos para conseguir que el algoritmo de Metropolis-Hastings funcione de manera correcta. En primer lugar, hay que seleccionar la distancia que recorrer de forma que se pueda explorar toda la superficie de probabilidad. Si el intervalo entre el punto en el que se encuentra en ese momento el observador y el siguiente lugar de muestreo es pequeño, lo único que se consigue es acabar en la cima de la montaña en la que se empezó. Puede que esta sea alta, pero puede que haya picos más elevados en la cordillera. Eso significaría que no se ha alcanzado la cúspide del macizo. En lenguaje matemático, sería un máximo local y no en el global, que es el que se busca. En segundo lugar, ¿con qué frecuencia debería producirse el desplazamiento a un punto más alto? El 70 % no está mal, pero otros porcentajes son ligeramente mejores (depende de los detalles concretos del problema que se trate).

Suponiendo que la distancia de desplazamiento y el porcentaje sean los adecuados, el algoritmo de Metropolis-Hastings permite hallar la mejor solución a un problema de forma más rápida que la evaluación determinista de la verosimilitud en cada punto de una cuadrícula dispuesta sobre la superficie de probabilidad y que cubriese todo el macizo montañoso. Este método es solo uno de los muchos que utilizan los ordenadores para resolver todo tipo de cuestiones de estadística e inteligencia artificial. A menudo se dice que los dispositivos informáticos imitan el cerebro humano. Tal vez también nosotros utilicemos el azar para tomar decisiones acerca de nuestras actuaciones y nuestro comportamiento. La única fuente conocida que podríamos utilizar a este respecto es la que se deriva de la naturaleza cuántica de las partículas fundamentales, átomos y moléculas. Sin embargo, quizá la ciencia descubra algún día otras causas de aleatoriedad en el universo.

Los biólogos evolutivos echan mano de una analogía similar cuando se plantean el modo en que la evolución pudo producir individuos, linajes y especies más competitivos. Ahora la latitud y la longitud no se consideran parámetros, sino valores de rasgos fenotípicos, y la altitud se sustituye por la capacidad de supervivencia y reproducción de los ejemplares con determinados atributos. Las mutaciones aleatorias significan que algunos especímenes son peores a la hora de sobrevivir y reproducirse que sus progenitores, porque son menos aptos en estas tareas. Sin embargo, de vez en cuando, una modificación genética produce valores que mejoran las facultades del individuo en ese aspecto. Poco a poco, la evolución asciende hacia la cima en cuanto a aptitud de supervivencia y reproducción. No obstante, al hacerlo también surgen muchos ejemplares a los que les cuesta sobrevivir o que son incapaces de reproducirse.

Es posible que el azar esté presente en todos los aspectos de las ciencias de la vida. Sin embargo, la investigación sobre el papel que este factor desempeña está aún en pañales. La biología y la consciencia cuánticas son campos de estudio muy novedosos. Si pudiera dar los primeros pasos en mi carrera como investigador hoy en día, creo que me plantearía seriamente dedicarme a una de estas áreas. Durante la búsqueda de material para este libro, he llegado a la conclusión de que, hasta que los físicos sean capaces de producir datos que demuestren que la mecánica cuántica es atribuible a algún proceso determinista subyacente, me tomaré al pie de la letra el extraño comportamiento de la realidad cuántica. Esto me lleva a concluir que el universo es estocástico. Si pudiera realizar mi experimento de los universos repetidos, cada resultado sería diferente. Quizá descubriera que el ámbito físico es determinista y que nuestro sistema solar existe en cada caso, mientras que los procesos vitales son estocásticos. Quizá algunas veces, al visitar las Tierras resultantes, encontraría seres humanos, mientras que en otras ocasiones las criaturas dominantes en nuestro planeta serían especies malévolas de lagartos inteligentes. O puede que solo esté tratando de encontrar una manera de poner de acuerdo a los físicos que defienden un universo determinista y a los biólogos que están convencidos de que la realidad es estocástica. Sea como fuere, este debate no nos ayuda a responder al interrogante por los motivos de nuestra existencia.

Me propuse emprender este viaje personal para que, cuando yaciera en mi lecho de muerte, pudiera decir que había comprendido los motivos de mi existencia. Espero que el hecho de haber escrito este libro no sea una señal de mi inminente fallecimiento, ya que aún me queda mucho por entender. Sin embargo, tengo alguna idea de cuál podría ser la respuesta.

Uno de los inconvenientes de que el universo sea estocástico y de que la Tierra sea el único planeta en el que hemos podido estudiar los seres vivos es que es imposible asignar valores estadísticos verosímiles a sucesos que nos consta que aquí se han producido una sola vez. En concreto, el nuestro es el único planeta en el que se sabe con certeza que existe la vida. De este modo, las probabilidades de que un fenómeno similar surja en otros objetos cósmicos, por muy parecidos que sean estos a la Tierra, son imposibles de evaluar en la actualidad. Son necesarios más datos antes de poder afirmar que un acontecimiento así es algo habitual, o no.

A pesar de esta dificultad, los científicos han realizado progresos notables en la comprensión de los hechos que tuvieron que ocurrir para que tú y yo podamos existir, de los motivos por los que sucedieron e incluso cómo lo hicieron. Sin embargo, hay una serie de ellos que resultan determinantes en esta historia y acerca de los que, en la actualidad, solo podemos especular.

El primero es el propio nacimiento del universo. Nunca hemos observado otro cosmos y nunca hemos percibido nada más allá de las fronteras de este. Ni siquiera sabemos dónde puede estar el borde, si es que lo tiene. No podemos dirigir nuestra mirada al otro lado de este límite para comprobar la existencia (o no) de otros mundos. Por consiguiente, no sabemos si son algo común o si solo hay uno y, en caso de que lo primero sea cierto, si el nuestro es típico o inusual. Dicho de otro modo, no sabemos por qué hay algo más bien que nada.

Lo que sí sabemos con razonable certeza es que, cuando se formó nuestro universo, consistía en una singularidad de energía extremadamente caliente. Las cuatro fuerzas fundamentales surgieron rápidamente a medida que este punto diminuto se expandía y enfriaba. En ese momento, aparecieron las partículas constituyentes de toda la materia a su nivel más básico. Al igual que el Big Bang, este acontecimiento se produjo una sola vez, por lo que no podemos saber si el hecho de que la gravedad, el electromagnetismo y las fuerzas nucleares débil y fuerte nacieran con la intensidad que tienen fue algo inevitable o fortuito. Tal vez en el experimento de los universos se obtendrían conjuntos diferentes de interacciones y podría haber menos, o más, que las cuatro que observamos en nuestro caso. Otra incógnita es, en consecuencia, el motivo por el que son las cuatro que son.

Lo que sí sabemos es que la vida, tal y como la conocemos, requiere de todas ellas y las simulaciones informáticas han permitido averiguar que cualquier modificación de sus intensidades, por pequeña que esta fuera, podría dar lugar a una realidad sin átomos, moléculas, estrellas ni planetas. En última instancia, la razón por la que existimos es que estas interacciones presentan los valores que tienen y esto permitió que aparecieran protones, neutrones, átomos, estrellas, moléculas, galaxias y planetas. Estamos aquí porque las fuerzas fundamentales son las adecuadas. Dado este hecho, la ciencia tiene una comprensión muy buena, pero aún no completa, de los motivos por los que se formaron todos los objetos anteriormente mencionados y de su comportamiento posterior.

Algunos científicos y filósofos se han maravillado de que nuestro universo tenga fuerzas con la intensidad correcta para la existencia de la vida. Hay quien incluso ha interpretado esta coincidencia como una prueba de que el cosmos no pudo surgir por casualidad. No obstante, si este no fuera el caso no habrían aparecido los seres vivos y nadie se habría dado cuenta de la divergencia. La única razón por la que podemos estudiar el universo es que este es el adecuado para la aparición de organismos vivos. Puede haber muchos otros mundos que no cumplan estos requisitos, pero nunca se han observado. El hecho de que podamos hacerlo en nuestro caso, porque los valores eran los correctos para que pudiéramos surgir, se denomina principio antrópico. Existimos porque el universo primigenio se desarrolló en un sentido favorable a los seres vivos (al menos en un lugar). No sabemos los motivos por los que sucedió así, pero no hay de qué sorprenderse. Si este no fuera el caso, no podríamos existir ni preguntarnos por nuestra existencia. Creo que hay interrogantes más interesantes sobre los que reflexionar que el principio antrópico, que me parece un argumento circular.

La unificación del Modelo Estándar del electromagnetismo y las fuerzas nucleares fuerte y débil con la teoría de Einstein sobre el funcionamiento de la gravedad proporcionaría una comprensión más completa de la realidad. De hecho, esta es un área activa y apasionante de la física teórica. Propuestas como la teoría de cuerdas y la gravedad cuántica de bucles ofrecen modelos que unifican las cuatro fuerzas fundamentales. Sin embargo, ponerlas a prueba y demostrar cuál es la correcta requeriría tanta energía que se encuentra más allá de las capacidades técnicas disponibles en la actualidad. No obstante, la teoría de la relatividad general de Einstein y el Modelo Estándar explican a la perfección el comportamiento de la materia. En principio, aceleradores de partículas más grandes podrían recrear condiciones un poco más parecidas a las del universo primigenio de lo que es posible lograr en la actualidad. Experimentos realizados en esas máquinas podrían arrojar luz sobre los motivos y el proceso de la aparición de interacciones con determinadas propiedades. Sin embargo, hoy por hoy nuestra tecnología no es lo suficientemente avanzada como para construir instalaciones de este tipo.

Si yo pudiera crear múltiples universos, cada uno de ellos con una gravedad, un electromagnetismo y fuerzas nucleares fuerte y débil similares a las nuestras, pero en los que el comportamiento cuántico fuera realmente aleatorio, mis creaciones tendrían un aspecto parecido a nuestro cosmos. Sin embargo, no serían exactamente iguales. En cualquiera de ellas, los procesos físicos y químicos serían los mismos que los descubiertos por los científicos en nuestra realidad. La primera generación de estrellas estaría formada por hidrógeno y helio y su muerte crearía elementos más pesados en las proporciones observadas. También se formarían las moléculas que conocemos. El agua, el dióxido de carbono, el nitrógeno, el metano, el oro, el uranio y otros elementos y compuestos tendrían las mismas abundancias que en nuestro caso. Las fuerzas fundamentales determinan las dinámicas de todas las sustancias, de modo que siempre que estas interacciones aparezcan tal y como lo han hecho en nuestra realidad y el comportamiento cuántico sea aleatorio, los procesos que observamos en nuestro universo serán idénticos a los de todas las repeticiones experimentales. No obstante, cada una de ellas sería única. Podríamos existir, pero no lo haríamos necesariamente.

En cambio, si la realidad fuera estocástica, sería probable que nuestro sistema solar no existiera en los otros mundos de mi experimento. Lo cierto es que el universo primigenio no era completamente uniforme. Hubo pequeñas fluctuaciones en la intensidad de la energía y en la densidad de las partículas fundamentales que se formaron a partir de esta. En consecuencia, algunas regiones contenían más cuarks y electrones que otras. Esta variación se tradujo en la distribución de galaxias que se observa en la actualidad en el cielo nocturno. Los modelos matemáticos sugieren que estas fluctuaciones iniciales en la concentración de materia podrían haber sido causadas por la aleatoriedad cuántica. En una realidad estocástica, este factor sería el responsable de la formación de una configuración galáctica diferente cada vez que apareciese un cosmos similar al nuestro. Es decir, la distribución de galaxias pequeñas y grandes, espirales y elípticas, sería la misma, pero cada una de ellas en cada repetición sería diferente. Solo nuestro caso tendría la Vía Láctea, el Sol, la Tierra y los demás planetas del sistema solar.

Aunque única, la Vía Láctea no es excepcional y su tamaño es más bien mediano. Del mismo modo, nuestro sistema solar es exclusivo, pero tampoco es insólito. El Sol es solo un poco más grande que una estrella promedio y las observaciones telescópicas de otros astros parecidos revelan que los planetas que orbitan alrededor suyo no son particularmente inusuales. La NASA ha afirmado que al menos una de cada seis estrellas tiene un planeta del tamaño de la Tierra en órbita a su alrededor, aunque en algunos casos los astros centrales son muy diferentes a nuestro Sol. Según otro estudio, aproximadamente uno de cada cinco de los que sí son similares a este tiene cuerpos equiparables a la Tierra en su zona habitable. En cambio, solo una de cada veinte estrellas de este tipo tiene a su alrededor gigantes gaseosos como Júpiter y Saturno, titanes que desempeñaron un papel crucial en la determinación de la órbita actual de la Tierra. En vista de todo ello, es posible llegar a la conclusión de que los sistemas como el nuestro, con planetas como el nuestro, capaces de albergar seres vivos, no son particularmente excepcionales en la Vía Láctea. Del mismo modo, cabría esperar que se dieran con una frecuencia equiparable en otras galaxias de nuestro universo.

Si suponemos que hay cuatro fuerzas fundamentales con la intensidad adecuada y que el espacio es lo bastante grande, los planetas similares al nuestro que orbitan estrellas similares a la nuestra a la distancia adecuada para la aparición de seres vivos deben ser muy frecuentes. No obstante, la idoneidad de la Tierra para la vida depende no solo de su posición en la zona habitable, sino también de su órbita y velocidad de rotación. En la actualidad, no disponemos de observaciones para analizar estos aspectos en exoplanetas de un tamaño parecido al nuestro. No obstante, los astrónomos han propuesto algunas maneras de realizar estos estudios, por lo que los datos podrían estar disponibles en un futuro no muy lejano. Sin embargo, en el momento de escribir estas líneas, no sabemos si nuestros días de veinticuatro horas son habituales o inusuales. Marte, nuestro vecino más cercano, tiene una duración del día muy parecida a la terrestre, pero la del siguiente planeta rocoso más próximo, Venus, es de 5.832 horas. Se requiere mucha más investigación en este terreno, pero teniendo en cuenta el número de cuerpos astronómicos equiparables a la Tierra que hay, algunos deben tener órbitas y velocidades de rotación adecuadas para la aparición de la vida.

La Luna también es importante en este aspecto. Por ejemplo, contribuye a estabilizar el clima y a reducir los movimientos oscilatorios de la Tierra al trazar su órbita. No disponemos de una tecnología lo suficientemente refinada como para detectar los satélites alrededor de exoplanetas de un tamaño parecido al nuestro. No obstante, nos consta que estos cuerpos celestes son comunes en nuestro sistema solar, con más de doscientos contabilizados. Es posible que su formación sea contemporánea a la de los planetas en torno a los cuales orbitan. También podrían haber empezado su vida como meteoritos y cometas antes de ser capturados, o incluso como lunas de otro objeto distinto, o ser el resultado de una colisión, como ocurrió en nuestro caso. Sea como fuere, somos el planeta más cercano al Sol que tiene un satélite y este es el quinto más grande del sistema solar. Puede que sea algo inusual en este sentido, pero parece probable que algunos exoplanetas del tamaño de la Tierra puedan tener uno o más objetos de este tipo.

Parte de las razones por las que existimos son los valores adecuados de la órbita terrestre, de la duración de su día y de la inclinación axial, además de disponer de un satélite. ¿Acaso son inusuales estas propiedades? Más observaciones astronómicas ayudarán a responder a esta pregunta. Incluso aunque llegásemos a la conclusión de que los gemelos de la Tierra son escasos, el cosmos es tan grande que aún puede haber cientos de miles, o millones, de ellos, solo en nuestra galaxia. Sin embargo, puede que la vida no necesite de un cuerpo de estas características para aparecer. Algo así podría ocurrir en planetas potencialmente muy diferentes al nuestro, o incluso en lunas, que alberguen agua líquida. Encélado, un satélite de Saturno, y Europa, de Júpiter, tienen océanos salados que se mantienen líquidos bajo una gruesa capa de hielo. Marte tuvo mares superficiales similares a los que se encuentran hoy en día en la Tierra, aunque se evaporaron hace 3.000 millones de años. Es posible que otras cuatro o cinco lunas de planetas exteriores tengan océanos sepultados bajo una gruesa corteza helada. ¿Podrían haber surgido seres vivos en un Marte primigenio o en estos remotos satélites? No tenemos pruebas de que haya sido así, pero tampoco hemos podido buscar con detenimiento. En vista de todo esto, ¿qué podemos decir de la vida? ¿Acaso el universo está repleto de ella, o su presencia se limita a la Tierra?

Los componentes básicos de la vida (bases nitrogenadas, aminoácidos y otros compuestos orgánicos) se forman con facilidad en el espacio, como se ha podido averiguar a partir del análisis de meteoritos y polvo espacial. Estas sustancias también se producen en la Tierra. Los ingredientes moleculares imprescindibles para la aparición de los seres vivos son, por lo tanto, muy habituales. Sin embargo, eso no significa que los procesos vitales surjan de manera rutinaria: se necesita un aporte energético. En el caso de la Tierra, es probable que los volcanes fueran la fuente que puso en marcha estos fenómenos. Las formaciones geológicas de este tipo no son exclusivas de nuestro planeta. Se han encontrado, en algunos casos inactivos, en Mercurio, Venus, la Luna, Marte y el satélite de Júpiter, Ío. No está claro cómo se pueden combinar la energía volcánica y los compuestos orgánicos para producir organismos vivos, aunque los científicos han formulado algunas hipótesis plausibles al respecto. Sin embargo, no han sido capaces de identificar los requisitos para producir vida en el laboratorio. Sea como fuere, las membranas se forman de manera espontánea, las reacciones autocatalíticas no son infrecuentes y un metabolismo simple parece inevitable. Lo que no se sabe es la facilidad con que estos componentes cruciales de los procesos vitales se pueden combinar entre sí.

Aunque desconocemos las condiciones necesarias para la aparición de la vida, no hay motivos para sospechar que las prevalentes en la Tierra primigenia fueran especialmente infrecuentes. Del mismo modo, nada nos hace pensar que acontecimientos de este tipo sean extraordinarios. Por supuesto, no podemos descartar que se requiera algo extremadamente inusual para que se produzca este hecho y que ese algo solo ocurriera en la Tierra. Sin embargo, en ausencia de cualquier evidencia al respecto, parece razonable concluir que las formas de vida primitiva son una característica común del universo. Se desconoce si utilizan ARN y ADN en todos los casos. Quizá los manuales de autoensamblaje puedan escribirse en otros códigos moleculares, pero dado que los aminoácidos se encuentran en cometas y meteoritos, mi sospecha es que los procesos vitales utilizarán por norma el ARN y el ADN para codificar las instrucciones sobre la construcción de una célula. No obstante, del mismo modo que el francés, el inglés y el español utilizan alfabetos muy similares para escribir lenguas diferentes, podría darse el caso de formas de vida basadas en el ADN que hubieran aparecido de manera independiente y que usaran los mismos tripletes de bases nitrogenadas para codificar aminoácidos distintos. En la Tierra, el trío citosina-adenina-guanina representa la glutamina, pero en otros lugares podrían ser la valina o la serina. O quizá se utilice un conjunto completamente diferente de ingredientes básicos de las proteínas.

Una vez que han aparecido los primeros organismos, la competencia entre individuos, ya sean de la misma especie o de diferentes, es inevitable. Esta se entabla sobre todo por la obtención de recursos y conduce a la aparición de formas de vida capaces de sacar partido a una gama más amplia de estos o de explotarlos de manera novedosa. De este modo, la evolución siempre seleccionará a los ejemplares más eficaces a la hora de encontrar, conseguir y utilizar lo necesario. Es decir, la selección entre seres vivos (allí donde existan) estará presente en todo el universo, ya que el replicador más apto desplazará siempre al que lo es menos. En la Tierra, estos procesos han dado lugar a un aumento de la variedad y la complejidad en la rama eucariota del árbol de la vida. A medida que esta se diversificaba, es posible que parte de ella incrementara inevitablemente su complejidad, ya que la competencia por parte de un conjunto más diverso de contendientes privilegia estrategias para prosperar en entornos cada vez más amplios y variados. Una vez que la vida se pone en marcha, sospecho que proliferará y se hará más compleja de forma rutinaria.

La siguiente pregunta en el viaje desde el Big Bang hasta tú y yo es si aparecerán organismos pluricelulares de forma inevitable. En primer lugar, las criaturas de este tipo en la Tierra requieren una atmósfera con oxígeno libre. Este es un producto de desecho de la mayoría de las formas de vida primigenias, que utilizaban la quimiosíntesis y la fotosíntesis para alimentar su metabolismo. Se trata de un elemento extremadamente reactivo y su concentración atmosférica no pudo aumentar hasta que se hubieron oxidado otros materiales con los que se combina más fácilmente. Los planetas son grandes y la oxidación de las moléculas de su superficie tarda en producirse. En nuestro caso, pasaron unos 1.500 millones de años antes de que la presencia de este gas en el aire empezó a elevarse.

Los organismos pluricelulares necesitaron oxígeno atmosférico para aparecer, pero una vez que se cumplió este requisito, lo hicieron al menos en veinticinco ocasiones diferentes. Los eucariontes necesitaban mitocondrias para utilizar este gas en su metabolismo y estos orgánulos evolucionaron a partir de bacterias capaces de sobrevivir en el interior de otras células. Antes de que esta relación simbiótica con el huésped fuera posible, tuvieron que surgir fenómenos como la depredación o el parasitismo. Con el paso del tiempo, estas criaturas evolucionaron hasta convertirse en orgánulos como las mitocondrias, que todos los seres pluricelulares utilizan en su metabolismo. La evolución es muy buena a la hora de producir formas de vida capaces de sacar provecho de recursos abundantes e infrautilizados, por lo que es posible que estrategias similares evolucionen con el tiempo suficiente en otros planetas. También parece probable que, una vez que aparecen los comportamientos de depredación o parasitismo, puedan surgir relaciones simbióticas similares. De hecho, todas las células eucariotas contienen mitocondrias, derivadas de acontecimientos de este tipo que involucraron a bacterias aerobias, mientras que las vegetales también incluyen cloroplastos, que surgieron a partir de microorganismos fotosintéticos como las cianobacterias. Dado que este tipo de simbiosis apareció de forma independiente al menos dos veces en la Tierra, parece plausible que también pudiera hacerlo en otros lugares. Mi corazonada es que los seres pluricelulares aparecerán de forma casi inevitable a partir de formas de vida más simples si se les da tiempo suficiente.

En nuestro caso, se necesitó un plazo de más de 2.000 millones de años antes de que se produjeran estos acontecimientos. Durante todo ese tiempo, nuestro planeta tuvo que mantenerse habitable y evitar los accidentes que pudieran dar pie a extinciones masivas, como supernovas cercanas, impactos de meteoritos o la pérdida de la atmósfera por el viento solar, sucesos que podrían acabar con todas las formas de vida primigenias. La Tierra lo hizo, pero hoy por hoy no tenemos ni idea de si esto es algo habitual o no. Parece probable que, una vez que aparecen los primeros procesos vitales, estos tiendan de manera inevitable a aumentar su complejidad. Sin embargo, la vida es frágil y corre el riesgo permanente de desaparecer a causa de violentos fenómenos cósmicos. Existimos porque la Tierra ha evitado estas catástrofes durante 4.000 millones de años, lo que ha permitido a la evolución hacer maravillas. No obstante, no sabemos si estas estancias prolongadas en la zona habitable son algo común o una excepción.

El caso es que, aunque los organismos pluricelulares complejos habían aparecido ya sobre la Tierra, no había ninguna garantía de que los humanos también lo hicieran un poco más de 500 millones de años después. Los acontecimientos aleatorios e impredecibles producidos por las mutaciones hacen que la evolución sea imprevisible. En un estudio con la bacteria *E. coli*, Rich Lenski permitió que doce colonias de este organismo se adaptaran a unas condiciones ambientales similares. En el momento de escribir estas líneas, el experimento había estado en marcha durante 75.000 generaciones. Al principio parecía que cada población evolucionaba de forma equiparable desde el punto de vista del fenotipo. Sin embargo, el examen de los genomas de los diferentes grupos reveló que las distintas colonias acumulaban mutaciones dispares. En otras palabras, aunque las adaptaciones fenotípicas parecían similares en un principio, no se lograron mediante las mismas modificaciones de los genes. Este patrón no es inusual: a menudo existen múltiples rutas genéticas para llegar a la misma solución.

La adaptación más notable se produjo en una de las doce colonias poco después de la generación 31.000. En presencia de oxígeno, la *E. coli* utiliza la glucosa como fuente primaria de energía para su metabolismo, pero en ausencia de ese elemento también puede emplear un compuesto llamado citrato. En el laboratorio, es habitual proporcionar a las *E. coli* una alimentación que incluya ambas sustancias. Sin embargo, las bacterias no consumen el citrato si hay oxígeno. Esta fue la dieta que se les facilitó durante el experimento de evolución a largo plazo de Lenski. Un grupo desarrolló la capacidad de utilizar citrato en presencia de oxígeno. A las bacterias les cuesta hacer eso porque implica toda una serie de mutaciones y no una sola y esta combinación solo se ha producido en una colonia. Los microorganismos miembros de esta población pueden utilizar ahora un recurso que no está disponible para los demás. En períodos más largos, la evolución fenotípica no es repetible y no hay garantía de que una forma de vida determinada vaya a desarrollarla.

Estos raros fenómenos genéticos, quizá provocados por fluctuaciones cuánticas, habrán desempeñado un papel ocasional pero importante en la evolución de la vida en nuestro planeta. Es muy improbable que los seres vivos de otros mundos experimentasen el mismo conjunto y orden de mutaciones aleatorias que se han dado en la Tierra, sobre todo si se utilizan tripletes diferentes para codificar los aminoácidos. Los científicos no saben lo suficiente sobre la arquitectura genética de la mayoría de los rasgos fenotípicos, ni sobre cuáles de estos tienen más o menos probabilidades de surgir en cada momento. La vida actual en la Tierra es una combinación de lo que ha ocurrido antes en términos de mutaciones y selecciones. Aunque estas pueden repetirse con frecuencia, no ocurre lo mismo con las modificaciones del genoma, que son menos repetibles. Esto puede dar lugar a resultados muy distintos a lo largo de millones de años. Los ciervos y los canguros desempeñan funciones ecológicas similares en Europa y Australia, respectivamente, y ambos son capaces de alimentarse de vegetación, pero su aspecto externo es muy diferente. La evolución de organismos pluricelulares en otros planetas podría dar lugar a algunos resultados que nos resultasen familiares, pero a otros que nos parecieran muy extraños. Los extraterrestres podrían ser realmente hombrecillos verdes.

Una vez surgidos los organismos pluricelulares, parece inevitable que la evolución encuentre formas de detectar la luz, las ondas sonoras, las moléculas aromáticas y el tacto, lo que requeriría un sistema nervioso central y algún tipo de cerebro. La consciencia surgiría entonces de forma natural y con el paso del tiempo aparecería la inteligencia. La vida inteligente surgió en la Tierra en la forma de seres humanos y de sus primos cercanos, los neandertales. Otras especies con un parentesco más lejano, como los delfines, los elefantes, los cuervos y los pulpos, destacan porque también son capaces de resolver tareas bastante complicadas. Aunque el lenguaje complejo y el desarrollo tecnológico han aparecido solo en los primates, nada impide que lo hagan en otras criaturas.

Varios escritores y científicos han llegado a la conclusión de que es probable que la vida, y la vida inteligente en particular, sea poco habitual. No creo que podamos afirmarlo todavía, porque no tenemos pruebas suficientes. La mayoría de las entidades de nuestro universo, ya sean galaxias, estrellas o sistemas estelares, tienen distribuciones. Por ejemplo, las primeras pueden contener mil astros o hasta cien billones. Su tamaño varía enormemente y la Vía Láctea se sitúa en algún punto intermedio de la distribución. A falta de evidencias que aconsejen lo contrario, lo más sensato es concluir que el objeto observado tiene más probabilidades de situarse en el medio de la curva que hacia sus extremos. Nuestra galaxia es normal, el Sol es normal y los cuerpos rocosos en la zona habitable tampoco son nada inusuales. Puede resultar que la Tierra sea bastante típica y que la vida sea abundante. Tal vez no se dé en todos los planetas, ni siquiera alrededor de todas las estrellas, pero si tuviera que aventurar algo, diría que es un fenómeno que aparece con frecuencia en planetas rocosos con agua líquida y actividad volcánica y que estamos lejos de ser el único caso en el que han surgido seres inteligentes. Al fin y al cabo, los procesos vitales son química y esta sigue una serie de reglas, así que, mientras se den las condiciones adecuadas, surgirá la vida.

Como especie, es muy probable que los seres humanos seamos únicos en el universo. No veo la manera en que especies con el mismo código genético que el nuestro pudieron haberse desarrollado y habitar en planetas alrededor de otros soles. Las mutaciones ocurren al azar. Somos el resultado de las variaciones del genoma que se acumularon sobre el material genético de nuestros ancestros durante 4.000 millones de años. Es muy improbable que se haya producido una secuencia idéntica de sucesos aleatorios en otro planeta o en cualquier lugar. De este modo, como especie no tenemos parangón.

El desarrollo de civilizaciones tecnológicamente avanzadas requiere un fácil acceso a la energía. Sin ella, no podríamos hacer accesibles las grandes cantidades de información necesarias para desarrollar y fabricar telescopios, ordenadores y aceleradores de partículas. En nuestro caso, esto se ha hecho con carbón y, más tarde, con petróleo. Dudo que hubiéramos sido capaces de lograrlo solo con la energía de las mareas, la volcánica o la eólica. ¿Hasta qué punto será común un acceso fácil a fuentes energéticas como el carbón? Es posible que las civilizaciones alienígenas avanzadas construidas sobre los combustibles fósiles sean raras, aunque una vez más carecemos de pruebas para afirmarlo con seguridad. Estos depósitos se formaron en la Tierra porque las bacterias y los hongos fueron incapaces de emplear al material vegetal muerto como recurso y, en consecuencia, se crearon las reservas de hidrocarburos sobre las que hemos construido nuestro mundo. La evolución es una fuerza potente, pero requiere mutaciones genéticas que aparecen al azar. Estos minerales se formaron porque no se produjeron las variaciones del genoma que habrían permitido a los organismos utilizar como alimento los árboles muertos del cálido Carbonífero. Si el desarrollo de civilizaciones avanzadas depende de mutaciones genéticas fortuitas, aquellas pueden ser poco habituales. Sabemos cómo funciona la evolución y por qué produce nuevas formas de vida y sabemos que somos un accidente evolutivo. Puede que nuestra civilización también lo sea, lo que significaría que tal vez muy pocas especies alcancen una comprensión del universo tan desarrollada como la nuestra.

Mi personalidad, como la tuya, también es un accidente histórico, aunque no pueda decir con seguridad qué acontecimientos me hicieron ser como soy. He vivido un conjunto único de sucesos y experiencias que han contribuido a forjarme como persona. Mi carácter, mis anhelos y mi obsesión por comprender las razones de mi existencia se deben a una mezcla de mi material genético y del entorno que he experimentado a lo largo de mi vida. Si hubiera nacido en la Inglaterra de los Tudor, en la Francia napoleónica o incluso en la antigua Atenas, probablemente habría desarrollado otros deseos y motivaciones. Creo que mi episodio de malaria fue clave para hacer de mí quien soy en la actualidad, pero no puedo demostrarlo. A pesar de ser un accidente de la historia, los científicos tienen alguna idea de por qué tengo la personalidad que tengo: el azar, la naturaleza y la crianza han participado en este proceso.

Existo porque las fuerzas fundamentales tienen los valores adecuados, porque estas interacciones produjeron galaxias, estrellas y planetas y porque la química es tal que los procesos vitales pueden aparecer cuando las condiciones son adecuadas. A partir de ahí, la evolución puede actuar para producir seres vivos complejos e inteligentes. Estoy convencido de que nuestro universo es estocástico y de que esto se manifiesta a nivel de las partículas fundamentales. A su vez, estoy seguro de que los organismos más avanzados tienen libre determinación, porque la vida ha encontrado una manera de sacar provecho a esta aleatoriedad cuántica a nivel del cuerpo. A pesar de ello, todavía hay muchas cosas que quiero averiguar antes de yacer en mi lecho de muerte. Quiero saber por qué hay algo en lugar de nada y conocer las condiciones iniciales que condujeron a la aparición de la vida. Dudo que los científicos resuelvan la primera pregunta durante el tiempo que me queda, pero espero que seamos capaces de crear formas de vida simples en el laboratorio antes de que yo muera. Puede que sea una posibilidad remota, pero hacemos progresos en este sentido. Conozco muchas de las razones por las que existimos, pero no todas. La ciencia nos ha llevado muy lejos, pero la historia de los motivos de nuestra existencia aún no está completa.

No puedo escribir un libro sobre estos temas sin mencionar las explicaciones no científicas de estas cuestiones. Muchas personas creen en deidades, fuerzas vitales o energías cósmicas como responsables de su existencia. Dada la prevalencia de estas creencias, ¿acaso todas ellas están equivocadas? Yo creo que sí, pero eso no significa que no respete a quienes opinan de otra manera. Tal vez eso forme parte de mi personalidad y pueda atribuirse a algún acontecimiento de mi infancia que hace tiempo que he olvidado.

Es fácil demostrar que muchas creencias no científicas carecen de sentido. Un conocido mío está convencido de que los cristales tienen propiedades sobrenaturales que le protegen de espíritus malignos que quieren perjudicarle. La manera de protegerse de esos peligros es llevar siempre un amuleto de ese material en la ropa interior. Estos sinsentidos obvios no me molestan tanto como para intentar refutarlos, pero el experimento con el que lo haría es fácil de diseñar. Simplemente necesito un conjunto grande de voluntarios que asignaría aleatoriamente a dos grupos. Al primero le pediría que llevara durante un año calzoncillos con cristales cosidos en el forro y al otro que se pusiera ropa interior idéntica en todos los aspectos, pero sin añadidos. Puntuaría el bienestar mental y físico de cada participante al principio y al final del estudio y calcularía los cambios en estas puntuaciones a lo largo del experimento. Si los cristales proporcionan alguna ventaja, entonces los del primer grupo mejorarían su bienestar, de media, en mayor medida que los del otro. Estoy seguro de que no habría diferencias apreciables, con la ostensible excepción de la multiplicación de las rozaduras a causa de los amuletos. Se han realizado estudios parecidos y se ha demostrado que este tipo de materiales no aportan ninguna ventaja para el bienestar.

Aún no se han refutado otras ideas igual de descabelladas, pero tampoco hay pruebas que las respalden. No hay evidencias de ninguna fuerza más allá de las cuatro fundamentales que impregnan el universo. No hay interacciones vitales ni campos de energía positiva. Tampoco hay demostración científica de ninguna de las deidades que los seres humanos han inventado para explicar su existencia, pero eso forma parte de su atractivo para muchas personas. Las creencias en divinidades son imposibles de refutar porque se basan en la fe. Los creyentes son recompensados, por lo general después de la muerte, por sostener su credo en ausencia de pruebas y por comportarse de una manera determinada mientras viven. Estos relatos están construidos de tal forma que no pueden ser refutados y por eso la ciencia y la religión entran a menudo en conflicto. Muchos científicos critican esta última porque ellos se basan en evidencias, mientras que la fe no, y los creyentes ven a los otros como una amenaza porque cada vez más gente busca en sus descubrimientos una explicación a su existencia. A pesar de ello, la religión resulta atractiva para muchas personas porque da sentido a su vida de un modo que la ciencia no hace y porque todos nos sentimos especiales.

A los doce o trece años empecé a sentirme de este modo. Pensaba que estaba destinado a hacer algo grande en el futuro, tal vez convertirme en primer ministro o en el mejor atleta olímpico de toda la historia de Inglaterra. Estos sentimientos no me motivaron a dedicarme a la política o a los deportes, era solo una sensación de inefabilidad que tenía. Me parecía que a mi alma se le había asignado un cuerpo y que esto me otorgaba una serie de oportunidades que no estaban disponibles en todos los casos. En este sentido, tenía una especie de deber de hacer que mi vida valiera la pena. En aquella época creía todavía en el Dios cristiano, ya que había sido educado en un colegio de la Iglesia de Inglaterra y de pequeño me habían mandado a catequesis todos los domingos. Mi madre ha ido a misa toda su vida y la religión es importante para ella. Nunca me ha criticado por mi falta de fe, una tolerancia que la honra, y siempre hemos respetado mutuamente nuestros puntos de vista. Probablemente no esté de acuerdo con los párrafos que siguen, al igual que muchas otras personas, pero estará orgullosa de mí por haber escrito este libro.

Hacia la mitad de mi adolescencia, al obsesionarme cada vez más con la ciencia, empecé a desprenderme de la religión y cuando terminé la carrera ya era ateo. Parte de la dificultad de esa transición consistía en definir el que sería a partir de entonces el propósito de mi vida. Mi incidente con la malaria me ayudó a decidirme.

Mi experiencia en este sentido no era única y sospecho que es una consecuencia inevitable de la consciencia. A la hora de reflexionar sobre los motivos de la existencia, muchas personas interpretan sentimientos similares como una prueba de que tienen un propósito superior. Aceptan que existen, se sienten (y son) especiales, de modo que debe haber una razón para que estén aquí. Estos lectores pueden pensar que les he engañado, porque he descrito lo que tuvo que suceder en los últimos 13.770 millones de años para que ellos pudieran aparecer, pero no les he ofrecido un propósito vital. Aparte del argumento evolutivo de que el objetivo de su existencia es intentar reproducirse, sostengo que no hay ninguna otra razón. Nuestra vida es consecuencia de la intensidad de las fuerzas físicas fundamentales, de la evolución y de mucho azar.

Tampoco entiendo el motivo por el que, si nuestra existencia tiene un propósito más allá de la replicación de los genes, hemos tardado 13.770 millones de años en aparecer. ¿A qué se dedicaron los dioses todo este tiempo? ¿Y por qué estamos situados en una ubicación más bien del montón, es una galaxia corriente, y no en el centro del universo? Seguramente una divinidad habría elegido aposentos más llamativos. Dado nuestro diminuto lugar en la inmensidad cósmica, parece arrogante suponer que la vida en la Tierra ha sido investida de algún propósito superior. ¿Somos la única especie con la que se ha obrado así? ¿O cada neandertal estaba dotado de una finalidad? La evidencia sugiere que tenían religión. ¿Quizá fue uno de nuestros primeros antepasados simios el que recibió el mandato divino? ¿O fue la primera especie que emergió del mar para emprender una vida en tierra firme? ¿O la primera bacteria? Quizá todos los seres vivos sean especiales y tengan un propósito otorgado por un dios, pero eso no nos hace diferentes al resto de las criaturas vivas.

La falta de una respuesta a la pregunta por los motivos de nuestra existencia que nos aporte un propósito vital no significa que debamos llevar vidas carentes de sentido. He elegido pasar mis años sobre la Tierra intentando comprender cómo llegué a ser, pero es una opción personal y no un mandato. No me cabe duda de que habrá quien piense que he perdido el tiempo, pero eso no me molesta, ya que es una decisión que tomé por cuenta propia. Mi vida no se ha visto menoscabada por no tener un propósito preestablecido. Al contrario, las maravillas del universo me resultan significativamente más atractivas que el mito que se cuenta en el Génesis, el primer libro que intentó narrar la historia de nuestra existencia. El hecho de que tenga suerte de estar vivo no disminuye el gozo de mis días en la Tierra.

Una de las principales razones por las que abandoné la fe fue la enseñanza de que el Dios cristiano era omnipotente y bueno. La existencia del sufrimiento, de la desigualdad y de personas tales como Hitler y Lenin me resultaba imposible de reconciliar con esa idea de divinidad de la que me habían hablado. Desde mi punto de vista, los horrores del mundo se explican mejor al saber que no están dictaminados de antemano. De este modo, desarrollé una forma de ateísmo que atribuye mi existencia al azar y a la buena suerte, pero que también puede explicar por qué existen el sufrimiento y los actos malvados.

Si somos una especie más, surgida como consecuencia de una mutación fortuita y de la actuación de una selección natural a lo largo de miles de millones de años, me pregunté qué significaba eso para la humanidad, la moral y la ética. Nuestra existencia, si se debe a la suerte, no significa que los seres humanos, como tú y como yo, carezcamos de interés o de importancia. Al contrario, somos una especie poco común, la única (al menos en la Tierra) que ha construido ciudades, dominado el fuego, escrito novelas y realizado experimentos científicos. Nuestros cerebros nos hacen conscientes y esto, unido a la capacidad para comunicar ideas abstractas, prever futuros posibles y posponer recompensas inmediatas a favor de otras futuras, nos diferencia de las hormigas, los osos hormigueros y las hormigas león. En concreto, la facultad de anticipar los acontecimientos venideros es importante, en parte porque nos permite darnos cuenta de que la muerte es inevitable y esto a su vez plantea el interrogante por los motivos de nuestra existencia.

La explicación biológica a esta cuestión (la reproducción) carece a primera vista de humanidad. Existo por la misma razón que todas las *E. coli*, las lombrices y los rosales. Mis antepasados tuvieron éxito a la hora de reproducirse y por definición mis descendientes necesitan que yo también lo tenga. ¿De dónde proceden la ética y la moral dada la explicación reduccionista de la existencia que defiendo?

Parte de la respuesta podría estar en la persona que escogemos como pareja, una idea propuesta inicialmente por Charles Darwin, el descubridor de la evolución. Esta elección se hace en función de aspectos del carácter que vienen determinados, al menos en parte, por el genoma. Si estos individuos preferibles tienen una descendencia más numerosa que el resto de la población, sus características deseables serán más prevalentes en las futuras generaciones. Aunque distan mucho de ser concluyentes, hay pruebas de que las opiniones morales pueden ser hereditarias, por lo que el hecho de que alguien sea escrupulosamente honesto, mientras que cierto anterior primer ministro del Reino Unido, que negoció el acuerdo del Brexit, no lo fuera tanto, puede deberse en parte a los genes.

No hay pruebas convincentes de que las personas más honradas, con principios morales o éticos más sólidos, tengan una descendencia más numerosa. Sin embargo, el acceso generalizado a medidas de control de la natalidad en los países donde se han llevado a cabo la mayoría de estos estudios dificulta el análisis de la evolución de la moralidad en las sociedades modernas, ya que el número de hijos que tiene una pareja se ha vuelto una cuestión de elección personal y no de constitución genética. Sea como fuere, también es posible que nuestros antepasados tuvieran características de comportamiento diferentes a las de otros miembros del mismo grupo, de los que no habrían quedado descendientes vivos en la actualidad.

Hay otra vía por la que pueden surgir la moralidad y determinados comportamientos. Somos una especie gregaria que vive en grupos. En la mayoría de las criaturas de este tipo es importante pertenecer al colectivo, ya que los individuos solitarios corren el riesgo de sufrir una muerte prematura o de no encontrar pareja.

Por ejemplo, una suricata separada del clan tiene pocas probabilidades de sobrevivir mucho tiempo. A lo largo de gran parte de nuestra trayectoria evolutiva, no formar parte de un colectivo habría sido arriesgado. Sin embargo, dado que podemos transmitir pensamientos abstractos entre nosotros y plantearnos el futuro, los grupos de nuestros antepasados podían tomar decisiones sobre la pertenencia a los mismos. Sus miembros podían ser desterrados, o incluso asesinados, si sus acciones eran consideradas inaceptables por los demás, o por una minoría poderosa. De este modo, los individuos que se portaban mal tenían más probabilidades de que nuestros ancestros les expulsaran del clan y de morir prematuramente que los que mostraban un comportamiento menos egoísta. Al mismo tiempo, si estas actitudes inadecuadas se debían en parte a la genética, estos alelos deletéreos que las motivaban se habrían vuelto menos comunes con el paso del tiempo. En los últimos años he trabajado en pro de la comunidad de biólogos de mi facultad en Oxford. Esto me ha hecho renunciar a la investigación, algo que me gusta. No tomé esta decisión porque creyera que debía hacer el bien. Lo hice porque me pareció que estaba en condiciones de ayudar. Disfruté construyendo una comunidad más fuerte. No me hizo falta creer en una divinidad para sacrificar mi investigación e intentar ayudar a los demás.

No podemos culpar únicamente a los genes de los actos poco éticos o moralmente reprobables. Como en la mayoría de los rasgos fenotípicos que he tratado en este libro, el entorno también puede influir en su aparición. Algunos colectivos pueden aceptar mejor que otros ciertos tipos de comportamiento, porque el coste de estos puede ser diferente en cada caso, en función de su lugar de residencia. El robo de baratijas hechas de conchas marinas fácilmente disponibles puede haber sido tolerado por los grupos que vivían junto al mar, pero una acción similar en el interior, donde las conchas eran escasas, podría haberse considerado intolerable. He elegido una forma relativamente leve de comportamiento antisocial para plantear esta cuestión, en lugar de centrarme en actos más violentos. Sin embargo, se pueden esgrimir argumentos similares para las actitudes coercitivas y controladoras. No he querido desviar la atención de la cuestión que quería plantear centrándome en crímenes más impactantes.

En ocasiones, la evolución produce anomalías. Ya he dicho en las páginas anteriores que tengo una mutación que afecta a mi vista. Este tipo de modificaciones del ADN pueden producir casos extremos de rasgos fenotípicos determinados por los genes y esto incluye algunas formas de comportamiento antisocial. De vez en cuando, surgen individuos que no se adhieren a las normas culturales, en lo que influyen factores tanto genéticos como ambientales. Por ejemplo, las alteraciones en un gen llamado MAO-A parecen estar asociadas al comportamiento psicopático. No tengo ni idea de si Charles Manson, Jack el Destripador y Vlad el Empalador estaban predispuestos en este sentido al comportamiento psicopático e incluso si lo estaban esto no excusa los asesinatos que cometieron. No obstante, es posible que las mutaciones desempeñaran un papel en sus terribles crímenes. Se especula con la posibilidad de que Hitler, Stalin, Putin y otros dictadores cargados de asesinatos también padecieran trastornos mentales.

En las explicaciones evolutivas de la humanidad, la ética y la moral, es inevitable que de vez en cuando surjan individuos inhumanos, poco empáticos e inmorales, del mismo modo que nacen otros con anomalías hereditarias físicas. Es una consecuencia inevitable de la evolución. Sin embargo, aún no se ha descubierto ninguna característica de la personalidad que se deba por completo a los genes, por lo que la composición genética no debe servir de excusa para justificar un comportamiento antisocial.

Una vez, cuando cuestionaba mi fe en la adolescencia, le pregunté a un sacerdote por qué existían el sufrimiento y el mal y él me dijo que los caminos de Dios eran inescrutables. No me lo creí y cuando leí sobre la evolución me di cuenta de que sus actuaciones eran perfectamente comprensibles. El sufrimiento y el mal, aunque desagradables, son una característica inevitable de nuestra existencia fortuita. Mi opinión personal es que deberíamos hacer todo lo que esté en nuestra mano por ayudar a las personas que tienen que lidiar con mutaciones genéticas perniciosas, pero que no deberíamos darle vueltas a la cabeza para tratar de entender el motivo por el que surgen estas. Por otro lado, no hace falta decir que sus vidas pueden ser tan satisfactorias como las de las personas que se desarrollaron de forma más típica.

Parece que la religión ha cambiado en las últimas décadas. Cuando le pregunté a un amigo vicario si un neandertal malvado habría sufrido la condenación eterna, me dijo que no creía que el infierno existiera e incluso fue un poco vago en cuanto a la definición del mal. También insistió en que el suyo no era un Dios que se esconde entre los huecos del conocimiento científico. Para ser sincero, me quedé un poco perplejo ante sus creencias. En todo caso, reconoció que algunos de sus feligreses sí creían en este tipo de divinidad. Es un concepto que me cuesta asimilar.

El argumento del «Dios de los vacíos» reconoce que la ciencia ha hecho grandes progresos, pero afirma que no ha sido capaz de responder a todas las preguntas sobre nuestra existencia. Estoy de acuerdo con la parte relativa a la ciencia. Hay algunas hipótesis científicas, como la interpretación de los muchos mundos, que quizá nunca puedan demostrarse empíricamente. Sin embargo, los vacíos son cada vez más pequeños. Los defensores de la divinidad solían argumentar que algo tan complejo como el ojo humano no podía ser el resultado de la evolución. No obstante, mediante un estudio cuidadoso del desarrollo del globo ocular y de los órganos correspondientes en otros seres vivos más primitivos, los biólogos han sido capaces de describir la evolución de ojos complejos a partir de células sensoras de luz, mucho más simples. El argumento deísta ha quedado por lo tanto desacreditado y se ha llenado uno de los vacíos en los que se escondía Dios.

Los actuales defensores de esta divinidad escurridiza optan por centrarse en rasgos como el amor por el arte, la música o la literatura, los sentimientos de cariño y empatía, o incluso la sensación de ser especial. No obstante, esta es una apuesta arriesgada. Una vez que aparecieron la capacidad de ver, oír, oler, saborear y tocar, los seres vivos tuvieron la habilidad de evitar las cosas que podían perjudicarles mientras buscaban las que les ayudaban a prosperar. En presencia del peligro, desarrollaron hormonas que les preparaban a huir o luchar, como la adrenalina, que les ayudaba a escapar, mientras que sustancias químicas asociadas al bienestar, como las endorfinas, les atraían a lugares seguros. Son estas sustancias las que hacen que el peligro se experimente como algo negativo y la seguridad como algo positivo. Además, estas sensaciones están presentes en especies con un nivel muy bajo de consciencia, como las gambas y, potencialmente, incluso las moscas.

A medida que nuestros antepasados mejoraron sus habilidades y empezaron a comunicarse con más eficacia, también se desarrollaron el lenguaje y el arte. Es posible que *Homo erectus* tuviera estos rasgos. De lo que no cabe duda es de que los neandertales sí los tenían. De este modo, nuestros antepasados más lejanos podrían haberse sentado alrededor de la hoguera por la noche para contar dónde habían encontrado comida ese día, dónde habían visto animales peligrosos o cómo habían evitado la muerte gracias a sus hazañas y a su valor. Con esto, quedaba abonado el terreno para la aparición de los cuentos. Añadir una cadencia a las historias repetidas a menudo resultó ser una gran ayuda mnemotécnica y así surgió la primera música. Nuestros antepasados, y los neandertales, también crearon arte rupestre. Investigaciones recientes han demostrado que las marcas alrededor de las imágenes de animales eran un calendario, que explicaba cuándo visitaban el entorno las bestias migratorias que constituían una fuente de alimento. Algunas de las primeras obras de arte tenían un significado y saber interpretarlas habría supuesto una ventaja adaptativa, ya que proporcionaban pistas sobre cuándo dejarse caer por un área concreta. Aunque el gusto por las obras de Picasso o Rodin no proporciona a nadie una ventaja evolutiva hoy en día (a menos, claro está, que hayas conocido a tu pareja en un museo de pintura), las raíces de nuestro amor por las artes bien podrían haberlo hecho.

A medida que los investigadores prosiguen con sus trabajos y llenan algunos de los vacíos en nuestro conocimiento, es inevitable que surjan especulaciones. Así es como se formulan las hipótesis y es un primer paso en cualquier esfuerzo científico por comprender un fenómeno. Conforme sepamos más sobre la manera en que vivían nuestros antepasados y cuándo apareció el lenguaje, desaparecerán los vacíos que en la actualidad se atribuyen a ciertos rasgos fenotípicos. Sin embargo, nada de eso convencerá a algunas personas para que dejen de creer en divinidades. Habrá quien lo haga siempre y nada les hará cambiar de opinión. No obstante, eso no debería llevarlos a prescindir de la ciencia. Siempre habrá individuos que se sientan especiales y que piensen que su existencia ha sido imbuida con un propósito por un poder superior. Mi consejo es que este objetivo no sea socavar la ciencia, ya que está construida sobre cimientos muy sólidos y ha cambiado para siempre nuestro mundo y nuestra comprensión de los motivos y la manera en que surgió este.

La aplicación de la ciencia ha creado una asombrosa calendarización de los últimos 13.770 millones de años del universo, algo que constituye uno de los mayores logros de la humanidad. Aún queda mucho por descubrir, sobre todo en los campos de la biología y la consciencia, y cada día se publican nuevos hallazgos. Los avances tecnológicos también nos permiten realizar estudios a escalas con las que ni siquiera soñaban los investigadores de la Antigüedad. A mediados de 2022, el telescopio espacial James Webb envió imágenes de galaxias que se formaron 200 millones de años después del Big Bang. La luz partió de ellas hace más de 13.500 millones de años y ha viajado a 299.792,458 metros por segundo desde entonces. En este sentido, los astrónomos han vuelto la vista atrás hacia el universo primitivo y las fotografías del telescopio espacial más potente del mundo les permitirán perfeccionar nuestra comprensión del cosmos desde los primeros días en que se hizo transparente a la radiación.

En el otro extremo, los físicos planean futuros aceleradores de partículas. Un equipo ha propuesto construir uno de estos aparatos con un túnel casi cuatro veces más largo que los 27 kilómetros del LHC, cuya energía actual sería siete veces inferior a la lograda en esta enorme máquina. Este nivel nos permitiría mejorar nuestra comprensión del cosmos primitivo y de la formación de la materia. A su debido momento, incluso podríamos detectar materia oscura y posiblemente energía oscura. Sospecho que nunca vamos a ser capaces de producir energías tan altas como para crear nuevos universos. Tal vez sea mejor así. ¿Dónde los pondríamos?

Las observaciones de otros sistemas estelares también ayudan a los astrónomos a estimar lo frecuentes que son los planetas similares a la Tierra y los gigantes gaseosos, e incluso a determinar la composición de sus atmósferas. Nuestras capacidades tecnológicas en este sentido aún están limitadas al análisis de sistemas estelares relativamente cercanos al nuestro. En el momento de escribir estas líneas, el exoplaneta más lejano detectado es un gigante gaseoso llamado OGLE-2014-BLG-0124L, situado a 13.000 años luz, menos de la mitad de la distancia al centro galáctico. Los astrónomos aún no han encontrado un objeto con una atmósfera como la terrestre, lo que sería una clara señal de vida alienígena. Sin embargo, esta falta de hallazgos en este sentido no es sorprendente, dado que el primer exoplaneta no se descubrió hasta 1992 y que solo se ha explorado una pequeña fracción de los sistemas estelares. En la Vía Láctea hay al menos 100.000 millones de estrellas, pero los científicos han buscado planetas alrededor de menos de 4.000 de ellas. A su vez, el estudio de las atmósferas se ha conducido en un porcentaje mucho menor de casos.

Se puede afirmar que el descubrimiento de vida en planetas distintos de la Tierra sería el mayor logro de la ciencia. Sin embargo, realizar este hallazgo no es sencillo. Es probable que una atmósfera oxigenada sea un importante indicio en este sentido, aunque un artículo publicado en 2021 presentó un modelo que mostraba que procesos químicos abióticos también podían dar lugar a una atmósfera rica en oxígeno en planetas cubiertos de agua. Es posible que necesitemos otro marcador para confirmar la presencia de seres vivos extraterrestres. Se han propuesto otros métodos para detectar a distancia las señales químicas de la vida, pero también es posible que las reacciones inorgánicas pudieran producir tales moléculas.

El descubrimiento de fosfina en la atmósfera de Venus demuestra las dificultades en este sentido. En la Tierra, esta sustancia es un producto de desecho de la respiración anaeróbica de algunos organismos y es difícil de producir si no tiene un origen biológico. La actividad volcánica y la erosión de algunas rocas pueden generar pequeñas cantidades, pero el volumen encontrado en las capas superiores de la atmósfera de Venus en 2021 parecía sugerir la presencia de organismos vivos. Los científicos que hicieron este descubrimiento fueron muy francos con las limitaciones de su hallazgo. En cambio, algunos medios de comunicación se entusiasmaron en exceso. La repetición de los análisis de los datos con métodos que corregían las posibles fuentes de error sugirió que las concentraciones de fosfina eran inferiores a las anunciadas en primer lugar, lo que sugiere que, después de todo, es posible que el origen sea volcánico. Aunque improbable, no podemos descartar que haya microorganismos en las nubes de Venus y es poco probable que podamos dar una respuesta definitiva a esta cuestión hasta que enviemos sondas para recoger muestras. De hecho, la mejor manera de detectar vida en otros planetas sería visitarlos. Hemos enviado personas a la Luna y vehículos terrestres a la Luna y a Marte, pero la exploración de otros planetas aún está en pañales. Nuestra mejor baza para realizar un hallazgo de este tipo sería descubrir rastros de microorganismos existentes o extinguidos en Marte, pero solo hemos arañado la superficie (literalmente) en nuestra búsqueda. Demostrar la ausencia de vida es potencialmente más difícil incluso que probar su presencia.

A menor distancia, los químicos trabajan para comprender la aparición de los primeros replicadores y su proceso de incorporación de las membranas y del metabolismo para formar las primeras células. Estas investigaciones, combinadas con simulaciones informáticas de moléculas complejas, revelan posibles vías para explicar el origen de la vida. En las próximas décadas existe la posibilidad, aunque remota, de que creemos primitivos organismos vivos en el laboratorio.

La ciencia de la propagación de la vida, de la aparición de los seres humanos y del desarrollo de las civilizaciones se basa en una cantidad menor de evidencias que el resto de las disciplinas científicas a las que he hecho referencia en este libro. Los fósiles de nuestros antepasados son escasos y es difícil reconstruir una narrativa a partir de partes de esqueletos o fragmentos de ADN antiguo. Las tecnologías que analizan químicamente los fósiles y la roca y el suelo circundantes han ayudado a datar acontecimientos cruciales, pero la escasez de pruebas hace que este campo esté sujeto a modificaciones. La evolución humana y la de los primeros homínidos es un tema fascinante. Sin embargo, en la actualidad implica una buena dosis de especulación. Sin duda, se encontrarán más yacimientos arqueológicos relevantes y cada uno de ellos nos ayudará a comprender cómo vivían nuestros ancestros con un poco más de detalle. Somos una especie extraordinaria, y la comprensión de nuestro desarrollo tecnológico y artístico no dejará de mejorar. Es probable que más estudios sobre neandertales y otros homínidos extintos demuestren de manera más incontrovertible que dos seres inteligentes han caminado por la Tierra en las últimas decenas de miles de años.

En el capítulo anterior, me preguntaba por qué somos como somos. Es tarea de los científicos explicar la aparición de pautas en la población, pero dilucidar de forma incuestionable por qué una persona concreta ha resultado ser de tal o cual manera requiere una comprensión de los mecanismos de desarrollo que actualmente está fuera de nuestro alcance. Sabemos que, a nivel de población, los fumadores tienen en promedio más probabilidades de morir a una edad más temprana que quienes no han probado nunca el cigarrillo. Sin embargo, eso no significa que podamos predecir el momento de la muerte de cada individuo. En ocasiones, he oído cosas como «mi tío Harry fumó durante toda su vida y llegó hasta los noventa años, así que el tabaco no puede ser tan malo». El tío Harry tuvo suerte. Por término medio, quienes practican este vicio tienen vidas más cortas, pero eso no significa que todos vayan a morir antes que quienes no lo hacen. Por mucho que podamos decir que, estadísticamente, los primeros morirán a una edad más temprana que los segundos, eso no significa que todos los individuos se van a ver afectados de la misma manera o en la misma medida. Lo mismo podemos afirmar acerca de los acontecimientos extremadamente traumáticos en la infancia y su efecto sobre la personalidad, Me da la impresión de que en mi vida se produjeron algunos acontecimientos determinantes, pero puede que simplemente esté sobreponiendo a los hechos una narrativa posterior para dar cuenta de mi comportamiento en el pasado y de las decisiones que tomé. No todos los veinteañeros que creyeron que iban a morir de malaria decidieron escribir una obra ambiciosa en exceso, así que no puedo demostrar que este acontecimiento fuera el que me animó a emprender esta tarea.

Al principio de este libro, describí mi experimento de repetición cósmica, con el que pretendía investigar si nuestra aparición era inevitable o se debía al azar. A nadie más que a mí le importa realmente si yo existiría en otro universo y uno mismo es la única persona a la que le intriga su propia existencia. En este sentido, la pregunta era un poco egocéntrica. No obstante, si has llegado hasta aquí, fue un gancho perfecto. El interrogante que me planteaba en verdad era si la realidad es determinista o estocástica y he llegado a la conclusión de que es de este último tipo. La existencia se reduce a una cuestión de suerte. Sin embargo, eso es precisamente lo que nos hace especiales. Aun así, es muy probable que nuestro sentimiento al respecto sea una característica evolutiva de todas las formas de vida inteligentes. De todo ello, se siguen lógicamente dos cuestiones más: ¿es inevitable la aparición de seres vivos conscientes en todas las creaciones experimentales? y ¿es común en la nuestra? Conocemos la respuesta a la primera: si las fuerzas fundamentales tuvieran diferentes intensidades, no se formarían protones, neutrones, átomos, estrellas ni planetas y la vida tal y como la conocemos no podría surgir. La segunda no ha sido respondida todavía, ya que aún no hemos encontrado vida inteligente en otros lugares. Existen miles de millones de galaxias y billones de estrellas. Muchas de ellas tienen planetas que las orbitan, algunos de los cuales serán adecuados para los seres vivos. Mi conclusión es que estos habrán surgido en parte de estos planetas. En algunos casos habrán salido adelante, mientras que en otros se habrán extinguido a causa de una catástrofe cósmica de uno u otro tipo. En aquellos escenarios en que las formas de vida hayan persistido el tiempo suficiente, se habrán vuelto más complejas y habrán surgido seres inteligentes. Algunos de ellos pueden haber sido capaces de dominar las fuentes de energía presentes para construir civilizaciones avanzadas y quizá un autor extraterrestre haya escrito un libro de divulgación sobre los motivos de su propia existencia. No puedo garantizar que esto haya ocurrido, pero si es así, es seguro que estas criaturas habrán descubierto las mismas fuerzas y principios que he descrito en esta obra. La ciencia descubre verdades universales y serán estos contenidos los que pongan de acuerdo a toda la vida inteligente en el cosmos. A veces, el universo puede resultar extraño, pero la ciencia ha demostrado que no funciona de forma inescrutable.

Termino mi alegato con un ruego: adopta la ciencia como fuente de conocimiento, si es que no lo has hecho ya. Nuestro universo se rige por reglas y el método científico es la herramienta que ha creado la humanidad para descubrirlas. El modo en que este instrumento obliga a las leyes de la naturaleza a mostrarse es hondo, bello e ingenioso. Mediante su aplicación a una amplia gama de cuestiones, los científicos han recorrido un buen trecho a la hora de explicar nuestra existencia. Aún quedan muchas dudas por resolver y con toda certeza surgirán otras a medida que aumenten nuestros conocimientos. Algunas de las aportaciones de la física, la química, la geología y la biología siguen rodeadas por el misterio, pero los avances logrados en los últimos tres siglos son asombrosos y en los próximos años se explicará gran parte de lo desconocido. La peculiaridad de nuestra existencia es el último rompecabezas que debe resolver la humanidad. En este sentido, la ciencia ha aportado buena parte de las piezas, las cuales detallan todo lo que tuvo que ocurrir para que estemos aquí. Sin embargo, aún quedan muchas otras por encajar.

Me siento extraordinariamente privilegiado por ser un científico cuyo trabajo sobre el funcionamiento de la evolución ha contribuido, aunque sea en pequeña medida, a nuestra comprensión de los motivos de nuestra existencia. Estoy seguro de que habría disfrutado mucho de la vida si hubiera sido albañil, fontanero, electricista, peluquero o jugador profesional de críquet, pero si pudiera volver a empezar, elegiría de nuevo esta profesión. Cada día, contemplo nuestro universo con una mezcla de asombro y admiración y me deleito en ser consciente y en disponer en mi mente de una simulación, aunque sea incompleta y en ocasiones desenfocada, de cómo llegué a ser.

Al escribir este libro tuve momentos en los que mi falta de fe se puso a prueba. Personalmente, creo que nunca sabremos por qué hay algo en lugar de nada. En ocasiones, eso puede resultar desesperante y mientras preparaba los capítulos sobre la vida, la enorme separación existente entre unas moléculas replicantes relativamente sencillas y el ciclo vital de los seres humanos parecía ser demasiado amplia como para ser cubierta por medio de procesos naturales, ni siquiera en un plazo de 4.000 millones de años. No obstante, la racionalidad acabó por imponerse y evité caer en la trampa de la creencia en una divinidad. Sea como fuere, llegué a la conclusión de que, si existiera alguna, sería un científico. Utilizo la palabra «alguna» porque no quiero atribuir forma ni género a esta deidad. Desde luego, ni yo ni mis decisiones al respecto le importarían en absoluto. Sin embargo, sí que le preocuparía identificar el conjunto de reglas necesarias para que un universo produjera seres como él o ella. No digo esto con la intención de ser irrespetuoso ni despectivo con las creencias personales de cada cual. Lejos de mí la intención de elevar a los científicos a un pedestal. Lo hago porque, si pudiera, llevaría a cabo el experimento de los universos repetidos que expliqué al principio de este libro. En este sentido, al obrar así, yo mismo me convertiría presumiblemente en una especie de divinidad en aquellos mundos en los que surgiera la vida inteligente. Mi deseo a este respecto proviene de mi sed de conocimiento y de mis ansias por aprender más. Si una deidad fuera omnipotente y lo supiera todo, ¿para qué molestarse en crear un cosmos cuando conocería el resultado de antemano?

Sin duda, habrá quien considere polémicas estas afirmaciones. Me podrían culpar incluso de crear un dios a mi imagen y semejanza. No sería el primero en hacerlo, pero no es esa mi intención, ya que no creo en una divinidad. Los creyentes pueden acusarme de equiparar la ciencia y la religión, mientras que, al contrario, algunos científicos pueden acusarme de rebajarlas al mismo nivel. No obstante, ese no es en absoluto mi objetivo. La razón por la que no creo en deidades es que no me parece que sean necesarias para explicar nuestra existencia. Sé que algunas personas mantendrán su fe a pesar de ello. No obstante, soy de la opinión de que en este punto se debe aplicar la navaja de Ockham y preferir la explicación más sencilla posible. ¿Por qué creer que algo o alguien nos dio origen cuando nuestra existencia no lo requiere?

Sé que este tipo de creencias tienen más que ver con la fe más que con los argumentos y que, incluso si pudiera explicar de forma totalmente científica todos los aspectos de nuestra existencia, habría quien seguiría creyendo en seres sobrenaturales. No puedo, ni quiero, hacerles cambiar de opinión. Mi objetivo al escribir este libro no ha sido modificar el punto de vista de nadie. Por el contrario, he tratado de exponer y celebrar los logros de la ciencia. Me parece bastante decepcionante que un libro sobre la existencia tenga que seguir debatiendo las explicaciones no científicas sobre nuestro ser, pero sería raro que una obra con este tema no tocara, al menos brevemente, los mitos de la creación.

La ciencia es un invento humano, pero no es algo que haya que aceptar sin más. Todos nosotros podemos hacer experimentos mentales para comprobar las hipótesis formuladas a la hora de explicar nuestra existencia. En unas páginas anteriores afirmé que todos somos científicos natos. Si consigo algo con este texto, espero que sea que hagas aflorar al investigador que llevas dentro y te unas al ejército de profesionales que continuamente sacan partido al mayor invento de la humanidad, el método científico. Con ello, esperan responder a la pregunta más trascendental que podemos hacernos: ¿por qué existimos? La vida inteligente surgió en nuestro universo, pero nuestra existencia requirió una gran dosis de suerte. Disfruta de ser consciente, porque no dura mucho. Tres veintenas de años y diez más no son sino un abrir y cerrar de ojos en los 13.770 millones de años que tiene nuestro universo.

Agradecimientos

Me ha encantado investigar y escribir este libro. He contado para ello con ingentes cantidades de apoyo y ayuda, tanto a sabiendas como de manera inconsciente, por parte de un verdadero ejército de amigos y colegas. He contraído con todos ellos una enorme deuda. No puedo enumerarlos a todos, pero a continuación menciono a algunos de los más destacados. En primer lugar, quiero darle las gracias a mi familia. Sobre todo, a mi esposa, Sonya Clegg, sin cuya comprensión, ánimos e interminables conversaciones acerca de la ciencia y la existencia no podría haber escrito esta obra. También a mis hijos, Sophie, Georgia y Luke. Quién sabe, tal vez algún día se lean el volumen completo. O no. Después de todo, me han tenido que aguantar toda la vida dándoles la matraca con estos temas.

Cuando adoptamos a Woofler como mascota de la familia, Sonya, Sophie, Georgia y Luke se comprometieron a sacarlo a pasear todos los días. Sin embargo, solo lo hicieron una o dos semanas, al principio. Quiero darles las gracias por no hacerlo después de ese período inicial y a él por necesitar salir. Fue durante estas caminatas por los parques de Oxford y Brisbane cuando se me ocurrió buena parte del texto, que luego escribía al volver a casa. No podría haber completado la obra si no me hubiera visto obligado a abandonar el teclado y pensar pausadamente.

Escribí el primer borrador durante un año sabático que pasé en Australia, buena parte del cual estuve en la hacienda de mi suegro. Gracias al granjero Col por aguantar al profesor de Oxford que se sentaba a escribir en el porche y a sus amigos Eve-Ann Springate y Robert Hudson, con quienes pasé muchas tardes de amena charla. Quiero agradecerles sobre todo la cerveza y las bromas que suministraron en abundancia junto a la mejor estufa del planeta. Gracias también a Angela, Alex, Ava y Stella por hacer que el año que pasé en Australia fuese tan agradable.

Mi agente, Rebecca Carter, ha sido espectacular desde el primer momento en que la conocí. Gracias por creer en mí y en este proyecto y por confiar en que podía acabarlo, por contestar a todas mis preguntas acerca del mundo de las publicaciones y por conseguirme una editorial tan buena. Si no hubiera sido por Rebecca, este libro no habría visto la luz del sol.

Michael Joseph, de Penguin, ha sido un apoyo fantástico durante todo el proceso. También Alan Samson, que ha demostrado ser un editor estupendo. Ha aportado una serie de comentarios acertados y muy oportunos que han hecho mucho por mejorar el texto y por convertir unas primeras redacciones incomprensibles en capítulos asequibles. Su paciencia, sentido del humor y fabulosas habilidades profesionales han hecho que la experiencia de escribir este volumen haya sido todo un placer. Dan Bunyard se ha asegurado de que el proyecto cumpliera todas las fechas previstas y de hacerlo avanzar sin tropiezos a través de cada etapa del proceso editorial. Sarah Day ha aportado una corrección minuciosa y experta, mientras que Sukhnami Bhakar ha gestionado las ilustraciones con una pericia sobresaliente.

Claiborne Hancock y Jessica Case de Pegasus Books compraron los derechos para la edición en Estados Unidos. Quiero agradecerles que hayan creído en el proyecto, así como su extraordinaria eficacia a la hora de preparar el lanzamiento en ese país. Margaret Halton, Terry Wong y Rebecca Sandell de Pew Literary han hecho que la concesión de derechos en otras lenguas sea muy fluida y les estoy extremadamente agradecido por su dedicación.

Bryony Blades, Sonya Clegg, Richard Dawkins, Jane Hodgson,

John Park, Quentin Painter, Ana Rivero, Rick Stockwell, Tabby Taberer, Tianqi Wang y Andrew Wood aportaron comentarios muy oportunos acerca del primer borrador completo de la obra, mientras que Phil Burrows, Sarah Hilton, Chris Summerfield, Anna Vinton y Wai-Shun Lau hicieron lo propio con los capítulos que tratan de las áreas de su especialidad. Aprecio mucho sus consejos y las correcciones de algunos errores. Cualquier imprecisión restante o interpretación errónea es por completo responsabilidad mía.

Quiero darles las gracias a los numerosos amigos y colegas que me han ayudado a dedicarme a la ciencia y a progresar en mi carrera. Sobre todo, a Steve Albon, Charlie Canham, Tim Clutton-Brock, Mick Crawley, John Lawton, Steve Pacala y Josephine Pemberton, que fueron tutores inmejorables durante mis estudios de licenciatura y doctorales. Más recientemente, he tenido estupendas y esclarecedoras conversaciones en Trinidad y Yellowstone con Ron Bassar, Dan MacNulty, David Reznick, Doug Smith, Dan Stahler y Joe Travis. También he colaborado muy estrechamente y a lo largo de muchos años con mis buenos amigos Jean-Michel Gaillard, Pete Hudson y Shripad Tuljapurkar, con quienes he pasado muchas horas charlando acerca de temas muy variados. Sus puntos de vista sobre la ciencia y la manera en que esta debe hacerse me han ayudado a dar forma a mi visión del universo y de su funcionamiento.

Por otro lado, mis conversaciones con Anne Carlson, primero, y con Amanda Niehaus después, me dieron la confianza necesaria para acabar esta obra y les estoy eternamente agradecido por sus ánimos. Mis amigos Greg Devine, Djami Djeddour, Dominique Eza, Mike Furlong, Sally Gibbons, Nigel y Gen Griffiths, Sunetra Gupta, Richard Hobbs, Loeske Kruuk, Bob Montgomery, Ian Owens, Rick Paul y Sue Scull no han podido leer el libro todavía, pero han contribuido a que me mantuviera cuerdo y feliz en diferentes ocasiones de los últimos treinta y cinco años. He tenido varias conversaciones con ellos acerca del sentido de la vida y de la existencia en un momento u otro. Algunas de estas discusiones son más memorables que otras, pero ello se debe más a la buena comida y al mejor vino que las acompañaba que a su contenido.

Por último, quiero dar las gracias a mis padres, Anne y Patrick, y a mi hermana Fiona. Sin su continuado apoyo durante los últimos cincuenta y cinco años no podría haberme dedicado a mi carrera científica ni haber escrito esta obra. En ocasiones, me consta que no estaban totalmente seguros de lo que hacía para ganarme la vida, de modo que espero que este volumen responda algunas de sus preguntas. He pensado mucho sobre el tema. Sé que no estarán de acuerdo con todo lo que he escrito, pero espero que este libro les haga sentirse orgullosos y que dé pie a muchas conversaciones acerca de la vida, el universo y todo lo demás durante muchos años.

Bibliografía recomendada

Cada apartado de este libro describe lo que tuvo que suceder para que tú y yo existamos. No obstante, hay muchos aspectos de estos acontecimientos que no se han podido incluir. Si cualquiera de estas partes ha estimulado tu interés y quieres saber más al respecto, a continuación podrás encontrar unas cuantas de las muchas obras que consulté mientras preparaba este volumen. Cada una de ellas cubre su tema con más detalle de lo que yo pude hacer aquí. Dado que la mayoría de los libros de divulgación tienden a tratar de una ciencia concreta, como la física o la química, no los he agrupado por número de capítulo.

Historia de la ciencia

Grayling, A. C., *The Frontiers of Knowledge: What We Know about Science, History and the Mind – And How We Know It*, Penguin, Londres, 2022.

Hossenfelder, S., *Lost in Math: How Beauty Leads Physics Astray*, Basic Books, Nueva Hork, 2020 (hay trad. cast.: *Perdidos en las matemáticas: Cómo la belleza confunde a los físicos,* Barcelona, Ariel, 2019).

Kaku, M., *The God Equation: The Quest for a Theory of Everything*, Penguin, Londres, 2022 (hay trad. cast.: *La ecuación de Dios: La búsqueda de una teoría del todo,* Barcelona, Debate, 2022).

Robertson, R., *The Enlightenment: The Pursuit of Happiness 1680–1790*, Penguin, Londres, 2022.

Waldrop, M. M., *Complexity: The Emerging Science at the Edge of Order and Chaos*, Touchstone, Nueva York, 1992.

Wootton, D., *The Invention of Science: A New History of the Scientific Revolution*, Penguin, Londres, 2022 (hay trad. cast.: *La invención de la ciencia: Una nueva historia de la revolución científica,* Barcelona, Crítica, 2020).

Wulf, A., *The Invention of Nature: The Adventures of Alexander von Humboldt, the Lost Hero of Science*, John Murray, 2016 (hay trad. cast.: *La invención de la naturaleza: El Nuevo Mundo de Alexander von Humboldt*, Taurus, Barcelona, 2020).

Física

Al-Khalili, J., *The World according to Physics*, Princeton y Oxford, Princeton University Press, 2020 (hay trad. cast.: *El mundo según la física*, Alianza Editorial, Madrid, 2021).

—, *Quantum: A Guide for the Perplexed*, Londres, Weidenfeld & Nicolson, 2012 (hay trad. cast.: *Cuántica: Guía de perplejos,* Madrid, Alianza Editorial, 2016).

Carroll, S., *Something Deeply Hidden: Quantum Worlds and the Emergence of Spacetime*, Londres, Oneworld Publications, 2021 (hay trad. cast.: *La zorra y las uvas: Los mundos cuánticos y la realidad oculta del universo*, Pasado y Presente, Barcelona, 2020).

Galfard, C., *The Universe in Your Hand: A Journey through Space, Time and Beyond*, Londres, Pan, 2016 (hay trad. cast.: *El universo en tu mano: Un viaje extraordinario a los límites del tiempo y el espacio*, Blackie Books, Barcelona, 2020).

Hooper, D., *At the Edge of Time: Exploring the Mysteries of Our Universe's First Seconds*, Princeton University Press, Princeton, 2021.

James, T., *Fundamental: How Quantum and Particle Physics Explain Absolutely Everything (Except Gravity)*, Robinson, Londres, 2019.

Rovelli, C., *Reality Is Not What It Seems: The Journey to Quantum Gravity*, Penguin, Londres, 2017 (hay trad. cast.: *La realidad no es lo que parece: La estructura elemental de las cosas,* Barcelona, Tusquets, 2017).

—, *Helgoland: The Strange and Beautiful World of Quantum Phy-*

sics, Londres, Penguin, 2022 (hay trad. cast.: *Helgoland*, Anagrama, Barcelona, 2022).

Strogatz, S., *Infinite Powers: How Calculus Reveals the Secrets of the Universe*, Mariner Books, Boston y Nueva York, 2019.

Química

BBC Radio, *In Their Element: How Chemistry Made the Modern World*, BBC Audio, Londres, 2020.

James, T., *Elemental: How the Periodic Table Can Now Explain (Nearly) Everything*, Robinson, Nueva York, 2018.

Lane, N., *Oxygen: The Molecule that Made the World*, Oxford University Press, Oxford, 2016.

Pross, A., *What Is Life? How Chemistry Becomes Biology*, Oxford University Press, Oxford, 2016.

Astronomía y geología

Cohen, A., y B. Cox, *The Planets*, William Collins, Londres, 2019.

Gribbin, J., *13.8: The Quest to Find the True Age of the Universe and the Theory of Everything*, Yale University Press, New Haven, 2016.

Hand, K. P., *Alien Oceans: The Search for Life in the Depths of Space*, Princeton University Press, Princeton y Oxford, 2020.

James, T., *Astronomical: From Quarks to Quasars, the Science of Space at Its Strangest*, Robinson, Londres, 2020.

Loeb, A., *Extraterrestrial: The First Sign of Intelligent Life beyond Earth*,, Houghton Mifflin Harcourt Boston, 2021 (hay trad. cast.: *Extraterrestre: La humanidad ante el primer signo de vida inteligente más allá de la Tierra*, Planeta, Barcelona, 2021).

Aparición de la vida

Deamer, D., *Assembling Life: How Can Life Begin on Earth and Other Habitable Planets?*, Oxford University Press, Oxford, 2019.

Kauffman, S. A., *A World beyond Physics: The Emergence and Evolution of Life*, Oxford University Press, Oxford, 2019 (hay trad. cast.: *Más allá de las leyes físicas: El largo camino desde la materia hasta la vida*, Tusquets, Barcelona, 2021).

Knoll, A. H., *Life on a Young Planet: The First Three Billion Years of Evolution on Earth*, Princeton y Oxford, Princeton University Press, 2015 (hay trad. cast.: *La vida en un joven planeta: Los primeros tres mil millones de años de la Tierra*, Crítica, Barcelona, 2004).

—, *A Brief History of Earth: Four Billion Years in Eight Chapters*, Boston, Mariner Books, 2023 (hay trad. cast.: *Breve historia de la tierra: Cuatro mil millones de años en ocho capítulos*, Pasado y Presente, Barcelona, 2022).

Nurse, P., *What Is Life? Understand Biology in Five Steps*, Oxford, David Fickling Books, 2020 (hay trad. cast.: *¿Qué es la vida?: Entender la biología en cinco pasos*, GeoPlaneta, Barcelona, 2020).

Evolución

Al-Khalili, J., y J. McFadden, *Life on the Edge: The Coming of Age of Quantum Biology*, Londres, Black Swan, 2015 (hay trad. cast.: *Biología al límite: Cómo funciona la vida a muy pequeña escala*, RBA Libros, Barcelona, 2019).

Dawkins, R., e Y. Wong, *The Ancestor's Tale: A Pilgrimage to the Dawn of Life*, Londres, Weidenfeld & Nicolson, 2017 (hay trad. cast.: *El cuento del antepasado: Un viaje a los albores de la evolución*, Antoni Bosch Ed., Barcelona, 2008).

Gee, H., *A (Very) Short History of Life on Earth: 4.6 Billion Years in 12 Chapters*, Londres y Nueva York, Picador, 2022 (hay trad. cast.: *Una (muy) breve historia de la vida en la Tierra*, Indicios, Barcelona, 2022).

Halliday, T., *Otherlands: A World in the Making*, Londres, Penguin, 2023 (hay trad. cast.: *Otros mundos: Viaje por los ecosistemas extintos de la Tierra*, Debate, Barcelona, 2022).

Losos, J. B., *Improbable Destinies: Fate, Chance and the Future of Evolution*, Riverhead Books, Nueva York, 2018.

Shubin, N., *Some Assembly Required: Decoding Four Billion Years of Life, from Ancient Fossils to DNA*, Oneworld Publications, Londres, 2021 (hay trad. cast.: *Las piezas de la evolución; Descifrando cuatro mil millones de años de historia de la vida*, Madrid, Pinolia, 2024).

Consciencia

Cobb, M., *The Idea of the Brain: A History*, Londres, Profile Books, 2021 (hay trad. cast.: *Una historia de la idea del cerebro*, Madrid, Ediciones Godot, Buenos Aires, 2024).

Godfrey-Smith, P., *Other Minds: The Octopus and the Evolution of Intelligent Life*, Londres, William Collins, 2017 (hay trad. cast.: *Otras mentes. El pulpo, el mar y los orígenes profundos de la consciencia*, Taurus, Barcelona, 2017).

—, *Metazoa: Animal Minds and the Birth of Consciousness*, Londres, William Collins, 2021 (hay trad. cast.: *Metazoos: La evolución de la vida y el nacimiento de la* consciencia, Shackelton Books, Barcelona, 2021).

Hawkins, J., *A Thousand Brains: A New Theory of Intelligence*, Nueva York, Basic Books, 2022 (hay trad. cast.: *Mil cerebros: Una nueva teoría de la inteligencia*, Tusquets, Barcelona, 2023).

Peterson, J. B., *Maps of Meaning*, Routledge, 1999 (hay trad. cast.: *Mapas de sentidos: La arquitectura de la creencia,* Barcelona, Ariel, Londres, 2022).

Seth, A., *Being You: A New Science of Consciousness*, Londres, Faber and Faber, 2022 (hay trad. cast.: *La creación del yo: Una nueva ciencia de la conciencia*, Sexto Piso, Madrid, 2023).

Evolución de los seres humanos

Frankopan, P., *The Earth Transformed: An Untold History*, Londres y Nueva York, Bloomsbury Publishing, 2023 (hay trad. cast.: *La Tierra transformada: El mundo desde el principio de los tiempos*, Crítica, Barcelona, 2024).

Graeber, D., y D, Wengrow, *The Dawn of Everything: A New History of Humanity*, Penguin, Londres, 2022 (hay trad. cast.: *El amanecer de todo: Una nueva historia de la humanidad,* Barcelona, Ariel, 2022).

Harari, Y. N., *Sapiens*, Vintage, Londres, 2015 (hay trad. cast.: *Sa-*

piens. De animales a dioses: Breve historia de la humanidad, Barcelona, Debate, 2015).

Higham, T., *The World before Us: How Science Is Revealing a New Story of Our Human Origins*, Viking, Londres, 2021 (hay trad. cast.: *El mundo antes de nosotros*, GeoPlaneta, Barcelona, 2023).

Honigsbaum, M. *The Pandemic Century: 100 Years of Panic, Hysteria and Hubris*, W. H. Allen, Londres, 2020.

Personalidad

Brotherton, R., *Suspicious Minds: Why We Believe Conspiracy Theories*, Bloomsbury Sigma, Londres y Dublín, 2016.

Christian, B., y T. Griffiths, *Algorithms to Live by: The Computer Science of Human Decisions*, William Collins, Londres, 2017.

Dunbar, R., *How Religion Evolved: And Why It Endures*, Londres, Pelican, 2023.

Gray, J. *Seven Types of Atheism*, Londres, Penguin, 2019 (hay trad. cast.: *Siete tipos de ateísmo*, Sexto Piso, Madrid, 2019).

Mitchell, K. J., *Innate: How the Wiring of Our Brains Shapes Who We Are*, Princeton y Oxford, Princeton University Press, 2020.

Yeo, G., *Gene Eating: The Science of Obesity and the Truth about Diets*, Orion Spring, 2020.

Créditos imágenes

p. 34: El método científico © Dima/Alamy Stock Photo

p. 119: Experimento de la doble rendija © Samya Jakane/ Alamy Stock Vector

p. 146: Posición del Sol en la Vía Láctea, cortesía de NASA/ JPL-Caltech

p. 163: Anatomía de la Tierra © Yuri Arcurs/Alamy Stock Photo

p. 184: Estructura del ADN © Jawad/Alamy Stock Vector

p. 286: Estructura de una neurona © KKT Madhusanka/Alamy Stock Photo

p. 289: Red neuronal © Siarhei Yurchanka/Alamy Stock Photo

p. 317: Evolución de la especie humana, Imagen del primer primate © Friedrich Saurer/Alamy Stock Photo, Imagen de homínido © Puwadol Jaturawutthichai/Alamy Stock Photo

p. 368: Cinco grandes factores de la personalidad © Chavapong Prateep Na Thalang/Alamy Stock Vector

—— • ——

Índice analítico

Los números de página en cursiva se refieren a las ilustraciones.

Índice